中国区域环境保护丛书
浙 江 环 境 保 护 丛 书

浙江环境污染防治

《浙江环境保护丛书》编委会 编著

中国环境科学出版社·北京

图书在版编目（CIP）数据

浙江环境污染防治/《浙江环境保护丛书》编委会编著. —北京：中国环境科学出版社，2012.6
（中国区域环境保护丛书. 浙江环境保护丛书）
ISBN 978-7-5111-0942-2

Ⅰ. ①浙…　Ⅱ. ①浙…　Ⅲ. ①环境污染—污染防治—概况—浙江省　Ⅳ. ①X508.255

中国版本图书馆 CIP 数据核字（2012）第 047703 号

责任编辑　周　煜　吴振峰　刘思佳
文字编辑　朱晓丽
责任校对　尹　芳
封面设计　玄石至上

出版发行　中国环境科学出版社
（100062　北京东城区广渠门内大街 16 号）
网　　址：http://www.cesp.com.cn
联系电话：010-67112765（编辑管理部）
发行热线：010-67125803，010-67113405（传真）
印　　刷　北京中科印刷有限公司
经　　销　各地新华书店
版　　次　2012 年 6 月第 1 版
印　　次　2012 年 6 月第 1 次印刷
开　　本　787×960　1/16
印　　张　27.5
字　　数　345 千字
定　　价　68.00 元

《中国区域环境保护丛书》

《中国区域环境保护丛书》

《浙江环境保护丛书》

《浙江环境保护丛书》

编纂领导小组

《浙江环境保护丛书》

《浙江环境污染防治》

编委会

主　　编　章　晨

副 主 编　喻志钢　竺恒峰　顾培龙　杨　斌

顾　　问　黄一南　韦彦斐

编纂人员　高峰莲　汪　勇　顾震宇　孙福成　卓　明
　　　　　马　侠　胡智锋

总序

继承历史，不断创新，努力探索中国环保新道路

环境保护事业在中国伴随着改革开放的进程已经走过了30多年的历史，这30多年来，几代环保人经过艰苦卓绝的探索、奋斗，使我国的环境保护事业从无到有，从小到大，从弱到强，从默默无闻到进入国家经济政治社会生活的主干线、主战场和大舞台，我们的环保人创造了属于自己的辉煌历史。

毛泽东说过，“看历史，就会看到前途”，“马克思主义者是善于学习历史的”。从过去的30几年，我们能切实感受到环境保护事业的发展壮大，更切实感受到环境保护事业的美好前景和未来；作为继往开来的环保人，我们同样感受着我们这一代环保人必须承担起的历史责任。我们必须继承前辈们的优良传统，继承他们积累的丰富经验，根据新的形势、新的任务、新的要求，在探索中国环保新道路的征程中奋力前行，全面开创环境保护的新局面。

可以说，中国环境保护的历史就是不断探索中国环保新道路的历史。上个世纪70年代初，立足于工业化起步和局部地区环境污染有所显现的现实，我们开始探索避免走先污染后治理的环保道路。特别是改革开放30多年来，付出了艰辛的努力，在新道路的探索中，环

保事业不断发展，探索重点与时俱进，国家环保机构也实现了“三次跨越”。在1973年第一次全国环保会议上提出的“全面规划、合理布局、综合利用、化害为利、依靠群众、大家动手、保护环境、造福人民”的32字方针的基础上，上个世纪80年代确立了环境保护的基本国策地位，明确了“预防为主防治结合，谁污染谁治理，强化环境管理”的三大政策体系，制定了八项环境管理制度，向环境管理要效益。进入90年代后，提出由污染防治为主转向污染防治和生态保护并重；由末端治理转向源头和全过程控制，实行清洁生产，推动循环经济；由分散的点源治理转向区域流域环境综合整治和依靠产业结构调整；由浓度控制转向浓度控制与总量控制相结合，开始集中治理流域性区域性环境污染。步入“十一五”以来，我们按照历史性转变的要求，确立了全面推进、重点突破的工作思路，提出从国家宏观战略层面解决环境问题，从再生产全过程制定环境经济政策，让不堪重负的江河湖泊休养生息，努力促进环境与经济的高度融合，积极实践以保护环境优化经济增长的路子。这一系列重大决策部署和环保系统坚持不懈的努力，大大推进了探索环保新道路的历程，积累了丰富的经验。历任环保部门的老领导都是探索中国环保新道路的先行者，几代环保人都是探索中国环保新道路的实践者。

历史是宝贵的财富，继承历史才能创造未来。探索中国环保新道路必须继承几代环保人积累下来的宝贵财富。有了继承才有创新，因为每一个创新都是对过去实践经验的总结和升华。因此，学习和掌握环境保护的历史，既是我们工作的需要，也是我们作为环保人的责任。

《中国区域环境保护丛书》（以下简称《丛书》）的编纂出版为我们了解、学习环境保护的历史提供了独特的平台。《丛书》是2008年在我国实施改革开放30周年和我国环境保护工作开创35周年之际启动的一项重大环境文化建设工程，第一次从区域环境的角度，对我国环境保护的历史进行了全面系统的总结、归纳和梳理，充分展现了30多年来我国各省市自治区环境保护工作取得的卓越成就，展现了环境保护事业不断发展壮大的历史，展现了几代环保人不懈奋斗和追求的历程。

要继续探索中国环保新道路，继承是基础，创新是动力。当前，积极探索中国环保新道路，已经成为环保系统的普遍共识和自觉行动。我们要努力用新的理念深化对环境保护的认识，用新的视野把握环境保护事业发展的机遇，用新的实践推动环境保护取得更大的实际成效，用新的体制机制保障环境保护的持续推进，用新的思路谋划环境保护的未来。以环境保护优化经济发展，以环境友好促进社会和谐，以环境文化丰富精神文明，为经济社会全面协调可持续发展作出更大贡献。

环境保护新道路是一个海纳百川、崇尚实践、高度开放的系统工程，是一个不断丰富、不断发展、不断提高的过程，在探索的道路上需要所有环保人前赴后继，永不停息。当前，新的探索已经起步，前进的路途坎坷不平。越是身处逆境，越是形势复杂，越要无所畏惧，越要勇于创新。要以海洋一样博大的胸怀，给那些勇于探索、大胆实践的地方、单位、个人，创造更加宽松的环境，提供施展才华的舞台，让他们轻装上阵、纵横驰骋。要继承30多年来探索环境保护新道路实践的伟大成果，借鉴人类社会一切保护环境的有益经验，站在新的历史起点上，大胆实践，不断创新，将中国环境保护新道路的探索推向一个新的阶段！

环境保护部部长

《中国区域环境保护丛书》总编委会主任

二〇一一年六月

序

浙江地处中国东南沿海长江三角洲南翼，东临东海，南接福建，西与江西、安徽相连，北与上海、江苏接壤。省会杭州。浙江东西和南北的直线距离均为 450 公里左右，陆域面积 10.18 万平方公里，为全国的 1.06%，是中国面积最小的省份之一。浙江地形复杂，山地和丘陵占 70.4%，平原和盆地占 23.2%，河流和湖泊占 6.4%，耕地面积仅 208.17 万公顷，故有“七山一水两分田”之说。省内有钱塘江、瓯江、灵江、苕溪、甬江、飞云江、鳌江、京杭运河（浙江段）等八条水系；有杭州西湖、绍兴东湖、嘉兴南湖、宁波东钱湖四大名湖及人工湖泊千岛湖。浙江的海域广阔，岛屿星罗棋布。海岸线总长 6 696 公里，居全国首位。

改革开放以来，浙江的环境保护事业取得了长足的发展，期间大致经历了五个阶段。

一、启动阶段（1978—1988 年）。随着第一、二次全国环境保护会议的召开，浙江环境管理机构建设和环境保护工作全面启动，相继成立了各级环境保护行政管理机构，初步形成环境科研和环境监测系统；环保立法、环境监管、污染治理、环保技术、环保科研等逐步推进。

二、推进阶段（1989—1995 年）。1989 年第三次全国环境保护会议以后，浙江省贯彻执行“环境影响评价”、“三同时”、“城市环境综合整治定量考核”等八项具有中国特色的环境管理制度，标志着浙江环境保护管理体系的重大转变，环境管理方式逐渐由末端治理向全过程控制转变、由浓度控制向浓度控制与总量控制相结合转变、由以行政管理为主向法制化、制度化、程序化管理转变。

三、发展阶段（1996—2002 年）。环境保护在社会发展中的地位稳步上升。如期完成“一控双达标”工作计划，污染防治工作上了一个新台阶；环境管理和执法队伍自身能力建设得到进一步加强，全省环保系统在 2001 年实现了所有县级环保机构独立建局；环保产业初具规模，环境保护宣传教育工作全面展开。

四、深化阶段（2003—2007 年）。第六次全国环保大会提出了环境保护“三个转变”的要求，环境保护在国家宏观战略体系中的位置进一步强化。浙江环保工作横向全面铺开，纵向再度深入。2003 年，浙江生态省建设全面启动，生态省建设和环境保护纳入党政干部政绩考核评价指标体系。2004 年，启动实施生态省建设基础性、标志性工程“811”环境污染整治三年行动，全省区域、流域环境质量明显改善，生态环境状况指数全国领先，基本形成了党委领导、政府负责、各部门整体联动、社会广泛参与的环境保护工作机制，环境管理及各项事业的发展呈现出整体推进、协调发展、积极进取、科学有为的良好局面。

五、提升阶段（2008—2010 年）。党的十七大和十七届四中全会将生态文明建设纳入中国特色社会主义事业总体布局，开创了经济建设、政治建设、文化建设、社会建设、生态建设“五位一体”的崭新格局，环境保护作为生态文明建设的主阵地和根本措施，得到巨大发展。期间，浙江启动了“811”环境保护新三年行动（2008—2010 年），污染减排成效明显、环境质量稳中趋好、生态示范创建广泛开展、环保基础设施日臻完善、农村环境保护大力推进、环境监管全方位加强、环保体制机制不断创新。特别是省委十二届七次全会作出《关于推进生态文明建设的决定》，标志着浙江实现了从“绿色浙江”到生态省建设，再到生态立省的新跨越，全省总体步入了环境质量稳定改善的轨道，逐步探索出环保优化发展的新路子，生态文明建设的大格局初步形成。

时值“十二五”开局之年，党中央、国务院把环境保护摆上更加重要的战略位置，环境保护从认识到实践发生重要变化，进入了经济社会发展的主干线、主战场和大舞台。“十二五”时期是浙江全面建设小康社会的关键时期，是深化改革开放、加快转变经济发展方式的攻坚阶段。浙江省委、省政府又适时部署了“811”生态文明建设推进行动，紧紧围绕科学发展的主题、转变经济发展方式的主线和提高生态文明水平的新要求，浙江探索中国环境保护新道路的实践将不断深入，浙江环境保护工作将进入以环保优化发展、全面防治污染和建设生态、全面加强执法监管、全面推进共建共享的全新阶段。

站在历史的节点上，回顾过去，总结经验，进而展望未来显得尤为重要。《浙江环境保护丛书》出版发行正值其时。《浙江环境保护丛书》是浙江环境文化建设的重大成果，旨在宣传浙江环境状况及环境保护工作情况，为环境保护工作的科学决策提供依据和文化支撑，同时满足公众了解环境保护情况和参与环境保护工作的愿望。丛书以各级地方政府、广大环境保护工作者、信息管理者以及关心环境保护工作状况的广大读者为对象，从环境科学研究、环境管理、环境污染防治、生态环境保护和环境发展规划等五个方面，实事求是地记述了浙江环境保护的历史和现状，着重介绍改革开放以来的发展成就，特别是新世纪以来取得的瞩目成绩，总结了各个阶段的经验和问题，力求系统、全面反映浙江区域环境保护状况，促进全省环境保护工作的发展和生态文明建设。丛书的编纂工作得到了政府机构、科研院所、大专院校等不同单位和个人的大力支持，在此谨代表编纂委员会向他们表示衷心的感谢！

浙江省人民政府副省长　陈加元

2011 年 7 月

目录

第一章 绪论

改革开放30多年来，浙江经济以年均两位数的速度增长，GDP平均增速达13%，比同期全国平均年增长率高3.2%，创造了从“资源小省”到“经济大省”的奇迹，成为全国经济增长速度最快、最具活力的省份之一。2010年全省GDP总量27722.3亿元，GDP总量在全国的位次由改革开放之初的第12位上升到1994年的第4位并保持至今。反映经济发展水平和质量的人均GDP也迅速提高，2010年按常住人口计算达5.17万元（7810美元），高出全国平均水平75%，仅次于上海、北京、天津三个直辖市，在各省区居第一位。浙江已经形成了工业门类比较齐全的产业结构，涵盖37个工业大类、181个中类和483个小类。浙江传统上是轻工大省，纺织、服装、化纤、皮革、食品加工为传统优势产业，并逐渐形成了以轻工业、小型企业、民营经济和加工制造为主的产业特点。

但是，浙江的环境容量相对较小，生态环境的承载力有限，全省70%的人口集中在20%的平原地区，经济布局相对集中于沿海及平原地区。全省的人均土地面积、耕地面积都仅有全国平均水平的三分之一，人均水资源占有量在全国居第15位。在经济社会快速发展的同时，给资源、环境带来了巨大压力。

浙江各级政府和环保部门高度重视环境保护工作，环境污染防治始终作为全省环境保护工作的重点。全省上下深入贯彻中央、省委宏观调控政策和生态文明建设的战略部署，坚持生态省建设方略，全力落实污染防治各项政策措施，扎实推进资源节约与环境保护行动计划，深入实施“811”环境污染整治行动和“811”环境保护新三年行动，持续加大环保执法监管力度，着力解决涉及人民群众根本利益的突出环境问题，把握关键、大胆创新，砥砺奋进、克难攻坚，环境保护各项工作取得了明显的成效。全省在保持经济平稳较快发展的同时，主要污染物排放总量持续下降，环境质量稳中趋好，环境污染和生态破坏趋势得到有效控制，环保物质技术支撑显著增强，全社会参与支持环境保护和生态建设的氛围日益浓厚，为将“十二五”环境保护推向新阶段奠定了坚实的基础。

第一节　发展历程

1963 年，浙江第一个比较完善的污染防治工程——杭州市 1 号管道排污系统建立，该系统干管全长 13.6 千米，设 7 个泵站，总投资 605.418 万元，日排工业废水和生活污水 18 万吨。

1978 年 9 月，全省环境保护工作座谈会在温州召开。重点讨论了《浙江省环保八年（1978—1985 年）规划要点》，提出了限期治理的重点企业名单及治理方案。

1981 年 4 月，浙江省环境保护局成立，全省 11 个省辖市建立了独立的环境保护局。

1989 年，浙江第一次实行了各级政府任期环境保护目标责任制和城市环境综合整治定量考核。

1994—2000 年，浙江省召开全省环保会议，并先后发布《关于进一步加强环境保护工作的决定》、《关于加强环境保护若干问题的通知》，组织实施“碧水、蓝天、绿色”三大环保工程、《浙江省污染物排放总量控制计划》、《浙江省跨世纪绿色工程规划》。相继推出了“六个一工程”、“治理太湖流域”（浙江部分）、关停“十五小”、“蓝天—碧水—绿地”和“一控双达标”等重大举措，减少了三废排放，改善了环境。

2003年1月，国家环保总局正式同意将浙江作为全国生态省建设的试点省。浙江成为继海南、吉林、黑龙江、福建等之后的第五个全国生态省建设试点。

2004年10月，省政府根据全国重点流域水污染防治工作现场会议精神，结合浙江实际作出部署，召开全省环境污染整治工作会议，决定从2004年到2007年在全省范围开展“811”环境污染整治行动，对全省八大水系及平原河网和11个设区市及11个省级环境保护重点监管区等重点流域、重点区域、重点行业和企业的环境污染进行整治。提出在该届政府任期内，全省环境污染和生态破坏的趋势得到基本控制，突出的环境污染问题得到基本解决，在全国率先全面建成县以上城市污水、生活垃圾集中处理设施，率先建成环境质量和重点污染源自动监控网络，促使环境污染防治能力明显增强，环境质量稳步改善。通过全省上下共同努力，这一阶段“两个基本、两个率先”的目标基本实现，为全面推进生态省建设奠定了较好的基础。

为加快推进生态省建设，创造更加优美的生态环境，省政府决定继续开展“811”环境保护新三年行动（2008—2010年），其总体目标是通过三年的努力，确保完成“十一五”环境保护规划确定的各项目标任务，基本解决各地突出存在的环境污染问题，继续保持环境保护能力建设全国领先、生态环境质量全国领先。经过三年的新一轮努力，“811”环境保护新三年行动计划明确的8个方面20项工作目标，除钱塘江流域市县交接断面水质达标率以外，全部得以实现。随着一些工程措施的陆续投运，从2010年第四季度开始，钱塘江流域市县交接断面水质达标率指标也已达到预定目标。二氧化硫减排、地表水环境功能区达标率、省级飞行监测达标率和县以上城市生活垃圾无害化处理率等指标完成情况远超预期目标，总体上，“一个确保、一个基本、两个领先”的总体目标基本实现。

第二节　主要成就

一、主要污染物排放总量不断下降

“十一五”期间，浙江省主要污染物减排成绩显著。2006 年化学需氧量和二氧化硫两项指标实现了双下降；2007 年分别下降 4.89%和 7.22%；2008 年分别再下降 4.51%和 7.08%；2009 年同比继续下降 4.61%和 5.30%，到 2010 年年底，经环境保护部核定，浙江省化学需氧量和二氧化硫排放量在 2005 年的基础上，已经分别削减 18.15%和 21.15%，完成“十一五”减排任务的 120.2%和 141%，超额完成了“十一五”减排目标。

二、全省环境质量持续改善

2010 年，全省八大水系、运河和主要湖库地表水功能区达标率为 73.7%，Ⅰ～Ⅲ类水质监测断面比例占 74.3%，分别比 2007 年提高 11.7%和 6.5%。曹娥江、椒江、苕溪、运河流域水环境质量改善较为明显，Ⅲ类以上水质监测断面比例分别达到 70%、84.6%、94.4%和 27.3%，比 2007 年分别提高 30%、23.1%、27.7%和 27.3%；县级以上集中式饮用水水源地水质达标率达到 87.4%，较 2007 年上升了 2.7%，饮用水水源安全得到有效保障。省控城市环境空气质量达到二级标准的比例为 93.8%，比 2007 年上升 15.7%；环境空气平均综合污染指数为 1.60，比 2007 年下降 0.28；11 个设区城市日环境空气质量为优或良的天数比例范围为 86.0%～98.4%，平均为 92.9%，比 2007 年平均值上升 0.4%。据中国环境监测总站发布的《2010 年全国环境质量状况》，浙江省生态环境质量总体评价为优，继续保持全国前列。

三、生态省建设全面推进

继安吉县成为全国首个生态县后，义乌市通过了国家生态市考核验收，临安、德清通过了国家生态县考核验收。全省已累计创建1个国家生态县、43个国家级生态示范区、7个国家环境保护模范城市、2个国家森林城市、138个全国环境优美乡镇和20个省级生态县、5个省级环保模范城市、5个省级森林城市、14个省级森林城镇、712个省级生态乡镇。积极开展“绿色系列”创建，累计建成全国绿色学校49所、省级绿色学校603所，国家级绿色社区27个、省级绿色社区372个，省级绿色企业388家，省级绿色饭店328家，省级绿色医院94家，全国绿色家庭22户、省级绿色家庭1 258户。

四、环境污染防治工作机制持续完善

污染治理、环境保护、生态建设的政策体系和制度框架已经建立。省人大、省政府加强了环保法规、规章的制定工作，省政协加强了环保方面的民主监督工作。省人大常委会制定了《浙江省固体废物污染环境防治条例》，省政府制定了《浙江省建设项目环境保护管理办法》、《浙江省排污费征收使用管理办法》、《浙江省环境污染监督管理办法》等规章制度，颁发了《关于进一步加强钱塘江流域污染整治工作的通知》、《关于环境污染整治企业搬迁、转产、关闭的若干扶持政策意见》等规范性文件。

省市县分级管理、各部门整体联动、各界广泛参与的环保工作机制已有效运转。省委组织部将生态省建设与环境污染防治纳入党政领导班子和领导干部政绩评价考核体系；省财政调整和优化生态环保资金的支出结构，不断加大对生态补偿和污染防治的支持力度；省生态办和整治办完善了目标责任考核制度，建立了统一部署、同步考核的运作机制；发展改革部门组织制定了优化生产力布局、产业结构调整以及环保基础设施建设规划，加强指导和监督；经贸部门认真落实产业政策，推动发展循环经济和清洁生产，加快污染行业治理；建设部门指导并监督城乡生活垃圾、生活污水收集与处理设施建设和运行管理；农业部门指导农业面源污染控制、农业结构调整等工作；水利部门积极做好“万里清水河道”工作；监察部门加强环保执法督查工作；省环保局实施统一监督管理，认真制定和实施治污计划，并对落实情况进行检查评估，会同有关部门开展了多项环保执法专项行动。新闻媒体加大宣传力度，努力营造治理污染的良好舆论氛围。在各级各部门的努力下，省、市、县分级管理、各部门整体联动、全社会广泛参与的污染防治工作机制得以有效运转。

第三节　重要举措

一、“811”环境污染整治行动重要举措

2004年以来，浙江各级各部门按照“治旧控新、监建并举”的总体方针，在重点领域水环境保护、重点地区重点企业污染整治、农村污染整治和基础设施建设等领域，推出多种重大举措推进环境污染防治工作。

1．狠抓重点流域环境污染整治，水环境保护取得重大突破

全省各级以实施八大流域环境污染整治规划为龙头，以加强城乡饮用水水源保护区的建设和监管为重点，以实行跨界河流交界断面水质监管制度为抓手，全面推进水污染防治。省里重点抓了钱塘江、鳌江、杭嘉湖太湖流域运河水系的污染整治，每年下达工作任务书和环境质量控制目标，在政策、资金、土地等方面给予重点支持。钱塘江流域是浙江省流域水环境污染防治的重中之重，各级各部门在财政支持、项目准入、

污染治理、生态建设等方面出台了30多项有针对性的政策措施。通过4市21县（市、区）的共同努力，钱塘江水质明显好转，特别是流域氮磷总量得到有效控制。鳌江流域平阳段是“811”整治前全省水环境质量最差的河流，重点针对影响鳌江水质最严重的平阳水头制革基地进行了全力整治。通过整治，鳌江平阳水头段水质大幅度改善，水质指标中，高锰酸盐指数从Ⅳ类提高到Ⅱ类，生化需氧量从劣Ⅴ类提高到Ⅲ类。杭嘉湖太湖运河水系既是浙江省水污染防治的重点，也是国家太湖流域水污染治理的重点。浙江省制定实施了太湖流域水环境综合治理、湖泊（水库）水环境保护等一系列政策性文件，有针对性地开展了统筹城镇环境污染和农业农村面源污染的综合整治工作，目前这一地区水质总体保持稳定，特别是化学需氧量已得到有效控制。与此同时，全省各地还大力开展了小流域环境综合整治、饮用水水源保护区建设和监管工作。全省大部分小流域环境面貌焕然一新，特别是姚江流域全线水质从Ⅴ类恢复到Ⅲ类以上。各地制定了市域范围内城乡一体化给排水计划，开展了全省性的饮用水水源安全专项大检查，全面清理饮用水水源保护区范围内的排污口，开展了中心镇合格（规范）饮用水水源保护区的创建工作，建立了水源地环境事故预防和应急体系，到目前为止，全省累计创建合格（规范）饮用水水源保护区509个，水源地水质保持稳定。

2. 狠抓省级环保重点监管区和重点环境问题的污染整治，突出的环境问题得到有效解决

对全省省级环保重点监管区和准重点监管区实行“挂牌督办、跟踪督查、限期治理、动态管理”，既是“811”行动的重要突破口，也是这些年浙江省环保工作的一项创新。对重点监管区污染整治，省委、省政府高度重视，主要领导和分管领导多次深入一线调查研究，督促指导整治工作，多次召开专题会议、现场办公会议，协调解决整治工作中遇到的重大问题。省整治办制定了严格的整治验收标准，明确了整治完成时限，全力以赴加强督促、指导和帮助。省有关部门会同重点监管区所在地政府，按照“一区一策”的要求，逐个制定整治规划，倒排整治时间，落实整治责任，实行一月一报、一季一督查，并作为否决性指标纳入年度生态省建设目标责任考核。2006年，省环保局实行了由局领导带队、各处室分区包干的蹲点督查制度，2007年，又实施了省环境污染整治工作领导小组各相关成员单位分区包干蹲点督查制度，由各单位负责人带队每月赴现场督促指导整治工作。全省所有的省级环保重点（准重点）监管区已全部实现了达标“摘帽”。在推进省级环保重点监管区污染整治的过程中，各地也根据本地区实际划定了环保重点监管区进行重点整治。通过重点监管区污染整治，一批区域性的突出环境污染问题得到了有效解决。

2008年年初，部分区域环境污染物排放总量超过环境容量，区域水、气、土壤等环境要素污染严重；产业“低、小、散”现象突出，生产工艺落后；环境基础设施滞后，企业污染物偷排现象时有发生等现象，省政府确定了包括杭新景高速公路沿线小冶炼污染问题、宁波临港工业废气污染问题、温州温瑞塘河环境污染问题等在内的11个省级督办的重点环境问题。经过三年的努力，列入省级督办的11个重点环境问题全部按照预定目标实现“摘帽”，各地设立的75个市级重点环境问题也基本完成整治任务。重点区域环境质量明显改善，环保基础设施建设明显加强，污染物排放总量明显下降，人民群众的满意度不断提高，信访投诉总量下降21.8%。

3．狠抓重点行业和重点企业污染整治，工业污染防治得到进一步强化

环境污染整治主要针对电力、化工、医药、制革、印染、味精、水泥、造纸、冶炼和固废拆解等重点行业和省、市、县三级重点工业污染源，采取技术改造、关停并转、增添治污设施等措施加大整治力度。专

门出台了重点行业结构调整和污染整治规划，制定了环境污染整治企业搬迁转产关闭改造的扶持政策，推进和引导重点行业、重点企业的产业升级和污染治理。全省共完成限期治理项目6481个，关停并转企业5903家，全省造纸行业制浆生产线已全部关闭；印染行业普遍实行技术更新、中水回用和污水集中处理；味精行业已全面完成污染整治，实现全行业废水化学需氧量和氨氮达标排放；水泥行业全面实现产业升级；固体废弃物拆解业通过规范整治，全面实现了园区化改造。化工、医药、制革、冶炼等行业污染治理，也结合重点监管区污染整治取得了明显进展。

4. 狠抓农业农村面源污染整治，农村环境面貌得到初步改善

按照城乡统筹的要求抓好农村环境保护和农业面源污染治理，是“811”行动的重要内容之一。六年来，全省深入实施“千村示范、万村整治”、农村环境“五整治一提高”、万里清水河道等工程，制定并出台了《关于全面改善民生促进社会和谐的决定》、《关于进一步加强农村环境保护工作的意见》和《浙江省农村环境保护规划》等文件规划，积极组织开展农村环境连片整治活动，农村环境保护工作走在全国前列。主要在深化畜禽养殖污染防治，农村生活污水、垃圾收集处理，化肥农药污染防治以及河道河沟整治等重点领域开展污染整治工作，到“十一五”末，规模化畜禽养殖场排泄物综合利用率达95%，全省开展生活污水治理的村庄比例达45%，实现卫生改厕的农户家庭比例达到70%，实现生活垃圾集中收集处理的行政村覆盖比例达到85%。建成县以上绿化示范村5393个，其中省级绿化示范村1352个，村庄周围宜林荒山和迹地更新绿化率达95%以上。截至2010年6月，全省已累计建成238个国家级生态乡镇、9个国家级生态村，30个省级生态县、712个省级生态乡镇。2010年，财政部和环保部将浙江省列为中央农村环境连片整治示范省。

5. 狠抓环境基础设施建设，污染防治能力上了一个新的台阶

2004年以来，全省以城市污水处理厂建设为重点，统筹城乡生活垃圾、工业危险废物、医疗废物，全面推进环保基础设施建设。截至2010年年底，浙江省累计建成的城镇和工业集中式污水处理厂203座，建成设计能力919万吨/日，全省县以上城市污水处理率达到78%。浙江省在全国率先实现县县都有污水处理厂。以钱塘江流域、太湖流域为重点，加快推进中心镇、重点工业镇、生态敏感区乡镇、直接面江临湖乡镇的污水处理厂建设，累计建成县以上城市污水管网3435千米，全省县以上城市污水处理率达78%，其中太湖流域于2008年年底在全国率先实现了镇级污水处理设施全覆盖。为提高城镇污水处理厂出水水质达标率，省政府专门出台《关于加强城镇污水处理厂建设管理的意见》、《浙江省城镇污水集中处理管理办法》，省有关部门每年都开展多次“飞行监测”，采取限期治理、区域限批、媒体曝光等强力措施，督促污水处理厂加快设施和工艺改造。到2010年年底，浙江县以上城市生活垃圾无害化处理率达88%；建成较为规范的污泥处置设施22座，日处置能力6721吨；建成医疗废物处置设施12座，年处置能力达4.18万吨；建成危险废物处置设施14座，年处理能力达9.82万吨；建成工业危险废物集中处置设施12座，年处置能力达12.93万吨。

二、污染物减排工作主要举措

1. 加强领导，精心部署

一是省委书记亲自担任生态省建设领导小组组长。前任省委书记习近平同志高度重视生态环境保护和节能减排工作，每年召开专门会议进行部署。现任省委书记赵洪祝同志上任伊始，就召开了生态省建设领导小组会议，落实生态省建设和污染减排有关措施。赵洪祝书记反复强调，

经济增长是政绩，污染减排也是政绩，必须确保完成“十一五”减排约束性指标。

二是省政府成立了以省长吕祖善同志为组长的节能减排工作领导小组，具体部署有关工作。省委、省政府相继出台了《关于进一步加强污染减排工作的通知》、《节能减排综合性工作实施方案》、《资源节约与环境保护行动计划》、《节能减排统计、检测及考核实施方案和办法》等一系列文件和政策。

三是把节能减排作为省人大执法检查和省政协专项民主监督的重点内容。省人大组织全国和省人大代表开展节能减排执法检查；省政协把节能减排作为民主监督重点工作，还召开社会各界广泛参加的听证会，开展网上调查，征集全社会对节能减排工作的建议和意见。

四是面临当前宏观形势坚持结构调整和产业升级不动摇。针对当前经济运行中出现的新问题、新情况，省委、省政府及时提出了“标本兼治，保稳促调”的总体思路，把保增长、扩内需、调结构更好地结合起来，明确绝不重走粗放型发展的老路，通过节能减排倒逼机制，加速推进经济结构调整和发展方式转变，确保全面完成“十一五”减排硬任务。

2. 分解任务，落实责任

全省从三个层面，切实将各项工作逐级落实到各级各有关单位和具体项目。在政府层面，省政府与市政府、市政府与县（市、区）政府层层签订污染减排责任书。省委组织部将污染减排作为地方党政领导班子和领导干部综合政绩考评的重要内容。在职能部门层面，省减排办每年将减排重点工作分解落实到省级各部门和成员单位，并作为生态省建设目标责任书的否决性指标。在重点企业和减排项目层面，各地按照省里统一要求，将减排责任逐个落实到重点企业和具体减排项目上，并与企业法定代表人或项目业主签订了责任状。

3. 突出重点，狠抓落实

全省以重点流域、重点区域、重点行业和重点企业污染整治为突破口，坚决落实结构减排、工程减排和监管减排三大措施。一是加快淘汰落后生产能力，依靠产业结构调整腾出总量。全省累计拆除水泥机立窑705条，在全国率先完成水泥行业结构调整；关闭了所有味精发酵车间，完成了该行业的结构调整；淘汰了近千家污染严重的化工企业，整体关闭了衢州沈家化工园区等一批化工园区；截至2009年年底，已超额完成“十一五”小火电机组关停目标；关闭了造纸行业全部的草浆生产线；淘汰了制革行业3000多个转鼓，温州市鹿城区前京制革基地实现全部关停；拆除了15家炼铁炼钢企业；鼓励印染行业淘汰O型缸和J型缸，倡导使用气流缸，开展中水回用，大大减少了单位产量的废水排放量。二是率先推进城市污水处理厂及配套管网和燃煤发电机组脱硫设施建设，依靠工程治理措施削减总量。在2007年浙江省率先实现县县建成污水处理厂的基础上，向各中心镇、重点工业镇、生态敏感区乡镇和直接面江临湖乡镇推进，2008年、2009年分别完成100个以上乡镇污水处理厂（管网）建设。截至目前，全省污水处理能力超过850万米^3/日。在燃煤发电机组脱硫设施建设方面，继2009年建成北仑电厂2台100万千瓦、嘉华电厂2台60万千瓦、嘉兴电厂2台30万千瓦共380万千瓦燃煤发电机组的脱硫设施后，浙江省已提前完成12.5万千瓦以上燃煤发电机组脱硫设施建设。此外，宁波市先后投入资金30.6亿元，完成原有燃煤电厂脱硫设施建设，按“三同时”要求配套脱硫脱硝设施，对镇海发电有限公司的脱硫设施配套新烟囱；杭州和绍兴市积极推行热电厂炉外脱硫改造工程，挖掘二氧化硫减排潜力；杭钢集团150平方米烧结机脱硫工程经过调试已稳定运行，宁波纲厂和衢州元立集团的烧结机脱硫工程已启动。三是以环保重点监管区整治为突破口，依靠区域治理措施削减总量。通过省级有关厅局分头带队蹲点督查和市、县政府全力以赴的整治，浙江省完成了一大批重点环保监管区污染整治，既大幅度降低了污染物排放量，又明显改善了这些区域的环境质量。四是大力推行日常监管和“飞行监测”突击检查相结合的监管方法，省环境稽查总队还专门设立了减排稽查科，专项督察各类减排项目，并将督察结果与减排考核挂钩。五是加快推行清洁生产，发展循环经济，实施循环经济“991 行动计划”。省环保厅、省经信委联合对列入名单的企业实施强制性清洁生产审核，按照减量化、资源化和无害化要求，推动建立以低消耗、低排放、高效率为基本特征的工业循环经济发展模式，破解要素瓶颈制约。六是制定实施《浙江省农村环境保护规划》，加强农村环境保护试点工作和督察，及时总结试点工作经验。

4．积极探索，完善制度

一是健全减排工作制度，促进减排工作规范化。浙江省先后制定了污染减排统计、监测、考核和管理四个实施办法，建立了污染源台账、污染减排月报、季报和半年报、季度减排形势分析、污染减排预警和约谈等多项制度。二是制定减排经济政策，提高社会各方减排工作主动性。省政府出台了《关于积极运用价格杠杆促进我省环境保护的意见》、《关于开展排污权有偿使用和交易试点工作的指导意见》，为全省排污权有偿使用和交易提供了法规和政策制定的依据；建立了浙江省银行信贷与节能减排联席会议制度，实行差别发电计划制度和脱硫电价补贴等政策。制定了《浙江省跨行政区河流交接断面水质考核管理细则（试行）》（浙政发[2009]91 号），实行地表水环境质量与污染减排、生态环保财力转移支付、建设项目行政许可“三挂钩”制度，有效落实了地方政府保护辖区水环境的责任。三是努力引入市场机制，多方筹措减排资金。鼓励民间资本进入环保产业，加大环保基础设施建设的社会化融资力度。省政府将排污权交易机制研究和实践作为省长重点调研课题，组织高等院校、科研院所合力攻关，在嘉兴、绍兴、金华、台州等地区开展各种类型试点。

5. 健全法制，加强宣教

以减排为契机，加快地方环保立法进程。近四年，浙江省出台了《浙江省水污染防治条例》、《浙江省固体废物污染环境防治条例》、《浙江省建设项目环境保护管理办法》、《浙江省环境污染监督管理办法》等15部地方性法规和规章；省有关部门和市县也相应出台了大量的综合性和专项性政策文件，是浙江省环保立法进程最快、出台数量最多的几年。积极推进污染减排全民行动。组织开展环境友好企业、绿色系列等创建活动以及“关爱家园、从我做起、节约资源、保护环境”、“无车日”等一系列主题宣传活动，不断推动社会各界积极参与资源节约型、环境友好型社会建设。

第四节 经验与体会

一、提高思想认识是前提

浙江生态环保工作之所以能够持续深入推进，“811”行动之所以能够取得明显成效，污染物减排之所以能出色完成，很重要的就是全省上下在贯彻落实科学发展观、构建和谐社会、全面建设小康社会的总格局中，对加强环境保护、加强生态建设形成了共识。这几年，浙江省各级党委、政府、人大、政协和社会各界都高度重视生态环保工作。省委、省政府多次强调破坏生态环境就是破坏生产力，保护生态环境就是保护生产力，改善生态环境就是发展生产力，经济增长是政绩，保护环境也是政绩。省人大、省政协每年都把生态环保工作作为执法检查和民主监督的重点。各级领导干部积极调整工作思路，改变工作方式，着力于把生态理念体现到制定决策、部署工作的各个方面，贯穿到经济社会发展的各个领域。各地切实转变经济发展模式，打生态牌、走生态路，纷纷提出了“生态立市”、“生态立县”、“生态富民”等发展战略。广大人民群众保护环境、治理污染的自觉性不断提高，生态省建设的舆论环境逐步形成，已经成为推进生态环保事业发展的力量源泉。实践证明，只有思想统一了，认识到位了，才能集中力量，真正把党中央、国务院加强环境保护的决策落到实处，才能加大力度，切实解决广大人民群众关心的环境问题。

二、转变发展方式是根本

环保问题说到底是经济发展方式的问题，有什么样的产业结构，就有什么样的环境状况。今天的产业政策，就是明天的产业结构，就是后天的环境状况。要从根本上解决环境问题，必须转变经济发展方式，调整优化产业结构，走新型工业化道路。特别是随着经济总量的进一步增大，环保基础设施的进一步健全完善，单纯依靠末端治理的方式，已经难以完成减排任务，难以从根本上改善环境质量。这几年，我们坚持标本兼治、长短结合，把环境污染防治纳入产业结构调整优化升级的全过程，注重从源头入手切实加强建设项目环境准入，鼓励支持高新技术产业、现代服务业、生态高效农业的发展，鼓励支持传统制造业的改造提升，限制“三高一低”产业的发展；注重调整经济结构、产业结构和企业产品结构，加快淘汰落后过剩生产能力，大力推行清洁生产，加快发展循环经济。六年“811”行动的环境污染整治，已经初步实现了环境污染从末端治理向源头控制，向全过程控制转变。实践证明，环境污染防治是促进经济发展方式转变的重要抓手，是有效的倒逼机制，而经济发展方式的转变，可以有效减少污染物排放总量，从根本上解决环境问题。环境污染防治和发展方式转变的循环互动，可以有效破解环境保护与经济发展的矛盾，最终取得环境保护和经济发展的双赢。

三、严格执法监管是核心

依法保护，依法监管是各级政府履行环境保护职责的核心内容。特别是在当前环境违法违规行为屡禁不止的情况下，更需要有严格的执法监管措施。这几年，我们按照“治旧控新、监建并举”的方针，持续加大环保执法力度，连续多年开展了全省性的环保执法检查和跟踪督查，开展了一系列的专项执法行动，开展了每季度的“百厂千次飞行监测”。各级各部门坚持依法监管、依法治理，加大行政处罚力度，强化限期整治措施，一大批挂牌督办的突出环境问题得到了有效解决。“十一五”期间，全省共查处各类环境违法案件 4.9 万件，罚没款总额连年增加，每年都位居全国第一。与此同时，为积极应对各类环境突发性事件，全省还制定了省、市、县和重点企业的四级环境突发事件应急预案。实践证明，严格的执法监管，有力地震慑了各类环境违法行为，有效地解决了突出的环境问题，切实提高了广大企业主的环境法制意识，切实保障了广大人民群众的环境权益。

四、创新体制机制是动力

体制机制创新具有决定性、长期性的意义。这几年，全省在生态建设和环境保护的各个方面都有一系列的体制机制创新。在组织领导体制方面，全面建立了主要领导负总责、分管领导具体负责、各部门分工抓落实的组织领导和工作协调机制。全省各级都成立了由党委、政府主要领导任组长的生态建设工作和环境污染整治工作领导小组，定期召开会议，研究重大政策，部署重点工作，协调解决重大问题。在多元投入机制方面，与市场经济相适应的环保投融资机制初步建立。省级财政生态环保专项资金投入逐年加大，省级财政资金安排实行“以奖代补”，带动市县投入更多的环保专项资金。积极鼓励社会资金进入污染治理市场，初步实现投资主体多元化、运营主体企业化、运营管理市场化。在价格政策上，建立健全有利于促进环境保护的价格机制，鼓励清洁生产，抑制污染物排放，促进可再生能源开发，支持环保产业的发展。在污染减排方面，建立了污染减排管理办法以及污染减排监测、统计、考核实施办法，对排污许可、排污绩效考核、排污权有偿使用和交易机制等进行了积极探索。此外，浙江省在建立健全环境综合决策机制、区域协调机制、生态补偿机制、结构调整的倒逼机制、环境监管机制、责任追究机制等各个方面都走在了全国前列。实践证明，创新生态环保工作的体制机制，构建有利于污染整治的良性互动机制，是抓好环境污染防治的长久之策，是推动生态环保工作不断向前发展的不竭动力。

五、推进科技进步是支撑

科学技术是第一生产力。全省高度重视发挥科技支撑作用，紧紧依靠科技进步深化环境污染防治。持续加大环保科技投入，着力推进环保重大关键技术攻关和先进适用技术推广应用。继“十五”期间省级财政投入 1.2 亿元，实施 100 项省级环保科技专项之后，“十一五”期间省级财政投资 5 亿元以上，实施更多的环保科技专项。通过环保科技攻关，污水处理、污泥处置、电厂脱硫、农业农村面源污染整治、垃圾处置和资源化利用等一系列重大关键技术取得了突破，通过实施一系列环保科技示范工程，全省各地推广应用一大批污染治理、生态修复、资源循环利用等先进适用技术。环保产业实现持续快速发展，2010 年环保产业总量列全国第二。与此同时，通过组织开展课题研究和决策咨询等方式，着力发挥环保科研机构和专家学者在环境决策管理中的积极作用。2005 年，省政府安排 300 万元专项资金，开展了“钱塘江流域水环境承载力与生态安全指标体系”课题研究，2006 年又进一步深化研究“钱塘江流域生态环境功能区划和区域开发格局”，为全面推进钱塘江流域水污染防治、率先实施全流域排污总量控制削减机制提供了强有力的决策支持。2008年“浙江省太湖流域水污染治理国家水专项”全面启动。2010年举全省之力完成了“浙江省‘十二五’国民经济和社会发展资源环境承载能力评估”项目，该研究成果是全省多单位共同参与，集体智慧的结晶，是全国第一个基于全省五大资源环境要素承载能力评估的报告，成果具有前瞻性、科学性和可操作性，对浙江编制“十二五”国民经济和社会发展规划具有较强的指导意义。实践证明，加快推进环保科技创新，是深化环境污染防治，实现环境保护目标的重要支撑，是解决环境问题，特别是解决结构型、复合型和压缩型环境问题的必由之路。

六、加强能力建设是基础

2004年以来全省各级全面加大了环保基础能力建设，在全国率先全面建成了县以上城市污水、生活垃圾集中处理设施，率先建成了环境质量和重点污染源自动监控网络，环境污染防治能力明显增强。与此同时，全省环境监察监测装备水平不断提高，环保机构不断健全，环境执法监管能力明显增强。全省所有的环境监察机构已经完成并通过国家标准化建设验收。根据“常备不懈、积极兼容、统一指挥、分级管理、保护公众、保护环境”的环境应急方针，通过建立健全应急预案体系、开展环境突发事件应急演练、加强环境应急物资保障，全省应对突发环境事件的能力明显增强。建立了污染源台账和动态管理信息库建设、减排数据核查、污染源普查等工作，全省环境统计体系不断健全，环保基础数据不断完善。实践证明，加强环保能力建设是提高环境保护水平，改善环境质量最直接、最有效的手段，也是更好地开展环境保护和污染整治工作的基础，特别是面对日益繁重的环保工作任务，加强环保能力建设对推动环境污染防治工作更是具有决定性的意义。

七、健全政策法规是保障

2004 年至今是浙江省环保立法进程最快、出台文件最多的六年。全省共出台《浙江省固体废物污染环境防治条例》、《浙江省建设项目环境保护管理办法》、《浙江省环境污染监督管理办法》、《浙江省自然保护区管理办法》等多部地方性法规和规章。这些地方性法规和规章的实施，进一步完善了环境保护管理体制，细化了环保执法手段，增强了环保执法刚性，使地方环保执法权限实现了重大突破。省委、省政府共出台了《关于推进生态文明建设的决定》、《关于落实科学发展观　加强环境保护若干意见》等多个综合性文件，省有关部门和市县更是相应出台了大量的综合性和专项性政策文件。这些政策文件涵盖发展循环经济、完善生态补偿、加强污染减排、重点流域水污染防治、重点监管区整治、工业新增污染控制、污染整治企业结构调整、环保基础设施建设、农业农村面源污染防治等方方面面。实践证明，这一系列法规规章和政策性文件为环境污染防治创造了良好条件，有效保障了环境保护长效管理机制的建立，确保了生态环保工作的持续推进。

八、落实责任是关键

环境污染防治的主要责任在地方，浙江省环境污染防治始终坚持各级党委、政府要对本行政区域的污染整治工作负总责的要求，落实各项工作责任。省委、省政府每年向所有县市和省有关部门下达生态建设和环境污染整治目标责任书，目标责任考核结果纳入党政领导班子和领导干部政绩考核评价体系，在各类评优创先活动中实行生态环保“一票否决”。各地各部门都根据目标责任书要求明确本地区、本部门环境污染整治的工作任务，并将目标任务分解落实到相应的责任单位和责任人，确保了目标任务横向到边、纵向到底。对目标责任书实行严格的考核制度，确保奖惩分明，在具体工作中，省整治办加强协调，严格督查，切实承担起牵头组织作用；省有关部门按照职责分工、密切配合，加强工作的指导和监督；人大、政协和社会各界、新闻宣传战线和广大人民群众都积极监督、支持和推动环境污染防治。实践证明，严格落实责任主体，严格实行绩效考核，充分调动各方面的积极性，是做好环境污染防治工作的关键环节，也只有责任主体落实了，任务才能真正落实，合力才能真正形成，工作才能真正推进。

第二章　工业污染防治

改革开放以来，浙江工业经济逐渐发展形成了“轻、小、民、加”的产业结构，即轻重工业结构中以轻工业为主，企业规模结构中以小企业为主，所有制结构中以民营经济为主，产业链结构中以加工制造为主。浙江传统产业中重污染产业比例偏高，给环境保护造成了较大的压力。浙江始终将工业污染防治作为环境保护工作的重点任务来抓。

20 世纪 70 至 80 年代，工业污染控制的主要方式是对各污染厂家逐个进行排污治理，90 年代，随着全省各类经济开发区和工业小区的相继建成，集中处理污染物条件逐渐成熟。

1992 年 8 月 15 日，省人民政府办公厅转发省环保局《关于加强经济开发区、工业小区环境管理的报告》，要求各地、各部门在进行各类经济开发区和工业小区建设时，努力防止和克服重经济建设、轻环境保护的倾向，正确处理两者关系，使之同步发展。并做到科学规划，明确小区功能和环保要求；开展一次性区域现状环境质量评价，简化小区内建设项目环境影响评价手续，加快审批进度，确保项目定点；实行小区内水污染物集中处理；鼓励小区内建设集中供热、煤气工程；加强小区的管理机构。杭州、宁波、温州、绍兴、萧山、余杭、东阳、椒江、上虞等市、县均先后开展小区环境影响评价工作。

1994 年 9 月，省人民政府颁发《关于加强省级开发区建设和管理暂行规定》。规定将区域环境保护与区域环境承载能力许可列为设立开发区必须具备的基本条件之一；要求开发区总体规划与城市总体规划相结合，坚持道路、电力、供水：排污、通讯、供气、供热等基础设施先行；环保部门参与开发区规划的制订与论证；明确开发区建设的可行性研究报告、选址论证和区域环境评审材料必须报审；强调开发区兴建企业要符合国家产业政策，不得兴办工艺落后，环境污染严重及缺乏有效整治措施的企业。1994 年，全省各级环保部门，以开发区的建设规划、一次性环境影响评价、确定开发区功能、集中供热、污水集中处理为主要内容，加强环境管理。全省 8 个国家级和 50 个省级开发区中，完成环境影响评价的占 66%。

1994 年 6 月，省人民政府根据全省经济发展水平与存在的主要环境问题，提出在全省实施环保“六个一工程”，即到 1997 年，建成 100 个烟尘控制区，100 平方千米噪声达标区，100 个合格饮用水水源保护区，100 个生态村镇，限期治理 100 个重点水污染源和 100 家大中型水泥厂。到 1997 年年底，全省建成总面积为 906 平方千米的 127 个烟尘控制区、150 平方千米噪声达标区、141 个合格饮用水水源保护区、104 个生态村镇和 128 个重点水污染源，148 家大中型水泥厂已完成治理任务。

1996 年，根据《国务院关于环境保护若干问题的决定》，浙江省对生产技术落后、能源资源浪费、产品质量低劣、环境污染严重的小电镀、小造纸、小化工等 2 567 家“十五小”企业实行坚决关停。同时，对不属于“十五小”范围但污染影响较大的丽水 4 家造纸厂实行关停转产。

1998 年年底，太湖流域杭嘉湖地区列入重点限期治理的 257 家企业中，204 家已实现达标排放。

1999 年，浙江省全面开展“一控双达标”工作，省环保局制订《浙江省“一控双达标”工作方案》，按国家的技术规范确定 878 家国家控制重点污染源，并根据省委书记张德江提出的浙江省环境保护“重点抓水”的指示，自我加压，确定占化学需氧量总负荷 80%的 1 386 家企业为省控重点污染源，并向社会公布。市、县分别按占污染负荷 80%和85%的界线确定市控和县控重点源。

2000 年年末，全省 1386 家省控重点污染源已治理达标 1151 家，关停 227 家，达标率 99.4%；未达标的 8 家，其污染治理设施均在调试中。全省化学需氧量、二氧化硫等 12 项主要污染物排放总量比 1995 年分别下降 10%左右。杭、甬、温三个国家环境保护重点城市实现功能区环境质量达标。

2004 年至 2010 年，浙江全面开展了两轮新旧“811 环境整治行动”工作，浙江的重点污染行业，积极采取技术改造、关停转迁、增添治污设施等措施加大治理力度，浙江的工业污染整治取得了显著成效。

第一节 工业废水治理

一、工业废水污染及治理情况综述

新中国成立以来，随着国民经济的不断发展，工业门类渐多，工厂规模扩大，废水排放量和污染物种类日益增加，且未经处理排入附近水体，污染水质。20 世纪 60 年代末 70 年代初，中河、东河和运河水体已基本缺氧，上塘河部分河段溶解氧为零，化学耗氧量严重超标，能检出有毒有害物质。同时，杭州市区的北区水厂、南区水厂、清泰门水厂和祥符桥水厂均先后受到工业废水的污染。1970 年及以后几年，全省发生四起因黄磷污水（污泥）排放造成的大面积死鱼事件，每次死鱼量均在万担（1 担=50 千克）以上。1973 年 7 月和 9 月，余杭、德清等沿京杭运河地区，因杭州市属 14 家工厂废水外排，发生两次大面积死鱼事件，1974 年 4 月，杭州油墨厂含酚废水造成杭州主要自来水水源贴沙河大量死鱼，同年 8 月，兰溪农药厂误排稻瘟净原油造成兰江大面积死鱼。

对工业废水的治理始于 20 世纪 50 年代后期，到了 20 世纪 80 年代初，造纸、制革、印染、电镀、化工、冶金等行业主管部门先后召开过废水处理经验交流会，促进了部门行业废水的治理工作。

2000 年，浙江工业废水排放总量 13.643 3 亿吨，省重点调查的工业企业的工业废水处理率达到 95.8%，处理回用量达到 57027 万吨；2001 年，浙江工业废水排放总量、省重点调查的工业企业的工业废水处理率，相比 2000 年有小幅提高，工业废水排放总量达到 15.8113 亿吨，处理率达到 96.47%，工业 COD 排放量为 32.1 万吨，工业氨氮排放量为 5.62 万吨；2002 年，工业废水排放量为 16.8 亿吨，比上年增加 6.3%，废水排放达标率为 96.33%，与上年基本持平，工业 COD 排放量较上年减少 11.7%，工业氨氮排放量较上年减少 31%；2003 年，工业废水排放量为 16.81 亿吨，与上年相比基本持平，废水排放达标率为 97.2%，略高于上年，工业 COD 排放量较上年减少 9.5%，工业氨氮排放量较上年减少 2.74%。

2004 年，浙江省政府印发了《浙江省环境污染整治行动方案》，加强了对环境污染整治力度，在当年 GDP 增速达到 14.3%的背景下，工业废水排放量为 16.53 亿吨，比上年减少 1.67%，废水排放达标率为 95.94%，与上年相比略有下降，工业 COD 排放量较上年减少 1.9%，工业氨氮排放量较上年减少 12%。2005 年年初，浙江环保污染整治工作领导小组与 11 个市签订《浙江省环境整治重点工程项目任务书》，并把钱塘江的治理列为当年浙江境内 8 大水系的整治重点。为期 3 年的第一轮“811”环境污染整治行动拉开了序幕。

三年中，浙江的重点污染行业，积极采取技术改造、关停转迁、增添治污设施等措施加大治理力度，效果显著。到 2007 年，全省味精行业已全面完成污染整治，率先在全国实现省域范围内味精行业全行业 COD 和氨氮指标达标排放；造纸行业草浆生产线已全部关闭，至少领先兄弟省份 3 年。全省主要污染物的排放总量进一步削减，在 2007 年上半年全国 COD 排放量比上年同期上升 0.24%的情况下，浙江 2007 年 COD 排放量比 2006 年同期下降了 2.48%；全年工业 COD 排放量比上年下降 8.01%，工业氨氮排放量比上年下降 8.30%，环境整治和污染物减排工作取得了显著成效。

自从进入 21 世纪，特别是“811”环境污染整治行动实施以来，浙江的工业废水污染防治取得了显著成效，主要工业行业的废水排放量和污染物排放量均大规模减少，对工业废水污染的控制已逐渐从末端控制转变为清洁产生和末端排放控制及循环回收相结合的方式。

二、工业废水治理发展历程

20 世纪 50 年代后期，个别厂家已开始自发地治理“三废”。如 1957 年民丰造纸厂的废水灌溉工程；1958 年杭州皮革厂采用氧化沟和砂滤，对皮革废水进行自然曝气和自然沉淀。60 至 70 年代，各电镀厂点已开始对电镀废水进行各种处理技术尝试，从化学方法、离子交换法到回收资源节约用水的逆流漂洗技术。70 年代末，印染工业的废水治理迅速开展。80 年代初，造纸、制革、印染、电镀、化工、冶金等行业主管部门均先后召开过废水处理经验交流会，促进了部门行业废水的治理工作。

1981 年，全省县及县以上工业企业废水排放量 86863 万立方米，废水处理率 11.05%。1985 年，全省 9275 家工业企业的废水排放量 122048.2 万立方米，其中废水的分行业排放量、处理率、达标率见表 2-1。

表 2-1　1985 年浙江省各行业工业废水排放基本情况

行业名称	企业数/个	废水排放量/（万 m^3/a）	所占百分率/%	经处理废水量/（万 m^3/a）	处理率/%	符合排放标准量/（万 m^3/a）
建材、非金属矿采选业	61	1 184.9	0.97	749.3	63.3	124.4
食品制造业	1054	7 486.4	6.13	955.1	12.8	1 355.2
饮料制造业	375	3 724.3	3.05	207.0	5.6	543.7
纺织业	977	8 394.1	6.88	1 683.2	17.1	2 489.3
造纸及纸制品业	386	16 525.4	13.54	2 112.6	12.8	1 478.3

行业名称	企业数/个	废水排放量/（万 m^3/a）	所占百分率/%	经处理废水量/（万 m^3/a）	处理率/%	符合排放标准量/（万 m^3/a）
电力蒸汽热水产供应业	35	4 526.3	3.71	1 161.9	25.7	3 899.6
化学工业	623	42 030.9	34.44	6 873.4	16.4	23 722.9
民药工业	101	2 611.9	2.14	54.7	2.1	651.1
化学纤维工业	23	2 449.8	2.01	696.6	28.4	1 088.7
建材、非金属矿制品业	1404	562 704	4.61	213.4	3.8	2 564.3
黑色金属冶炼加工业	66	11 432.9	9.37	3 377.0	29.5	10 294.3
金属制品业	879	1 571.9	1.29	430.3	27.4	345.8
机械工业	1 035	3 399.8	2.79	278.5	8.2	1 498.8
其他工业	2 256	11 086.1	9.08	1 344.4	12.1	4 876.6
合计	9 275	122 048.2	100.0	20 137.4	16.5	54 933

至 1985 年，全省已累计建成并投入使用的工业废水处理设施共 901 套，投资 1.147 亿元。据对杭州、宁波、温州、绍兴、嘉兴五个城市 101 家企业（均为全民所有制和县以上集体所有制）的 189 套废水处理设施进行调查，杭州钢铁厂、镇海石油化工厂等 10 个大中型企业的 54 套设施运行较正常，其处理率和处理达标率分别为 87%和 79.4%，设备利用率达 70.6%。1995 年，全省排放 COD_{Cr} 的主要污染行业排序见表 2-2。

表 2-2　浙江省排放 COD_{Cr} 主要污染行业排序（1995 年）

行业	县以上工业				乡镇工业				合计		
	企业数量/个	排 COD/（万 m^3/a）	占百分率/%	位次	企业数量/个	排 COD/（万 m^3/a）	占百分率/%	位次	排 COD/（万 m^3/a）	占百分率/%	位次
造纸	65	7.515	28.9	1	1 384	8.950	24.62	2	16.445	26.90	1
食品	510	6.333	24.3	2	9 198	5.505	14.69	4	11.553	18.90	2
化工	271	3.885	14.9	3	2 535	2.646	7.28	5	6.525	10.67	5
医药	86	1.741	6.7	4	381	0.780	2.15	6	7.521	4.12	6

行业	县以上工业				乡镇工业				合计		
	企业数量/个	排 COD/（万 m^3/a）	占百分率/%	位次	企业数量/个	排 COD/（万 m^3/a）	占百分率/%	位次	排 COD/（万 m^3/a）	占百分率/%	位次
纺织	351	1.689	6.5	5	54 031	8.260	23.20	3	10.105	16.53	4
皮革	56	1.583	6.1	6	7 297	9.542	26.97	1	11.363	18.59	3
化纤	18	1.058	4.1	7	187	0.261	0.71	7	1.317	2.15	7
冶金	35	0.578	2.2	8	657	0.164	0.30	9	0.589	0.96	8
机构	786	0.187	0.7	9	8 132	0.118	0.33	8	0.195	0.32	9
电力	42	0.133	0.5	10	78	0.045 67	0.12	11	0.179	0.28	10
建材	223	0.108	0.4	11	15 135	0.059 96	0.16	10	0.168	0.27	11
石油	5	0.058	0.2	12	77	0.015 6	0.04	12	0.074	0.12	12
合计	2 448	24.866	94.6	—	99 092	36.347	99.17	—	66.034	97.99	—

* 其中排序行业 1～7 共排放 COD 58.688 万 m^3/a，占全省总量的 93.61%。

1986—2000 年全省历年工业废水累计处理总投资、处理设施总数、正常运行设施数、处理废水量、废水中 COD 去除量见表 2-3。

表 2-3　1986—2000 年全省工业废水处理设施运行情况

年份	汇总企事业单位数/个	累计处理总投资/亿元	处理设施总数/个	正常运行设施数/个	处理废水量/万 m^3	废水中 COD 去除量/t
1986	777	1.68	980	—	21 043	—
1987	877	2.31	1 261	—	26 388	—
1988	1 015	2.39	1 493	—	29 867	—
1989	1 086	3.68	1 730	—	38 678	—
1900	1 241	4.16	2 044	—	38 726	—
1991	1 195	4.34	2 078	1 844	40 449	102 675
1992	1 157	6.59	2 053	1 811	44 837	187 416
1993	1 096	7.78	2 095	1 810	43 293	144 439
1994	1 116	8.23	2 147	1 907	47 025	156 153

年份	汇总企事业单位数/个	累计处理总投资/亿元	处理设施总数/个	正常运行设施数/个	处理废水量/万 m^3	废水中 COD 去除量/t
1995	1 115	9.66	2 165	1 930	51 411	152 780
1996	2 892	11.28	1 929	1 750	45 066	238 789
1997	5 470	13.80	3 577	3 336	77 241	276 590
1998	5 233	16.31	1 327	1 205	35 807	117 081
1999	5 237	17.23	4 392	4 192	95 437	—
2000	5 529	18.44	5 087	4 965	137 929	682 637

2001—2008 年全省历年工业废水处理设施运行费用、处理设施总数、处理废水量、废水中 COD 去除量、氨氮去除量见表 2-4。

表 2-4　2001—2008 年全省工业废水处理运行情况

年份	汇总企事业单位数/个	处理设施运行费用/万元	处理设施总数/个	处理废水量/万 m^3	废水中 COD 去除量/t	废水中氨氮去除量/t
2001	5 625	283 531	5 064	158 108	1 862 480	62 700
2002	5 667	151 420	5 199	168 040	840 477	54 718
2003	5 629	180 533	5 491	168 088	967 601	62 162
2004	5 733	179 352	5 541	165 273	1 031 963	73 338
2005	5 847	212 847	5 858	160 890	1 150 220	62 676
2006	6 340	387 803	6 979	175 056	1 063 360	52 042
2007	10 136	317 335	6 821	201 210	1 206 000	67 400
2008	10 254	365 263	7 630	175 103	1 460 966	64 755

从表 2-4 中可知，自 2004 年实行“811”环境污染整治行动以来，浙江工业企业废水处理量、COD 去除量及废水处理设施运行费用均有明显的增加。

三、典型行业工业废水治理情况

1. 纺织印染行业废水治理情况

浙江纺织工业已有近百年历史，新中国成立以来，特别是党的十一届三中全会以后，生产建设迅速发展，1984 年，全省纺织工业总产值 29.86 亿元，占工业总产值的 9%。其重点污染是印染业，排出的废水颜色深，嗅味重，COD_{Cr} 在 800～1800 毫克/升。随着市场对织品花色品种要求不断翻新，纺织原料、染化料、助剂变化较大，印染行业小批量、多品种的生产方式，印染厂家小而分散，使印染废水水量水质变化较大，治理难度增加。多年来，为解决印染污水问题，除在工艺中采用新型的印染技术，减少染化原料的消耗外，对于新建项目和技改项目均按“三同时”要求建立废水处理设施。

20 世纪 60 年代至 70 年代，印染废水无有效处理方法，部分工厂虽有沉淀池，但处理效果很差。70 年代以后，印染废水处理技术发展较快。“八五”期间，推行毛纺、丝绸、化纤印染废水处理试点工程，促进印染废水处理的先进技术推广并提高处理效果。据 1985 年全省工业污染源调查，977 家企业年排放废水 8394.1 万立方米，占总量的 6.9%；废水处理率 17.1%，达标率 25.3%；年排放 COD_{Cr} 3.8 万吨，占总量的 7.3%；1995 年共调查 54382 家纺织企业（其中县以上 351 个，乡镇工业 54031 个）年排 COD_{Cr} 10.1 万吨，占全省工业废水 COD_{Cr} 排放总量的 16.5%，居全省各行业的第 4 位。

1979 年，杭州丝绸印染联合厂废水处理设施竣工并试运行。投资 120 万元，设计处理能力 800 米^3/日，采用合建式表曝生化处理工艺。1991 年对该设施全面改造，改为 A/O 工艺，并成功地将合建式表曝池改为接触氧化池，前后共投资 287.8 万元。

1982 年，绍兴丝绸印花厂废水处理设施竣工并投入运行。以后对调节池进行扩建。共投资 82 万元，采用接触氧化工艺流程，设计处理能力 3000 米^3/日，实际处理量 2000 米^3/日，设计进水水质 600 毫克/升，实际进水水质 480 毫克/升，设计出水水质 300 毫克/升，实际出水水质 289 毫克/升。

1984 年 4 月，绍兴丝绸炼染厂采用生物接触氧化—混凝沉淀法建成炼染污水处理工程，日处理 2000 立方米，投资 68.7 万元。化学耗氧量去除率大于 85%，硫化物去除率大于 85%，色度去除率大于 90%，出水浓度达到国家印染行业废水排放标准，对沉淀后的污泥采用板框压滤机处理回收制砖，效果良好。

1985 年 3 月，诸暨毛纺厂，采用混凝加生物接触氧化法建设污水处理工程，1986 年建成，日处理污水 650 立方米，化学耗氧物质和硫化物去除率均大于 70%，出水达到规定排放标准。

1986 年 10 月，上虞漂染厂采用物化—生物接触氧化—物化法建设印染污水处理工程，包括穿越铁路外排管线，总投资 120 万元，1987 年 9 月建成，日处理污水 624 立方米，主要污染物去除率 64%，出水 COD_{Cr} 质量浓度 80～120 毫克/升，BOD_5 5～100 毫克/升，排出水用压力管送到百官镇下游排放。

1988 年 11 月，绍兴平绒总厂采用斜管沉淀—物化脱色过滤—氧化塘法的废水处理工程开工，1989 年建成，废水经处理后达到规定的排放标准，投资 55 万元，COD_{Cr} 去除率 60%～70%，色度去除率 80%。

1992 年，杭州市市政有关部门开始筹建拱宸桥纺织联片污水处理厂（简称联片厂）。杭州市拱宸桥西是规划定点的纺织工业区，由于该地区的城市污水处理系统近期难以完成，一些迁入的纺织企业的生产、生活污水暂时不能接入市政排水系统。参加“联片厂”的有杭州通达集团公司染整分厂、杭州红雷丝织厂、杭州帘帆布厂、蓝孔雀化纤公司等单位，进入联片厂污水处理设施的主要是印染废水，COD_{Cr} 达 800～1000 毫克/升，BOD_5 250～300 毫克/升，色度 200 左右。处理设施于 1994 年 9 月开始运行，1995 年 12 月通过验收，其规模为日处理 5000 立方米废水，总投资 761 万元，运行效果良好。1997 年，进水 COD_{Cr} 700～1000 毫克/升，出水 COD_{Cr} 100～170 毫克/升，去除率 83%～85%；BOD_5 进水 250～300 毫克/升，出水 28～60 毫克/升，去除率 80%～89%，出水 COD_{Cr} 和 BOD_5 浓度可以达到纺织染整行业二级排放标准，采用兼氧—好氧—物化联合处理工艺。

1993 年，为防止印染废水污染鉴湖水域，绍兴县环保局采取以下措施：鉴湖水域及其上游限死废水排放总量，禁止新建、扩建印染企业；一年中全县已累计投入治理资金 4000 多万元，日处理废水 12 万立方米，与排放总量相配套；组织协调有关部门，投资 650 万元，建设两个镇的印染废水截污外排工程；在全县 25 个乡镇全部配备环境管理员的同时，4 个印染行业发达的镇建立废水治理总站，实施“治理与生产分成”的管理机制。

1993 年 11 月，嘉兴制丝针织联合厂废水处理设施竣工，1994 年 5 月验收。该设施在原有设施基础上改造扩建而成，新设施投资 160 万元，总投资 300 万元。设计处理水量 700 米^3/日，实际处理水量 500 米^3/日。废水来源有煮茧、缫丝、复摇、汰头、印染等工序。进水水质 COD_{Cr} 3250 毫克/升，出水水质 COD_{Cr} 161 毫克/升，采用气浮—厌氧—好氧处理工艺，对较难处理的汰头废水有较好的处理效果。

1994 年 7 月，平湖市茉织华集团公司废水处理设施竣工并试运行，1995 年 6 月验收。该公司年产服装 1200 万件，其中染色加工 450 万件。废水量平均每天 600 立方米，COD_{Cr} 质量浓度 461 毫克/升，BOD_5 89.3 毫克/升，废水 BOD_5/COD_{Cr} 比值低。废水处理设施投资 220 万元，主要由日本设计、安装、调试。调节池、曝气池、二沉池及风机房等主要设施安排紧凑，为整体建筑设计，七个曝气池与二沉池串联，节省管道，占地面积小，整个地面设施占地 156 平方米，污泥回流采用汽提，简单且稳定，该设施 24 小时运行，无需人员看管。曝气池停留长达 20～50

小时，污泥增长与消化分解处于自身平衡，因而剩余污泥量小，每年仅2～3吨，一年清运一次，到厂外固定点堆放。长期运行稳定可靠，出水水质优于《纺织染整工业水污染物排放标准》的一级标准。

1996年5月，杭州凯地丝绸印染有限公司凯地丝绸印染厂废水处理设施竣工投入试运行，1997年8月通过验收。该厂年产真丝合纤印花染色绸1900万米。每日产生印染废水2000立方米，COD_{Cr}约800毫克/升。其中碱减量废水100米^3/日，平均质量浓度8149毫克/升，最高达17449毫克/升，生化性差。设施投资348万元。

2001年，杭州航民美时达印染有限公司投资50万元敷设管道利用碱性废水进行水幕除尘，将前处理废水用于热电车间水幕除尘。使用后既节约了水和碱液，又每天削减废水近200吨。2003年投资30万元，安装了一台扩容蒸发器，利用废水淡碱浓缩节约成本，每天可从废水中回收浓碱达15吨，每年节约资金80多万元，同时减少了废水排放量。

富润控股集团是大型工贸企业，位于浙江诸暨市，现拥有总资产22亿元，净资产9亿元，职工11000余人。富润纺织公司投资上千万元采用先进的新工艺和新设备促进节能减排，该设备采用人机界面操作，针对不同的织物对洗缩比的要求，预先设定操作程序，自动控制的助剂添加系统，变频控制的三相交流电机，以提高产品质量，降低用水量，每万米布节水190吨；通过水量优化控制，控制在较高温度下水洗，提高水洗效率，缩短水洗时间，减少用水量，染整厂单位产品耗水削减30%，合计节水2.5万吨；条复厂单位产品节水10%，合计节水0.72万吨。富润绢纺厂通过清洁生产用液化气代替煤气，每年削减废水7万吨。通过空调系统改造，安装湿帘冷水机及加湿机代替原空调系统，节水8000吨/年，节电2万（千瓦·时）/年，节汽120吨/年；富润绢纺厂的吨绢丝耗水量通过清洁生产2003年削减983吨，2004年为856吨，2005年为640吨，2006年为573吨。富润印染公司结合技改搬迁投资4千多万元引进国内外先进印染加工关键技术与设备，从源头提高能资源利用效率，削减污染。可节约用水 15 万吨/年，减少了污水排放量；采用逆流水洗法节水，年可节水 15 万吨、减少废水 12 万吨；浓脚水、多余浆料回收利用后单独处理，可削减 COD 排放量 132.56 吨/年；通过采用自动调浆机和采用天然彩棉等节水型生产原料，推广使用生物酶退浆处理技术高效短流程前处理工艺、冷轧堆一步法前处理工艺、染色一浴法新工艺，完善清污分流，建立冷却水循环系统等一系列清洁生产方案的实施，使单位产品节约蒸汽 10%，降低用水量 20%，减少废水排放量 15%。同时，该厂锅炉水膜除尘用水采用逐步添加碱性废水脱硫，全部循环用水，基本实现零排放，节约用水 16 万吨/年。富润印染公司碱性废水用于锅炉烟气除尘脱硫，可节约自来水 21 万吨/年。实施制板废液综合利用，每年节约用水 300 吨，废液无排放。为循环用水降低水耗，减少排污量，公司对经过生化物化处理达标排放的废水再进行深度处理，通过过滤、活性炭吸附进一步提高处理后废水的水质，并将深度处理后废水回用到印花厂生产漂洗、网框和导带冲洗等工艺过程，年可节约用水 60 万吨，年可减少废水排放 60 万吨，削减 COD 外排量 36 吨/年。2006 年，富润控股集团削减废水排放量 140 万吨/年，削减 COD 98 吨/年，节约水资源 175 万吨。节水减排管理得到了各级政府部门的肯定和社会的普遍认可。在 2006 年浙江循环经济与环境保护论坛上列入循环经济成功案例，入编《循环经济实用案例》。企业获得浙江省经贸委、浙江省环保局颁发的“浙江省清洁生产阶段性成果企业”荣誉证书。

2004 年漂莱特国际股份有限公司废水处理采用清污分流的形式处理废水，将间接冷却水排水和生产生活污水分开。其中间接冷却水直接排放，污水经处理后排放。公司还投资 800 多万元，引进 AIR-PRODUCTS 公司的先进设备 OXY-DEP，利用液氧改善废水车间的生产能力并降低废水中的 COD，同时还投资 50 万元更新了石灰预处理装置，增大其处理能力，提高处理效果，给后期的废水生化处理减轻压力，这样更加有利于提高废水车间进、出水的质量。该项目完成后大幅度减少了进入废水车间的废水中的甲醛含量，有助于改善废水车间的处理能力。公司于2003年12月安装且调试好废水在线监测仪，环保局联网，做到废水实时监测，确保达标排放。

同年浙江蓝星控股集团被省经贸委、省环保局和中德政府合作项目办选中为清洁生产试点企业，集团公司印染厂通过对染色加工后排放的有色碱性废水（pH≥10），经过管道集中回收到热电公司用于烟尘脱硫，改变了过去外购电石渣既增加成本又增加二次污染的弊端，经过烟尘脱硫和冲渣利用后，大部分有色废水被煤渣中的活性炭吸附后，变成浅黄色废水，再经过pH调节和生化处理，沉淀后成为COD＜100毫克/升的再生水，达到一级排放标准，并符合纸厂补充用水的要求，可直接送造纸厂用于化纸浆用水。中水主要用在：①电厂的水膜除尘和冲渣用水，每天约2000吨；②造纸补充用水，每天约2500吨；③热电公司的工业冷却水和消防水，每天约1700吨。公司废水综合处理循环系统日处理能力为4200吨，按全年300天计算，可处理126万吨废水，处理后的再生水直接回用，经济效益十分明显。2005年1月通过清洁生产审核验收，同年年底被评为浙江绿色企业，2006年6月又被评为绍兴市环境友好型企业。

目前，防治印染废水的COD排放量占到全省各行业COD排放量的第4位。浙江对印染废水的处理在国内具有一定特色。以绍兴和萧山为例，绍兴污水处理厂集中处理全县绝大部分的印染废水，设计处理能力70万吨/日，实际处理能力80万吨/日，其中85%为印染废水；萧山污水处理厂设计处理能力30万吨/日，其中90%为印染废水。就规模而言，在全国乃至全世界均属最大型的印染废水处理工程之列。这两个项目的处理工艺采用混凝沉淀—A/O生化处理—二沉池—加药反应沉淀的主处理工艺，进场废水COD约为2000毫克/升，处理出水COD小于100毫克/升。

为了达到减排的目标，绍兴县于2008年出台了中水回用的鼓励政策，企业每天回用 1 吨生产废水，政府一次性给企业 300 元的减排资助，从而大大提高了企业节能减排的积极性。

2. 造纸行业废水治理情况

浙江是全国造纸工业的重要基地之一。新中国成立以来，通过整顿、改造老厂、建设新厂，生产有了很大发展。1984 年全省有定点造纸厂 58 家（其中全民所有制企业 41 家），生产机制纸和纸板 29 万吨（不包括社会归口 9 万吨和乡镇土纸 6 万吨）。1991 年年末，全省造纸企业总数已达 600 多家，生产机制纸和纸板 92.5 万吨。由于受木浆供应的限制，生产原料多以废纸和草类纤维为主。造纸工业是耗水型工业，废水排放量大，污染物排放总量居各行业之首，其化学制浆过程产生的黑液中化学需氧量占造纸行业污染总量的 95%左右，黑液治理难度很大。1978 年 1 月 13—15 日，省环保办、省轻工业局在义乌联合召开全省造纸污水处理座谈会，民丰、奉化、丽田（温州）、景宁、遂昌、松阳等 11 家造纸厂参加了会议，会议交流了焚烧法碱回收，黑液制胡敏酸铵、亚铵法制浆等技术。至 70 年代末，民丰、华丰和龙游三大造纸厂已分别建成碱回收装置，黑液处理率和碱回收率分别为 80%和 45%，至 1991 年，华丰造纸厂和民丰造纸厂已分别回收碱 1.5 万吨和 2.3 万吨；造纸过程中筛选、洗涤、漂白产生的中段污水量大，吨浆综合排水量约 200 立方米，含 COD 约 1200 毫克/升，80 年代初民丰造纸厂已建成一套日处理 1 万立方米的污水处理装置，华丰造纸厂、龙游造纸厂以及部分中小型造纸厂也各自根据实际情况进行回收纤维做低档纸。据 1985 年全省工业污染源调查，造纸及纸制品业（调查企业 386 家）年废水排放量 16525.54 万立方米，占工业废水排放总量的 13.58%，废水处理率 12.8%，废水达标率 8.9%，万元产值废水排放量 2057 吨，年排放 COD 20.7 万吨，BOD_5 6.3 万吨，分别占全省总量的 39.9%和 33.2%；至 1991 年，约有 70%的厂家做到纸厂、纸机白水的资源回收利用。由于近年来造纸原料发生变化，有的地区环境无法承受，很多纸厂已转用废纸浆或商品浆，还有一批造纸厂已关停。据 1995 年调查（共调查县以上企业 3113 个，乡镇企业 176275 个），年排放 COD 16.4 万吨，占全省总量的 26.9%。

1977—1979 年，民丰、华丰、龙游三家造纸厂建成日产 35t 制浆的黑液碱回收车间，碱回收率 43%～47%，工厂废水排污负荷减少 70% 左右。

1979—1982 年，民丰、华丰和龙游三家造纸厂相继采用鼓式真空洗浆机串联逆流洗涤提取黑液，提取率达 70%～75%。

1982 年，民丰造纸厂把 TQZ-6.5/13 型碱回收炉熔炉的圆形水冷夹套改为风冷夹套，使熔炉在较低负荷（约 70%）和浓度（固形物含量 46%～48%）下实现黑液燃烧，节省辅助燃料，并彻底根除由夹套漏水与高温熔物接触易引起的爆炸事故隐患。

1988 年 9 月，嘉兴民丰集团公司废水处理装置竣工并投入运行，1991 年 1 月通过验收。该公司每年自制浆 23000 吨，生产卷烟纸、描图纸、防粘原纸、胶深原纸等。曾于 1977 年建成碱回收车间，实际处理能力为 18 米^3/日草浆的提取黑液；中段污水设计处理能力 10000 米^3/日，投资 760 万元。实际处理水量 7200 米^3/日，进水水质 COD_{Cr} 1200～1600 毫克/升，处理工艺为生化—物化联合处理工艺，出水水质 COD_{Cr} 400～600 毫克/升；白水回用装置主要用于生产高档薄型纸的纸机白水，因纸种变化频繁，填料多而细，造成网坑白水回用困难，仅一分厂、三分厂白水回用装置正常运用。

1993 年 5 月，义乌市人民政府作出依法终止义乌造纸厂的决定。该厂创建于 1956 年，固定资产 3162.3 万元，1007 名职工。废水排放量占全市工业企业排污总量的 47.8%。造纸废水排放不仅危害义乌江段水质，枯水期还影响金华婺江水质。曾投入资金 1300 多万元，建成黑液碱回收工程，因造纸原料麦秆不能满足生产，碱回收工程黑液不足，无法正常运转。未经处理的造纸黑液仍然直接排入义乌江，严重影响义乌至金华江沿岸几十万人民的生活用水和生产用水，市人民政府这一果断措施，有利于促进资源的合理配置，优化产业结构，改善水环境质量。

1995 年 6 月，浙江斯米克南洋纸业有限公司（公司场址在海盐县）废水处理设施竣工并试运行，采用气浮工艺，同年 8 月验收。该公司年产箱板纸 2.9 万吨，生产废水主要为纸机白水。设施设计处理能力 560 米^3/时，实际处理量 140～250 米^3/时，设计进水和山水水质分别为 COD_{Cr}≤1 000 毫克/升，COD_{Cr}≤200 毫克/升；实际进水和出水水质分别为 COD_{Cr}≤700 毫克/升，COD_{Cr}≤200 毫克/升。运行效果基本达到设计要求。

1996 年 6 月，杭州新华纸业有限公司的特种长纤维浆废水与其他造纸废水的混合废水处理设施竣工，同年 11 月验收。设计处理能力 8 000 米^3/日，采用一级物化处理工艺，废水经处理后 COD_{Cr}≤350 毫克/升，BOD_5＜150 毫克/升，运行较稳定，容易管理。

1996 年 6 月 29 日，根据省人民政府 2 月 8 日会议精神，遂昌造纸厂停止草浆生产，封闭两个蒸球。8 月，景宁造纸厂宣告破产。10 月，松阳造纸厂停止化学制浆。10 月 8 日，庆元造纸厂宣告破产。瓯江上游水质变清，浙闽两省边界一大污染纠纷得到解决。

1996 年 10 月，宁波中华纸业有限公司 46 000 米^3/日废水处理工程投入竣工试运行。1998 年验收。该工程采用 A/O 法处理造纸废水，在活性污泥前段设厌氧槽，微生物在厌氧和好氧状态下交替操作，充分发挥降解有机物和脱氮功能，可形成沉淀性能良好的污泥，避免污泥膨胀。在实际处理水量 35 000～40 000 米^3/日，进水 COD_{Cr} 1 500～3 700 毫克/升，SS 为 1 400～3 200 毫克/升时，处理后出水 COD_{Cr} 60～100 毫克/升，SS 20～30 毫克/升，达到国家一级排放标准，处理效率显著。

1997 年，衢州市关停开化造纸厂和八达纸业公司的化学制草浆生产线，年削减 COD 5 300 吨，常山港衢江和乌溪江下游群众反映多年的水污染问题基本得到解决。

2002 年，浙江永泰纸业集团股份有限公司经省计委批复在永泰集团一级气浮处理设施的基础上，开始建设春江污水回用工程（二级生化处理设施）。一期设计规模为 45000 吨/日，二期达到设计规模为 90000 吨/日，投资概算 5778 万元，采用 A/O 法二级生化处理工艺，设计污水回用率为 70%。该工程于 2003 年 8 月进入调试运行，11 月经省环境监测中心监测，处理后出水水质的各项指标均达到国家污水综合排放一级标准。经过近两年的运行，污水处理设备、工艺日趋正常，并于 2004 年 12 月通过竣工验收。该项目的实施有效削减了污染物排放量，2007 年上半年共处理污水 550 余万吨，回用率达 71.2%，减少了 390 万吨废水和 195.8 吨 COD 的排放。

2005 年 4 月，浙江天听亚伦纸业集团有限公司通过提前关停草浆生产线（企业改制时公司向政府作出承诺原定于 2006 年年底停止草浆生产），大幅度调整企业产品结构，开展清洁生产工作，实施厂区排污管网、回用水系统、废水处理系统改造，使吨纸耗水量由原来的 170 吨下降到现在的 50 吨，并开始造纸白水处理及造纸废水深度处理，经处理后公司外排废水中 COD 将控制在 100 毫克/升以下、BOD_5 控制在 60 毫克/升以下、SS 控制在 100 毫克/升以下，达到国家、省造纸行业废水排放标准要求，同时优化中段水循环回用系统，中段水日回用量达 3000 多吨，年节约水资源费 10 多万元，提高了中水回用量，减少了水污染。

同年 7 月，浦江兰塘纸业应用细菌消耗造纸污染，从义乌污水处理厂拉回污泥，丢进生化池加氧、加水，投入尿素、磷酸二氢钾等养料。经过一个月左右时间，培养出钟虫、盖纤虫、等技虫、轮虫等细菌。尤其是轮虫的出现，说明污泥已被培养成活性污泥，可投入生化池。原污水经调节池上到斜筛，过滤出来的纸浆被收集起来返回碎纸车间重新利用。污水在反应池经初步药物反应后，流到初沉池加药物沉淀，沉淀物（多为纸浆）返回车间利用，水则流往生化池。细菌在生化池里分解污水中的各种有机物，降低 COD，并使污水 pH 达标。经生化池处理后的水流到二沉池，刚才还黄黄的水体已经变得清澈，能返回车间循环利用。这个过程中产生污泥，生物选择器就会让其回流到浓缩池。不过，这污泥还不能全都排到浓缩池里，每天得留 0.5%的污泥作为细菌正常繁殖的“温床”。实现水资源循环利用后，该公司用水量和排污量明显下降。95%的水可以循环利用。原来每天得消耗 8000 吨清水，现在每天只需补充 1000 吨清水，循环水就能基本满足生产需求。COD 排放从过去 24 吨/月降至现在的 2.4 吨/月。

2006 年 9 月，浙江景兴纸业股份有限公司在进行一系列技术改造，提高白水利用率，使吨纸排水量由原来的 15 吨/月降为现在的 6.5 吨/月的基础上，为进一步降低废水排放，公司新厂区采用荷兰帕克公司先进的厌氧、好氧结合处理工艺，在充分利用原有设备与构筑物的基础上，投入 1000 万元，新增一套废水厌氧处理设备和一套好氧处理系统以及 DCS 控制系统。经过不断技术改造，2006 年新厂区吨纸废水排放量≤6.8 吨，股份公司老厂区吨纸排放量≤10.06 吨。

目前，造纸废水 COD 排放占到全省各行业 COD 排放首位。为了确保达标排放，白板纸基地富阳市相继建成了造纸废水处理能力 25 万吨/日的春南污水处理厂（约服务 40 家造纸厂），15 万吨/日的八一污水处理厂，10 万吨/日的灵桥污水处理厂和 9 万吨/日的永泰污水处理厂，其中八一污水处理厂出水的 COD 值小于 60 毫克/升，70%以上做中水回用。所有这些举措都极大促进了浙江造纸废水的达标处理和造纸行业的节能减排。

3. 电镀行业废水治理情况

浙江电镀行业历史较久，镀种以铬、镍、铜、锌为主，电镀加工企业多分布在二轻、机电和金属制品等行业，这些厂点主要集中在杭州、嘉兴、宁波、温州和绍兴等地。电镀废水毒性较大，其主要污染物有铬、铜、锌和氰化物等，其中，六价铬排放总量占全省总量的2/3左右，居全省第一位，氰化物排放量约占全省的16%，居全省第二位。20世纪70年代以前，各地电镀废水基本未作处理，直接排入水体，对地表水、土壤和作物污染严重，大量酸碱废水的排放还造成建筑地基和下水道等腐蚀，危害极大。70年代初期和中期，主要采用化学法对六价铬和氰等进行处理，并推行无氰电镀工艺；70年代中期，开始发展离子交换法技术。80年代，逆流漂洗等技术迅速发展，电镀行业开始重视回收资源、节约用水并减少污染物的排放。各市地针对日益增多的电镀厂点，进行规划和调整，实行电镀生产许可证制度，撤销一些工艺落后，操作原始，污染严重的厂点，各地二轻系统还建立电镀中心，如杭州滚镀厂、宁波剪刀厂和温州永久锁厂等。到了2000年后，废水的闭路循环利用与清洁生产工艺开始应用。

1965年，杭州市工业专业化协作办公室调查杭州市区和萧山县的电镀行业基本情况，共51个厂点，除杭州电镀厂外，其余均是1952—1965年创办的。电镀镀种有镀镍、镀锌、镀铬、镀银和镀铜。调查组曾提出撤销29个电镀厂点和治理电镀废水的意见。文化大革命期间，电镀生产仍在缓慢发展，至1977年，市区电镀厂点增至79个，其中省属、市属、区属分别为11个、42个和26个。有关科技人员一直在进行不同规模的电镀废水处理试验。1977年6月，杭州市环保办公室召开电镀“三废”治理经验交流会，77个单位100名代表出席交流会。同年11月，杭州市环保办公室会同各行业主管局和电镀厂家进行电镀“三废”治理大检查。1981年，市区电镀厂点渐增至91个。1982年，杭州市经委会同市环保办公室，对电镀行业的整治作出规划，规定市区撤销电镀厂点51个，至1984年3月，完成撤厂点任务。

1976年，宁波市将市属60个电镀厂点进行撤并，调整为20个，对那些需要保留但污染治理不够理想的厂点，则通过现场检查或缓发工业执照等措施，责成其及早完成污染治理。各县135家电镀厂点的“三废”

处理率已达 86%，农村盲目发展电镀行业的情况基本得到控制。

同年 8 月 27—29 日，省环保办召开全省环保工作会议，重点讨论加强电镀废水工作，并组织参观杭州仪表厂电镀废水的处理设施。该厂试验了亚硫酸盐工序封闭处理方法处理六价铬废水，出水六价铬含量在 0.1 毫克/升以下，符合国家排放标准。该厂废水的处理共设置三个系列：化学洗净法系列、三级间歇式逆流清洗法系列和四级间歇式逆流清洗法系列，使常用各种含铬镀种（低铬镀、高铬镀、镀锌低铬钝化、铜零件钝化）均能适用。

1978 年 7 月，宁波工业电镀厂离子交换法废水处理设施投产运行。该厂采用双阴柱串联全饱和流程，废水经预处理后进入离子交换设施。阳性柱再生的酸性废液与阴柱再生的碱性废液，经中和处理后再排放。

同年 8 月 1 日，省环保领导小组召开会议，副省长翟翕武主持会议，会议明确对鉴湖周围的电镀厂可采取断然措施。

1979 年 10 月，绍兴电筒电镀厂自行设计并建成一套电镀废水处理设备，采用薄膜蒸发-双阴柱离子交换工艺，设计处理能力 576 米^3/日，累计投资 41 万元，经鉴定，出水水质含铬浓度达到国家排放标准。

1980 年，省二轻工业总公司召开电镀废水治理会议，选定系统 40 多家重点工厂参加，由张小泉剪刀厂、绍兴电镀电筒厂、萧山电镀厂介绍经验。推广张小泉剪刀厂采用无氰、低氰电镀经验，同时规划设立电镀中心，成立电镀废水处理协作组。

同年，航天部八二五厂（杭州）建成电镀废水处理设施，处理废水能力达 37.5 立方米，投资仅 2.2 万元。并建立有关环境保护的管理制度和技术文件，印发有关科室、车间、班组和岗位执行。建立实施电镀废水处理的连环岗位责任制，技术科、质管科和处理车间分工明确，职责清楚，又相互制约。经化学处理后的废渣交某厂制砖，解决了二次污染。

1981 年，台州地区对电镀行业进行重点治理，全区有电镀厂点 208 家，其中个体户近 130 家，大部分集中在黄岩县路桥镇和临海县杜桥镇。两县环保部门经详细调查后报告县人民政府，对部分电镀企业实施关停并转，并规定未经环保部门审批，任何单位和个人不得搞电镀，违者严肃处理。

1981—1982 年，湖州市先后两次召开全市电镀三废治理工作座谈会，介绍该市轧村电镀厂三废治理经验，推动其他电镀厂点的污染治理。

1982 年 3 月，省环保领导小组张捷勋等 5 人，对绍兴市鉴湖水环境污染和治理情况进一步进行了调查研究，并于 4 月由省环保局向省人民政府呈送《关于保护鉴湖水、预防污染》的报告，涉及鉴湖周围的印染、电镀、制革、造纸等厂点的关停和限期治理。

同年，镇海县对全县 35 家电镀厂点全面整顿，并对保留下来的 20 家厂点的含铬、含镍废水实行社会化治理，并将“逆流漂洗—离子交换—薄膜浓缩”这一较先进的治理工艺，划分为两个部分，其中，投资小，技术易掌握的逆流漂洗和离子吸附部分由各厂点自己完成：投资大，技术要求高的树脂再生和回收部分，由中心处理站承担；各电镀厂点与中心处理站之间受经济技术合同制约，构成治理系统，建立起联系，便于环保部门控制和管理。实行社会化治理，各厂点废水中的铬、镍含量均小于 0.5 毫克/升，低于国家排放标准。并实现闭路循环。1983 年全县 20 家电镀厂共回收重铬酸钠 2 吨，硫酸镍 0.5 吨，价值达到万余元。

1983 年，乐清县开展电镀废水社会化治理，在县汽车活塞环厂建立县电镀中心站，拨款 1.5 万元，购置 FeJ-805C 活性炭含铬废水处理装置一台和一辆机动三轮车，由该厂派出治理小组，到各电镀厂进行治理和检查，节约了人力财力，也提高了处理效果。在此以前，县环保办、工商局、社队企业局等部门对全县 47 家电镀厂污染情况进行摸底调查，进行整顿，关停并转达 32 家，对保留的 15 家组织去外地参观，进行治理，凡达到排放标准的，授权环保办签署意见，由工商局发给正式执照；未达到要求的，发临时执照，并限期治理；超标的予以罚款。还规定各厂购置电镀药物，应先由环保办审核，再由公安局审批，否则物资部门不供货。

1985 年，湖州市开始对电镀印染行业进行环境综合整治，全面实行《生产环境保护许可证》制度，两年时间内完成对 55 家电镀厂和 43 家印染厂的整治，共 81 家实现达标排放，16 家被关停并转。

1986 年 1 月，温岭市人民政府以（1986）2 号文下达《关于停止无证电镀厂点生产的通知》，要求无证厂点于 1986 年 1 月 25 日前停止生产，到期未关的由环保部门牵头与有关部门组织检查，严格按法规处理，并对电镀行业实行定点生产，以择优筛选，全市共定点 10 家电镀厂。1989 年 4 月，市人民政府又提出严格控制电镀行业发展，有关部门不得再自行审批，如遇特殊情况，须报政府审批，至 1994 年，仅批准 4 个电镀点。

1989 年，全省乡镇工业电镀废水排放总量 400 万立方米，占总量的 2.8%，废水处理率 74.4%，达标率 23.0%，经处理达标率 22.8%，电镀行业主要分布宁波市、嘉兴市、温州市和杭州市。据对 1041 套（台）电镀废水处理设施调查，其总投资为 1335.85 万元，设计处理能力为 2.53 万米^3/日，年实际处理量为 338.4 万立方米，处理达标率为 31.4%，设施运转费 333.96 万元，主要污染物去除量 143.6 吨，1041 套（台）电镀废水处理设施中，化学法 536 套（台），离子交换法 49 套（台），电解法 63 套（台），吸附法 15 套（台），逆流漂洗 350 套（台），其他 28 套（台）。

1995 年，由乡镇工业电镀废水排放总量 1224.9 万立方米，占全省总量的 2.4%。废水处理率 59.8%，仅次于印染业。电镀业主要分布在温州、嘉兴、金华和杭州。废水中主要污染物有 164.6 吨，占总量的 96%，氰化物 182 吨，占总量的 99.5%。

1996 年，全省取缔关闭和停产的 1333 家乡镇工业企业中，电镀业占 604 家，占总量的 45.3%。削减六价铬和氰化物总量的比率分别为 23.3%和 31.2%。

2004 年，湖州金泰镀业有限公司与浙江吉源环保工程有限公司合作建设电镀废水贵金属回收和中水回用工程，采用多项高新技术，对污水中的镍、铜、铬等贵金属进行在线回收回用，并把废水处理成纯水、中水进行回用，日处理能力 2000 吨，贵金属的回收率达到 99%，水的回用率可达到 65%以上，实现了贵金属资源节约利用、水资源循环利用、废水全面达标微排放的目标，并通过“三同时”验收并通过环评验收。

2005 年 4 月，浙江新丰控股有限公司成立了以公司领导为核心的清洁生产审核小组，以水资源循环利用为核心的资源综合利用为抓手，通过废水分流、酸洗废水经单独处理后重复使用、回收槽溶液补充镀液中水分蒸发的消耗、把分段漂洗水改为集中逆流漂洗、对镀 Ag 漂洗水，采用先进的反渗透膜闭路循环技术和相应装备进行处理，以达到电阻率≥100000 欧姆·厘米，TDS≤7 毫克/升，SiO_2≤1 毫克/升，Cl^-≤5 毫克/升，pH 5.5～8.5 的去离子水质，实现了废水的高质量回用、把深度处理回用水用于地面、厕所、零件箱等表面的清洗、对原废水处理系统进行改造，采用了先进的 PH-ORP 自动控制系统进行含氰废水处理、建立了重金属回收站，利用废水处理装置用沉淀法、电解回收法等有效的处理方法，回收了金、银、镍、铜等贵金属、建立完善的废水处理记录表格制度等措施促进企业的废水的处理与闭路循环再利用。

4．医药化工行业废水治理情况

浙江中药行业在 11 世纪中叶已有相当规模，至 18 世纪，杭州的朱养心药店、张同泰药店、叶种得堂、胡庆余堂，宁波的冯存仁堂，温州的叶仁堂等均以制售中成药闻名，其中，胡庆余堂享有江南药王的美称。新中国成立后，特别是 1956 年以后，这些中成药厂改变了过去“前店后场”的生产方式，发展成为机械化、半机械化的新型中成药工业企业。1984 年已有专业中药厂 18 家，产值近亿元，其中杭州第二中药厂和胡庆余堂制药厂是全国重点制药厂，两家厂的产值占全省医药工业产值40%以上。浙江化学制药工业新中国成立前基础非常薄弱，当时仅7家生产20多种简单的药品，至1984年已有专业化学制药厂40家，总产值2.96亿元，比1952年提高300倍。其中杭州民生制药厂属综合性的化学制药企业，全国38个重点医药企业之一。1985年，全省医药工业101家企业共排放废水2611.9万立方米，占全省总量的2.1%，废水处理率仅2.1%，达标率24.9%，年排放COD 28061吨，氨氮148.9吨，氯化物367.0吨，分别占全省总量的5.4%、1.5%和4.1%。1995年，全省县以上企业86家和乡镇工业381家共排放7.521万立方米，占全省COD污染行业排序的第六位。

1982年，绍兴制药厂为减少废水排放，开始改革工艺，并采取清污分流和冷却水循环使用等措施，同时研究制药废水生物流化床及厌氧—好氧二级生物处理工艺，并获成功。1984年，投资120余万元建设废水处理设施，1987年6月建成并投入运行。日处理高浓度有机废水45立方米和其他废水800立方米，出水COD 200毫克/升。

1990年4月，杭州正大青春宝药业有限公司（其前身为杭州中药二厂）废水处理设施竣工，同年11月验收。该公司每天排放废水量600～700立方米，COD_{Cr}质量浓度在800～1500毫克/升。采用兼氧—好氧—气浮处理工艺运行稳定，污泥经污泥酸化池后回流至调节池，无剩余污泥，装置布局合理，占地面积小。总投资180万元，设计处理能力800米^3/日，设计出水水质和实际出水水质均为COD_{Cr}＜150毫克/升，BOD_5＜75毫克/升。该设施建造后，几年稳定运行，出水能达到国家二级排放标准，后又对设施进行两项改进，增加一个400立方米的接触氧化池，延长废水曝气时间，提高去除率；气浮池污泥经酸化池后回流到调节池，使之同时作为兼氧池。处理后出水可达到国家一级排放标准。

1991年，海门制药厂1#阿霉素废水处理站竣工并投入运行。废水量60米^3/日，主要是离子交换树脂洗涤水，发酵罐、滤布、板框洗涤水、溶剂回收废水等，水质为COD_{Cr} 4620毫克/升，废水经臭氧解毒处理，用冷却水稀释后，进入生化处理，出水基本达到《污水综合排放标准》中生物制药二级标准，已连续正常运行6年，投资195.4万元，处理能力90米^3/日：1996年1月该厂2#阿霉素污水处理站竣工，7月验收。废水量175米^3/日，浓度10000毫克/升。该废水经厌氧—好氧—气浮处理。COD_{Cr}去除率97.5%，BOD_5去除率96.6%，出水COD平均质量浓度202.5毫克/升，达到《污水综合排放标准》中生化制药类二级标准，BOD_5略有超标（≤60毫克/升）。投资330万元，处理能力240米^3/日。

1994年3月，新昌制药股份有限公司废水处理设施竣工，10月验收。该公司主要生产维生素E、乙酰螺旋霉素、氟嗪酸等，生产过程中发酵工段、提取工段、合成工段排出高浓度废水，COD_{Cr}高达3万～4万毫克/升，水量450米^3/日，总投资570万元，处理能力450米^3/日，采用兼氧—好氧接触生化处理—射流气浮—流化过滤床工艺。出水水质COD_{Cr}＜300毫克/升，达到原生物制约二级排放标准。拟建二期工程以达到2000年要求的一级标准（COD_{Cr} 100毫克/升）。

1995年，杭州中美华东制药有限公司废水处理设施竣工。1996年9月验收。废水主要来自发酵和提取工段，浓废水300米^3/日（COD_{Cr} 8000～30000毫克/升），低浓度冲洗水及生活污水300米^3/日（COD_{Cr} 500毫克/升）。该设施系对1990年原设施改扩建而成，原设施投资278万元，1995年又投入100万元，共378万元。采用的厌氧—好氧工艺对COD_{Cr}去除率达98.4%，出水COD_{Cr}和BOD_5均达到《污水综合排放标准》中生物制药类二级标准。

2006年5月，浙江杭州鑫富药业股份有限公司通过了5000吨/年D-泛酸钙扩改和1000吨/年D-泛醇新建项目的环境保护竣工验收。公司投入资金1850多万元，新建了由省环科院设计的2000吨/日的污水处理站，采用“水解—缺氧—活性污泥—沉淀—气浮”污水处理新工艺，生产废水经处理后达到纳管要求后，纳入临安市城市污水处理厂管网；为缓和锦溪环境容量，在锦溪重点监管区“摘帽”整治工作中，将生活污水也纳入污水管网；车间生产实施清污分流，减少废水排放量，并对车间废水排放实行排污总量考核，制定生产车间、污水站废水量（COD总量）考核管理办法及环境保护管理制度，收集整理公司环境保护管理档案。公司建有标准排放口，已安装废水在线监测装置，并于2007年5月完成了废水在线监测系统联网改造工作，通过无线传输设备实现省、市、县三级联网和信息共享。

5. 制革行业废水治理情况

制革行业用水量不大，全省二轻系统43个制革厂，1983年年排废水368万吨，但废水成分复杂，碱性强、耗氧量高，含铬、硫化物等有毒物质，有恶臭，对局部地区污染严重。据1984年调查，全省制革行业年用水总量600万立方米，占全省总量的0.17%，年排COD 9014吨，占总量的1.7%，年排六价铬7.2吨，占总量的6.12%。制革工艺的准备工段用水量占60%，废水呈碱性，含有碎肉皮屑等杂质；鞣制工段用水量占10%，有色度。70年代以前，制革厂家多建有沉淀池，但因管理不善或沉淀池容量不够，处理效果较差。

1958年，杭州皮革厂采用氧化沟和砂滤处理废水，经固液分离，清浊分流，分段处理，达到自然曝气和自然沉淀的目的。1974年，杭州皮革厂承担轻工业部“制革工业废水处理”试点任务。该厂年产轻革40余万平方米，重革200余吨，原料为猪、牛皮。日排废水450～500立方米。3月份，成立科研协作组，由东阳、义乌、奉化等皮革厂和浙江农业大学、杭州大学派员参加。9月份，生物转盘—塔滤串联试验装置投入运转，出水水质主要指标COD、BOD均达到排放标准，并降低了铬的污染负荷。通过试验，基本掌握了生物转盘、生物塔式滤池处理皮革的工艺参数，提供了处理流程和工业设计依据。1987年，完成年产30万张猪皮少污染工艺废液综合治理，采用沉淀气浮法，其中，混凝污泥回流、喷淋氧化过滤和组合式油脂分离回收技术为国内首创，废液排放达到一级标准，比碱沉淀板框压滤法处理可减少红矾用量 30%以上，降低铬污染负荷 65%以上。

1970 年 9 月，绍兴勤业制革厂开始改革工艺，由硫化碱脱毛改为酶脱毛，对制革污水分类分隔，清污分流，并中和处理后制有机肥综合利用。1977 年建成日处理 400 立方米制革废水处理装置，化学耗氧量、硫化物和六价铬去除率均在 80%以上，1985 年工程扩建，日处理规模达 600 立方米，1986 年建成，投资 50 万元。

1979 年，二轻系统召开全省皮革污水治理会议，全省皮革厂均派员参加。由东阳皮革厂、绍兴勤业皮革厂、海宁皮革厂、奉化皮革厂、杭州皮革厂介绍经验，会议要求各厂加强管理，改革工艺，因地制宜搞好废水治理。并推广酶脱毛浴鞣制的新工艺；先将铬回收回用搞上去，用盐水代盐粒，保贮鲜皮。

1989 年，全省乡镇工业制革业废水排放总量为 265 万立方米，处理率 13.9%，占总量的 1.8%。排放 COD 5266 吨，占总量的 6.3%；排放总铬 28756.5 千克，占总量的 65.2%；排放六价铬 859.4 千克，占总量的 2.0%。调查的 32 套（台）废水处理设施，共投资 153.6 万元，设计处理能力 97.9 万米^3/年，实际处理废水量 26.2 万米^3/年，处理效果较差，均未达标。

1991 年，衢州市制革厂投资 80 余万元建成活性污泥—气浮制革废水处理装置。

1993 年 11 月，义乌皮革厂废水处理设施通过竣工验收。该厂每天产生废水 1000 立方米，主要来自制革生产的准备、鞣制阶段。废水中主要污染物浓度为 COD_{Cr} 约 1400～2900 毫克/升，SS 200 毫克/升，总铬 100～1000 毫克/升，对含铬浓度较高的初鞣废水首先采用碱沉淀法去除铬，压滤去铬渣后废水回调节池，与其他生产废水混合，经好氧、气浮处理，沉淀后排放。投入运行后，出水中主要污染物 COD_{Cr}、SS 和总铬基本可以达到国家二级排放标准。后因气浮池严重腐蚀，该厂又将处理设施部分改造，现处理流程为调节—沉淀—砂滤—植物净化（水葫芦）—氧化沟，运行效果良好，出水 COD_{Cr} 达 150 毫克/升左右，该设施投资 349.55 万元，占地 10000 平方米。

1994 年，温州市鹿城区将 60 多家制革企业集中在洞桥镇，成立制革公司，并建立一个污水处理站，初步扭转了制革企业家家排污的局面。

同年 10 月，海宁皮革集团有限公司废水处理设施竣工。1997 年 8 月验收。该公司日产废水量 2400 立方米，主要来自制革生产的准备、鞣制阶段。废水中主要污染物质量浓度为 COD_{Cr} 2 000～3 500 毫克/升，BOD_5 1 000～2000 毫克/升，SS 1 000～6000 毫克/升，S^{2-} 100～200 毫克/升，总铬 1～60 毫克/升。工艺流程为格栅—调节池—气浮池—脱硫池—氧化沟—二沉池。共投资 363.7 万元，处理效果较好，COD_{Cr} 去除率 88%；BOD_5 97%；SS 94%；总铬 98%；S^{2-} 98%。除 S^{2-} 因未采用催化氧化脱硫工艺有超标现象外，其余各项均能满足国家二级排放标准。

1995 年，全省乡镇工业中制革业废水排放总量 2341 万立方米，占总量的 6%，比 1989 年增加 2.5 倍。废水处理率 47.3%。排放 COD 11.4 吨，占总量的 18.6%，排放总铬 1002.4 吨，占总量的 84.2%，排放六价铬 2.5 吨，占总量的 1.5%。其废水污染负荷比（22.61%）占各污染行业之首。

1996 年，全省深入贯彻落实国务院《关于环境保护若干问题的决定》，共取缔关停乡镇企业 1333 家，其中制革业 117 家，占总量的 8.8%。总铬削减率为 13.7%。乡镇企业制革业主要在温州、嘉兴、台州、杭州等地市。

1997 年 4 月，浙江富邦皮革集团有限公司废水处理设施竣工，同年 10 月验收。设计处理能力和实际处理量分别为 2500 $米^3$/日和 2200 $米^3$/日，进水水质 COD_{Cr} 1 180～2 150 毫克/升，BOD_5 572～780 毫克/升，SS 250～1 630 毫克/升，S^{2-} 33.5～184 毫克/升，总铬 1.52～12.7 毫克/升。其工艺流程为初沉池—气浮—脱硫—氧化沟—二沉池。经处理后出水各项指标均能满足《污水综合排放标准》中二级标准。对 COD_{Cr}、BOD_5、SS 和总铬的去除率分别为 91%、96%、78%和 95%。气浮渣、沉淀污泥、生化剩余污泥一并运至干化场自然干化 30 天后外运填埋。

2006 年，浙江圣雄皮业有限公司遵循循环经济的“减量化、再利用、资源化”的“3R”原则，建立以污水处理厂为核心的水循环系统，采用的处理原则为“集中处理、全部回用”，水管网做到清污分流，经收集后统一进入污水处理厂，经过日处理能力 6000 吨的大型污水处理厂，通过物理和化学的方法，使排出的水达到国家一级排放标准，为了使废水的污染降到最低限度，在污水处理系统的最后建设有回用池，经物理沉淀后全部用于皮革的浸水、鞣制等工序的用水，真正做到零排放。

6．食品工业废水治理情况

浙江食品生产历史悠久，新中国成立前，绝大多数食品是手工作坊生产，且主要集中在杭、甬、温等少数城市。1949 年，全省食品工业产值仅 3.76 亿元（1980 年不变价）。1984 年，达 47.06 亿元，居省内十五个工业部门的第三位。食品行业造成的污染多属有机污染。其排放的 COD_{Cr} 居全省十五个工业部门的第二位。据 1985 年全省工业污染源调查（调查食品和饮料厂家共 1429 个），年废水排放量 11210.7 万立方米，占总量的 9.2%，废水处理率 10.3%，达标率 16.9%；年排放 COD 14.6 万立方米，占全省总量的 28.1%。“七五”期间，曾在绍兴酿酒厂、沈永和酒厂、建德啤酒厂和新市酒厂进行综合利用试点，将废醪喂猪，废浆液生产沼气，生产饲料酵母，既减少污染又产生一定的经济效益。据 1995 年对 9708 家企业（其中县以上 510 家，乡镇工业 9198 家）调查，年排放 COD 11.6 万立方米，COD 排放总量已有减少。

1983 年，绍兴沈永和酒厂建成 1000 立方米厌氧处理池，1989 年建成配套的氧化处理设施，出水水质达到粮食发酵行业标准。

1990 年 1 月，浙江蜜蜂集团废水综合利用设施竣工并试运行，其味精废水主要来自提取工段，设计处理能力 600 米^3/日，实际处理量 500 米^3/日，投资 241 万元。投入运行后处理效果较为稳定。废水经酵母团发酵后，COD_{Cr} 质量浓度平均 8000 毫克/升，BOD_5 平均 3000 毫克/升，发酵前用 $CaCO_3$ 调节 pH，有石膏产生，产生量约为每吨酵母 1 立方米石膏，处理方法是掺入煤渣用于制砖。年酵母回收效益 648 万元。

1991 年 9 月，钱江啤酒集团公司（萧山新街）废水处理设施竣工验收。采用丹麦设计的氧化沟处理工艺，总投资折合人民币 1500 万元，设计处理能力 6000 米^3/日。废水处理运行较稳定，实际进水水质 COD_{Cr} 1384 毫克/升，BOD_5 567.4 毫克/升；实际出水水质 COD_{Cr} 92 毫克/升，BOD_5 51.8 毫克/升。出水 50%回用于水膜除尘等部位。此外，该厂在生产中积极推行清洁生产，对废水实行清污分流，空压机等动力设备的冷却水全部回用，采用压缩空气排糟（干糟）生产工艺，不仅减少废水污染物量，而且酒糟基本能全部回收，出售用做猪饲料；采用差流压滤机回收废酵母，压干后出口日本作饲料，使三废在较大程度上得到资源化利用。该厂吨啤酒废水排放量 6 立方米，COD_{Cr} 质量浓度在 1400 毫克/升左右，均低于啤酒行业的普遍水平。

同年 12 月，兰溪市酿造总公司废水处理设施竣工验收。采用厌氧发酵法处理酒糟废水。共投资 105.6 万元。厌氧处理前采用新型 MLS450 固液分离机分离废醪中固体粗蛋白作饲料，每年可回收固体饲料 1080 吨。固液分离可去除 COD_{Cr} 27%，厌氧发酵去除 COD_{Cr} 95%，COD_{Cr} 总去除率 96.3%，出水 COD_{Cr} 1200 毫克/升，BOD_5 600 毫克/升，排入市集污管网。年产沼气量 37.2 万立方米，用来烧锅炉。

1996 年 5 月，杭州中策啤酒股份有限公司废水处理设施竣工投入试运行。1997 年 8 月 8 日验收。该厂年产啤酒 12 万立方米，吨啤酒排放废水 10 立方米。设施设计处理能力 8000 米^3/日，实际处理量 4000～6000 米^3/日，设计进水水质 COD_{Cr}≤2500 毫克/升，实际进水水质 COD_{Cr} 2400 毫克/升，出水水质 COD_{Cr}＜100 毫克/升。UASB 装置由反应槽和三相分离器组成，采用荷兰 PAQUE 技术，由台湾水美公司制造；A/O 处理单元采用美国 Air Products and Chemicals 开发技术，有 1 000 米^3/日回用装置，整套废水处理装置共投资 1 487.5 万元（1992 年价格），处理出水达国家一级排放标准。

同年 7 月，中粮绍兴酒业有限公司废水处理设施竣工并试运行，1997 年 2 月验收。该公司年产黄酒 1 万立方米，废水处理设施投资 204 万元，引进法国 Lipp 公司技术和装备，采用进口不锈钢复合板双折边咬口工艺卷制厌氧罐、贮气柜和 SBR 曝气池。该废水处理项目被国家经贸委和国家科委列入 1996 年新能源环保废水示范工程。设计处理能力浓污水 100 米^3/日，稀污水 500 米^3/日；设计进水水质，浓污水 COD_{Cr} 30 000 毫克/升，稀污水 COD_{Cr} 250 毫克/升：设计出水水质为达标。日产沼气 1 070 立方米（每年 10 月至次年 3 月），120 天可收益 7.7 万元。

同年 12 月，杭州味精厂废水处理设施一期工程通过竣工验收。该厂年产商品味精 7 000 吨，废水处理设施采用非金属矿处理味精废水，作为整个废水处理的一期工程，对主要污染物 COD_{Cr}，SS 均有明显去除效果，COD_{Cr} 去除率 30%～46%，SS 去除率 88%～90%，年产饲料添加剂 1 080 吨。设计处理能力 600 米^3/日，实际处理量 500 米^3/日，设计进水水质 COD_{Cr} 5.5×10^4 毫克/升，SS 6 000～7 000 毫克/升，实际出水水质 COD_{Cr} 2.7×10^4 毫克/升，SS 700 毫克/升。一期工程投资 411.26 万元。

1998 年 10 月，浙江嘉善县酒厂废水处理工程竣工，12 月验收。该厂年产黄酒 6 万吨，啤酒 1.5 万吨。是中国单厂产量最大的黄酒生产厂。废水处理工程总投资 380 万元，设计处理能力 3 200 米^3/日，设计进水水质 $COD_{Cr}\leqslant$2 000 毫克/升，$BOD_5\leqslant$1 300 毫克/升，SS$\leqslant$500 毫克/升；实际进水水质 $COD_{Cr}\leqslant$1 300 毫克/升，$BOD_5\leqslant$623 毫克/升，SS$\leqslant$356 毫克/升；设计出水水质 $COD_{Cr}\leqslant$100 毫克/升，$BOD_5\leqslant$30 毫克/升，SS$\leqslant$70 毫克/升；实际出水水质 $COD_{Cr}\leqslant$60 毫克/升，$BOD_5\leqslant$2.0 毫克/升，SS$\leqslant$25 毫克/升。运行稳定，BOD、COD_{Cr} 去除率分别大于 99%和 95%，工

程设计采用最新的 CASS 技术，进水、出水、曝气均由电脑控制，经沉淀后的浓泔脚水出售给饲料场喂猪，产生一定经济效益，上清液 COD_{Cr} 已降至 3120 毫克/升，汇入混合废水一同处理，设施能经受冬季低温和黄酒生产旺季的双重考验。

同年 12 月，中国升华集团公司（德清市钟管镇）废水处理设施竣工验收。该公司年产碱性蛋白酶 1.6 万吨，阿维菌素 4 吨，生产废水主要来自于洗罐及压滤工段，日产高浓度废水 400 立方米，COD_{Cr} 质量浓度约 5000 毫克/升，废水经沉淀池后由泵提升进入接触氧化池，除去部分有机物，再经水解后用活性泥法（ICEAS）及气浮法处理后排放，实际出水水质 60～79 毫克/升，该处理工程项目总投资 360 万元，COD_{Cr} 去除率在 95%以上。

燕京啤酒（浙江仙都）有限公司成立于 2003 年 6 月，由原浙江仙都啤酒发展公司与中国最大啤酒企业——北京燕京啤酒集团公司合资组建。在 1999 年，公司就成为全省范围内第一家利用世界银行贷款用于环保工程建设。到目前为止，公司共建有 2 个污水处理站，日处理污水达到 6000 吨。并通过技术改造，安装 2 只冷却塔，把污水温度控制在 38℃以内，同时添加 3 只碱水罐，用于回收 3 个包装车间的废碱液，使污水的 pH 控制在 6.8～7.5，解决了 UASB 厌氧罐对进水温度及 pH 变化非常敏感的问题，提升了污水处理效果和处理能力。并于 2007 年 7 月完成了废水处理产生的甲烷气回收，通过了安全评估，用于锅炉燃烧，年可节约 30 余万元。

2000 年，舟山兴业有限公司建设了处理能力为 1600 吨/日的污水处理站一座。通过几年运行，部分设备、管道等严重蚀腐。为不影响污水处理正常运行，近几年先后投入 80 多万元对污水处理池的曝气头、部分管道、流量计、运气水泵等设施进行更换及修理。2005 年 2 月通过省经贸委、省环保局清洁生产审核验收；2005 年 1 月通过 ISO 14001 环境体系认证；2004 年 11 月通过省环保局、省经贸委组织考核，成为浙江绿色企业。

2004 年 8 月，浙江蜜蜂集团有限公司充分吸取行业内外工业废水处理的先进经验，结合公司废水治理的优势，提出了采取浓缩与生化相结合的方式处理味精废水。废水治理工程于 2005 年 5 月初建成投运，取得了令人满意的效果。本次整改工程总投资 2500 万元，整个废水处理工程占地约 3.51 公顷。味精废水主要由高、中、低浓度废水组成。其中发酵液经谷氨酸提取后的废液或称离子交换尾液为高浓度废水；生产过程中各种设备的洗涤水、离子交换树脂洗涤与再生废水及凝结水为中、低浓度废水。味精高浓度废水具有高有机物、高氨氮、高硫酸根、高悬浮物和低 pH 的特点，是味精企业最主要的污染物。其中 COD 为 30 000～40000 毫克/升，NH_3-N 为 10 000～14000 毫克/升，分别占公司 COD 排放总量的 75%以上和 NH_3-N 排放总量的 90%以上。公司采用高浓度废水进行真空蒸发浓缩提取硫酸铵和氨基酸母液工艺，工程设计日处理废水能力可达到 1200 吨，可年产硫酸铵 1.6 万吨，氨基酸母液 0.8 万吨，是整个废水治理工程的核心。工程 2005 年 6 月初建成投产，一次性获得成功，连续正常、稳定运行至今，截至 2006 年 9 月 30 日共 16 个月生产硫酸铵 20700 吨，氨基酸母液 10800 吨，大大降低了对义乌江流域氨氮的排放，整套设施的处理效能、蒸汽消耗、凝结水 COD、NH_3-N 含量以及硫酸铵产率等多项技术指标都达到了设计的要求。对于味精中、低浓度废水则进行生化处理，经浓稀分流后的公司中、低浓度废水仍含有较高浓度的 COD 和 NH_3-N，不能直接排放，必须进行生化处理。废水处理选择改进型二级平推流式巴顿甫（Bardenpho）[A/O]工艺路线，并结合公司原生化系统的大部分设施，进行设施改造和工艺优化，确定了一种符合公司实际的、高效的味精中、低浓度废水生物除碳脱氮工艺方案。现生化系统共利用原生化池超过 12000 立方米，新建兼氧池、初沉池、二沉池以及污泥浓缩池等共计超过 7000 立方米，不仅减少了新增投资，也加快了工程的进度，提高了系统的运行效率。在工程的实施过程中，公司根据味精废水达标排放的总体要求，科学、合理地安排工程建设的顺序和进度，做到先建成的设施先培菌。2005 年 5 月初 O_2 池首先改造完成，公司马上采取 SBR 法进行培菌驯化，然后按各池建成的顺序陆续进行培菌，到 6 月初全系统整体调试，这样大大缩短了生化系统整体启动并正常运转的时间。另外，瞄准国内生化曝气设备发展的前沿，大胆应用可提升式微孔曝气装置，作为公司后生化改造工程的主要曝气设施，这不仅大幅提高了曝气过程氧的利用效率，减少风机能耗，而且也解决了曝气器维修的后顾之忧，为生化系统的长期稳定运行创造了有利条件。通过一年半的运行，生化系统出水水质稳定，COD＜100 毫克/升，NH_3-N＜40 毫克/升，完全达到设计的要求，并优于国家的排放标准。

第二节　工业废气与粉尘治理

一、工业废气与粉尘污染及治理情况综述

工业废气包括燃烧过程和生产工艺过程中产生的废气。燃料燃烧废气是指消耗一次能源燃料煤、燃料油、燃料气等的锅炉、工业炉窑在燃烧过程中所排放的废气；生产工艺废气是指生产工艺过程中排放的废气，挥发性有机化合物是它的主要组成部分。

随着工业的快速发展，排放的工业废气量逐年增大，据 1985 年对 7 845 家工业企业调查，年排放工业废气总量为（标准状态下）2 926.41 亿立方米，其中燃料燃烧废气 1 271.19 亿立方米，占总量的 43.44%，工艺废气为（标准状态下）1 655.22 亿立方米，占总量的 56.56%。全省经过消烟除尘和净化处理的废气 890.26 亿立方米，处理率为 30.42%。废气中有害物质多达数十种，CO、烟尘、SO_2 等 11 种有害物质总量 136.58 万吨，CO、烟尘、SO_2、NO_x、CO_2 和 HF 等 6 种污染物的排放量共 135.95

万吨，占 11 种污染物总量的 99.54%。其排放量排序为 CO＞烟尘＞SO_2＞NO_x＞CO_2＞HF，其余污染物为 NH_3、H_2S、HCl、Pb、HCN 等，参见表 2-5。上述 11 种污染物的排放总量中，87.5%是燃料燃烧过程中产生的，12.5%是生产工艺过程中产生的。

表 2-5　1985 年浙江省工业废气中有害物质排放统计表

污染物名称	年排放量/（t/a）	构成比/%
烟尘	395 718	28.97
SO_2	361 628	26.48
NO_x	115 032	8.42
C	462 368	33.85
HF	5 547	0.41
Pb	52.86	3.87×10^{-5}
HCl	812.06	59.5×10^{-5}
H_2S	17.029	0.12
HCN	13.61	0.99×10^{-5}
CO_2	19 180.8	1.40
NH_3	3 625.9	0.27

随着乡镇工业的迅猛发展，其工业废气排放量也大幅度增加，1995 年全省县以上工业企业燃料煤耗量、工业废气与废气中污染物排放量与同年乡镇工业企业比较数据见表 2-6。

表 2-6　1995 年全省县以上和乡镇工业企业统计结果比较

比较内容	县以上工业企业	乡镇工业企业	乡镇工业企业占全部工业企业比例/%
燃料煤/万 t	1 882.42	1 156.56	38.06
工业废气总量/亿 m^3（标准状态下）	3 107.78	2 471.01	44.28
燃料燃烧废气排放量/亿 m^3（标准状态下）	1 936.98	1 829.75	48.58

比较内容	县以上工业企业	乡镇工业企业	乡镇工业企业占全部工业企业比例/%
生产工艺废气排放量/亿 m^3（标准状态下）	1 170.81	641.34	35.39
工业废气中二氧化硫排放量/t	413 229	341 995	45.28
工业废气中烟尘排放量/t	146 681	456 768	76.69
工业粉尘排放量/t	187 149	1 702 965	90.10

1995 年和 1989 年两次乡镇工业企业的工业废气排放情况见表 2-7。由表 2-7 可见，时隔 6 年，乡镇工业企业的工业废气及其主要污染物排放量大幅度增加，其增加幅度为 2.20～4.98 倍。

表 2-7　1989 年、1995 年乡镇工业废气及其污染物排放情况比较

污染物名称	1989 年	1995 年	1995 年排放量相对 1989 年比值
工业废气排放总量/亿 m^3（标准状态下）	637.91	2 471.01	3.87
燃料燃烧废气排放量/亿 m^3（标准状态下）	367.32	1 829.75	4.98
生产工艺废气排放量/亿 m^3（标准状态下）	270.59	641.34	2.37
二氧化硫/t	147 882	341 995	2.31
烟尘/t	95 233	456 768	4.80
工业粉尘/t	468 883	1 702 965	3.63
氟化物/t	11 186	24 598	2.20

2000 年，全省 526 家国控、省控大气重点污染源完成治理 428 家，已关停 96 家，治理任务完成 99%以上。同年，全省二氧化硫排放总量为 60.89 万吨，比上年减少 4%，其中，工业二氧化硫排放量 57.79 万吨；全省烟尘排放量 25.43 万吨，比上年减少 24%，其中，工业烟尘排放量 24.71 万吨。工业粉尘排放量为 48.96 万吨，比上年减少 29%。工业废气中

燃烧废气消烟除尘率和工艺废气净化处理率分别达到 87.65%和 84.18%。

2001—2008 年，浙江工业废气排放总量、工业二氧化硫排放量、工业烟尘排放量、工业粉尘排放量、工业废气中处理设施数和脱硫设施数见表 2-8。

表 2-8　2001—2008 年浙江省工业废气及粉尘排放处理情况

年份	工业废气排放量/亿 m^3（标准状态）	工业二氧化硫排放量/t	工业烟尘排放量/t	工业粉尘排放量/t	废气处理设施数/套	脱硫设施数/套
2001	8 530.30	555 700	232 400	460 500	9 290	1 265
2002	8 532	593 868	187 140	326 184	9 386	1 145
2003	10 432	707 271	193 839	317 357	10 354	1 150
2004	11 748.81	789 005	208 437.37	332 761.66	10 909	1 356
2005	13 024.85	831 076	198 598	231 362	11 560	1 379
2006	14 702	829 000	195 000	220 000	12 932	1 844
2007	17 466.86	774 638.6	171 825	203 297.3	12 118	1 999
2008	17 632.70	1 286 183	151 293	155 017	13 600	2 571

二、工业废气与粉尘治理发展历程

1. 工业废气治理发展历程

1980 年 1 月 22 日，省人民政府批准省环保办《关于加快杭州市等城市消烟除尘工作》的请示，要求年底前限期进行消烟除尘，杭州市不冒黑烟的炉灶达到 70%，宁波、温州和绍兴城关镇各 40%。该年年底，绍兴城关镇 1 吨以上锅炉有 40%以上不冒黑烟。

同年，绍兴蓄电池厂铅冶炼烟气净化装置开工建设，包括新建 100 米钢筋混凝土耐酸烟囱一座，设计安装高效烟气净化装置及部分厂房设备改进，投资 120 万元，次年 6 月，竣工投运，冶炼车间空气中含铅浓度及烟气排放含铅浓度均达到国家排放标准。

1981 年，杭州铁路分局水电段供气站双碱法脱硫系统建成投运，该装置利用旋流极塔技术，是省内最早的烟气脱硫装置，采用 NaOH 和 $Ca(OH)_2$ 双碱法，有利于提高脱硫效率，防止结垢，据监测，该装置除尘效率 94%，脱硫效率 80%～90%，压力损失≤120 mH_2O，出口烟气温度 50～55℃。据估算，单台 4 吨/时锅炉的除尘脱硫系统投资 7.0 万元，该技术被评为原国家环保局 1994 年最佳实用技术。

同年，全省改造工业锅炉 1 417 台，改造工业窑炉 3 174 台，新增废气处理能力为标准状态下 76 084 米^3/时。

1983—1985 年，全省工业废气治理投资年平均增加率 24.69%，三年投资额分别为 884.24 万元，1 168.40 万元，1 374.84 万元。已改造工业锅炉数平均每年增加率为 15.49%，已改造工业炉窑数平均每年增加率为 19.82%，平均每年新增废气能力为标准状态下 997 759 米^3/时。

据 1985 年工业污染源调查，全省有 7 845 家企业排放废气标准状态下 2 926.41 亿立方米，废气处理率 30.42%，其中，经过消烟除尘的为标准状态下 569.00 亿立方米，占治理总量的 63.91%，经净化处理的占治理总量的 36.01%，以地区划分，杭州市、衢州市和台州地区占处理总量的 61.61%，从行业分类，电力、蒸汽、热水供应业和建材非金属行业合计处理量，占处理总量的 46.48%。

1984 年年底，西湖周围 186 个单位治理锅炉 650 台，实现无黑烟区。

1985 年年初，杭州龙山化工厂采用轻型链带式自动炉排代替平烧炉排，解决该炉周期性冒烟污染环境问题。该工业锅炉用于回收生产氯化钙，产量近 4 000 吨/年，回收每吨氯化钙需 508 千克标煤，产生烟气 2 230 万米^3/年。治理投资 6 万元，其中治理黑烟 3 万元，节能 3 万元。同年 3 月，经监测，烟气黑度由改造前 5 级降为 0 级。

同年 5 月 29 日，省环保局在杭州召开全省城市消烟除尘工作经验交流会。会议要求各市开展调查研究，提出建设无烟区计划，第一步消除黑烟，第二步除尘并达到排放标准。为了推动这项工作，9 月 29 日通知各市（地）组织对口检查。同年，宁波电化厂氯气和氯化氢尾气治理装置竣工并投入运行。该项尾气系在氯乙酸、氯油、合成盐酸生产过程中产生的反应气体。治理设施总投资 38 万元。每年增加副产盐酸 810 吨，其氯化氢含量 28%，增加食用合成盐酸产量 800 吨，氯化氢含量 31%，减少了原料消耗，年获经济效益约 20 万元，治理后每年排污量 HCl 少于 1 吨，C_{12} 少于 5 吨，厂区及周围环境明显改善。

同年，实现杭州市机场路、延安路和武林广场无黑烟区。

1986 年至 1988 年，杭州市 6 个城区的主要街道两侧，先后都建成无黑烟区。

1986 年，杭州塑料化工厂光气尾气冷凝回收催化装置建成并投入运转，于年底通过市级鉴定。光气是合成聚碳酸酯主要原料之一，该厂具有年产 200 吨液态光气生产能力，每年有 35 吨光气尾气需要处理。该装置共投资 13.1 万元，处理光气能力 50 吨/年。冷凝回收光气 20 吨/年，全部用于生产，获经济效益 7.5 万元，治理后排放废气中光气含量小于 12 微升/升，车间内最高允许质量浓度为 0.5 毫克/米^3，治理效果显著。

1987 年，省人民政府及省环保局决定在全省 9 个城市开展烟尘控制区建设。同年，温州有机化工厂苯酐废气治理装置建成投运。该厂苯酐废气年产生量为标准状态下 3600 万立方米，主要污染物为顺丁烯二酸、萘醌、萘等有机物，其质量浓度为 0.84 克/米^3。该装置利用废气生产反丁烯二酸，投资 21 万元，年产值 10 万～15 万元，税利 3 万～4.5 万元。装置运行基本正常，设备完好率 94.7%，设备运转率 95.73%。装置的废水做到基本不排放。

1986—1990 年，全省各年生产工艺过程中废气排放量（标准状态下）和净化处理率分别是：1986 年，1024.00 亿立方米，30.05%；1987 年，937.24 亿立方米，32.58%；1988 年，950.54 亿立方米，33.95%；1989 年，986.22 亿立方米，37.62%；1990 年，1127.43 亿立方米，34.15%。

1991 年，全省 3776 家企业统计，工业废气排放总量（标准状态下）

2524.34亿立方米，其中，燃料燃烧过程排放的废气（标准状态下）1400.05亿立方米，包括经消烟除尘的1247.05亿立方米，消烟除尘率89.07%；生产工艺过程排放废气（标准状态下）1124.29亿立方米，经过净化处理的618.09亿立方米，净化处理率54.98%：工业二氧化硫排放量和去除量分别是34.89万吨和2.99万吨；工业烟尘排放量和去除量分别是16.94万吨和165.21万吨。

1991—1995年，共投入工业废气治理资金42382.3万元，治理工业废气治理项目2238个，竣工治理工业废气项目1897个，新增废气设计处理能力2797万米^3/时，全省各年生产工艺过程中废气排放量（标准状态下）和净化处理率分别是：1991年，1124.29亿立方米，54.98%；1992年，1205.55亿立方米，60.38%；1993年，1169.41亿立方米，60.16%；1994年，1171.83亿立方米，66.92%；1995年，1170.81亿立方米，59.11%。同一时期，全省各年生产工艺过程中排放的二氧化硫量分别为：47661吨，46659吨，49872吨，46506吨，51477吨，略呈上升趋势。

1995年，全省3113家企业统计，工业废气排放总量（标准状态下）3108亿立方米，其中，燃料燃烧过程排放（标准状态下）1936.98亿立方米，经消烟除尘的1809.43亿立方米，消烟除尘率93.42%；生产工艺过程排放废气（标准状态下）117081亿立方米，包括经净化处理的692.07亿立方米，净化处理率59.11%：工业二氧化硫排放量和去除量分别为41.32万吨和5.70万吨；工业烟尘排放量和去除量分别是14.67万吨和327.91万吨。全省乡镇工业企业176275家排放工艺废气（标准状态下）641.34亿立方米，是1989年排放量的2.37倍，占废气排放量的25.95%，经净化的工艺废气量为（标准状态下）410.01亿立方米，净化率为63.93%。6819家乡镇工业企业排放的氟化物量为24597.51吨，是1989年排放量的2.20倍。氟化物排放量仍集中在砖瓦、水泥窑点较多的杭嘉湖地区。

同年，长广煤矿发电厂将2#炉原有的两台水膜除尘器改造为长沙佳宇环保公司生产的 PXJ 型除尘脱硫装置，属简易湿式石灰法脱硫，核心装置为旋流板塔，采用脱硫除尘一体化装置，脱硫改造总投资 118.73 万元。据 1996 年 4 月监测，除尘效率 99%，脱硫效率 72.3%，出口烟温 48℃，其缺点是系统易积灰，出水 pH 值未达设计要求（pH=6～7），出口烟温低，旋流板磨损腐蚀较严重，维护工作量大。

1996 年 11 月，杭州木材厂 SZD10-25 型层燃锅炉原水膜除尘器改用杭州环保公司开发的旋流旋风除尘脱硫器，建成投运。该脱硫器是从旋流板塔的基础上发展起来的，采用内外筒结构，内筒完成除尘脱硫过程，外筒起除雾作用。吸收剂采用碱液或含碱废水，以废治废，降低成本。工程投资 20 万元，除尘脱硫器规格尺寸 2 500 毫米×5 800 毫米。据监测，除尘效率和脱硫效率分别为 95.8%和 71.3%，进水 pH 10～11，出水 pH 为 7。循环水量 15 米^3/时，系统运行稳定。

同年，杭钢焦化热电站 CDSI 脱硫系统建成投运。工程投资 170 万元，在该站 1#锅炉烟气出口适当位置安装美国阿蓝柯公司的荷电子吸收剂喷射脱硫系统（CDSI），属于干法脱硫技术。处理烟气量设计值和实测值分别为 105 000 米^3/时和 97 733 米^3/时，脱硫率设计值和实测分别为 80%和 71.1%。烟气出口温度高，有利于扩散。设备简单，主要是一次风机和荷电喷枪。CDSI 技术投资高、活性氧化钙质量要求高，来源受限，不利于推广应用。该技术适合于老锅炉脱硫改造，燃用中、低硫煤均可达标排放。

1997 年 5 月，宁波中华纸业有限公司 220 吨/时循环流化床 1#锅炉投入运行，次年 2 月 2#锅炉也投入运行。系引进美国 FW 公司循环流化床锅炉技术，由四川锅炉厂制造，其除尘设施采用浙江菲达机电集团公司生产的四电场电除尘器，两支烟囱均高 60 米。该装置采用炉内脱硫技术，将煤和固硫剂（石灰石）加入燃烧室层床中，炉底鼓风使床层悬浮，进行流化燃烧，形成湍流混合条件，提高燃烧效率。较低的燃烧温度（750～900℃）有利于石灰石煅烧和固硫反应，减少 NO_x 生成，从而

减少 SO_2、NO_x 排放。按石灰石二级破碎系统估算，单台锅炉工程配套投资 20 万元。实测除尘效率 99.9%，1#炉和 2#炉的脱硫效率分别为 59.3%和 47.5%。说明流化床锅炉的高效脱硫效果尚未发挥。

同年 10 月，嘉兴锦江热电有限公司 XLB 型除尘脱硫系统投入运转。该公司已建成 2×25 兆瓦机组，配套二台 130t/hNG-130/3p-M 型煤粉炉，工程投资 2.98 亿元，原设计采用电除尘，后采用浙江大学环境与工程研究所开发的 XLB 型除尘脱硫一体化装置，系统核心为旋流板塔，采用 Na_2CO_3 和 $Ca(OH)_2$ 双碱法。单台 130 吨/时锅炉的脱硫除尘投资为 175 万元，实测脱硫效率和除尘效率分别为 79.9%和 97.7%，进/出水 pH 8～12/6.6～10.6，出口烟温 49℃，水量 250 米^3/时，石灰用量 0.5 吨/时。适用于中型锅炉烟气脱硫，使用高、中、低硫煤均可达标排放。缺点是：旋流板塔容易积灰，出口烟温低，设备管路维护工作量大。

同年，为排污申报登记基准年。全省 36457 家申报单位年废气排放量（标准状态下）7587.296 亿立方米，绝大部分废气均经处理后排放，但由于处理设施净化效果和运行情况的差异，经处理后达标排放的废气（标准状态下）仅 3564.226 亿立方米，占总量的 46.98%，当年治理投资额达 3.81 亿元。

同年，对全省 5470 家工业企业（其中乡镇企业 2818 家）统计，工业污染治理资金 4.0 亿元，其中 29%用于治理废气。该年燃料燃烧废气消烟除尘率 86.6%，生产工艺过程废气净化处理率 72.0%。废气中主要污染物排放情况为：烟尘 34.3 万吨（其中：工业企业 33.4 万吨），二氧化硫 67.8 万吨（其中：工业企业 63.5 万吨）。

1998 年，对全省 5233 家工业企业（其中乡镇企业 2909 家）统计，废气中二氧化硫排放量 65.98 万吨，比上年减少 1.79 万吨。其中工业排放的二氧化硫为 62.46 万吨，占 94.7%，工业排放的二氧化硫中，县及县以上工业 37.04 万吨，占 59.3%，乡镇工业 25.42 万吨，占 40.7%。

同年 12 月，浙江煤炭集团公司洁净煤产业化工程正式投产。针对省内煤炭市场和供煤渠道混乱，煤质杂且不稳定，原煤燃烧不能满足燃烧设备工艺和煤质要求，造成燃烧不完全，损坏设备，污染环境，该公司采用浙江大学热能工程研究所开发的非线性专家配煤技术，投资 1.1 亿元兴建杭州煤场，集中生产并稳定地向用户提供合适的洁净煤以充分发挥现有设备功效，减少污染，煤场年吞吐量 300 万吨，储煤 30 万吨，年产洁净煤 80 万吨。用户使用洁净煤后，热效率提高，二氧化硫和烟尘排放量显著下降。洁净煤价与优质大同煤价持平，有良好的社会、经济和环境效益。

同年，杭州市洁净煤配送工程投入运行。由杭州市燃料总公司联合杭州市环保局和浙江大学燃料利用研究所研究开发洁净煤生产工艺，选用杭州久隆实业公司生产的炉前成型机作为配套产品，并与杭州市市容环境卫生局试制成功专用送煤密封车，实现洁净煤生产，专车送货和炉前成型燃烧一条龙燃煤服务体系。年洁净煤生产能力 15 万吨。已在多家小型锅炉上实施，与动力配煤比较，洁净煤的热效率提高 1.97%，烟尘和二氧化硫排放削减率分别为 63.8%和 32.4%。用户可获得直接收益 2.4 元/吨煤。可解决小型锅炉原煤散烧烟尘达标排放不稳定问题，型煤固硫水平还有待提高。

1998 年，对全省 5233 家工业企业（其中乡镇企业 2909 家）统计，年生产工艺废气净化处理率 77.9%。工业企业二氧化硫排放量 62.46 万吨，占总量的 94.7%，其中，县及县以上的工业 37.04 万吨，占 59.3%；乡镇工业 25.42 万吨。二氧化硫排放量比上年减少 1.79 万吨。

2000 年，对全省 5529 家工业企业（其中乡镇企业 3665 家）统计，年生产工艺废气净化处理率 84.18%，其中县以上工业企业占 73.4%。二氧化硫排放量比上年略有减少。同年，杭州半山电厂脱硫工程投入运行，投资 5 亿多元，二氧化硫去除率达 95%以上。

2006 年 2 月 5 日，在《浙江日报》、《今日早报》等媒体首次向公众通报了 1 月浙江水和空气的质量状况。此后，每月定期向社会通报环境质量状况。

同年 5 月 29 日，国家环保总局在天津举行“十一五”二氧化硫总量削减目标责任书，签订和燃煤电厂脱硫工程启动仪式。浙江省王永明副省长代表省政府出席责任书签订仪式并在浙江的“十一五”二氧化硫总量削减目标责任书上签字。

2007 年 8 月 17 日，国内总体规模最大的火电厂烟气脱硫改造工程——宁波北仑电厂 5 台 60 万千瓦机组烟气脱硫改造工程全面竣工投产。该厂每年可减少二氧化硫排放量 9 万吨，为浙江省二氧化硫减排作出了应有的贡献。

同年 8 月 27 日，全省主要污染物减排工作现场会在绍兴召开。会议总结了污染减排上半年的工作，分析了存在的问题，交流和规范污染减排基础材料管理工作，研究部署了下一步工作。省环保局章晨副局长与会并作讲话。

2. 工业粉尘治理发展历程

据 1981 年环境统计资料，全省工业粉尘产生量 26.21 万吨，排放量 18.35 万吨，回收量 7.86 万吨，回收率 29.99%。1981 年以后，其产生量呈缓慢增加趋势，排放量以较快速度下降，回收量和回收率以较快速度增长，说明工业企业已逐渐重视技术改造和粉尘的回收利用。1981—2000 年全省县以上工业企业工业粉尘排放和回收情况见表 2-9。

表 2-9　1981—2000 年县以上工业企业工业粉尘排放和回收情况

年份	工业粉尘产生量/万 t	工业粉尘排放量/万 t	工业粉尘回收量/万 t	工业粉尘回收率/%
1981	26.21	18.35	7.86	29.99
1982	39.27	25.82	13.45	34.25
1983	54.30	35.28	19.02	35.03
1984	64.03	34.37	29.66	46.32

年份	工业粉尘产生量/万 t	工业粉尘排放量/万 t	工业粉尘回收量/万 t	工业粉尘回收率/%
1985	76.97	45.09	31.88	41.42
1986	119.61	60.66	58.95	49.29
1987	75.75	46.61	29.14	38.47
1988	80.41	34.90	45.51	56.60
1989	87.90	35.45	51.97	59.45
1990	81.16	29.21	51.95	64.01
1991	61.62	16.36	45.26	73.45
1992	83.16	25.66	57.50	69.14
1993	82.82	21.92	60.90	73.53
1994	96.52	21.33	75.19	77.90
1995	101.22	18.71	82.51	81.52
1996	104.69	16.68	88.01	84.00
1997	96.13	16.19	79.99	83.20
1998	237.90	45.17	192.73	81.01
1999	348.48	69.00	279.48	80.20
2000	98.13	9.17	89.96	91.67

1985 年，据全省工业污染源调查，工业粉尘产生量 138.41 万吨，回收量 62.98 万吨，回收率 45.50%。建材非金属矿制品业工业粉尘产生量和排放量最大，分别占总量的 67.43%和 69.10%；机械工业和化学工业次之，三者合计分别占总量的 81.10%和 82.48%；粉尘回收量以建材非金属矿制品业、化学工业和有色金属矿采选业为最高，分别为 41.21 万吨、5.89 万吨和 5.63 万吨，三者合计占 1 小时总回收量的 83.72%；若以市（地）分类统计，则排放量以杭州市、嘉兴市、湖州市、台州地区和衢州市排放量较大，分别为 22.00 万吨、14.09 万吨、11.24 万吨、6.99 万吨和 6.74 万吨，五者合计占总量的 80.94%，回收量以绍兴市、杭州市、衢州市和湖州市较大，分别为 12.61 万吨、10.95 万吨、10.60 万吨和 10.02 万吨，四市（地）合计占总量的 70.15%。该次调查中，乡镇街道企业排放量为 37.34 万吨，占总量的 49.50%，回收率 27.81%，

低于全省平均回收率，原因是乡镇街道企业分散，技术设备落后。

1989 年，全省县以上工业企业工业粉尘排放量、回收量和回收率分别为 35.45 万吨、51.97 万吨和 59.45%。同年，据对全省有污染的乡镇工业企业 31579 家（其中乡镇村办 18393 家，村以下办 13186 家）调查，工业粉尘产生量 59.47 万吨，排放量 46.89 万吨，占产生量的 78.84%，回收量 12.46 万吨，回收率 20.96%。乡镇工业企业中以水泥行业排放的工业粉尘量最大，占总量的 98.42%。嘉兴、杭州、湖州、衢州和绍兴等五市 9 个行业（水泥、砖瓦、陶瓷、冶炼、石棉等）的乡镇工业企业共排放工业粉尘 43.62 万吨，占全省排放总量的 93.04%，其中，江山、萧山、海宁、诸暨、兰溪等 5 个县级市共排放工业粉尘 10.38 万吨，占总量的 22.14%。

1995 年，全省县以上工业企业工业粉尘排放量 18.71 万吨，回收量 82.51 万吨，回收率 81.52%；同年，据全省 176275 家乡镇工业企业污染调查结果，其工业粉尘排放量为 170.30 万吨，其中非金属矿物制品业和非金属矿采选业排放量分别为 116.67 万吨和 49.65 万吨，二者合计占总量的 97.67%；工业粉尘排放的区域差异也很大，湖州、嘉兴、杭州等三市的工业粉尘排放量分别为 48.10 万吨、38.23 万吨和 35.54 万吨，三市合计占全省总量的 71.57%，是全省乡镇工业粉尘排放的重点区域。三市为数众多的水泥、砖瓦和石灰等乡镇工业企业是工业粉尘排放量特别高的主要原因。湖州市辖区、海盐县、长兴县、海宁市、余杭市等 20 个县（市）级区域工业粉尘排放量占总量的 87.84%。

2000 年，全省工业企业粉尘排放量 48.96 万吨，回收量 204.92 万吨。其中县以上工业企业粉尘排放量 9.17 万吨，回收量 89.96 万吨。

三、典型行业工业废气与粉尘治理情况

1．医药化工行业废气与粉尘治理情况

浙江较为典型的医化园区有：嘉兴港区化工园区、椒江医化园区、

宁波化工园区、上虞杭州湾精细化工园区等。

医化行业排放的工业废气比较复杂，产生的废气主要来源于有机溶剂及气态原料的挥发、锅炉废气及污水处理过程中废气的排放等。

对于使用有机溶剂及气态原料所产生的废气，一般采用改进落后生产工艺减少有机溶剂及气态原料的使用量及加强对有机溶剂及气态原料的回收及排放控制。如华海药业改进落后生产工艺，以钯碳代替雷铌镍作催化剂，用四氢呋喃替代甲醇溶剂，改变了单一溶剂使用为循环使用，使得过程反应废气大大减少。浙江杭州鑫富药业股份有限公司则把控制车间生产过程废气的排放重点放在原料的回收和排放控制上，通过采用冷凝、深冷、多级吸收等技术，减少甲醇、乙酸乙酯等工艺废气的无组织排放，确保单套溶剂回收装置回收率大于90%，各类废气污染物经分类收集处理后达到《大气污染物综合排放标准》（GB 16297—1996）中二级排放标准。浙江常山富盛控股集团公司对氨解高压釜反应结束后放压过程中排出的高浓度含有氨、硝基氯苯、硝基苯胺等污染物的含氨废气采用氨回收工艺，采用二段吸收+酸吸收工艺。即：放压含氨废气（压力 4.0～5.0 兆帕）直接排入高压氨水吸收罐用氨水吸收，吸收后成为高浓度氨水再作为氨解生产的原料回用于生产过程；高压吸收后排放低压含氨废气（压力 0.08～0.12 兆帕）再用水吸收，回收制成氨水，作为高压吸收用氨水；低压吸收后低浓度含氨废气排放至酸吸收塔，经酸吸收得铵盐溶液，排入污水处理系统回收处理，可实现含氨废气的回收和达标处理。

对锅炉产生的烟尘，一般采用多管和旋流旋风湿式除尘脱硫处理，可达到国家排放标准。

由于医药化工废水中含有大量的硫酸盐，在污水处理过程中极易产生硫化氢等恶臭气体，对硫化氢等恶臭气体的处理一般采用碱液吸收等方法来处理。如浙江杭州鑫富药业股份有限公司针对公司生产及污水处理过程中产生硫化氢气体，安装了一套处理装置，用碱液吸收后再用植物提取液进行吸收处理，达到了处理效果。

2．印染行业废气与粉尘治理情况

印染行业产生的大气污染主要来源于生产过程中的工艺废气和锅炉烟尘。

对于生产过程中的甲苯废气，采用回收再利用措施。实施甲苯回收装置后，可回收进入系统甲苯浓度的96%以上，回收甲苯液85%以上。对于定型机废气，采用定型机废气处理装置，废气处理率可达70%左右。

对锅炉产生的废气和烟尘，一般采用多管和旋流旋风湿式除尘脱硫处理技术和利用碱性废水水膜除尘器脱硫、除尘，脱硫率可达85.3%，除尘率可达99.8%，达到了国家相关的排放标准。

3．燃煤电厂废气与粉尘治理情况

燃煤电厂产生的废气与粉尘污染主要来源于燃料燃烧过程中产生的二氧化硫和氮氧化物及烟尘等。

对于产生的二氧化硫污染物，一般采用石灰石-石膏湿法脱硫工艺，脱硫效率大于 90%，如宁波北仑发电厂 5×600 兆瓦机组和萧山发电厂 2×130 兆瓦烟气脱硫工程采用当今世界上技术最为成熟、应用最广泛、运行可靠率高的石灰石-石膏湿法脱硫工艺，脱硫效率达到 95%，SO_2的排放达到《火电厂大气污染物排放标准》（GB 13223—1996）III时段标准。同时，采用燃烧炉内喷钙脱硫等技术可提高脱硫效率。

氮氧化物一般采用源头控制的方法。通过改造锅炉燃烧器及相关设备，积极采用资源利用率高、污染物产生量少的工艺和设备，采用循环流化床锅炉，降低燃烧温度等均可从源头上抑制 NO_x 的生成。

烟气处理采用先进高效的静电除尘，烟气经三或四级电场除尘器除尘后通过高烟囱排放，除尘效果明显。如宁波北仑电厂 1#、2#二台锅炉合用一座出口内径 5.5 米，高 180 米的烟囱，配套 4 台两室三电场静电除尘器，除尘效率在99%以上。

第三节 工业固体废物污染防治

一、工业固体废物污染及治理情况综述

工业固体废弃物，是指工矿企业在生产活动过程中排放出来的各种废渣、粉尘及其他废物等。如化学工业的酸碱污泥、机械工业的废铸砂、食品工业的活性炭渣、纤维工业的动植物的纤维屑、硅酸盐工业的砖瓦碎块等。这种固体废物，数量庞大，成分复杂，种类繁多。随着工业生产的发展，工业废物数量日益增加。其消极堆放，占用土地，污染土壤、水源和大气，影响作物生长，危害人体健康。如经过适当的工艺处理，可成为工业原料或能源。工业固体废物较废水、废气容易实现资源化。

据环境统计资料，1981年浙江工业固体废物产生量473.76万吨，包括冶炼废渣、粉煤灰、炉渣、煤矸石、化工废渣、尾矿（含赤泥）、放射性废渣和其他等8项。工业固体废物处理量13.10万吨，处理率2.55%，工业固体废物综合利用量和综合利用率分别为183.49万吨和38.73%。历年工业固体废物堆存总量829.98万吨，工业固体废物占地面积50.57万平方米。其后，工业固体废物产生量、处理量、处理率、综合利用量、综合利用率、历年堆存总量和占地面积均逐年增加，至1985年，分别为678.98万吨，153.69万吨，22.64%，241.01万吨，35.50%（该年稍减），1 566.31万吨和191.57万平方米。

1985年，据对10182家工业企业的工业污染源调查，全省工业固体废物产生量为1 062.67万吨，排放量为305.06万吨，包括煤矸石、锅炉渣、粉煤灰、高炉渣、钢渣、赤泥、有色金属渣、尾矿、工业垃圾等9种，杭州市排放量106.84万吨，居全省最高，占总量的35.02%，余杭县排放量 60.97 万吨，占杭州市总量的 57.06%，占全省总量的

19.98%，主要由獐山石矿和闲林埠钢铁矿排出，其利用率低，仅 33%。同年，全省工业有害废弃物产生量 11.26 万吨，其中包括冶炼固体废物、化学化工废物、废油漆、废油、废油剂、废原液及母液等。其利用量、利用率、处置率、历年堆放量、占地面积、排放量、排放率分别为 8.07 万吨、0.62 万吨、5.47%、22.46 万吨、1.29 万平方米、2.58 万吨和 22.90%。其中以杭州、金华两市产生量最大，合计为 8.63 万吨，占总量的 76.68%。金华的综合利用率高达 99.90%，杭州达 59.97%。排放的工业有害废弃物中，主要是冶炼固体废物和化学工业废物，分别占全省总量的 65.83% 和 31.73%。工业有害废物主要排放行业为黑色金属冶炼加工业，建材非金属矿制品业，合计占全省总量的 85.75%，排放量最大的横山铁合金厂，占全省总量的 55%以上。

1986—2000 年，全省工业固体废物产生量继续呈上升趋势，其中尾矿、粉煤灰、煤渣和煤矸石 4 种一般废物产生量占总量的 80%以上。万元产值产生量呈下降趋势，化工废渣（主要是危险废物）产生量和综合利用量（率）呈上升趋势，排放量（率）呈下降趋势。

1989 年，据对全省 31 579 家乡镇工业企业调查，工业固体废物总产生量为 171.71 万吨，排放量为 42.57 万吨，占总量的 24.79%，综合利用量为 23.7 万吨，占总量的 13.80%，处理处置量为 29.6 万吨，占总量的 17.24%，堆存占地面积 62.71 万平方米，历年累计堆存量为 39.7 万吨。排放量最大的是衢州市，为 24.83 万吨，占总量的 58.33%，其次是温州市，占 12.26%。产生量最大的是绍兴市，为 66.23 万吨，占总产生量的 38.57%，衢州市第二，为 31.69 万吨，占总产生量的 18.46%。各行业中，化工行业的工业固体废物排放量最大，为 3.8 万吨，县级市中以江山市排放量最大，为 9.24 万吨。淀粉、酿酒、印染、制革、水泥、砖瓦、陶瓷等行业对排放的固体废物，综合利用率和处理处置率很高，排放量近于零。但化工行业中产生的工业固体废物的利用率和处理率较低，其排放量占产生量的 41.30%。

1994 年，为全省固体废物申报登记基准年。该次申报登记将固体废物分为危险废物、有害废物和一般废物三大类。全省申报单位 8510 个，其中县级以上企业单位 2696 个，占 31.68%，乡镇企业 5444 个，占 63.97%，事业单位 370 个，占 4.34%。全省申报登记的固体废物产生量为 1515.88 万吨，其中，一般废物为 1004.59 万吨，占总量的 66.27%，有害废物 453.24 万吨，占 29.90%；危险废物 58.04 万吨，占 3.83%。一般废物和有害废物以固态为主，危险废物以液态为主。全省固体废物去向以综合利用为主，利用量 798.19 万吨，利用率 52.65%；处置量 187.27 万吨，处置率 12.35%；贮存量 400.74 万吨，贮存率 26.44%，历年贮存量 4946.94 万吨，历年占地面积 876.68 万平方米；排放量 129.69 万吨，排放率 8.56%。三大类固体废物去向有明显的差异，其中危险废物和有害废物的排放率较高，分别为 23.69%和 23.63%，一般废物的排放率只有 0.88%。一般废物贮存率较高为 37.12%，危险废物和有害废物贮存率较低，分别为 5.93%和 5.39%。固体废物去向比率的形态分布也有明显差异，固态废物以综合利用率最高，为 55.29%，排放率最低为 2.64%；半固态废物以综合利用率最高为 48.02%，贮存率最低为 8.22%，液态废物以排放率最高，为 71.69%，贮存率最低，为 0.38%。

1995 年，据对 164002 家乡镇工业企业调查，固体废物产生量 1129.77 万吨，综合利用率 58.92%，排放率 28.38%；危险固体废物产生量 34.96 万吨（占总量的 3.09%），其排放率为 45.71%。固体废物产生量最大的是杭州市，为 353.70 万吨，其次是衢州市和绍兴市，三市合计产生量占全省总产生量的 63.23%。全省危险固体废物产生量 34.95 万吨，占全部固体废物产生量的 3.09%，其中杭州市和嘉兴市分别为 11.24 万吨和 10.40 万吨，二市合计占总量的 61.91%。固体废物主要产生行业为非金属矿物制品业（464.91 万吨），占总量的 41.15%，其次为煤炭采选业和纺织业，分别占总量的 17.38%和 6.65%。危险固体废物的主要产生行业为皮革、毛皮、羽绒及其制品业，产生量 8.57 万吨，占总量的 24.51%，其次是有色金属冶炼压延加工业和化学制品原料物及化学制品制造业，分别为7.01万吨和6.39万吨，皮革、毛皮、羽绒及其制品业危险固体废物产生量以嘉兴市为最多，为7.55万吨，占该行业产生量的88.10%；全省固体废物综合利用量（665.76万吨）中，以杭州市为最大，为219.00万吨，占综合利用总量的32.81%，其次是绍兴市和金华市，分别占总量的15.32%和11.03%。综合利用量最大的行业是非金属矿物制品业，占全省综合利用总量的40.25%，其次在纺织业和煤炭采选业，分别占总量的10.32%和7.27%；全省固体废物排放量（320.59万吨）中，杭州市、衢州市和绍兴市分别占41.92%，20.01%和15.69%。全省危险固体废物排放量（15.98万吨）中，嘉兴市和杭州市的排放量占72.07%，非金属矿物制品业、煤炭采选业和非金属矿采选业三者合计占全省排放总量的79.51%。危险固体废物最大排行业为皮革、毛皮、羽绒及其制品业，占全省危险固体废物排放量的52.19%。

1997年，该年为全省首次排污申报登记工作基准年。据申报登记资料，全省固体废物申报单位数21997个，占全部申报单位数的60.3%。全省固体废物产生源30225个，其中危害废物占14.7%；有害废物占48.5%；一般废物占36.8%。固体废物年产生量为1755.56万吨，其中危险废物占3.27%；有害废物占23.60%；一般废物占73.13%。全省固体废物年利用量、处置量和贮存量分别为1050.52万吨、308.09万吨和365.00万吨。全省固体废物年排放量为361.95万吨，排放率（排放量占产生量的百分率）为1.82%，其中危险废物的排放率为4.22%，高于有害废物（3.36%）和一般废物（1.22%）的排放率。在排放的固体废物中，危险废物占7.56%，有害废物占43.56%，一般废物占48.88%。

2000年，全省工业固体废物产生量为1385.7万吨（含危险废物12.89万吨），比上年略有增加。工业固体废物排放量为6.4万吨，其中危险废物排放量11.63吨，均比上年较大幅度降低。历年工业固废累积贮存量为4132.5万吨。工业固体废物综合利用率为79.34%，比上年略有提高。

2001—2008 年，浙江工业固体废物产生量、危险废物产生量、工业固体废物排放量、工业固废贮存量、危险废物排放量、工业固体废物综合利用率见表 2-10。

表 2-10　2001—2008 年全省工业固体废物产生及处置情况

年份	工业固废产生量/万 t	工业危废产生量/万 t	工业固废贮存量/万 t	工业固废排放量/万 t	工业危废排放量/t	工业固体废物综合利用率/%
2001	1603.15	15.28	129.84	5.40	7	83.56
2002	1777.77	16.10	131.55	5.16	4	83.56
2003	1976.10	15.01	33.82	4.44	0	86.94
2004	2317.66	20.43	15.52	4.43	0.8	87.83
2005	2513.83	21.68	24.61	5.638	0	92.56
2006	3096.31	44.02	90.15	5.18	20	91.77
2007	3613.45	52.96	101.06	1.44	0	92.23
2008	3564.40	47.79	119.1	1.255	92.11	92.11

“811”环境污染整治行动开展三年来，全省通过建设固体废物环保基础设施，促进废物资源化利用和强化环保执法等举措，大力开展工业固体废物、医疗废物和危险废物的环境污染整治，取得了明显成效。

目前，全省已有 6 个市建成了 7 座医疗废物处置中心（杭州、宁波、湖州、绍兴、台州、舟山，其中台州分南北两片各建一处处置中心），采用高温热处理技术，炉型分回转窑、立式热解炉和串联式点炉 3 种。全省已形成日处置医疗废物 91 吨的能力，较 2003 年翻了一番。全省已建成工业危险废物集中处理设施 32 座，年处理能力 23.4 万吨。另外一批规范的危险废物综合利用项目相继建成。宁波镇海化工区有机溶剂回收利用、废矿物油提炼和重金属污泥综合利用等项目，已部分建成并投入试运行。台州废线路板集中处理、嘉兴和温州废蚀刻液回收利用等一批技术工艺水平较高、运营较为规范的危险废物综合利用项目相继建成。重金属污泥、废矿物油、废线路板等无害化利用出路问题逐步得到解决。

二、工业固体废物治理发展历程

1981 年，浙江首次进行了工业固体废物产生量及处理情况环境统计工作。

自从 1985 年，国家环保局成立固体废物管理处，并先后颁发《有色金属工业固体废物污染控制标准》、《有色金属工业固体废物浸出毒性试验方法标准》、《有色金属工业固体废物急性毒性初筛试验标准》、《含氰废物控制标准》、《含多氯联苯废物污染控制标准》、《尾矿污染环境管理规定》、《含多氯联苯电力装置及其废物污染环境的规定》和《关于严格控制境外有害废物转移到我国的通知》，浙江省环保局先后组织并完成包括固体废物在内的《浙江省工业污染源调查》、《浙江省乡镇工业污染源调查》和《浙江省放射性污染源现状与对策研究》。杭州市对煤渣、电镀污泥和各种废油采取管理措施，金华市对含多氯联苯（PCB）电力电容器按封存要求实施挂牌封存，台州市颁发《关于切实加强废物件进口和加工利用环境保护管理的通知》并有效地控制进口固废拆解业的环境污染，湖州市人民政府发布《湖州市煤渣和烟道灰统一管理实施办法》。

1993 年浙江依据国家环保局 1993 年印发的环管[1993]666 号文《关于开展有害废物调查的通知》和环控[1994]345 号文《关于在全国开展固体废物申报登记工作的通知》的精神于 10 月 20 日印发[1994]245 号文《关于在全省开展固体废物申报登记工作的通知》，同时转发国家环保局环管[1993]666 号文和环控[1994]345 号文，并成立浙江固体废物申报登记领导小组、办公室和技术小组。

1994—1995 年，省环保局在全省范围内组织开展固体废物申报登记工作。

1995 年 4 月 19—20 日全省固体废物申报登记工作动员及技术培训

大会在余杭市召开，省固体废物申报登记领导小组组长张鸿铭副局长作动员报告，与会人员认真学习国家环保局副局长王扬祖在深圳“全国固体废物申报登记工作及试点工作总结表彰会”上的讲话、各试点城市经验，并讨论《浙江省固体废物申报登记管理办法》和《浙江省固体废物申报登记工作实施方案》初稿，上述2个文件于同年5月2日由省环保局下发。同年10月30日，八届全国人大常委会第十六次会议审核通过《中华人民共和国固体废物污染环境防治法》，标志着中国对固体废物的科研和管理已逐步走上规范化、法制化的轨道，浙江固体废物申报登记工作进入汇总建档阶段，全省申报登记单位8510个。

1996年8月，省环保局召开浙江省固体废物申报登记工作总结表彰会议。

1997年7月，浙江开始首次排污申报登记工作，包括固体废物申报登记工作，基准年为1997年，该项工作历时15个月，于1998年12月完成。共受理36457家排污单位的申报登记。

1999年10月20日，省环保局建立浙江固体废物管理中心，编制人员17名，进行固体废物污染防治管理并提供技术服务。

2000年，浙江固体废物管理中心正式挂牌办公，杭、甬、温等市相继成立固体废物管理中心。

2004年以来，全省通过建设固体废物环保基础设施，促进废物资源化利用和强化制度管理等举措，大力开展工业固体废物、医疗废物和危险废物的环境污染整治，取得了明显成效。宁波市北仑区已有24个循环经济项目投入运行，初步构建起以工业固废综合利用为核心的循环经济产业架构。湖州市通过落实退税等资源利用政策，鼓励企业利用工业固废，全市118家废旧物资回收经营企业2006年实现销售收入20亿元。资源综合利用生产企业24家，利用各类废弃物185万吨，综合利用产品产值11亿元。浙江长三角建材有限公司等一批利用印染污泥生产新型建材的项目应运而生，浙江山鹰水泥有限公司两套煤矸石发电机组投入运行，煤矸石年利用能力达35万吨。

2006年3月29日，省十届人大常委会第二十四次会议审议通过了《浙江省固体废物污染环境防治条例》，自2006年6月1日起施行。

同年5月，省整治办下发《2006年全省印染、造纸行业和固体废物拆解业污染整治工作方案》，指导各地开展重点行业污染整治。

三、典型行业工业固体废物治理情况

1．造纸工业固体废物治理情况

造纸是“三废”俱全的行业，在生产过程中会产生大量的工业固体废物，如造纸废渣、煤渣及煤灰等，还有废水处理过程中回收的废浆和产生的污泥等。

目前，对于造纸废渣等废弃物，一般采用焚烧回收热能和作为制造瓦楞原纸原料进行利用。如浙江景兴纸业就分别在2003年和2005年进行了造纸废渣的焚烧处理和造纸废弃物制造瓦楞原纸技改项目，以造纸固体废弃物配以适量国内废纸为主要原料生产高强度瓦楞原纸。

对煤渣、煤灰等，主要实施综合利用方针，主要用于生产红砖，可达到较为可观的经济效益。如浙江永泰纸业集团股份有限公司就对产生的煤渣、煤灰等工业固体废物进行了制砖，年收入达150万元。

废水处理过程中回收的废浆含有大量可资利用的短小纤维，主要和物化污泥一起生产污泥纸板。如浙江永泰纸业集团股份有限公司配备污泥纸机8台，可日产污泥纸60吨（含55%水分），消化全部物化污泥。同时利用公司自备电站蒸汽充裕优势，增加4台污泥烘干机，直接加工成成品干纸，日产干纸26吨，有机污泥经加工后，一年可减少约50 000立方米的污泥排放，节约了大量宝贵的土地资源，极大地减轻了环境压力，环境效益明显，同时年经济效益可达200万元。

造纸生化污泥目前一般采用压滤填埋的处置路线，但由于具有量大、含水率高、有机物含量高等特点，对其的处置正向减量化、资源化的方向转化。通过对生化污泥进行加药浓缩、压榨处理后污泥可直接混煤焚烧发电，将有效减少污泥堆放及填埋的面积，减轻污泥产生的异味，实现固体废弃物的减量化、资源化，达到再生利用的目的。

2. 医药化工行业固体废物治理情况

医药化工产生的固体废物有燃烧煤料产生的煤渣及工艺生产中产生的工艺固废，同时从固体废物的性质上看，医药化工行业固体废物可分为危险废物和一般固废。

对于燃煤产生的煤渣，可实施综合利用方针，用于制砖。如浙江杭州鑫富药业股份有限公司就对煤碴采用运至砖瓦厂用于制砖的处理、处置方式。

对于在生产过程中产生的危险固废，目前企业一般采用将危险固物运至具有危废处理资质的环保公司进行处理；对于生产过程中产生的具有一定回收利用价值的废物，大多采用废物资源化。如华海药业就采用从废料硫盐镁滤饼中提取产品粗品，年回收量达到4.8吨，新增效益120万元，同时可减少NaCl投料量1200吨，乙酸乙酯投料量864吨，而且对福辛普利产品利用固体废物再加工，年增加中间成品6.82吨，削减固废6.82吨，既削减了污染物，又提高了资源的利用率，可产生可观的经济效益。

第四节　工业噪声污染防治

一、工业噪声污染及治理情况综述

工业噪声是指工厂在生产过程中由于机械振动、摩擦撞击及气流扰动产生的噪声。可分为机械性噪声：由于机械的撞击、摩擦、固体的振动和转动而产生的噪声，如纺织机、球磨机、电锯、机床、碎石机启动时所发出的声音；空气动力性噪声：这是由于空气振动而产生的噪声，如通风机、空气压缩机、喷射器、汽笛、锅炉排气放空等产生的声音；电磁性噪声：由于电机中交变力相互作用而产生的噪声。如发电机、变压器等发出的声音。

20世纪80年代以后，随着工业生产的发展和城市建设规模的扩大，工业企业噪声污染问题日益突出。

据1985年对全省10100个工矿企业调查资料，共有噪声设备9528台，对这些设备从车间外1米处测定其分贝值，大于80分贝的占63.67%，大于90分贝的占41.70%，大于100分贝的占10.80%，大于110分贝的也有0.45%。

1985年噪声源的地域分布。噪声设备总台数杭州最多。大于90分贝的高强噪声设备宁波市达857.1台，占全省的21.51%，居第一位，绍兴市占16.17%，居第二位，宁波、绍兴、杭州三市合计20271台，占全省50%以上。丽水、绍兴、宁波和金华4个市（地）大于90分贝的高强度噪声设备均占各自总数的60%以上，大于90分贝的噪声设备百分率最低的是杭州市，仅占21.23%。

噪声源的行业分布。纺织业噪声设备有49194台，占全省总数的51.63%，该行业不仅数量多，而且大于90分贝的高强度噪声设备比例也高，占全省的51.53%；其次是机械行业，占总数的14.7%，第三为建材业，占5.4%，第四为非金属矿制品，占5.1%。

各地区和各部门在噪声污染源调查的基础上，从总体规划着手，执行新建、改建、扩建项目“三同时”制度，老污染源限期治理，采取迁厂、更新改造、移动声源等手段，并采用隔声、吸声、减振和阻声等技术措施，使多个声污染源被消除，免除或减轻了噪声对居民的吵扰和伤害。

1985年全省噪声治理费用110.25万元，并从1986年以后，全省噪声治理费用有一定程度的增加。

1989 年 9 月 1 日，国务院颁布《中华人民共和国环境噪声污染防治条例》，1994 年 5 月 13 日，国家环保局印发《建设环境噪声达标区管理规范》，对达标区区域内固定噪声源（包括向周围生活环境排放噪声的企事业单位）和建筑施工噪声的管理均作了具体规定，各级环保部门依法加强了对工业、交通、施工、生活等各种噪声源的监督管理，增加治理投资，使工业和施工噪声在一定程度上得到控制。

1991—1996 年，各年当年噪声治理投资、当年安排噪声治理项目、当年竣工治理项目分别为：1991 年，469.3 万元、156 个、136 个；1992 年，524.3 万元、157 个、146 个；1993 年，494.3 万元、120 个、110 个；1994 年，628.5 万元、79 个、77 个；1995 年，631.7 万元、66 个、72 个；1996 年，503 万元、27 个、28 个。

1997 年，浙江省开始对噪声污染单位实行申报登记制度，加强了依法监督管理。该次申报以 1997 年为基准年，申报单位边界环境噪声的企业有 5 505 个，其中，杭州市 986 个，宁波市 40 个，温州市 1 122 个，嘉兴市 22 个，湖州市 19 个，绍兴市 116 个，金华市 267 个，衢州市 57 个，舟山市 127 个，台州市 165 个，丽水地区 1 098 个。申报的固定噪声源共计 8 455 个，其中，机械噪声源 6 936 个，空气动力性噪声源 963 个，电磁噪声源 52 个，其他噪声源 504 个。边界环境噪声超标单位数及超标长度见表 2-11。不同超标长度段申报单位数及边界外 1 米处不同分贝数段测点数分别见表 2-12 和表 2-13。

表 2-11　1997 年边界环境噪声超标及超标边界长度

项目	超标 0～3 dB（A）		超标 3～6 dB（A）		超标 6 dB（A）以上	
	夜	昼	夜	昼	夜	昼
超标单位数/个	33	1 941	281	1328	317	906
超标长度/km	17.14	86.94	15.84	53.04	28.18	58.56

表 2-12　1997 年不同超标长度段申报单位情况

超标长度/km		超标单位数/个
0～10	夜	41
	昼	238
10～20	夜	86
	昼	358
20～50	夜	136
	昼	1 536
50～100	夜	225
	昼	1 207
100～200	夜	151
	昼	638
200～500	夜	109
	昼	227
500～1 000	夜	37
	昼	58
＞1 000	夜	40
	昼	12

表 2-13　1997 年边界外 1 米处不同分贝数段测点数

超标长度/km		超标单位数/个
45～50	夜	311
	昼	—
50～60	夜	665
	昼	1 333
60～70	夜	339
	昼	3 376
70～80	夜	164
	昼	1 666
80～90	夜	58
	昼	371
90～100	夜	—
	昼	19
＞100	夜	16
	昼	8

同年，浙江噪声治理投资、当年安排噪声治理项目、当年竣工治理项目分别为1997年，193万元、22个、22个；1998年，260.5万元、27个、23个。

截至2000年，全省累计建成噪声达标区（块）121个，面积574.8平方千米。当年噪声治理投资12924.2万元。

二、工业噪声污染治理发展历程

1985年，浙江对全省10100个工矿企业进行了噪声污染源调查。

同年，各地区和各部门在噪声污染源调查的基础上，从总体规划着手，执行新建、改建、扩建项目“三同时”制度，并采用隔声、吸声、减振和阻声等技术措施，开始了浙江省工业噪声污染治理。

同年全省噪声治理投入费用110.25万元，其中居于前三位的分别是杭州市，55.46万元，绍兴市，16.38万元，宁波市，14.90万元。

1997年7月—1998年12月，全省开展以1997年为基准年的全面排污申报登记工作，包括单位边界环境噪声超标情况。

2000年，全省累计建成噪声达标区（块）121个，面积574.8平方千米。

三、建材行业工业噪声污染治理情况

对空压机、罗茨风机等具有较强噪声的设备，在其进出口加装消声器，设置隔声室加以控制。

同时在厂区种植绿化带、草坪以起屏蔽作用，使噪声受到不同程度的隔绝，可使得厂界噪声基本控制在白天小于60分贝、晚上小于50分贝。

第五节　核与辐射环境污染防治

一、核与辐射环境污染及管理综述

核辐射是原子核从一种结构或一种能量状态转变为另一种结构或另一种能量状态过程中所释放出来的微观粒子流。核辐射可以使物质引起电离或激发，故称为电离辐射。电离辐射又分直接致电离辐射和间接致电离辐射。直接致电离辐射包括质子等带电粒子。间接致电离辐射包括光子、中子等不带电粒子。核辐射主要产生α、β、γ三种射线：α射线是氦核，β射线是电子，这两种射线由于穿透力小，影响距离比较近，只要辐射源不进入体内，影响不会太大。γ射线的穿透力很强，是一种波长很短的电磁波。电磁波是很常见的辐射，对人体的影响主要由功率（与场强有关）和频率决定。通讯用的无线电波是频率较低的电磁波，如果按照频率从低到高（波长从长到短）按次序排列，电磁波可以分为：长波、中波、短波、超短波、微波、远红外线、红外线、可见光、紫外线、X 射线、γ射线。以可见光为界，频率低于（波长长于）可见光的电磁波对人体产生的主要是热效应，频率高于可见光的射线对人体主要产生化学效应。

过量的放射性射线照射对人体会产生伤害，使人致病、致死。剂量越大，危害越大。同时放射性射线还会对饮用水水源地造成核污染。受放射性物质污染的水不能直接饮用，如果用受放射性物质污染的水浇灌农作物、蔬菜。其放射性物质的含量普遍增高，食用有害人体健康。

电磁辐射又称电子烟雾，是由空间共同移送的电能量和磁能量所组成，而该能量是由电荷移动所产生。电磁辐射是一种复合的电磁波，以相互垂直的电场和磁场随时间的变化而传递能量。电磁辐射可产生 X 光和γ射线，频率极高的 X 光和γ射线能够破坏合成人体组织的分子。

电磁辐射危害人体的机理主要是热效应、非热效应和累积效应等。热效应：人体70%以上是水，水分子受到电磁波辐射后相互摩擦，引起机体升温，从而影响到体内器官的正常工作；非热效应：人体的器官和组织都存在微弱的电磁场，它们是稳定和有序的，一旦受到外界电磁场的干扰，处于平衡状态的微弱电磁场就会产生对人体的非热效应；累积效应：热效应和非热效应作用于人体后，对人体的伤害尚未来得及自我修复之前，再次受到电磁波辐射的话，其伤害程度就会发生累积，久之会成为永久性病态，危及生命。

对于核与电磁辐射污染的防治，浙江始于20世纪80年代中期，于1987年建立了浙江环境放射性监测站，主要对秦山核电厂运行工况下周围环境放射性水平和省内其他核设施放射性的监督监测及在核事故应急时对辐射环境实行应急监测和事故后果评价，并成立了浙江核辐射应急机构，进行了多次应急演习。

20世纪90年代，电磁辐射提上了管理日程。浙江应国家环保总局要求于1999年在浙江环境放射性监测站基础上建立国家环境保护总局辐射环境监测技术中心，负责核与辐射的环境监测与防护管理。

二、核与辐射环境污染治理发展历程

20世纪80年代，放射环境管理实行国家和省两级管理，省级管理具体任务包括对辖区内核设施、放射性同位素应用和伴生放射性矿物资源利用项目的监督管理，由省级环境保护行政主管部门负责实施。

1987年8月，浙江建立浙江省环境放射性监测站，主要任务是对秦山核电厂运行工况下周围环境放射性水平进行监督监测，负责省内其他核设施的放射性监督监测，在核事故应急时对辐射环境实行应急监测和事故后果评价。

1989年4月24日，成立浙江核电厂事故场外应急委员会，同年12月，成立该委员会办公室（以下简称应急办），设在省环保局，并开始组织编写《浙江省秦山核电厂一期工程（30万千瓦机组）场外应急计划》。

1990年，开始筹建省应急指挥中心（杭州）和前沿指挥所（海盐）及两地之间的通讯系统。

1991年11月，省应急委员会组织第一次不惊动公众的核事故场外应急演习。同年12月15日，秦山核电厂一期工程并网发电。

1994年和1997年又分别进行第二次和第三次核事故场外应急演习。

1996年，省环保局设放射性环境管理处，与应急办合署办公，1999年，更名为辐射环境管理处。

20世纪90年代中期，电磁辐射环境污染逐渐提上议事日程。1997年3月25日，国家环境保护局发布第18号令《电磁辐射环境保护管理办法》规定，由县级以上人民政府环境保护行政主管部门对本辖区电磁辐射环境保护工作实施统一管理。

1999年9月，国家环境保护总局下文，在浙江环境放射性监测站基础上建立国家环境保护总局辐射环境监测技术中心。同年11月，浙江环境放射性监测站更名为浙江辐射环境监测站。

三、典型行业核与辐射管理情况

1．核电厂核辐射环境管理

浙江对核电厂核与辐射的管理主要分为核电厂外围环境放射性本底调查和监测与核事故应急准备。

核电厂外围环境放射性本底调查和监测始于1987年，并于当年召开了秦山核电厂外围环境监测系统建设项目技术论证会，通过了建设方案，该监测系统由γ辐射连续监测系统、应急和流动监测系统组成。1992年建成投入运行，1993年，国家环保局组织专家对上述三个系统进行功能检查并通过验收。

1991年12月秦山核电厂一期工程运行前，省环境放射性监测站完成对核电厂外围环境放射性本底水平调查，测量核电厂周围 50 千米范围内原野γ辐射剂量率和大气、土壤、水体、农副产品、指示生物等多种介质中放射性核素含量，积累了该地区放射性本底水平的大量数据。

根据国家关于核电厂外围环境实行双轨制监测的规定，省环境放射性监测站于秦山核电厂并网发电后即转入对该厂外围环境放射性水平监督监测，1992 年 3 月起，开始向国家环保局和省环保局报送秦山核电厂外围环境监督监测月报、季报和年报。

1995 年，省环境放射性监测站完成秦山核电厂 30 万千瓦压水堆事故情况下环境外照射剂量率报警水平研究。该项研究成果可用于核电站事故报警，确定事故影响范围及程度，寻求解决事故对策，有利于加强对核环境的监督和管理。

核电厂的核事故应急准备始于 1989 年。鉴于秦山核电厂即将投入运行，为加强对核事故应急工作的管理，省人民政府根据国务院核电领导小组国核[1989]1 号文《请抓紧编制核电厂场外应急计划》，经研究于 1989 年 4 月 24 日成立浙江核电厂事故场外应急委员会（以下简称省应急委），柴松岳副省长为委员会主任，省军区司令员杨士杰、省计经委副主任谌青山、省环保局局长陈海玫为委员会副主任，省人民政府办公厅副主任徐苗铨、公安厅副厅长蔡扬蒙、交通厅副厅长周志卿、民政厅副厅长李晓晋、卫生厅副厅长庄炳瑾、商业厅副厅长王锡琪、环保局副局长黄家矩、电力局局长张蔚文、物资局副局长冯瑞林、邮电局副局长屠用和、省武警总队队长陈文明、省气象局局长潘云仙、省人防办副主任尹安弟、秦山核电公司总工程师钱剑秋、嘉兴市副市长徐良骥、海盐县县长朱干生等 16 人为应急委委员。应急委下设浙江省核电厂事故场外应急委员会办公室（以下简称省应急办），办公室设在省环保局。省环保局副局长黄家矩兼任办公室主任。

同年 7 月 10—11 日，省应急委第一次会议在秦山核电厂召开，出席会议的除委员会成员外，省、嘉兴市、海盐县人大常委会的有关领导和核电厂的负责同志列席会议。省应急委主任、副省长柴松岳主持会议，并作总结。会议通过省应急委职责；同意建立辐射监测与环境后果评价、通信、医学救援、交通、气象、后勤保障、公安、安置、公众教育等九个专业组和专家咨询组；各专业组组长由挂靠单位的应急委委员兼任，各成员单位要把应急工作落实到一个具体职能处室，并指定一名处级干部为联络员，负责与省应急办的日常联系；专家咨询组由省科委、科协负责筹建；会议明确按“总体规划，分步实施”的原则，抓紧应急计划编制和应急基础设施的前期工作；会议同意在海盐县建立县核事故场外应急委员会，并设相应办事机构，负责当地场外应急的各项工作，场外应急时可作为省应急委员会现场指挥机构。

同年 8 月 22—23 日，省应急办在杭州召开关于秦山核电厂应急计划区论证会。出席这次会议的有国家核安全局、国家环保局、中国核工业总公司、清华大学、秦山核电厂以及省内有关领导和专家，论证确定了秦山核电厂事故场外应急计划区的撤离范围暂定为以核岛为中心半径 5 千米，为场外应急计划编制提供重要技术依据。

同年 10 月 9 日，省应急办组织编就《核电厂事故场外应急计划提纲》（征求意见稿），并印发给各专业组[浙环核办（1989）176 号]。

同年 12 月 31 日，海盐县核电厂事故场外应急委员会成立，县长任委员会主任。县应急办行政编制五名（省编委作为特例审批）。

1990 年 3 月 29 日—4 月 3 日，省应急办召开《应急计划》审编会，会议审查秦山核电厂场内应急计划，讨论场内外应急行动和应急准备的接口及编制各专业组的场外应急计划等问题。参加人员为省应急委成员单位的联络员、专家组成员。

同年 6 月 9 日，省应急办向省人民政府报送《关于要求批准省核电厂场外应急指挥中心基建项目的请示》（浙环计[1990]97 号）。

同年 6 月 25 日，《浙江省秦山核电厂一期工程（30 万千瓦机组）场外应急计划》及其附件（第一稿）编制完成。

同年7月20日，柴松岳副省长在省电力局、环保局《关于国家安全局法规宣讲会情况的汇报》报告上批示，要求为争取时间，从现实出发“两点一线”（两点指杭州的省应急指挥中心和海盐的省前沿指挥所两点，一线指沟通两点之间通讯报警系统）工程要尽快上，并对落实工程建设资金来源作出指示。

同年8月9日，省应急委第二次全体会议在杭州举行。省应急委主任、副省长柴松岳主持会议并作了总结讲话，省人大常委会科技委员会负责同志列席了会议。会议主要讨论通过《秦山核电厂事故场外应急计划》（送审稿）。

同年8月22日，省应急办向国务院核电领导小组报送《秦山核电厂事故场外应急计划》及实施方案（送审稿）。

同年8月28日，召开“两点一线”及道路工程协调会。省应急办、交通厅、省电力局、邮电局等单位有关领导参加会议。会议由省计经委主持。为落实柴松岳副省长关于“两点一线”及道路工程的批示精神，就省应急指挥中心及县应急办基建工程、通信及交通状况等问题进行讨论，明确了责任单位和经费渠道，并要求在年内完成。

同年10月22日，省计经委（浙计经建[1990]714号文）批准建设秦山核电厂事故场外应急指挥基地，其中杭州部分的建筑面积为1 500平方米，海盐前沿指挥所建筑面积为600平方米。

同年11月2—7日，国务院核电办在杭州召开《浙江省秦山核电厂一期工程（30万千瓦机组）场外应急计划》评审及协调会。参加这次会议的有国务院有关部门、中国核工业总公司、总参谋部、南京军区、浙江省军区、省应急委各专业组及秦山核电厂等。会议就场外应急计划接口问题进行了协调，并对下一步工作提出了建议。

同年12月31日，省应急办向国家应急办报送《浙江省秦山核电厂一期工程（30万千瓦机组）场外应急计划》（报批稿）及实施方案。

1991年2月6日，省计经委下达浙计经建[1991]56号文，对核事故场外应急措施补助经费 67 万元，用于应急计划的编制、资料调研、专业组、计划与实施、“两点一线”工程等。

同年 2 月 28 日，国务院核电办就“浙江省关于秦山核电厂一期工程（30 万千瓦机组）场外应急计划（报批稿）”的审查结论发文（国核办[1991]9 号），要求省应急办根据审评意见对计划作进一步修改。

同年 3 月 21 日，南京军区针对秦山核电厂一期工程在杭州举行不惊动公众的室内核事故应急演习。军队、地方负有应急任务的单位代表共 60 余人观摩演习。演习由军区副司令郭涛担任总指挥，司令员同辉亲临现场指导。国务院核电领导小组副组长、中国核工业总公司总经理蒋心雄和总参防化部长吕方正等领导同志到现场观摩演习并讲话。

同年 6 月 12 日，省计经委、财政厅、电力局联合下发（浙计经建[1991]379 号文）《关于下达省核电厂事故场外应急措施经费方案的通知》，总投资 660 万元，其中 360 万元为国家计委下达战略动员经费 70 万元和生产调度资金 290 万元；另 300 万元由省电力局在集资办电经费中列支。

同年 6 月 25 日，接待了国家核事故应急办副主任王法为组长的检查组。汇报了应急计划及实施程序修改、“两点一线”工程建设、各专业组接口等问题。

同年 11 月 1 日，省应急委组织核事故场外应急综合演习。此次演习是在各专业组演习基础上进行的。演习由省应急委主任、副省长柴松岳负责指挥，演练厂房应急、场区应急和场外应急状态时各有关应急组织的响应程序。演习方式为预先通知的、不惊动公众的现场实际作业与室内作业相结合。演习共有 110 多个单位，700 余人，200 多辆车参加。通过演习，为进一步修改和完善应急计划提供依据。

1992 年 4 月 8 日，省人民政府副秘书长翁礼华主持召开省核电厂事故场外应急委员会会议。会议讨论了浙江的应急管理体系。

同年 5 月 25—26 日，国务院核电办组织检查组来杭对浙江场外应急准备工作进行检查。检查组由国务院核电办、中国核工业总公司、国家核安全局的专家组成。检查组听取了省应急办关于场外应急准备工作情况的汇报，并到有关专业组进行了实地检查。检查组肯定了浙江省在应急体系的建立、各项硬件和软件的开发建设以及在公众宣传教育、人员培训等方面取得的成绩，并对在秦山核电厂满功率发电前切实做好应急准备工作提出了要求。

同年 6 月 10 日，省计经委为解决应急系统运行经费召开协调会。落实核事故场外应急系统的运行经费，由省计经委牵头，省电力局、物价局、环保局、应急办等单位召开协调会。建议从核电厂上网电价中每千瓦时提取 2 厘作为全省核电厂场外应急委员会日常工作经费，在经费渠道尚未落实前，暂由电力局垫支。

同年 7 月 18 日，经省应急办同意，海盐县应急办组织了为时 2 个小时的场外应急综合演习。这次演习启动县应急委各成员单位，参加人数达 300 余人。演习按程序进行，达到预期目的。

同年 7 月 24 日，为检验核应急通信系统的应急响应能力，省应急委举行核事故应急通信演习。这次演习由省应急办组织，省应急委副主任陈海玫同志指挥。这次演习不预先通知，不在上班时间，仿真性、突然性较强。演习达到预期目的。

同年 9 月 10 日，广东省副省长、核电站事故应急委主任张高丽与浙江省副省长、应急委员会主任柴松岳签订“广东省、浙江省核电站事故应急工作相互支援协议”（以下简称协议）。“协议”规定双方每年举行一次交流会，互相交流应急工作经验，探讨存在的问题和解决办法；双方应急设备互为补充和互为备用；核事故应急时互通情报，进行技术、设备、人员、药品等方面的支援。

1993 年 12 月 6 日，省应急委前沿指挥所基建工程竣工验收会在海盐召开。会议由省应急办主持，省府办公厅、省计经委、邮电局、环保局以及海盐县人民政府、计委、邮电局、应急办和工程设计施工等单位有关人员参加。该工程通过竣工验收。

1994 年 1 月 10 日，省人民政府公布第二届应急委名单。因人事变动和应急工作需要，省人民政府决定对新一届应急委员会委员作适当调整。主任仍由常务副省长柴松岳担任，副主任由省军区司令陈月星、省人民政府副秘书长陈海玫担任，南京军区兵种部副部长王沪鹰、省计经委副主任周震武、省环保局局长黄家矩、副局长张鸿铭、财政厅副厅长王彩琴、公安厅副厅长陈品贤、民政厅厅长李晓晋、交通厅副厅长周志卿、省电力局局长张蔚文、卫生厅副厅长周坤、省邮电管理局副局长屠用仙、省气象局局长潘云仙、商业厅副厅长王先龙、省物资局副局长冯瑞林、广电厅副厅长沈景良、省人防办副主任尹安弟、省武警总队总队长陈文明、秦山核电公司总工程师钱剑秋、嘉兴市副市长杨荣华、海盐县县长孙志顺为应急委委员，省环保局副局长张鸿铭兼任应急办主任。

同年 4—7 月，省应急办组织七个专业组和海盐县应急办等单位 700 余人分别进行了不惊动公众、不预先通知的演习。

同年 6 月 16—18 日，国家应急办检查组一行 8 人来浙江省检查核应急准备工作。检查组由国家应急办、中核总、国家核安全局、卫生部、国家环保局组织。检查了应急计划、设施设备、人员培训、公众宣传教育和场内外接口等方面的工作，肯定了成绩并提出建议和意见。16 日，由省应急办主任张鸿铭陪同检查团前往海盐县应急办检查工作，并观察省应急办组织的不预先通知的应急演习。国家应急办常务副主任王法同志对此次演习发表讲话。

同年 10 月，省应急委出版《秦山核电厂一期工程场外应急计划》及《实施程序》。

1995 年 5 月，省应急办主任张鸿铭带领办公室有关人员前往省军区，向江茂保副司令员等通报省核事故应急准备工作情况，以取得军队对省应急工作的支持。

同年 11 月，省应急指挥中心建设基本建成，计算机网络系统、图文显示系统、音响系统等主要设备到位。

1996 年 4 月，省应急办编写出版《浙江省核事故应急手册》，并下发到各专业组。

同年 10 月，省应急办组织有关专家，对省应急指挥中心的计算机网络系统、大屏幕显示系统和音响系统、通信系统进行综合验收，此后，省核事故应急指挥中心正式投入运行。

1997 年 1 月 31 日，省应急委举办全体会议暨应急演习。省应急委员在省应急指挥中心召开全体会议。会议由省应急委副主任李金国主持，国家核应急办常务副主任王法、省应急委副主任陈海玫到会并讲话。省应急办主任张鸿铭作工作报告。在召开会议同时，进行了继 1991 年和 1994 年以来第三次综合性的不惊动公众、不预先通知的应急演习。此次演习目的是检验应急组织的快速响应能力，应急委成员能否及时到位及监测队伍能否及时出动，快速到达现场并传输监测数据等。从整个演习情况来看，达到预期目的。国家应急办常务副主任王法率员检查指导。

同年 3 月 23—25 日，以国家核事故应急办公室常务副主任王法为组长，国家核安全局、卫生部、国家环保局、总参兵种部等单位共 9 人组成国家核事故应急检查组对浙江核事故应急准备工作进行全面检查。省应急办就应急组织的健全有效、公众教育与场内接口等方面问题进行汇报。检查组对浙江核应急准备工作及指挥中心建设所取得成绩给予充分肯定，并对存在问题提出建议。

1998 年 6 月 18 日，因省人民政府换届，厅局领导班子变动较大，根据省人民政府领导指示，对省核事故应急委成员单位和委员进行了调整和补充。副省长卢文舸为第三届应急委主任，省军区副司令李金国、省人民政府副秘书长陈海玫、省环保局局长张鸿铭任副主任，南京军区兵种部副部长王沪鹰、省人民政府办公厅副主任楼小东、计经委副主任纪根立、交通厅副厅长闻欣然、省电力局副局长赵湖滨、省邮电局副局长王启明、卫生厅副厅长周坤、省商业集团公司总经理王先龙、省物资行业办副主任徐晓初、省气象局局长席国耀、省人防办副主任许道生、广电厅副厅长骆燮洪、武警总队副总长王平安、嘉兴市副市长陈德荣、海盐县县长武亮靓、秦山核电公司常务副总经理陈仰止，省环保局副局长李泽林为应急委委员同时兼任办公室主任。

2. 电磁辐射环境管理

1997 年 3 月 25 日，国家环境保护局发布第 18 号令《电磁辐射环境管理办法》，共 34 条，分总则、监督管理、污染事件处理、奖励与惩罚、附则等 5 章。

1999 年 11 月，经省机构编制委员会批准，浙江省环境放射性监测站更名为浙江省辐射环境监测站。

1999 年 12 月，为实现“九五”环境保护目标，摸清浙江有电磁辐射污染设备分布、运行功率、频率分布及屏蔽保护等情况，加强全省电磁辐射环境污染统一管理，实现对电磁辐射环境污染的总量控制，使电磁辐射设施能够合理布局，浙江省辐射环境监测站完成全省电磁辐射污染源调查课题，并荣获全国电磁辐射污染源调查先进集体。

2000 年 4 月，国家环境保护总局辐射环境监测技术中心授牌仪式在杭州举行，浙江省副省长卢文舸、国家环保总局祝光耀副局长及其他领导出席授牌仪式。国家环保总局解振华局长为中心的成立发来贺词。该中心的主要职责为：负责收集、汇总、分析和管理全国辐射环境监测数据，编写全国辐射环境质量报告书；拟订辐射环境技术规范和技术标准，负责辐射环境监测方法标准化的技术工作；对全国辐射环境监测网进行技术指导、协调和服务，负责与全国环境监测网的接口工作；负责全国辐射环境监测系统的质量保证和监督工作；承担放射性核素的分析测试及重大辐射环境事故的应急监测技术工作；开展辐射环境监测、分析测试技术与环境影响评价方法的研究、服务与培训工作，开展辐射环境监测与分析技术国际交流与合作。同年 12 月，浙江辐射环境监测站通过国家级计量认证复审。

第六节　重点监管区整治

一、重点监管区发展历程

浙江重点监管区是从 2002 年设立市级重点监管区开始的，并在 2004 年由省政府办公厅发文首次确立了 11 个省级环境保护重点管理区域。

截至目前，浙江在 11 个地市均设置了市级重点监管区，累计已设立市级环保重点监管区 71 个。具体情况详见表 2-14。

表 2-14　市级环境保护重点监管区设置情况

序号	地市	监管区数量/个	监管区名称
1	杭州市	7	萧山东片印染、染化工业
2			萧山南阳经济开发区化工园区
3			余杭苕溪流域
4			富阳造纸业
5			临安青山湖上游锦溪流域
6			桐庐县钟山乡石材加工企业
7			建德化工行业
8	宁波市	6	宁波化工区
9			鄞州区梅墟工业区
10			鄞州区铜盆浦区域
11			慈溪市宗汉镇、新浦镇铜冶炼加工区域
12			余姚市丈亭镇拉丝酸洗区域
13			象山县石浦镇水产品加工区域

序号	地市	监管区数量/个	监管区名称
14	温州市	18	温州市电镀行业
15			鹿城区制革业
16			鹿城区涂村工业区
17			瓯海区南湖废塑料洗涤加工业
18			瓯海区泽雅废塑料洗涤加工业
19			龙湾区合成革业
20			龙湾区不锈钢业
21			龙湾区浦州拉丝业
22			开发区合成革业
23			瓯海区生态园区三垟湿地保护区
24			瑞安塘下小冶炼
25			乐清市柳市废旧线缆回收业
26			乐清市芙蓉镇钻头业
27			永嘉县桥头纽扣业
28			平阳水头制革基地
29			平阳县栏板业
30			苍南小褪色业
31			苍南县卤制品业
32	湖州市	5	吴兴区织里镇纺织印染砂洗行业
33			南浔区旧馆镇有机玻璃行业
34			德清县造纸行业
35			长兴县印染行业
36			安吉县国道省道沿线烟尘
37	嘉兴市	1	海宁农发区
38	绍兴市	5	越城区亭山工业园区
39			绍兴县钱清镇工业企业
40			诸暨大唐袜业园区
41			上虞精细化工园区
42			新昌江流域新昌嵊州段
43	金华市	4	浦江印染、造纸、水晶业
44			永康金属表面处理业
45			东阳医药化工行业
46			武义金属表面处理业

序号	地市	监管区数量/个	监管区名称
47	衢州市	1	衢江区沈家化工园区
48	舟山市	6	定海白泉镇区域
49			定海烟墩化工区块
50			普陀区展茅工业区块
51			普陀区勾山街道工业区块
52			岱山县东沙镇泥峙江窑工业
53			嵊泗县菜园镇基湖饮用水水源保护区内污染源整治
54	台州市	12	椒江外沙、岩头化工医药基地
55			椒江三山化工区
56			黄岩王西、外东浦化工区
57			临海川南化工医药基地
58			路桥进口固废拆解区域
59			温岭固废拆解、提金区域
60			玉环电镀、酸洗工业
61			天台坡塘化工区域
62			仙居城南化工区和杨府三废银回收区
63			黄岩江口化工区
64			三门造纸、化工工业
65			临海水洋化工医药基地
66	丽水市	6	水阁工业开发区合成革、革基布企业
67			龙泉金沙工业新区各类企业
68			松阳县工业园区各类企业
69			缙云县新碧工业园区各类企业
70			青田县黄烊钼矿区
71			遂昌工业园区企业
合计		71	—

2004 年 10 月省政府办公厅印发《浙江省环境污染整治行动方案》明确从 2004 年到 2007 年在全省开展以八大水系和 11 个省级环境保护重点监管区为重点的“811 环境整治行动”，并根据全省各地的环境质量情况、产业结构特征、区域主要企业污染治理和达标情况、区域环境质

量要求与环境敏感性特点以及部分地区环境污染事故、纠纷频发影响社会稳定等因素，划定了 11 个区域为“省级环境保护重点管理区域”：椒江外沙、岩头化工医药基地；黄岩化工医药基地；临海水洋化工医药基地；衢州沈家工业园区化工企业；平阳水头制革基地；萧山东片印染、染化工业；上虞精细化工园区；新昌江流域新昌嵊州段；东阳南江流域化工工业；长兴县铅酸蓄电池行业；温州市电镀行业。

2005 年 3 月 30 日，副省长陈加元调研绍兴市环境保护工作，现场检查了新昌和上虞两个省级环境保护重点监管区的污染整治情况，对下一步整治工作了提出指导意见。

同年 8 月 16—17 日，省级环境保护重点监管区工作会议在杭州召开。

同年 11 月 3 日，经省政府同意，省环境污染整治工作领导小组办公室印发《关于印发浙江省省级环境保护重点监管区污染整治验收工作规程的通知》（浙环治办发[2005]5 号）。

同年 11 月 9 日，陈加元副省长调研了萧山区和东阳市两个省级环境保护重点监管区污染整治情况，对下一步整治工作提出了指导意见。同时省环境污染整治工作领导小组办公室组织省级有关厅局，对临海市水洋化工区污染整治工作进行了现场审查验收。在“811”行动重点整治的 11 个省级环保重点监管区中，临海市水洋化工区第一个实现“摘帽”。

同年 11 月 10 日，省政府在台州临海市召开全省环境保护重点监管区污染整治工作现场会，省政府副秘书长徐震主持会议，副省长陈加元和省整治办主任、省环保局局长戴备军、台州市张鸿铭市长到会讲话。

2006 年 1 月 10—11 日，省整治办主任、省环保局局长戴备军检查建德化工行业污染防治工作、东阳市生态环保工作和台州黄岩区王西外东浦省级环境保护重点监管区污染防治工作。

同年 2 月，根据省政府意见，省整治办对重点监管区实行了动态管理，增加了富阳（造纸行业）、建德（化工行业）、浦江（印染、造纸、水晶行业）、永康（金属表面处理行业）和苍南（小褪色业）为省级环境保护准重点监管区，对这些准重点监管区要求按照重点监管区的整治标准开展环境污染整治。

同年6月起，省环保局实施局领导带队的省级环保重点监管区蹲点包干督查制度，每月至少一次赴包干的重点监管区对污染整治工作进行蹲点督办、指导。

同年7月19日，省政府在温州召开温州片省级环保重点监管区污染整治工作现场办公会议。陈加元副省长出席会议并讲话，省级有关单位负责人到会。

同年11月23日，经省政府同意，省环保局印发了《关于印发〈浙江省环境保护重点监管区管理细则〉的通知》（浙环发[2006]81号文），进一步加强和规范了各级重点监管区环境污染防治和监督管理。

同年黄岩王西外东浦化工区、苍南县小褪色业、温州市电镀行业、杭州湾精细化工园区、椒江外沙岩头化工医药基地等5个重点（准重点）监管区分别于10月27日、11月17日、11月17日、11月23日、11月24日通过了省整治办组织的现场验收，超额完成了省政府要求的2006年度重点监管区整治任务（要求4个重点监管区完成整治任务）。

2007年3月21日，省政府在金华武义县召开金华片省级环保重点监管区污染整治工作现场会，省政府陈加元副省长和省整治办主任、省环保局局长戴备军到会并讲话。

同年3月28日，经省政府同意，省整治办印发《关于印发2007年度省级环境保护重点（准重点）监管区蹲点督查方案的通知》。从4月份起，省监察厅、省发改委、省经贸委、省国土资源厅、省建设厅、省水利厅、省农业厅、省安全监管局和省环保局共9个省级厅局，每月赴包干的重点监管区现场蹲点至少1次，对各重点监管区整治工作予以指导、帮助。

同年8月16日，省政府召开“811”环境污染整治百日攻坚动员大会，要求确保全面完成三年“811”行动任务。省政府徐震副秘书长主持会议，陈加元副省长作动员讲话，省整治办主任、省环保局局长戴备军通报省级环保重点监管区整治进展和全省主要污染物减排工作开展情况，省建设厅张苗根通报了“811”行动污水处理工程项目进展情况。省人大副主任李志雄、省政协副主席龙安定等出席会议。

同年10月29—30日，省级环保重点监管区平阳水头制革基地通过省整治办组织的省级现场审查验收，标志着“811”行动确定的全省重点污染区域的污染整治目标提前实现。此前，建德化工行业、浦江造纸印染水晶行业、东阳南江流域、新昌江流域新昌嵊州段、永康金属表面处理行业、萧山东片印染染化行业、衢州沈家经济开发区化工企业、富阳造纸行业共8个省级环保重点（准重点）监管区，也已在2007年度先后通过省整治办组织的省级现场审查验收。

二、重点监管区现状

在“811”行动重点整治的11个省级环保重点监管区中，临海市水洋化工区于2005年率先通过了污染整治工作现场审查验收，成为第一个实现“摘帽”的省级环保重点监管区。

在2006年，岩王西外东浦化工区、苍南县小褪色业、温州市电镀行业、杭州湾精细化工园区、椒江外沙岩头化工医药基地等5个重点（准重点）监管区分别于10月27日、11月17日、11月17日、11月23日、11月24日通过了省整治办组织的现场验收，超额完成了省政府要求的2006年度重点监管区整治任务。

至2007年8月底，建德化工行业、浦江造纸印染水晶行业、东阳南江流域、新昌江流域新昌嵊州段、永康金属表面处理行业、萧山东片印染染化行业、衢州沈家经济开发区化工企业、富阳造纸行业共8个省级环保重点（准重点）监管区也已在先后通过省整治办组织的省级现场审查验收。

2007 年 10 月 29—30 日，省级环保重点监管区平阳水头制革基地通过省整治办组织的省级现场审查验收，标志着“811”行动确定的全省重点污染区域的污染整治目标提前实现。

三、重点监管区治理技术及成就

1. 主要做法

①领导重视，责任明确。省委、省政府主要领导对重点监管区整治工作高度重视，对整治工作多次作出重要指示，也曾多次亲赴各个重点监管区，对污染整治工作进行调研和指导。2004 年，省政府印发了《浙江省环境污染整治行动方案》，明确了各重点监管区整治的整治目标和整治责任；在近年来的各地生态省建设目标考核中，将各重点监管区的年度整治任务完成情况作为一票否决指标进行考核；2005 年以来，省政府先后在台州市、温州市、金华市召开了重点监管区整治工作现场会；各地也高度重视重点监管区整治工作，均成立了以政府主要领导为组长的整治工作领导小组，做到工作再部署、任务再明确、责任再落实。

②部门协力，政策配套。环保部门对重点监管区实施统一监督管理，认真制定和实施治污计划，并对落实情况进行检查评估，发改、经贸、财政、建设、农业、水利、监察、新闻媒体等部门，在生产力布局、产业结构调整、循环经济促进、整治资金补助、环保基础设施建设、农业农村面源污染整治、责任督察、舆论宣传引导等方面给予积极支持。出台了《关于加强全省工业项目新增污染控制的意见》，按照“先整治、后审批，先控制、后发展”的原则，加强对重点监管区新建项目的管理；出台了《浙江省污染企业搬迁、关闭和转产有关扶持政策的指导性意见》，促进重点监管区的污染整治中涉及的一大批企业关停并转工作的顺利开展。各地也进一步完善了制度保障体系，例如温州市出台了电镀

行业环境监管责任追究规定，建立了专管员制度；东阳市推出了重点排污企业法定代表人向社会公开承诺制等六项制度。

③规划引导，多管齐下。对各重点监管区均要求编制整治规划，督促各地按照批复的整治规划落实各项措施。省里制定了《浙江省省级环境保护重点监管区污染整治验收工作规程》，规定了验收标准与程序。各地均从多方面着手深化重点监管区污染整治工作，一是加强宣传教育，增强整治工作的自觉性，提高企业负责人对整治工作必要性的认识，促进其遵守环保法律法规的自觉性；二是加强新建项目审批管理，设置了新建项目引进的门槛，努力杜绝“新建项目投产之日就是群众投诉之日”现象的发生；三是深化工业污染源治理，各重点监管区针对区域产业实际，制定了各类企业的整治标准，对不符合整治要求的企业进行限期治理，并对“低、小、散”企业和经治理后不能达标的企业坚决予以关停；四是多方面入手开展整治，不仅仅是排污企业的治理，还同时要从农业农村面源治理、河道综合整治等多方面着手；五是加大整治人力、物力投入，在加强依法监管的同时，新建了一大批环保基础设施建设；六是注重污染减排。省整治办专门印发了《关于将主要污染物减排任务完成情况作为省级环境保护重点监管区“摘帽”先决条件的通知》，明确监管区所在县（市、区）不能完成主要污染物年度减排计划的，一律不予“摘帽”现场验收。

④加强督查，动态管理。近几年来，在“811”环境污染整治集中督查、全省整治违法排污行为保障群众健康环保等专项行动中，均将重点监管区的污染整治工作作为重点督查内容；2006 年 2 月，省整治办对重点监管区实行动态管理，增加富阳（造纸行业）等 5 个区域为省级环保准重点监管区，比照重点监管区的要求进行监管；2006 年 6 月以来，省环保局实行了由局领导带队、各处室分区包干的蹲点制度；2007 年 3 月以来，实施了省环境污染整治工作领导小组各相关成员单位分区包干蹲点督查制度，对尚未“摘帽”的 9 个重点监管区，确定一个相关成员

单位任组长负责蹲点督查，督促当地政府加大整治力度；此外，为加强全省重点区域污染整治和监督管理，2006年11月省环保局下发了《浙江省环境保护重点监管区管理细则》。各地也大力推行市县环保重点监管区制度。

2. 取得的主要成效

①各级政府、部门对环保工作进一步重视，形成了良好的整治工作氛围。通过开展污染整治工作，不仅增强了各有关市、县党委和政府负责人抓环保工作的紧迫感和责任感。一些地方政府和部门重经济发展、轻环境保护的认识也逐步转变。各级人大、政协加强了环保工作监督、支持力度，企业的主体治污意识也得到加强，推进了全社会共同关心环保工作的氛围形成。

②污染整治工作进一步深入，取得了明显的整治成效。截至2007年8月底，已有临海水洋化工区、长兴蓄电池行业、温州市电镀行业、杭州湾精细化工园区、椒江外沙岩头化工医药基地、黄岩王西外东浦化工区6个重点监管区和苍南小褪色业、建德化工行业2个准重点监管区实现了“摘帽”，浦江印染造纸水晶行业、东阳南江流域、新昌江流域新昌嵊州段3个重点（准重点）监管区通过了“摘帽”省级现场验收。其他重点（准重点）监管区整治工作也都取得了明显的阶段性成效，计划今年年底前完成所有省级重点（准重点）监管区“摘帽”工作。

③环保基础设施建设进一步推进，缓解了严峻的环境形势。在整治过程中，各监管区都突出重点工程建设，上了一批废水、废气、固废、集中供热、在线监测监控等环保基础设施，为集中治理和长效监管打下了坚实基础。通过努力，各监管区周边的水、气环境质量得到了改善，群众环保投诉率大幅下降。

④区域产业结构进一步提升，推动了经济健康持续发展。实践表明，污染整治和经济发展是可以有机结合起来的。例如，长兴县对蓄电池行

业按“关闭一批作坊企业、规范达标一批企业、提升一批骨干企业”的思路进行整治，企业家数虽从整治前的175家减少到整治后的50家，但整治后2005年产值达到20.5亿元，比整治前的2004年同期增长60%；其他监管区如建德、新昌、东阳等地也将产业结构调整和提升作为整治的一项重要目标。原有的工业用地将根据城市规划进行功能调整，加快了园区的产业结构调整，也有利于区域功能的重新定位。此外，各地通过整治促进清洁生产，以清洁生产推动整治，积极推动了监管区内工业循环经济的发展。

⑤环保执法监管能力进一步加强，推进了环境安全体系的建设。在重点监管区的整治过程中，各级环保执法监管能力得到充分锻炼，长效监管制度进一步完善。2005年以来，环保部门配合各级政府，妥善解决了东阳市画水镇竹溪工业功能区、长兴县天能电池有限公司以及新昌京新药业等3起发生在省级重点监管区内的环境群体性事件。温州（电镀）、苍南、长兴等地积极完善长效监管措施，结合群众举报，长期保持高压严管态势，严防污染反弹。通过整治，也提高了各级政府、企业环境事故应急能力。建德、上虞等地将重点企业的环境风险评价、环境污染事故应急预案编制和应急设施建设作为整治的重要内容，2006年9月建德化工行业在钱塘江成功地举行了环境事故应急演习。

⑥环保重点监管区主要污染物减排效果显著，缓解了当地的生态环境压力。经初步统计，16个省级重点监管区整治前排放COD约186773吨/年（包括工业企业污染、生活污染和农业农村污染），2006年省级环保重点（准重点）监管区整治，共削减COD约92962.62吨/年，2007年省级环保重点（准重点）监管区整治可削减COD 51830吨/年（包括工业企业污染、生活污染和农业农村污染），至2007年年底，全省原有的16个重点（准重点）监管区COD排放量可从整治前的186773吨/年削减至约38300吨/年，与整治前相比，削减率可达79.5%。自2004年全省开始设立市级重点监管区以来，初步估算市级监管区2006年COD

排放量为 90000 吨/年，按市级重点监管区 2007 年排污量削减 10%保守估算，2007 年削减 COD 9000 吨/年。2007 年 1—5 月，据不完全统计，削减 COD 2956.952 吨、SO_2 657.283 吨，同时据初步统计，省、市环保重点监管区整治以来，累计关停并转企业数 149 家以上（实际企业数远不止这个数，部分监管区关停的为低、小、散企业甚至家庭作坊式，故很难统计具体的企业关停数量），可削减 COD 年排放量 6674.611 吨。

四、典型重点监管区治理技术及案例分析

1. 椒江外沙、岩头化工医药基地

椒江的医化工业主要集中在椒江外沙、岩头一带，外沙岩头医化园区原有企业 54 家，主要生产阿霉素、阿佛菌素、氟哌酸等产品，该区块被国家有关部门批准为化学原料药基地。该区块的医化企业从设立、发展、壮大至今已有 30 余年历史，积累性的问题和发展中的缺陷交织在一起，因此被列入省级环保重点监管区。

①医化园区环境综合整治工作情况。加大投入、加强整合，提升化工区整体档次和产业结构。先后投入超过 10 亿元，加大基础设施建设力度，建成日供气 2500 吨的热电厂、日处理污水 5 万吨的城市污水处理厂、日处置危险固废 10 吨的工业固废处置中心和垃圾焚烧工程、110 千伏海正变等一批重大环境基础设施工程，完成了外沙路、疏港大道、枫南东路等道路建设和管线埋设。按照“整治、整合、发展、提高”的要求，通过限期治理等手段，先后关停了污染严重、治理无望的 18 家企业，10 多家企业陆续搬出椒江。医化园区“低、小、散、乱”现象有了改观，企业档次和园区整体形象明显提升。

突出重点，全面推进，确保完成环境污染整治任务。建设废水在线监测网络，加强实时监控。总投资 1000 多万元，36 家企业建设了 39 套在线监测设施，并专门在医化园区铺设了一条截污管线，封堵了医化

园区32处通江、通河排污口。建成了在线监控平台，每天超过1万吨入网化工废水已实行24小时全天候监控。2006年6月区政府调整了企业污水纳管标准，入网标准由COD 1000毫克/升调整为COD 500毫克/升、氨氮35毫克/升。并督促企业加紧调试，严格执行污水入网新标准，完善清污分流、污水管高架及应急池建设等工作。污水处理厂实现稳定达标排放，并通过“摘帽”验收。深入开展废气规范化整治。委托省环科院完成了《外沙岩头大气污染调查与研究报告》，委托市环科院编写了《椒江医化园区废气主要污染源初步调查和影响预测》，印发了《医化企业废气规范化整治通知》等文件。各企业能够积极治污，成立整治领导小组，确定整治方案，形成“源头削减，过程控制，末端治理，清洁生产”的整治工作思路。区医化行业废气规范化整治已投入资金16921万元，新建集中处理设施106套。狠抓“摘帽”重点工程建设。在抓企业整治的同时，抓整个区域面上的整治。把九条河道整治、丽晶化工厂东西两侧低洼空地填高等11个项目作为外沙岩头医化园区“摘帽”重点工程。区府办多次组织有关部门召开重点工程协调会议，及时研究解决工程建设存在的困难和问题，督促进度，抓好落实。目前大部分工程基本完工，据初步统计，除岩头村整体搬迁外，11项“摘帽”重点工程共投入资金超过2500万元。

强化措施，多管齐下，探索建立长效规范的整治工作机制。严把项目审批关，推进整治。按照省建设项目“六项审批原则”要求，严格贯彻“先整治、后审批、先控制、后发展”的环境管理要求，坚持项目审批与整治进度挂钩，对整治进度不到位的，停止新建项目的审批。外沙、岩头医化园区自从2002年开始集中整治以来，除“128”企业外，停止了医化项目审批。加强指导服务，规范整治。针对企业整治工作中的问题，加强指导服务。做到以服务促整治，以整治促提高，寓管理于服务之中。组织专家对方案进行科学讨论，帮助企业完善整治方案。邀请省市著名院校，科研单位有关专家逐家调研，帮助企业解决整治过程中的有关技术问题。并搭建平台，定期召开整治例会，相互交流探讨，学习先进经验，取长补短。2006年，分三期对全区超过230名环保设施操作人员进行了培训，为提高员工的环保意识，增强实际操作能力打下了扎实的基础。接受公众监督，公开整治。2005年3月和4月分两批对区重点医化企业废气整治进展情况在《台州日报》等市主要媒体上公示，公布环保部门的监督电话和企业负责人的手机号码，提高环境整治的透明度，接受社会公众的监督，社会反响很大，达到了很好的效果。摸清家底，有的放矢。针对化工恶臭污染有所反弹的趋势，2006年4月，区组织环保、医化基地、海门街道等人员成立外沙岩头医化园区环境整治工作组，对区域所有医化企业进行蹲点地毯式调查。对企业的产品、产量、产值、利税、有无审批情况、用电用水等能耗情况、有机溶剂等物耗情况、环保投资、“三废”治理现状、存在的问题、整改措施等进行全面调查，提出建议，并编写了《外沙岩头医化园区企业情况调查报告》。5月份，对医化园区企业产品的未批先建和擅自扩产情况进行了深入调查和核实。通过调研，拟订了医化园区环境综合整治实施意见，编制了“摘帽”工作进度安排表。在充分取证的基础上，对2家污染严重的企业实行限期治理，对13家还存在问题的企业实行限期整改，分三批对53个污染严重的未批先建项目予以停产处理，对废气治理难度大、难以稳定达标排放的7ADCA、氟哌酸等产品依法予以限产或停产。

②整治工作取得的成效。投入加大，效益明显。2006年以来，区政府分六批对30家企业下达限期治理决定，对2家企业实行停产整治。截至目前，整个园区33家医化企业已有32家企业通过了验收。医化园区企业环境污染整治共投入资金3.65亿元，其中废水治理投入1.96亿元，废气治理投入8500万元，厂容厂貌、设备更新、工艺改进等清洁生产改造8400万元，新建废气集中处理设施106套。据初步统计，医化园区内的企业年回收有机溶剂3700吨以上，盐酸、硫酸等1350吨，有效削减废气排放量70%，年产生经济效益达4600万元以上。

环境质量有了明显改善。据统计，2005年，城区环境空气质量达标率为97%，比上年提高了7.77%。城区恶臭发生强度和频次逐年明显下降，2005年，城区恶臭发生率为19.3%，比上年下降31.56%；2006年，城区恶臭发生率为8.1%，比上年下降了58.03%。2007年上半年，城区恶臭发生率为6.1%，比2006年同期下降45.54%。

“三废”排放总量持续下降。先后投入超过10亿元对园区的环境基础设施进行改造和建设，企业“三废”得到有效处置，污染物排放总量明显下降，环境质量明显改善。经关停项目、产品结构调整、清洁生产，再经末端治理后，废气排放量为375.33吨，削减率为94%；COD削减量为494.19吨，削减率为72%；危险固废产生量为1911.2吨，比2004年削减了5000吨。于2006年11月通过了省环境整治办组织的现场核查验收，如期实现了“摘帽”目标。

调整和提升了产业结构。通过以关停促整治，以整治促提高，区医化企业“低、小、散、乱”的现象得到明显改观。一些大企业主动把污染严重的产品和中间体停止生产或移往外地。如海正化工停止生产污染严重的CCP、ABL等中间体，东港集团停止生产氯霉素、氨基蒽醌等产品，九洲停止生产丙硫咪唑、SDM等产品。

实现了经济发展和环境保护的“双赢”。通过整治，园区年回收有机溶剂3700吨以上，盐酸、硫酸1350吨，年产生经济效益在4600万元以上。如海正药业通过源头控制，二氯甲烷单耗下降到原来的40%，仅此一项每年节约成本350万元；东港集团通过整治实现节能降耗，年产生效益达到1590万元。

2．平阳水头制革基地

平阳县水头制革业始于20世纪80年代，90年代后迅速发展，水头镇成为全国最大的生皮交易市场、猪皮革集散地和加工场。2002年年底，水头制革基地内制革企业达到1290家、转鼓3300个以上、开皮机185

台，年加工猪皮革 1.2 亿标准张，猪皮市场交易量 9000 万张，实现产值 37.29 亿元，税收 1.69 亿元。为此，水头镇被中国地区开发促进会命名为“中国皮都”。

水头制革业在给平阳带来巨大经济效益的同时，也带来了大量的污染物排放，污水进入鳌江江流，给鳌江中下游造成了严重的水体污染，鳌江成为全省八大水系水质最差的一个水系，鳌江下游水质劣于Ⅴ类。同时，基地内企业“低、小、散”严重，“三合一”现象突出，成片油毛毡与竹篱笆厂房，道路狭窄，污水横流，臭气熏天，安全隐患严重。2003 年，水头制革污染被列为全国十大环境违法典型案件和浙江严重污染环境九大案件之一。

（1）平阳水头制革基地环境综合整治工作情况

立足科学发展，痛下决心抓整治。水头制革行业一直是平阳县的支柱产业，制革税收在县经济总量中更是占有举足轻重的比例，对水头制革行业开展污染整治，必然对县经济产生强烈的阵痛。对此，县委、县政府认识十分统一，以大决心面对大压力，以科学的发展观体现正确的政绩观，不惜牺牲 GDP 和财政收入，把制革污染整治列为县委、县政府工作的重中之重，坚持严抓、长抓不放松。一是强化组织保障。为确保治污工作有序推进，2003 年专门成立了水头制革基地管委会，从各部门抽调精干人员作为治污专职人员，为治污工作顺利推进提供坚实的组织机构保障。根据工作需要，落实了一位县委常委、副县长专门负责水头治污工作，并及时调整充实领导机构，明确责任，健全协调机制，全面落实整治工作。2006 年 11 月，在制革基地进行大规模削减排污总量时，县委、县政府专门成立了水头制革基地全面停产整治工作指挥部，由县委书记任第一总指挥，县长任总指挥，县委常委、分管副县长和县委常委、公安局长任副总指挥，监察、环保、公安、工商、财政等部门的一把手任成员，全面指挥、协调、指导整治工作。几年来，为了及时解决治污过程中困难和问题，县委常委会、县四套班子会议、县政府常务会议、县长办公会议、指挥部例会等共百余次研究水头治污工作，及时解决治污过程中出现的重大事项和有关具体问题。2007 年，把确保水头制革基地污染整治通过省级验收、如期“摘帽”列入县政府十大为民办实事重要内容之一，向全县人民作了庄严的承诺。二是强化资金保障。据统计，因水头制革污染整治，县财政每年静态损失 1.5 亿元，影响工业增加值增幅 15%以上。在这种情况下，县财政仍每年安排 1 000 万元用于基地改造和污染整治工作（2007 年专门安排 1 500 万元），几年来财政累计投入资金 5 500 万元。2006 年，还专门筹集资金 1.435 亿元，对制革企业转产和削减转鼓进行补助，推动了一大部分制革业主转产转业，有力保障了转鼓削减工作的平稳推进。三是强化舆论保障。为提高广大干部群众、企业主参与污染整治的自觉性、主动性和积极性，县里接连开展一系列的动员大会、环境保护千人大会、停产整治千人大会、座谈会，并借助报纸、电视等新闻媒体，推出强势宣传，促使企业树立起“不是企业消灭污染、就是污染消灭企业”的经营理念，促使广大群众树立起“既要金山银山，更要绿水青山”的环保意识。由于工作到位，群众支持，整个整治过程平稳有序，进展顺利。

立足环境容量，科学治污抓减排。一是调整思路。2002 年至 2005 年，根据当时水头制革基地实际情况，三年时间内投入 2 亿元以上，兴建了 2 号、侨信、宝利、金塔等多个污水处理厂，使日处理污水能力提高到 7.15 万吨，并严格按照“有多少污水处理能力，安排多少生产”的要求，实行分片轮产、限鼓生产和停产等措施，以保证污水处理厂不超负荷运行。但是由于经过处理后所排出污水的浓度和总量仍然超过鳌江的承载力，鳌江的水质没有得到好转，平阳县开始转向思考制革污染的治本之策。在省、市有关领导的支持和引导下，提出限制污染物排放总量、大规模削减制革生产企业的设想。编制完成了《鳌江流域污染综合整治规划》，对鳌江流域的环境容量进行测算和分配，核定了水头制革的排污总量。即制革废水排放总量控制在 1.7 万吨/日以下，废水中 COD

的指标控制在250毫克/升以下，氨氮指标控制在50毫克/升以下。根据核定总量，制订了《水头制革污染整治规划》和《水头制革基地污染总量控制方案》，明确了水头制革业各类污染因子的最大排放量和控制目标。二是优化方法。召开多层次的座谈活、征求意见会，充分发挥水头企业家协会和制革行业协会的作用，认真吸取他们对全面停产整治的意见建议。出台《关于水头制革基地实行全面停产整治的通告》和《水头制革基地全面停产整治实施办法》等政策性文件，并科学运用市场机制，积极探索尝试排污权的有偿转让模式，允许转鼓通过市场途径向大企业集中，确保了全面停产整治稳妥有序推进。此外，积极推进老基地改造和新基地建设工作。拆除了油毛毡厂房57万平方米，取而代之的是全新的钢架和砖混结构制革厂房。长期以来制革企业“低、小、散”现象明显改变，集中治污能力大幅提高，制革基地的整体面貌得到阶段性的提升。三是强化措施。2006年11月5日，对水头制革基地实行全面停产整治。在这次整治中，严格按照现代企业的标准对企业进行规范化改造组建，并出台严厉的改造要求和时限：在规定时间内未能实现重组的企业，一律取消生产资格；在规定时间未能达到生产条件的企业一律停止生产。措施实施后，水头制革企业重组为39家。同时，采取重罚、取消生产资格，甚至对违法生产的业主进行司法拘留等强制措施，促使企业依法生产经营。先后组织开展了“百日整治大行动”、“停产改造专项行动”、“绿箭风暴1、2号行动”、“打击非法生产风暴行动”等11次专项大行动，几年来共出动6万人次以上，打击取缔非法生产转鼓超过1 600个。充分运用行政和司法手段，加强了对违规生产、非法生产、非法排污的相关责任人的打击，并出台并实施了举报奖励制度和新组建企业社会承诺制度，确保了全面停产整治工作的顺利推进。

立足达标排放，加大投入抓建设。一是现39家新组建企业中有37家企业进行了含铬废水分流并安装了专门的物化处理设施，含铬废水处理后统一纳入综合废水进行深度处理，该项目共投入资金600万元。经检测，37 家新组建企业出水总铬指标基本都达到国家标准。另 2 家企业因进行含铬废水循环使用试点而未进行分流。二是投入资金 15 780 万元建设 6 个污水处理厂和实施氨氮处理改造工程。现 6 个污水处理厂氨氮改造工程已全部投入运转，蓝天、绿地、侨信、河头污水处理厂氨氮出水指标已达到规定要求，宝利、金塔污水处理厂因调试时间不长，虽未稳定达标，但出水氨氮浓度已有明显下降。此外，还制订了在蓝天、绿地污水处理厂增加悬浮生物滤池，对氨氮进行双重处理的预备方案，为氨氮出水达标增加保险。三是投入资金 1 500 万元，建设 2 座日处理能力均为 60 吨的污泥焚烧工程，由于受 2007 年三次台风与洪水影响，致使工程工期推延将近一个月。现工程已完成土建，基本完成设备安装，11 月中旬可投入运行。污泥焚烧工程建成投运后，制革污泥将 100%得到无害化处置。从实际效果看，严控污泥，防止污泥二次污染，对保持溪流江水良好水质起着关键性的作用。四是投入资金 80 万元，完成宝利至溪头桥段全长 2 千米的溪流整治；投入资金超过 200 万元，对蓝天污水处理厂前空地、绿地号污水处理厂厂区与周边空地、基地内主要交通道路等重点区域进行了绿化，达到了重点部分景观突出，主要交通道路美观、整洁的效果；投入资金 70 万元，完成基地垃圾中转场建设，购置了 2 辆载重 5 吨的垃圾运输专用车，保证制革基地内的生产、生活、建筑垃圾得到及时收集和清运。

立足规范生产，严格执法抓监管。2003 年以来，对所有新组建企业和污水处理厂，安装电子监控监测和流量计系统，实施全天候监督，切实杜绝偷、漏排、超量排放行为发生。目前，39 家新组建企业、污水处理厂已全部安装流量计、电子监控、在线监测系统并投入使用。出台了《水头制革基地环境监管长效管理办法》和举报重奖 5 万元制度，严格要求所有制革企业按照排污许可的总量进行生产，严查企业瞬间直排、暗管偷排行为，形成强大的高压态势。出台了重点污染行业整治工作责任追究办法，落实工作目标考核责任制，层层分解“打非”责任，对没有及时发现上报非法制革生产的村干部、驻村干部、乡镇领导根据责任予以严肃追究，从而形成县、乡（镇）、村（居）三级联动，环保、公安、工商、电力等部门联手的工作格局。

立足长效管理，加强引导抓调整。要求制革企业对生产工艺进行改进，淘汰落后的生产工艺和设备，努力做到全过程控制污染物的排放，积极推行清洁生产审核。目前，基地内已有2家企业开展了清洁化生产试点工作。条件成熟后，将全面铺开、广泛推广。积极鼓励引导广大制革业主走转产转业和延长产业链之路。如今皮件加工企业已增至300多家，并培育了一批产值超亿元的龙头企业。水头经济发展出现新亮点。根据规划中的生态功能区划和鳌江流域环境容量要求，坚决制止新的重污染项目。这几年，平阳县环保部门严格控制鳌江沿岸的新项目审批，否决高污染工业项目30多个。

（2）整治工作取得的成效

污染物排放量大幅下降。2004年全面推进制革基地改造，制革企业从1290家兼并重组成165家，在此基础上，2006年强势推进制革企业停产整治，基地内制革企业从165家削减、重组成39家，企业总数量在原来减少87%的基础上，再削减76%；转鼓从3300只以上削减到469只，削减86%。制革废水排放总量从原来7.15万吨/日削减到1.7万吨/日以下，削减76%。严格设定排放标准，深化污水处理，COD排放从原来300毫克/升下降到250毫克/升以下，氨氮排放从原来250毫克/升下降到50毫克/升以下。从近期连续对污水处理厂监测情况看，最近COD排放均保持在200毫克/升以下，甚至100毫克/升以下，日排放量为2吨左右（省里要求最大日排放量为4吨）；绿地、侨信污水处理厂氨氮出水指标已下降到10毫克/升左右，蓝天、河头污水处理厂氨氮出水指标已下降到10～50毫克/升，氨氮日排放量为一百多千克（省里要求最大日排放量为八百多千克）。据测算，COD年排放量从2004年的17550吨，减少到749吨，减排16701吨，削减95.2%；氨氮年排放量从 2004 年的 2 700 吨，减少到 125.4 吨，减排 2 574.6 吨，削减 95.4%。

鳌江流域水质和生态功能明显好转。从 2006 年全面停产整治以来，十几年来受水头制革严重污染的鳌江流域中下游的水质已发生了根本性好转。从直观上来讲，发黑发臭的江水已经转黄，恢复了其原有的颜色，水质修复程度明显，并且出现了久违的江豚、跳鱼、小蟹等生物，沿岸群众的满意度也大幅提高。经温州市环境监测中心站 2007 年 9 月 26 日、27 日监测，鳌江江屿断面高锰酸盐指数平均值为 2.3 毫克/升，达到Ⅱ类水标准，氨氮指标均值为 2.32 毫克/升，接近Ⅴ类水质标准。制革基地内溪流逐步恢复原来的面貌，发黑发臭现象彻底改变；水头制革基地内大气特征，基本达到国家恶臭污染物排放二级标准；水头镇区内空气恶臭现象已完全消失，空气中质量基本符合功能区要求。

制革基地改造和产业转型迈出重大步伐。拆除基地原有的竹架油毛毡结构厂房 56 万平方米，全部改建为钢架和砖混结构，极大地改变了厂区“脏、乱、差”面貌。制革业受到限制并被压缩的同时，低污染的皮件加工业得到飞速发展。2005 年，皮件加工业产值超过了制革业产值，成为水头镇乃至平阳县新的支柱产业；2007 年 1—9 月，水头制革产业产值为 4.25 亿元，同比下降 61%，皮件产业产值为 13.45 亿元，同比增长 9.8%，为县财政收入提供了新的经济增长点和新的税源。

3. 杭州湾精细化工园区

浙江杭州湾精细化工园区是上虞市化工企业集聚发展区域，是浙江重点培育发展的三大省级化工园区之一。早期园区环保基础设施建设相对滞后，污水处理厂和集中供热电厂未能配套，加之开发建设的迫切性，导致一批技术水平和装备水平并不先进的企业被引入园区，又由于化工行业特殊性，不可避免地伴随开发建设产生了环境污染。因此，2002 年园区被省环保局列为 11 个省级环境保护重点管理区域之一。2004 年省政府“811”工程启动，园区进一步被省政府列为 11 个省级环境保护重点监管区域之一。

为深入实施“生态亮市”战略，切实改善化工园区环境质量，上虞市严格按照省委、省政府关于生态省建设和“811”污染整治行动的有关要求，经过连续几年的不断整治，取得了阶段性的初步成效。

（1）浙江上虞精细化工园区污染整治情况

统一思想，形成共识，强化合力抓整治。近年来，上虞市每年召开全市环境污染整治大会，提出“生态即产业、环境即生产力，环境保护是发展生命线”的理念，对政府部门而言，喊响“权力就是责任”的口号；对企业而言，喊响“财富就是责任”的口号，反复强调“宁可放慢发展速度，绝不要污染的GDP”，“宁可完不成上级下达的考核指标，也要摘掉严控区‘帽子’，坚决将治污进行到底”。在加强领导方面，上虞市成立由市长任组长，6位相关副市长分线牵头负责的全市环保工作领导小组。同时，专门成立杭州湾精细化工园区污染整治领导小组，市政府主要领导直接抓，分管环保和化工园区的两位副市长具体抓，规定化工园区管委会、环保局为主要责任单位，发改局、经贸局、工商局等20多个相关职能部门为配合单位，制订周密、详细的污染整治方案。每半月召开一次化工园区污染整治工作例会，研究、协调、解决突出问题，落实各项整治任务。在执行落实方面，建立了独立的化工园区污染整治目标管理体系，按照“时间明确、计划倒排，目标管理、阶段控制，分工落实、责任捆绑”的要求，把目标、任务、责任层层分解到各有关部门、乡镇（街道）和企业，并层层签订污染整治责任书，按定整改内容、定整改措施、定完成时间、定整改责任人的“四定”原则，实行列表管理，每月汇总上报，定期督促检查，通过责任书、报表制、例会制、督查制跟踪落实、一抓到底。化工园区管委会建立领导、科室分片联厂责任制；市环保局由局领导带队，抽调35名业务骨干，集体深入至化工园区现场办公，并分成四个组，每组明确整治目标、明确整治任务、明确整治重点、明确整治时间、明确整治责任人，实行“五明确”的包干责任制，设立化工园区“摘帽”倒计时牌和各组污染整治工作竞争栏，上墙公布各组污染整治进度。在机构人员经费的保障方面，市政府实行重点倾斜、全力保障，从环保局、化工园区管委会抽调了20名干部，组建精细化工园区环保分局，整合环保局、化工园区管委会力量，增加环保监管人员，增强环保监管能力。化工园区管委会对新建项目实行招商局、专家和主任办公会议三级把关制；市环保局建立建设项目审批集体预审制，对化工等污染较重以及在敏感区域选址建设的项目，实行局务会议集体会审制；实行建设项目污控专家把关制，环评报告聘请专家评审把关，污染治理方案由专家审核把关，技术难题由专家会诊把关，试生产由专家监理把关，“三同时”验收由专家参与把关。

规划引领，全面实施，科学有效抓整治。一是编制整治规划。2003年，专门邀请德国斯图加特大学、慕尼黑大学、柏林工业大学和4个规划事务所的专家、教授，会同同济大学的专家组成联合规划组，重新调整编制化工园区的经济发展、产业发展及布局等一系列规划，提出了建设国际知名、国内一流的生态型现代化精细化工城的定位，确立生态园区、特色园区、科技园区的发展方向。根据化工园区发展循环经济的需要，委托清华大学编制化工园区循环经济专项规划。委托省环科院专门编制了生态化改造和建设规划。2005年12月，按照省“811”环境污染整治行动方案和省环保局《关于开展省级环境保护重点监管区污染整治规划编制工作的通知》要求，委托省环科院编制了污染整治规划，于2006年3月3日通过专家评审，于5月15日通过省整治办审查批复。二是制订实施方案。根据污染整治规划，结合上级专项执法检查提出的整改意见，制订《杭州湾精细化工园区2006年环境污染整治方案》，明确化工园区污染整治目标、主要任务、完成时间和保障措施。三是明确治理内容。对化工园区所有企业进行逐家现场检查，深入企业每个车间，对企业生产项目、生产工艺、生产装备、集中供汽、废气污染源点位和废气处理设施、雨污分流系统、污水收集管网、污水预处理装置、污染物治理设施运转台账记录、固废暂存场所和处置出路、生产和环保现场管理、清洁生产、在线监控设施建设、规范化排污口和清下水排放口建设、环境污染事故预防和应急处置系统建设、厂容厂貌等一系列问题进行了逐家检查和摸排，摸清每家企业的生产和治污情况。在此基础上，针对不同情况和存在问题，结合企业实际，从上述 16 个方面制定企业环境污染整治进程表，明确整治内容、整治进度和时间要求，并书面下发至每家企业，由企业盖章确认，督促企业有计划、有步骤地开展污染整治，系统推进污染点源治理。

防治结合，强化监管，依法依规抓整治。一是注重源头预防。近几年共否决 100 余个重污染项目落户。严格执行《环境影响评价法》和《建设项目环境保护管理条例》，严把环评质量关和环保审批关。全面实施新建项目“三同时”全过程监管，实行新建项目试生产环保配套设施核查制，治污设施未配套建成不得投入试生产，规范新建项目环保“三同时”验收，提高“三同时”验收质量。在加强应急能力建设上，编制了企业、部门（区域）、全市三级环保应急预案，建立突发环境污染事故应急响应系统；加强环境应急监测、消防装备、环保应急设施建设，配备环保应急监测车和污水围堰应急处置设施；同时，化工园区所有企业建立相应的污水应急处置系统，一旦发生事故，立即启用应急蓄水、排放池，将收集的泄漏化学液体和污水用泵输入污水处理系统，彻底消除事故状态下可能引发的环境污染问题。二是强化点源治理。把确保污水处理厂稳定达标作为关键。严格执行进管水质三级标准，按照环评报告、污水治理设计方案配套建设、完善污水预处理装置，提高企业污水生化处理工艺比例和能力，确保企业污水预处理设施处理能力与需处理水量、水质处理要求相配套；重点整治染化行业，对 14 家企业实施停产整顿，关停 13 家企业 25 个项目，对废水进管量大，色度、浓度高的上虞市长征化工有限公司、上虞金冠化工有限公司、浙江嘉成化工有限公司、上虞化纤有限责任公司 4 家重点排污企业实行限产，减少进管水量；

对重点排污企业安装在线监控仪、封闭式自动采样器，即时监控进管水质、水量；主要泵站配置COD快速测定仪，监视水质变化；投入250万元，联合同济大学、华南理工大学对污水处理工艺进行中试研究、技术攻关，解决技术难题，弥补一期污水处理工程在工艺设计上的缺陷；聘请浙江大学、浙江工业大学、中国地矿大学、省环科院专家会同吉化院专家组，共同进行混凝剂开发、工艺改进技术攻关，优化污水处理过程控制，增加药剂投放量，规范操作、运行，提高处理效果和尾水排放达标率。

督促企业结合清洁生产，全面改造、完善回收物料、治理废气的配套装置。停用燃煤蒸汽锅炉，推行集中供汽，燃煤导热油炉配套建设脱硫除尘设施，切实改善大气环境质量。积极推进工业固废集中处置工程建设，分类清理企业固废产生情况，严格实行固废申报登记和核查制度，分类建设规范的固废暂存场所，签订固废处置协议，危险固废实现焚烧处理，一般工业固废实行填埋，生活垃圾实行焚烧发电资源化处理，严禁随意处置工业固废。目前，化工园区84家正常生产企业中，已通过环保“三同时”验收的75家，环保“三同时”验收合格率89.3%；其余9家企业中，已监测达标6家，已经省环境监测中心监测的省批项目3家；环保“三同时”执行率100%。三是依法清查项目。依法开展化工园区建设项目清理，对清查出的40个违法建设项目，依法进行处罚。

多管齐下，重拳出击，铁心铁腕抓整治。一是强化行政手段。明确污染点源必须做到达标排放，明确一厂一个污染整治完成期限，实行“倒计时”和倒逼机制，要求企业必须在规定时间内完成整治任务。二是强化法律手段。以严格监管进管水质、水量，确保污水处理厂稳定达标和废气达标排放、群众无投诉为重点，加大查处力度，依法严厉打击不法排污企业。整合环保局、化工园区管委会、污水处理厂力量，对进管水质、水量实行分片监管，对重点排污企业“每天一测”，一旦发现超标，在依法加大处罚力度的同时，责令企业停产整改，并关闭污水进管阀门。2007 年已出动现场监察 4 000 人次以上，依法查处违法排污行为 126 家次，罚款 601 万元，罚款总额居全省第九位。三是强化经济手段。提高违法行为罚款数额，加倍征收超标排污费。对超标进管企业在污水处理厂征收超标污水处理费的同时，环保局依法征收超标排污费，并处高额度罚款。试行企业违法排污经济补偿制度，向违法排污企业收取高额环境补偿金。在化工园区北道河整治中，清查企业埋设的违法排污管道，责令 5 家企业作出 250 万元经济补偿。提高企业违法排污成本，以经济手段促使企业自觉开展污染整治。四是强化舆论手段。加大新闻、舆论监督力度，对违法企业进行公开曝光，以舆论的手段促进污染治理。

加大投入，夯实基础，改造提升抓整治。一是完善基础设施，确保一期投资 2.43 亿元、日处理能力 7.5 万吨污水处理厂正常运行；扩建污水收集、输送管网，新增和改造工业污水、生活污水收集管网 23 千米，污水收集、输送管道长度累计达到 159.5 千米；投资 6.4 亿元，扩建污水处理厂，污水处理二期工程于 11 月 6 日奠基、开工建设，污水处理能力扩建到 30 万吨/日；投资 800 万元，建成投运一期日处理能力 10 吨的危险固废焚烧中心；投资 1 000 万元，建成投运一期填埋能力 10 万立方米的工业固废填埋场；投资 3.2 亿元，建成投运 390 吨/时杭州湾精细化工园区热电厂，铺设 40 千米长的供热管网，淘汰企业供汽自备锅炉 81 个，化工园区实现供汽全覆盖；投资 1.78 亿元，建成处理能力 500 吨/日的生活垃圾焚烧发电项目。投入 1.53 亿元，加强生态防护林工程建设，新建化工园区南侧一条长 10 千米、宽 150～200 米的生态防护林带，构筑总宽 200～260 米的绿色生态屏障；实施沿河沿路绿化工程，化工园区主要道路、主要河道两旁全部绿化，化工园区共绿化面积 241 万平方米；实施化工园区河道整治工程，整治东进河、中心河、规划河、北道河，开展河道疏浚、砌岸、绿化及沿河企业排水管道清理改造。二是提升产业层次。在 2005—2006 年关停、淘汰 31 个落后项目的基础上，

2007年又关停、淘汰了25个项目。重点引进、扶持低消耗、轻污染、高科技的项目，积极推进产品结构调整，推动重污染产品向轻污染产品转变，医化行业医药中间体向原料药转变，原料药向GMP转变；对生产时间较长，生产车间、生产设备需要改造的项目、企业，实行推倒重建，全面改造；积极推进技术进步，淘汰落后工艺和设备，淘汰染料生产盐析工序和传统亚硝酸钠法工艺，淘汰敞口式离心机、水冲泵、真空抽滤等落后设备，结合污染整治，从产品、工艺、装备多方面改造、提升产业层次。三是实施清洁生产。对染化、医化等重污染企业实施强制性清洁生产审核；发展循环经济，在已编制完成循环经济发展规划的基础上，着力构建化工园区设施共享体系、产业共生体系，积极实施回收医化企业、染化企业高浓度废水中有价值物料和溶剂回收、废酸回收套用等循环经济支撑项目。

（2）园区污染治理取得的成效

企业治污能力大幅提高。2007年以来，化工园区企业共投入治理资金3.35亿元，新增废水治理设施62套，其中新增污水生化装置35套，实现COD高浓度污水生化处理设施全配套；废水点源设计处理能力达到6.4万吨/日，大大高于化工园区企业目前废水产生量，超前建设废水处理设施；新增工艺废气治理设施128套，累计达到282套；配套建设热电厂，实行集中供汽，燃煤导热油炉配套脱硫除尘设施；所有企业严格清污分流，设置了规范的清下水排放口和应急蓄水、排放池，编制完成环保应急预案，54家企业安装了自动监控装置；产生固废的企业按规范签订了固废处置协议，建成了规范的固废暂存场所；污水处理、固废处置、集中供热等环保基础设施基本配套。

污染物排放总量大幅削减。整治后废水排放量削减49.56万吨/年；COD排放量削减809.37吨/年，削减比例33.5%；氨氮排放量削减291.93吨/年，削减比例61.7%；废气排放量削减7 164.62吨/年；主要特征污染因子氨气、氯化氢、甲醇等排放量也大幅下降，氨气排放量削减1 765.29

吨/年，氯化氢排放量削减 1 183.89 吨/年，甲醇排放量削减 1 054.11 吨/年。

区域环境质量有较大改善。根据监测情况显示，中心河、东进河、北道河等主要河道常规指标基本符合Ⅳ类水质标准，内河水体无劣Ⅴ类水质，地表水环境质量基本达到功能区要求；杭州湾近岸海域水质基本达到Ⅳ类海域功能区要求；化工园区企业工艺废气排放达标率 98.8%、厂界废气达标率 94%，大气环境常规污染物和特征污染物总体保持较好水平，恶臭污染明显减轻，大气环境质量基本达到功能区要求。随着污染整治力度不断加大，园区环境质量不断改善，环境污染投诉明显减少，2006 年以来，群众对最敏感的化工气味投诉逐月下降，1—3 月 4 次，4 月 3 次，5 月 2 次，6 月 1 次，7—10 月共 2 次。截至目前，无监管不力、失职和渎职造成的重特大环境污染事故，也未出现群访事件，群众对环境的满意度不断提高。

产业层次得到有效提升。近年来，共淘汰重污染项目 56 个，实施升级改造项目 20 个，6 家医化企业通过 GMP 认证，8 家重污染企业外迁，污染较重的化工项目比例逐年下降。2007 年集中整治共淘汰、改造落后设备 283 台套，改造车间和厂房面积 41 887 平方米。47 家企业实施清洁生产审核，21 家企业实施 ISO 14000 环境管理体系认证，已有 32 家企业通过清洁生产审核，20 家企业通过 ISO 14000 认证。同时，企业内部和企业之间的循环经济渐成雏形，龙盛科技工业园 7 家企业产业上相互衔接互补，原料、能源、产品、副产品实现合理配置、梯次套用，能耗、物耗大幅降低，能源、资源利用效益大幅提高，生产成本下降 20%，排放污染物大幅削减。

实现经济效益与环境效益的双增。通过集中整治，加大投入，化工园区企业不仅在治污设施硬件建设上投入到位，而且在生产设备、车间厂房上进行全方位改造，产品结构上大力度调整，企业生产现场管理规范，厂容厂貌整洁，企业和化工园区的外在形象得到了很大提升，治污设施和环境质量得到很大改善，企业竞争力得到很大提高，增强了企业发展后劲，化工园区经济依然保持着快速增长的势头。2006 年 1—10 月，化工园区企业实现销售 102.03 亿元，比 2006 年同期增长 32%；利税 13.53 亿元，比上年同期增长 19%。

4．温州市电镀行业

在省整治办和温州市委、市政府的高度重视和领导下，县（市、区）政府和相关职能部门整体协调、上下联动、同心协力、共同努力，坚持“打非、整治、严管、入园”的电镀业整治工作要求，全市完成了电镀业监管区的“摘帽”任务。

（1）温州市电镀园区污染整治情况

成立机构，强化领导。2006 年专门成立了温州市电镀行业环境污染整治领导小组，副市长担任领导小组组长，指导全市电镀行业污染整治工作，并建立了领导小组例会制度，2007 年以来，已经召开多次例会，解决整治过程中碰到的问题。各县（市、区）也相应地成立了电镀业污染整治工作领导机构、打非机构和督查机构，全力开展电镀行业污染整治工作。

编制规划，明确标准。2006 年，温州市制定了《温州市电镀行业污染整治规划》，确定了市电镀业污染整治的指标体系。市委、市政府提出了电镀业整治“打非、入园、整治、严管”八字方针，以前所未有的力度整治电镀行业，取得了明显的成效。一是“打非”。市政府发布了《关于取缔无照电镀企业和个人违法生产经营活动的通告》，发挥法院、工商、公安、环保、安监、电力、水务等部门的职能，提出了取缔非法电镀“断水断电、清除原料、拆除设备、没收财物”的十六字标准，乐清、瑞安、龙湾等还成立了打非工作领导机构，制订了“打非”的工作方案。市政府组织开展了“电镀整治月”活动和“绿箭Ⅶ号”等专项行动，乐清等 8 个县（市、区）也分别出动各有关部门开展“绿色风暴”等专项行动。市委督查室把取缔打击非法电镀企业作为电镀行业污染整治工作的首要任务来抓，2006 年 8—9 月，在《温州日报》上分 3 批公布了全市 659 家非法电镀企业的业主姓名和地址，建立有奖举报制度和重点考核机制。全市共出动 6000 多人次，公安部门治安拘留 2 人、强制传唤 5 人、调查 25 人，法院司法拘留 5 人，取缔了 812 家非法电镀企业。二是“整治”。市整治办从污染治理、污泥处置、环境卫生、管理制度四方面制定了 16 项明确的整治要求，指导电镀企业自我开展整治工作，同时把淘汰、整合 1 万升以下电镀企业纳入整治范围。三是“严管”。温州市制定了严格监督管理巡查制度，要求环保监管责任人对电镀企业的现场监察一月二查，对电镀企业的污水进行一月二测和不定期的抽测，及时上报和每月汇总统计电镀污泥转移数量，对抽测不达标排放的、限期整治不符合要求的、污泥私自处置的，一律从重从严处理。还要求电镀企业的污水处理设施安装在线监控装置，实现数据实时传输，有效防止企业污水偷排漏排和不正常运行污染治理设施的违法行为。四是“入园”。针对市电镀企业分布散、规模小、档次低、管理难的问题，市政府专门向省政府争取了约 133 公顷的土地指标，用于电镀园区的建设。并出台了《电镀工业园区建设管理若干意见》，明确了园区的建设要求和电镀企业的入园标准，各地的电镀园区建设逐步推进。

建立完善的政府目标责任体系。首先是市、县（市、区）年度生态市建设目标责任书把电镀行业污染整治工作列为一类目标，政府生态建设工作年度考核实行一票否决制；其次是 2007 年 7 月 31 日，市政府和 8 个县（市、区）政府专门签订了电镀行业污染整治工作目标责任书，以政府工作目标责任书的形式下达了电镀行业污染整治工作任务；第三层的目标责任制是各县（市、区）和各重点乡镇也都签订了类似的电镀行业污染整治工作目标责任书，把电镀行业污染整治工作落到实处。

实行全面的督查制度。2006 年 7 月，市委成立了以副秘书长任主任的电镀行业督查室，抽调市监察局、环保局、工商局、电业局专人专职。市委办、市府办联合下发了《关于对全市电镀行业污染整治工作进行督查的通知》，市委督查室分别成立了以市经贸委、环保局、工商局为组长的3个市委督查组，把全市8个电镀行业比较集中的县（市、区）分3片，每半个月全市督查一次。督查内容分当地政府落实省市责任情况、持证企业达标整治情况、污泥收集情况、非法企业打击情况等方面，每次各组对每个县（市、区）至少抽测10家以上持证电镀企业污水和10户以上非法电镀企业打击取缔情况。同时，市委督查室根据督查情况统一打分，按得分情况对各县（市、区）进行考核排序，并专门发放督查通报，对各县（市、区）整治情况、得分和排序结果进行通报。

部门分工合作形成合力。2007年以来，市政府先后出台了《关于进一步加强电镀行业污染整治工作的通知》、《关于贯彻落实市政府开展电镀行业环境保护专项整治活动月的通知》等文件，明确了各职能部门的分工责任。各县（市、区）政府对本辖区内电镀行业污染整治工作负总责；环保部门要当好政府开展电镀行业污染整治工作参谋，督促全市电镀企业达到整治要求，主要污染物稳定达标排放，污泥有效处置；工商部门及时查封和取缔无照经营企业，当好政府取缔无照电镀企业的参谋，确保无照电镀企业取缔成果不反弹；经贸委制定电镀企业入园标准和产业优化发展规划，推进电镀行业清洁生产工作；公安部门依法查处违反氰化物等剧毒物品使用和管理规定的行为，配合做好取缔无证企业工作；电力部门按照政府决定，对违法企业采取停电措施；发改委、国土资源局等部门协助做好电镀园区立项、征地等有关工作。

建立责任追究制度。市委办、市府办联合下发《关于对全市电镀行业污染整治工作实行目标责任追究制度的通知》，明确了各级政府、各相关部门的工作职责，并明确了各部门、各级政府和有关责任人员的责任追究制度。全市环保系统也率先在全系统建立电镀行业污染整治工作责任追究制度，市环保局颁布《温州市电镀行业环境监管责任追究暂行规定》，把全市所有电镀企业都对应于一位环保部门人员为监管责任人，电镀企业在整治过程中有违法行为或达不到整治要求的，监管人员负连带的监管责任。

强化宣传力度。一是提高领导干部的认识和责任。2006年，市召开了2次全市性的电镀污染整治大会，各县（市、区）、相关部门、重点乡镇主要领导都出席会议，书记和代市长亲自出席会议并部署工作任务，促使电镀行业污染整治工作顺利开展。市委督查室和污染整治领导小组办公室及时编写《督查通报》和《整治通讯》并通报工作进度；二是通过媒体，向广大群众宣传政府的政策、措施，介绍电镀行业的相关知识，公布工作进展情况等。市委督查室还向全社会公布举报电话，开展有奖举报活动，对举报非法电镀企业和非法排污行为的举报人予以物质奖励，形成全市上下严密的一张网络，使非法企业和非法排污行为无处隐藏；三是通过各种座谈会与电镀业主沟通，向业主耐心细致地宣传整治的有关政策、措施，同时，也听取电镀企业关于政府整治工作的意见和反映，根据实际情况及时对各项措施进行调整，以取得更好的成果。

（2）电镀行业整治的主要成效

市电镀业经过艰苦整治，通过了省整治办的现场验收，完成了“摘帽”任务。经整治，全市812家非法电镀企业全部取缔，取缔率达100%；1万升以下电镀企业从原有的238家减少到现在的18家，淘汰整合率达92.4%；全市持证电镀企业从744家减少到现在的564家，其中有64家企业没有达到整治要求或即将搬迁入园而被强制停产；4万升以上的规模企业从原来的73家增加到现在的82家；在生产的电镀企业主要污染物实现稳定达标排放，各地自查达标率均在90%以上，全市核查抽测达标率为87.2%，省整治办委托省技术评估小组进行验收抽查达标率为93%；电镀行业污染物排放总量明显减少，氰化物、六价铬分别削减了74.8%和76.9%；污泥委托处置率达100%；全市初步形成了全市联网的环境污染自动监管系统，建成了温州市环境监控平台和8个县级（市、区）监控中心，已有369家企业接入监控系统，占在生产企业总数的

65%。经整治，全市内河水质重金属污染状况显著好转，2006 年 9 月，全市内河 14 个站位氰化物、重金属指标均已达到III类水标准，环境质量得到改善明显。

第七节 重点环境问题整治

一、重点环境问题确立背景

针对部分区域环境普遍存在着污染物排放总量超过环境容量，区域水、气、土壤等环境要素污染严重；产业“低、小、散”现象突出，生产工艺落后；环境基础设施滞后，企业污染物偷排现象时有发生等问题，在 2008 年年初，浙江省划定了 11 个区域为省级督办的重点环境问题，分别是：杭新景高速公路沿线小冶炼污染问题，宁波临港工业废气污染问题，温州温瑞塘河环境污染问题，湖州南浔旧馆镇有机玻璃污染问题，嘉兴畜禽养殖业污染问题，萧绍区域印染、化工行业污染问题，东阳江流域水环境污染问题，台州固废拆解业土壤污染问题，衢州常山化工园区环境污染问题，丽水经济开发区革基布、合成革行业环境污染问题和全省部分开发区、工业园区环境污染问题。

11 个重点环境问题不仅涵盖工业企业污染整治，还包括农业面源污染的整治；不仅针对水环境进行整治，还对大气、土壤环境进行了整治；不仅针对局部某个园区、行业进行整治，更扩展到整个流域、区域的环境污染整治。相比上一轮 16 个重点监管区，本轮环境问题整治完成了从重点防治工业污染向全面防治工业、农业、生活污染转变；从重点治理水污染向全面推进水、大气、固废、土壤等污染治理转变；从污染治理攻坚向全面推进生态文明建设转变。

浙江督办的重点环境问题是“811”环境保护新三年行动（2008—2010 年）的重要内容，是深入贯彻落实科学发展观、充分体现“创业富民、创新强省”总战略的内在要求，是构建和谐社会、建设生态省和推进生态文明的具体行动，也是坚持环境管理制度创新，解决重点环境问题，保障群众环境权益的重要实践。

二、重点环境问题整治的完成情况

经过三年的努力，全省 11 个省级督办重点环境问题的污染整治工作全部顺利完成。

2008 年，杭新景高速公路沿线小冶炼污染问题，湖州南浔旧馆镇有机玻璃污染问题和衢州常山化工园区环境污染问题，通过省生态办组织的省级现场审查验收；2009 年，萧绍区域印染、化工行业污染问题，宁波临港工业废气污染问题和丽水经济开发区革基布、合成革行业环境污染问题，通过省生态办组织的省级现场审查验收；截至 2010 年 12 月，嘉兴畜禽养殖业污染问题，东阳江流域水环境污染问题，台州固废拆解业土壤污染问题，温州温瑞塘河环境污染问题和全省部分开发区、工业园区环境污染问题也均通过了省生态办组织的省级现场审查验收。至此，全省各地的重点环境问题整治工作全面完成（见表 2-15）。

表 2-15　各重点问题整治“摘帽”验收时间一览表

序号	重点环境问题名称	验收时间
1	杭新景高速公路沿线小冶炼污染问题	2008.12
2	湖州南浔旧馆镇有机玻璃污染问题	2008.12
3	衢州常山化工园区环境污染问题	2008.12
4	宁波临港工业废气污染问题	2009.11
5	萧绍区域印染、化工行业污染问题	2009.11
6	丽水经济开发区革基布、合成革行业环境污染问题	2009.12
7	嘉兴畜禽养殖业污染问题	2010.08
8	东阳江流域水环境污染问题	2010.10
9	台州固废拆解业土壤污染问题	2010.11
10	温州温瑞塘河环境污染问题	2010.12
11	全省部分开发区、工业园区环境污染问题	2010.12

三、重点环境问题整治的主要成效

（一）污染物排放总量明显下降

在整治过程中，各地通过加大减排工程建设、加快产业结构调整、强化环境监管等措施，各重点环境问题区域内各主要污染物和特征污染物排放量均明显下降。

据统计，经过三年的整治，重点环境问题区域二氧化硫削减量达到 10 万多吨，化学需氧量削减量近 3 万吨，其他特征污染物都有不同程度的下降（见表 2-16）。其中，污染物减排力度最大的衢州常山化工园区环境污染整治，化学需氧量削减了 96.7%；二氧化硫削减了近 80%；宁波临港工业废气污染问题削减二氧化硫 85 380 吨，削减率 74.9%，削减氮氧化物 9 430 吨，削减率 18.3%，有效改善了区域大气环境质量；温州温瑞塘河环境污染问题削减化学需氧量 16 389 吨，削减率 37.3%；削减氨氮 1 164.35 吨，削减率 29.3%；削减总磷 361.35 吨，削减率 39.6%，大幅降低了污染物的入河量，明显消除了主要河道的黑臭现象。丽水经济开发区革基布、合成革行业环境污染问题经整治，减少化学需氧量排放量 1 449.91 吨；减少颗粒物排放量 52.74 吨；同时，也分别削减油烟、DMF 和二甲胺排放量 101.48 吨、2 270.2 吨和 1 458 吨，有效改善了区域环境质量。

表 2-16　可统计的重点环境问题整治前后污染物排放对比表

序号	重点环境问题名称	整治前后污染排放对比		
		整治前排放量/（t/a）	整治后排放量/（t/a）	削减绝对量（t/a）及削减率（%）
1	杭新景高速公路沿线小冶炼污染问题	—	—	二氧化硫：1 479，废水削减 7 650

序号	重点环境问题名称	整治前后污染排放对比		
		整治前排放量/（t/a）	整治后排放量/（t/a）	削减绝对量（t/a）及削减率（%）
2	宁波临港工业废气污染问题	二氧化硫：113854 氮氧化物：51481 工业粉尘：8396	二氧化硫：28474 氮氧化物：42051 工业粉尘：4589	二氧化硫：85380，削减74.9%；氮氧化物：9430，削减18.3%；工业粉尘：3807；削减45.3%
3	温州温瑞塘河环境污染问题	COD：43902.2 氨氮：3974.85 总磷：912.5	COD：27512.7 氨氮：2810.5 总磷：551.15	COD：16389.5，削减37.3%；氨氮：1164.35，削减 29.3%；总磷：361.35，削减39.6%
4	湖州南浔旧馆镇有机玻璃污染问题	废气：4740.8 残液：3879 残渣：782.1	废气：1775.8 残液：2619 残渣：225.8	废气：2965，削减62.5%；残液：1260，削减 32.5%；残渣：556.3，削减71.1%
5	萧绍区域印染、化工行业污染问题	COD：32994.82 二氧化硫：39870	COD：26820 二氧化硫：17400	COD：6174，削减率约18.7%；二氧化硫：22470，削减56.4%
6	东阳江流域水环境污染问题	COD：27402	COD：25922	COD：1480，削减5.71%
7	衢州常山化工园区环境污染问题	COD：448.1 氨氮：331.6 二氧化硫：250.7	COD：14.8 氨氮：2.3 二氧化硫：49.9	COD：433.3，削减96.7%；二氧化硫：200.8，削减80.1%；氨氮：329.3，削减99.3%
8	丽水经济开发区革基布、合成革行业环境污染问题	—	—	COD：1449.91；颗粒物：52.74；油烟：101.48；DMF：2270.2；二甲胺 1458.0；有机溶剂：700

（二）区域环境质量明显改善

经过三年的持续整治，各重点环境问题的区域环境质量均有明显改善，突出环境问题得到有效的解决。通过整治，杭新景高速公路沿线和富阳市环山铜工业功能区范围内的景观和生态环境等得到明显改善，周边水环境质量也能稳定达标；常山化工园区、南浔旧馆镇有机玻璃行业和丽水经济开发区等地的臭味得到有效遏制，废气特征污染物浓度明显下降，群众投诉的废气污染问题得到解决；温州温瑞塘河流域内环境“脏、乱、差”现象得到较为彻底地整治，水质改善较为明显，主要河道黑臭现象基本消除；东阳江流域东关桥断面水质从 2007 年的劣Ⅴ类提高至 2010 年 7 月以来的Ⅲ类；嘉兴市地表水劣Ⅴ类比例比整治前下降了 20.7%，Ⅲ类比例上升 4.7%，各污染物的平均浓度均比整治前有不同程度的下降，特别是总磷，下降幅度为 19.6%，各重点环境问题整治前后的环境质量对比情况见表 2-17。

表 2-17　重点环境问题整治前后环境质量对比表

序号	重点环境问题名称	整治前后环境质量对比	
		整治前	整治后
1	杭新景高速公路沿线小冶炼污染问题	富阳市、桐庐县等地小冶炼分布广、数量多、污染严重，直接影响大气、土壤等环境质量和周边沿线景观	流域水环境质量保持相应水环境功能类别，无劣Ⅴ类水体；大气污染物排放量下降，区域大气环境质量达到国家二级标准；土壤污染恶化势头得到遏制
2	宁波临港工业废气污染问题	近年来宁波市镇海区、北仑区等地化工、钢铁、电力等工业快速发展，污染物排放总量居高不下，局部区域空气污染较重	整治区内的大气环境质量明显改善，基本达到了区域功能大气质量要求，重点企业全部实现了达标排放
3	温州温瑞塘河环境污染问题	沿线生活污水和工业废水截污纳管率低，生活垃圾乱堆乱放现象突出，污染物排放量超过环境容量，河道水质基本为劣Ⅴ类	污水入河现象得到初步遏制，城区主要河道沿线环境“脏、乱、差”现象得到较为彻底地整治，水质改善较为明显，主要河道黑臭现象基本消除

序号	重点环境问题名称	整治前后环境质量对比	
		整治前	整治后
4	湖州南浔旧馆镇有机玻璃污染问题	分布较广，低、小、散现象突出，生产工艺设备落后，废气无组织排放量大，污染严重	旧馆镇镇区环境空气质量明显改善，废气污染物得到明显削减。整治后环境空气的二氧化硫浓度普遍降低，相比整治前下降约 82.4%。臭气浓度相较于整治前大大降低，特征污染物因子甲基丙烯酸甲酯低于标准限值，没有反弹
5	嘉兴畜禽养殖业污染问题	生猪存栏总量大，中、小规模养殖场和散养户数量多，且大多未经治理，对周边水环境造成严重污染，治理任务艰巨	地表水劣Ⅴ类比例比整治前下降了 20.7%，2010 年一季度Ⅲ类比例上升 4.69%，劣Ⅴ类比例下降 1.57%，各污染物的平均浓度同比均有不同程度的下降，特别是总磷，下降幅度为 19.6%。全市地表水水质逐步改善
6	萧绍区域印染、化工行业污染问题	萧山区、绍兴县、上虞市、越城区等地印染、化工行业污染重，废水超标纳管、废气污染问题突出，局部地区严重影响当地居民生产生活	地表水和县市交界断面水环境质量有一定的改善，地表水水环境功能区达标率得到了提高，重点河道水质明显改善，未发生大面积的发黑发臭现象。县市交界断面的水质恶化现象有一定的缓解，基本消除了劣Ⅴ类。印染、化工集中区域的大气环境质量均达到二级标准，基本消除了恶臭污染
7	东阳江流域水环境污染问题	流域义乌市、东阳市化工、食品、酿造等重污染企业和农业农村面源污染严重，东阳市城镇污水截污纳管率偏低，义东桥断面、低田断面水质基本为劣Ⅴ类	整治后，东阳江流域水环境质量得到明显改善，流域各断面水质总体达到Ⅳ类功能，全流域和东关桥断面的Ⅲ类功能符合率分别达到 50%以上和 60%以上
8	台州固废拆解业土壤污染问题	台州市路桥区、温岭市等地原非定点固废拆解单位众多，土壤污染较重，部分区域土壤重金属超标，污染整治和土壤生态修复亟待深化	区域水气声环境质量得到明显改善，土壤修复示范点环境质量达到居住地标准，完成第一阶段修复任务

序号	重点环境问题名称	整治前后环境质量对比	
		整治前	整治后
9	衢州常山化工园区环境污染问题	大部分企业工艺装备落后，产品技术含量低，环保配套基础设施建设滞后，废气、废水污染严重	通过整治，群众反映强烈的废气污染得到有效治理，企业废气排放均达到指标要求；空气质量基本保持在二级以上。常山港流域水质得到明显改善，2008 年整治工作开展以来 100%达到III类水质标准，确保了一江清水出常山
10	丽水经济开发区革基布、合成革行业环境污染问题	区内革基布、合成革行业废水、废气污染问题突出，环保基础设施建设滞后	地表水水质能满足III类水质功能区要求；区域环境空气质量改善明显，开发区区域环境空气中常规污染物及特征污染甲苯均能达到标准要求，DMF 达标率从整改前的 22.2%上升为 71.4%

在各重点环境问题区域环境质量有效改善的同时，也有力促进了全省总体环境质量的提升，经过整治，全省地表水功能区水质达标率提高为 74.1%（2010 年 1—11 月），比 2007 年提高近 12%；县以上集中式饮用水水源地水质达标率为 88.6%，比 2007 年上升 3.9%。所有省控以上城市环境空气质量均达到二级标准。全省城市环境空气平均综合污染指数为 1.45。与 2007 年相比，省控城市环境空气质量达到二级标准城市比例上升了 21.9%；省控城市空气综合污染指数平均值下降了 0.41。

（三）环保基础设施加快推进

重点环境问题开展整治以来，各重点环境问题区在加强监管的同时，都将环保基础设施建设作为污染治理的重中之重来大力推进。各级政府和有关部门高度重视整治过程中的人力、物力、财力投入，不断加强环保基础设施建设。近年来污染整治资金投入情况见表 2-18（包括政府与企业两方面环保投入）。

表 2-18　重点环境问题污染整治资金投入情况　　单位：万元

序号	重点环境问题名称	实现“摘帽”投入	预计“摘帽”后尚需投入
1	杭新景高速公路沿线小冶炼污染问题	4 400	3 880
2	湖州南浔旧馆镇有机玻璃污染问题	5 695	620
3	衢州常山化工园区环境污染问题	2 800	5 000
4	宁波临港工业废气污染问题	350 590	2 000
5	萧绍区域印染、化工行业污染问题	380 000	98 000
6	丽水经济开发区革基布、合成革行业环境污染问题	33 000	800
7	嘉兴畜禽养殖业污染问题	16 300	—
8	东阳江流域水环境污染问题	216 000	—
9	台州固废拆解业土壤污染问题	197	1 153
10	温州温瑞塘河环境污染问题	165 000	16 000
11	全省部分开发区、工业园区环境污染问题	—	—
合　计		1 173 982	127 453

11 个重点环境问题区，已累计投入了 117 多亿元的资金，预计还将需要 12.7 亿元以上的资金以进一步完善环境基础设施建设。各地政府在财政普遍比较紧张的情况下，都努力保障污染整治资金的需要。同时，省里在政策、资金、土地等方面也给予重点支持，省里专门设立“811”环境污染整治专项资金，主要用于资助重点环境问题的污染整治。巨额整治资金的投入，极大地推动了区域环境基础设施的建设。据统计，三年来各地共建成 26 座污水处理设施，新增管网 700 千米以上，增加污水集中处理能力 400 万吨/日以上；建成固废、危废处置场所 35 个、新增企业治污设施 679 台（套）、安装在线监测监控设施 1 600 套以上，这些环保基础设施的建设，为提高治污水平、改善环境质量打下了坚实基础。

在污水处理设施建设方面，大部分重点环境问题区域均开展了污水处理厂和管网建设。如萧山片完成镇级污水管网174千米，建成镇级泵站15座，完成两大污水处理厂二次提标改造工程。金华市共建成10座城镇集中式污水处理厂，同时不断加大配套管网建设，东阳市城区已建成污水管网236千米，义乌市建成污水管网450千米以上，金东区铺设污水收集干支管111千米，污水实际日处理能力达到36.4万吨，全市污水处理能力大幅度提高。

在污水处理厂污泥无害化处理方面，各地也积极探索，涌现出了许多特色鲜明、效果显著的处置工程。如在萧绍区域污染整治中，萧山建设了污泥制砖、污泥深度脱水、污泥干化焚烧三大项目；在东阳江流域整治中，义乌市建成了日处理200吨污泥的污泥处置中心等。

在畜禽养殖污染物治理设施建设方面，各地按照"减量化、资源化、无害化、生态化"的原则，结合本地实际，探索了许多行之有效的处理方法、建成了一批排泄物处理设施，有效提高了畜禽排泄物的综合利用率。如嘉兴市通过采取"两分离、三配套"治理模式，全面完成了5 208家生猪存栏50头以上养殖场（户）的治理任务，累计建成畜禽粪便收集处理中心66个，干粪收集范围覆盖到全部重点养殖镇、村，有效解决散养户的污染问题，畜禽排泄物综合利用率提高至96%以上。萧山区的43家规模化养殖场全部建成了养殖业废弃物的资源化利用和无害化处置装置，特别是投资2 000多万元，建成年产5万吨有机肥的杭州广绿畜禽粪便收集处理中心，能有效处理近20万吨畜禽排泄物。

此外，绍兴、丽水、温州、湖州等地也强化了环保基础设施建设，废气、固废等集中处置设施治理水平与能力均上了一个大台阶。

（四）产业结构不断调整优化

整治以来，全省上下把重点环境问题的整治作为倒逼经济结构调整和发展方式转变的重要抓手，各重点环境问题区域将深化污染防治过程同产业提升相结合，抓好了清洁生产和循环经济等，变“整治”为“促进”，在实现污染减排、改善环境质量的同时，也有力地促进了经济发展方式的转变和产业结构的优化升级。实践证明，区域污染整治是可以与结构调整有机地结合起来的。

宁波市对临港工业的废气污染进行了全面整治，淘汰关停落后企业13 家，污染物排放总量下降 52.6%，年生产总值上升 38.4%，年上缴利税增长 32.9%。杭新景高速公路沿线小冶炼污染问题的整治过程中，桐庐和富阳两地共计关停 28 家粗铜冶炼企业，富阳市还取缔了境内全部露天铜球摊点 1 060.7 亩*、球磨机 39 台，拆除简易房 216 间；整治后，区域内工业产值较整治前上升了 54%，上缴利税增加了近 2.7 倍。丽水经济开发区对革基布、合成革行业进行规范化整治后，年生产总值上升92%，上缴利税增加了近 2.8 倍。衢州常山化工园区整治中，共关停了 19 家企业、30 条生产线，整治对当地经济短期内造成了一定的影响，但整治后，污染物排放量大大削减，周边环境空气质量明显好转，极大地减轻了当地环境压力；群众满意度逐步提高，园区整体投资环境得以优化，提高了当地的可持续发展能力。

据不完全统计，省级督办的重点环境问题整治以来，累计关、停、并、转、迁企业 411 家，完成 1 885 家企业的清洁生产审核。

（五）人民群众满意度明显提高

重点环境问题污染整治工作的深入开展，在逐步改善区域环境质量的同时，也提升了群众的环境满意度。通过整治，区域环境矛盾进一步减少，环境投诉进一步降低（见表 2-19），同时也促进了社会稳定。

* 注：1 亩=1/15 公顷。

表 2-19　各重点环境问题整治前后环保投诉对比表

序号	重点环境问题名称	整治前/次	整治后/次	下降幅度/%
1	杭新景高速公路沿线小冶炼污染问题	12	1	91.7
2	宁波临港工业废气污染问题	598	322	46.2
3	温州温瑞塘河环境污染问题	685	462	32.6
4	湖州南浔旧馆镇有机玻璃污染问题	21	9	57.1
5	嘉兴畜禽养殖业污染问题	73	62	15.1
6	萧绍区域印染、化工行业污染问题	5 473	5 011	8.4
7	东阳江流域水环境污染问题	916	284	69.0
8	台州固废拆解业土壤污染问题	240	160	33.3
9	衢州常山化工园区环境污染问题	74	21	71.6
10	丽水经济开发区革基布、合成革行业环境污染问题	24	14	41.7
合　计		8 116	6 346	21.8

注：全省部分开发区、工业园区未统计在内。

从上表可知，除萧绍区域外，各重点环境问题区的群众环境投诉量下降幅度均在 30%以上，各重点环境问题区从整治前累计 8 116 件投诉件下降到整治后的 6 346 件投诉件，总体下降幅度达 21.8%。在当前全省群众对环境需求和环境维权意识越来越高背景下取得这样的成绩是来之不易的。其中杭新景高速公路沿线小冶炼污染问题、宁波临港工业废气污染问题、湖州南浔旧馆镇有机玻璃污染问题、东阳江流域水环境污染问题、衢州常山化工园区环境污染问题、丽水经济开发区革基布、合成革行业环境污染问题等6个重点环境问题区域的群众环境投诉量下降幅度均在 40%以上，任何一个重点环境问题在整治期间都没有发生过一次因环境问题引发的群体性事件。

通过重点问题的污染整治，突出的环境问题均逐步得到解决，因环境问题引发的各类社会矛盾逐步得到缓解。同时，由于污染整治力度的持续加大、环境质量的不断改善，群众感受到了政府治理环境污染的决心，重点环境问题区内可能因环境问题引发的群体性事件被消灭在萌芽状态。三年的污染整治，有力地促进了社会稳定，为营造和谐社会提供了坚实保障。

四、主要措施与做法

（一）强化组织领导，明确责任目标

省委、省政府高度重视重点环境问题的整治工作，以强有力的领导协调机制和资金保障重点环境问题的整治。一是省委书记亲自担任生态省建设领导小组组长，省政府领导每年组织调研重点环境问题整治进展情况等。全省各地也成立了相应的组织协调机构，加强对本地区重点环境问题整治的领导。省人大、省政协把重点环境问题整治作为执法检查和民主监督的重点内容，对全省的整治工作给予了极大的支持和有力的推动。二是层层分解减排目标任务。省政府与市政府、市政府与县（市、区）政府层层签订“811”环境保护新三年行动责任书，将重点环境问题整治纳入生态省建设工作考核的重要内容。三是落实整治工作责任。各地政府都将整治工作重心下移，把整治任务分年度分部门细化分解，对各相关部门年度整治工作目标任务进行了明确量化，市级单位与各乡镇（街道）签订责任书，把任务分解落实到基层组织，并相应落实资金，确保了整治工作落到实处。

（二）创新工作机制，完善政策配套

重点环境问题的整治工作涉及政府多个职能部门，从省里到地方，均强力督促各有关部门各尽其职、各负其责，集中人力、物力，形成整治合力。环保部门对重点环境问题实施统一监督管理，认真制定和实施治污计划，并对落实情况进行检查评估，发改、经贸、财政、建设、农业、水利、监察、新闻媒体等部门，在生产力布局、产业结构调整、循环经济促进、整治资金补助、环境基础设施建设、农业农村面源污染防

治、责任督察、舆论宣传引导等方面给予积极支持。各地人大、政协密切配合，加强视察调研，开展法律监督和民主监督，同时，广泛发动社会各界参与治污工作，形成富有特色的政府主导、社会各界参与、人大政协密切配合、群众监督的合力治污模式。通过各相关部门的通力合作，有效地推动了重点环境问题整治工作向纵深开展。

同时，省也出台了一系列配套政策，三年来，在“811”环境保护新三年行动及相关生态环保方面，省委省政府和有关部门出台了 60 余个政策文件，有效保障了整治工作的完成。例如为进一步探索创新生态补偿的具体操作办法，省政府办公厅出台了《浙江省生态环保财力转移支付试行办法》，实现了主要水系源头所在地区省级生态补偿全覆盖。出台了《浙江省跨行政区域河流交接断面水质保护考核办法（试行）》，对全省 69 个县（市、区）的交接断面水质进行考核，大力促进了水环境质量的改善。

各地也进一步完善了制度保障体系，有力保障了整治工作推进与完成。例如温州市出台《浙江省温瑞塘河环境保护管理条例》，开创了立法推进单个重点环境问题整治的先河；嘉兴市针对有关县（市、区）交界区域的养殖污染整治存在盲区的情况，积极探索建立县与县之间部门区域联动联席会议制度，制定下发了《“新三桥”畜禽养殖联防联治机制》，在新丰、凤桥、西塘桥、曹桥养殖密集区建立了畜禽养殖污染联防联治机制，通过建立工作例会、信息互通、联合执法等制度，有效推进治理工作。

（三）加大设施建设，深化立体治污

各重点环境问题区面对环保基础设施相关滞后的问题，均从整治伊始，就加大人力、物力、财力的投入，新建了一大批环境基础设施；城镇污水收集处理率不断提高，城乡一体化的“村收，镇转、市（县）处置”垃圾无害化处理处置体系基本建立，重点工业园区对污染物基本实

现了集中收集、集中治理，各重点企业基本建立了与产污规模相适应的污染物处理设施，农村生活污染得到初步解决，畜禽养殖业排泄物综合利用率显著提升，各地污染防治能力和防治水平均有大幅度的提高，在不断削减污染物排放的同时，降低了区域环境的污染负荷，有效改善了区域环境质量。

由于环境污染具有发生的复杂性和治理的综合性，各地均从多方面着手深化重点环境问题污染整治工作，从重点防治工业污染向全面防治工业、农业、生活污染转变，开展立体治污。一是深化工业污染源治理，各重点环境问题针对区域产业实际，制定了各类企业的整治标准，明确企业整治规范，对不符合整治要求的企业进行限期治理，并对不符合政策要求的“低、小、散”企业和经治理后不能达标的企业坚决予以关停。二是开展农业面源治理，通过控制种植业农药化肥施用强度，推广测土配方施肥等，采用多重手段，多管齐下控制与削减农业面源污染。同时不断调整农村种植结构，大力发展生态农业，从源头控制污染源的产生。三是加强对畜禽养殖业的污染治理，一方面加强对养殖业进行控量提质，转变饲养模式，大力发展生态养殖小区，实行农牧结合；另一方面，对规模养殖场进行畜禽排泄物的综合治理，实现综合利用或达标排放。四是深化农村生活污染治理，督促各镇、乡、园区建立垃圾收集系统，真正建立起垃圾三级处置的良好机制和模式。同时要加大宣传力度，深入开展新农村建设，培养村民和流动人口的环境意识，改变生活陋习，提高整治成效。五是深入开展河道综合整治，突出截污控源和黑臭河道治理等工作重点，结合清淤疏浚、打卡拓宽、清脏拆违、河道保洁、综合调水、生态修复等手段，提高水体自净能力，改善水环境质量。

（四）构建长效机制，严格执法监督

建立长效监管机制是进一步巩固污染整治成效的有效途径，各地政

府从整治伊始就将建立长效监管机制作为治理工作的重点。一是各地均创新性构建并完善了长效管理办法，如嘉兴市出台制定了《嘉兴市畜禽养殖业污染防治长效监管办法》、《"新三桥"畜禽养殖联防联治机制》等，温州市积极推动整治立法《浙江温瑞塘河环境保护管理条例》和《温州市温瑞塘河保护管理办法》正式颁布并实施。二是建立目标责任考核机制，各地将污染整治工作列入对下一级机关、相关乡镇的目标责任制的考核，并层层签订目标责任状，列入年度考核工作，在年终评优时实行一票否决。通过建立目标责任考核制度和加强考核力度，各部门都对整治高度重视，各司其职，通力合作，有效推动了整治工作的全面开展。三是创办了《污染整治工作简报》，建立了工作进度通报制度，组织定期不定期督查和指导、协调，整治办实行月度定期督查制度，组织开展污染整治工作核查，总结经验，及时反馈核查意见。与此同时，充分发挥信息工作的作用，及时收集编印整治工作动态信息，报送当地政府主要领导及相关部门，通过采取半月度或每周通报治理进度的方式，确保了治理工作的顺利推进。

在"811"环境污染整治集中督查、全省整治违法排污行为保障群众健康等多次环保专项行动中，均将重点环境问题的污染整治工作作为重点督查内容；2008年以来，实施了省级重点环境问题污染整治工作领导小组各相关成员单位分区包干蹲点督查制度，同时，省环保厅实行了由厅领导带队、各处室分区包干的蹲点制度，加强对各地区的指导和帮助，督促当地政府加大整治力度；各地通过多形式督查、多部门联合执法、环境保护部门日常巡查、畅通群众投诉举报渠道和建立环保义务监督员网络等措施，加强对企业的环境行为监督管理，督促企业认真执行各项整治工作，确保各项措施落到实处。通过严格的执法监管，有力地震慑了各类环境违法行为，大大提高了广大企业主的环境法制意识，切实保障了污染整治的成果。

五、典型重点环境问题整治总结

（一）萧绍区域（萧山片）印染化工行业污染整治

按照省政府“811”环境保护新三年行动要求，萧山区委、区政府、人大、区政协高度重视《萧绍区域印染化工行业污染问题》，坚定不移地以科学发展观为指导，认真贯彻落实省政府关于“811”环境保护新三年行动实施方案的意见，扎实开展了萧绍区域印染、化工行业的整治，进一步加大了科技和财政投入，加强城乡生态环境保护，区域生态环境有所改善。经过近两年的整治，基本完成了规划中近期目标的各项整治任务，达到了经省生态办批复的规划目标。主要工作和成效如下。

1．编制整治规划，明确目标任务

按照省政府《“811”环境保护新三年行动实施方案》（浙政发[2008]7号）要求，萧山区政府编制了《萧绍区域（萧山片）印染化工行业污染整治规划》，在此基础上，为确保规划的实施，又编制了《杭州市萧山区人民政府办公室关于印发萧绍区域印染化工行业污染整治实施方案的通知》（萧政办发[2008]224 号），将整治任务逐一细化分解到各责任单位，明确了各有关部门、各镇、场、园区的工作职责、目标任务、工作进度和要求，确保了整治工作有序推进。

2．加强组织领导，成立专门机构

为保障“811”新三年行动计划的全面推进，萧山区政府成立了以区政府主要领导为组长的萧绍区域（萧山片）印染化工行业污染整治工作领导小组，由政府分管负责人任总指挥的现场指挥部，区各有关部门抽调专人，集中办公，统一指挥、协调整治工作，建立了分工负责与统一监管相结合的工作机制，形成了政府主导、部门相互配合、上下联动、

齐抓共管的推进机制。

3. 基本完成区域内重点整治企业的环境整治工作

萧山区政府严格按照规划和批复的要求认真组织开展环境污染整治工作。

一是按照规划要求，以整治实施方案明确的14项整治任务为重点，开展了对83家重点印染化工企业的全面整治。在前一轮整治的基础上，继续深化重点企业的废水、废气、固体废弃物的污染防治。目前83家企业已基本完成整治任务，总投入资金2.16亿元，新增废水治理设施14套，废气治理设施90套（台），达标排放率100%，设施正常运转率达95%。

二是完成提标改造工程建设。2家污水处理厂两次提标改造工程共投入资金7115万元，完成了萧山城市污水处理厂一期（12万吨/日）出水COD已达到60毫克/升以下；东片大型污水处理厂一期（30万吨/日）出水COD已从180毫克/升降到100毫克/升以下提标改造，目前已申请验收。

三是强化河道污染治理。自2008年以来，萧山区共实施农村河道整治59条（段）124.44千米，累计疏浚农村河道104条（段）212.5千米，疏浚土方近200万立方米，完成24条段124千米河岸的绿化建设。城区河道两年来共计整治12条，累计整治长度33.4千米，清淤60万立方米，护岸2万米，截污纳管8800米，建设景观绿地34.5万平方米。2009年，累计配水调水8.43亿立方米，起到了较为明显的水质改善作用。另一方面，加大了河道保洁的监管力度，积极开展了“农村河道百日清洁大行动”，到目前，萧山区共落实农村河道保洁责任单位34个，保洁人员760人，配备船只275只，拖拉机126辆。南片地区河道生态化改造全面竣工，永兴河、云石溪、进化溪改造工程共投入2.28亿元。

四是投资3.05亿元进行热电企业的锅炉深度脱硫改造工程。全区12家热电企业的55台燃煤锅炉，迄今为止有6台已拆除（华润雪花4

台，富丽达 2 台），3 台进入关停程序（阳城热电），其余 46 台在用和备用锅炉的脱硫改造工程全面完工。

4. 污染趋势得到遏止

萧山区环境质量也有所改善，尤其是今年以来，河道的水质改善明显。根据 9 月底杭州市环境监测中心站的监测，萧绍边界重点监控断面水质已消除劣Ⅴ类，高锰酸盐指数、总磷等指标已达Ⅳ类水标准，并且比 2008 年下降 10%以上；其他交界断面和沙地内河的各项监测指标也全部达到Ⅴ类水质标准，高锰酸盐指数、氨氮、总磷比 2008 年下降 10%以上。

大气环境质量今年也有明显改善。今年 1—9 月城区大气环境优良天数为 228，比去年同期增加了 32 天，占有效监测天数的 85.39%，同比增加 12.26%。9 月底杭州市环境监测中心站对印染、化工集中区域，临江工业园区、萧山经济技术开发区和南阳化工区块的大气环境监测数据也表明，二氧化硫、二氧化氮、可吸入颗粒物日平均浓度值均达到《环境空气质量标准》（GB 3095—1996）二级标准的要求。环境污染恶化势头得到遏止。

5. 加快产业结构优化提升

萧山区印染、化工行业生产设备和装备水平已基本符合国家、省的相关要求，印染行业积极改造传统的染整设备，采用先进的气流染色工艺，淘汰了落后生产工艺，已关停重污染企业 19 家，其中包括 10 家造纸企业、6 家化工企业、2 家电镀企业和 1 家印染企业。至 2009 年 10 月大型印染企业已完成 280 多台传统 J 型缸的改造，平均减排 30%以上。近两年来萧山区政府以《萧山区生态环境功能区规划》为区域产业布局和产业结构调整的环境准入基本依据，按照污染物总量控制要求，贯彻“增产减污，增效减污”原则，严格建设项目准入。2008 年，在环保审批上否决不符合产业导向和选址不合理项目 195 个，其中工业项目

144 个，三产项目 51 个；2009 年至今，否决项目 32 个，其中工业项目 22 个，三产项目 10 个。2011 年以来，还对 15 家企业进行强制性清洁生产审核，随着整治工作的不断深入，加大了环保基础设施的投入，企业在选择原料、改进工艺、改良设备等方面逐步进行调整，产业层次也逐步得到提升。

6．环境污染投诉大幅下降

近一年来，群众对印染化工行业环境污染投诉明显减少。全区无因监管不力、失职渎职造成的重、特大印染、化工行业环境污染事故和因印染、化工行业环境污染问题引发的重大群体性事件。群众环境投诉明显下降，2009 年前三季度受理群众信访投诉 1 977 件，比去年同期下降 15.1%，其中对印染化工行业的举报投诉 119 件，同比下降 20.7%，无群体性环境信访事件发生，连续性、重复性信访投诉也有所下降。

（二）宁波市临港工业废气污染整治

根据省政府《关于印发“811”环境保护新三年行动实施方案的通知》（浙政发[2008]7 号）要求，宁波市临港工业废气污染问题列入全省 11 个重点环境问题之一，要求在 2009 年年底前完成整治任务并通过省级验收。近两年来，按照全省环境污染整治统一部署，宁波市坚持以科学发展观为指导，加强对临港工业废气污染整治工作的领导，精心组织，扎实开展各项整治工作，取得了明显的整治成效，基本达到了省《“811”环境保护新三年行动实施方案》规定的整治要求。

1．主要工作

2008 年 2 月省政府召开节能降耗和环境保护工作会议后，宁波市就全面启动了临港工业废气污染整治工作，市委、市政府对此高度重视，把整治工作作为一件大事、一件实事，进行专题研究部署，着重抓好以下几个方面：

（1）加强组织领导，建立工作推进机制

市政府成立了以毛光烈市长为组长，市级各有关部门为成员的环境污染整治工作领导小组，多次听取进展汇报，明确要求将临港工业废气污染整治作为宁波市近两年环保工作的重要内容来抓好落实，并将临港工业废气污染整治工作列入 2009 年宁波市十大实事工程之一。并结合年度生态市建设任务，把临港工业废气污染整治工作列入镇海、北仑两区年度生态市建设工作任务书否优指标，层层分解落实。在此基础上，镇海、北仑两区政府分别成立领导机构，分管领导主抓和协调整治工作中的难点问题。为进一步推进整治工作顺利开展，两区政府分别与 27 家重点整治企业签订了责任状，明确了整治的企业主体责任，并对重点整治工程进行动态跟踪，同时，充分发挥人大、政协的监督作用，邀请人大代表、政协委员组成联合督查组，多次对重点、难点整治工程开展现场督查活动，有效促进了整治工程的顺利实施。

2009 年 7 月，陈加元副省长亲自带领省发改委、省环保厅等部门负责人对临港工业废气污染整治工作进行了专题考察调研。按照省领导的指示精神，市政府专门印发了《关于加快临港工业废气污染整治重点工程建设进度的通知》（甬政办发[2009]186 号），要求两区政府加快重点整治项目的建设进度，并强化督促监管，创新工作机制，确保按期完成整治任务。

（2）合理编制规划，科学指导整治工作

宁波临港工业区域范围广、企业多规模大且涉及工艺技术复杂，要取得良好的整治效果，需要明确目标、科学规划。为此，在前期深入调查的基础上，宁波市编制了《宁波临港工业废气污染整治规划》。通过对宁波临港工业废气污染现状与趋势的全面分析，确定了 27 家重点整治企业共 89 个整治项目，涉及石化、基础化学原料、精细化工、钢铁、电力、纺织、机械制造、造纸等多个行业，包括镇海炼化、北仑电厂、台塑热电、LG 甬兴化工、亚洲浆纸业、宁波钢铁等多家大型企业，并根据各企业特点制定了“一厂一策”整治措施，明确治理内容、治理要求和完成时限。《规划》于 2008 年 8 月 28 日获得省生态办批复后正式施行。

（3）加大政策扶持力度，优化产业结构

市委在 2008 年 9 月，研究出台了《中共宁波市委关于深入贯彻落实科学发展观，加快转变经济发展方式的决定》（甬党[2008]7 号），提出“以加快自主创新和优化需求结构增强发展动力，以推进新型工业化和打造高端服务业提升竞争优势，以资源配置创新和体制机制创新强化要素保障”，到 2012 年全市经济发展方式转变和经济结构转型要取得重大突破的主要目标。以此为指导，镇海、北仑两区均作出了相应决定，通过产业政策引导，经济政策支持，促进低污染、低能耗、高效益产业的发展，加快淘汰落后产能，调整优化区域经济结构。镇海区大力发展现代服务业，启动宁波（镇海）大宗货物海铁联运物流枢纽港开发建设；北仑区从循环经济的理念出发，对大港工业城区域热力供应布局进行调整，积极开展宁波热电股份有限公司现有全部锅炉关停工作，直接利用北仑电厂三期发电后余热蒸汽供应现有热网，消除宁波热电 SO_2、NO_x 以及烟尘、扬尘污染，在充分利用北仑电厂热能的同时，也改善城区的环境质量。

（4）加大投入，提高基础设施建设水平

一是污水收集处理设施日趋完善。近两年来，建成投运 3 万吨/日镇海后海塘污水处理厂一期工程、10 万吨/日宁波北区污水处理厂一期工程和 8 万吨/日北仑岩东污水处理厂二期工程等项目。此外，建成全省规模最大的 10 万吨/日北仑岩东污水处理厂再生水回用项目，今年起将陆续供给宁波钢铁、台塑台化等临港大工业企业使用。开工建设 2 万吨/日的春晓污水处理厂和 5 万吨/日的小港污水处理厂改造项目，年底均可建成投运，同时相应的污水配套收集管网日益完善。目前，全市生活污水处理能力达 107 万吨/日，处理率达 82.0%以上，镇海、北仑两区生活污水处理能力已达到29万吨/日。

二是构建固废处置网络，建成3.8万吨/年的北仑工业固废处置中心和3000吨/年的宁波化工区危险废物处置中心。在生活垃圾和污泥处置方面，建有宁波枫林绿色能源开发有限公司1000吨/日的垃圾焚烧发电项目、镇海中科绿色电力600吨/日的垃圾焚烧发电及240吨/日的污泥焚烧工程、明耀环保热电有限公司300吨/日的污泥焚烧工程，基本建成与临港工业发展相适应的固废处置体系。

（5）加强应急处置，提升环境安全保障能力

一是提升应急处置能力。制定了《突发环境事件应急预案》和《重特大危险化学品事故应急救援预案》，镇海、北仑两区政府也结合各自实际制定了相应预案，建立健全环境应急处置机构和监控手段，同时要求重点污染源企业完善应急措施，为快速、高效应对环境污染突发事件作好充分准备，近两年来未发生一起重大的环境污染事故。二是完善环境监测网络建设。宁波市和镇海、北仑区分别高标准建成环境监控中心，与两区监控中心联网的重点企业达到92家，环境统计重点调查企业中占90%以上污染负荷的企业全面安装在线监测监控装置，形成了常规因子与大气特殊因子在线监测系统结合、实验室分析与移动监测互补、实时监测数据与实时视频图像互动，覆盖整个临港工业区域的监测、监控网络。三是加大环境执法力度。自开展整治工作以来，环保部门积极开展“绿剑”系列专项行动，按照“巡查、突查、联查、抽查”四查制度，加强对临港工业区域现场监察力度，严厉打击各类环境违法行为。同时，夯实基层环保管理力量，如镇海区先后建立了镇、街道环保管理所和宁波化工区环保机构，有效缓解了环保执法力量不足的现象。

（6）创新管理手段，增强环境综合管理能力

一是开展排污权交易试点工作。积极探索排污权有偿使用机制，首先在镇海区开展了排污权有偿使用的试点工作，调研制定了《宁波市镇海区排污许可证管理实施办法（试行）》和《宁波市镇海区污染物排放

总量有偿使用管理办法（试行）》，进一步规范了企业排污许可证的发放工作。二是开展企业环境行为评价工作。根据企业的各种环境信息，按照规定的程序和指标，对其环境行为进行综合评价定级，并建立配套的奖惩措施，引导企业不断改进环境行为。三是针对临港工业区域污染物排放总量大等现状，严把新建项目审批关，严格实行污染物总量替代削减措施，控制污染物增量，充分发挥环保一票否决权，提高新建项目环保准入门槛，2008 年以来共否决了污染项目 180 余个。同时加强对建设项目试生产及环保“三同时”措施落实的监管，对重点建设项目实行环境监理制度，开展重大项目驻厂监管执法行动，跟踪检查建设项目环保“三同时”落实情况，确保新建项目的各类污染防治设施和各项配套措施落实到位。

（7）加大宣传力度，营造整治氛围

充分利用各类媒体，加强临港工业废气污染整治工作的宣传，营造全社会关心、支持、参与临港工业废气污染整治的良好氛围，定期向社会及企业公布临港工业废气整治情况。在全市积极推行重点环保企业环境行为评比、企业环境监督员制度；镇海区建立环保义务监督员、企业环境行为公众恳谈会和监测结果公告等制度，开展环境质量“民情日记”等专题活动；北仑区在《北仑新区时刊》、《开发导报》、《港城环保》以及电台、电视台适时开展宣传报道，编制“811”环境污染整治简报，动态报道污染整治开展情况。特别是在经济危机严重影响实体经济情况下，市区两级政府和有关部门及时与企业加强沟通，采取开座谈会、上门走访等方式宣传污染整治的政策、要求和措施，取得企业的理解和支持，使重点整治工作得以顺利实施。

2．取得主要成效

近两年来，在省政府的统一部署下，在省级各有关部门的大力支持下，宁波市加大投入，强化治理，使临港工业废气污染整治工作取得明显成效，主要体现在以下五个方面：

一是重点整治工程基本完成。到目前为止，共投入治理资金约 33 亿元，临港工业废气污染整治任务中的 89 个工程项目已完成 84 项，占临港工业废气整治工程的 94.4%。其中，镇海区 10 家重点企业共 35 个项目完成 32 项（含停产项目），投入资金约 12 亿元，完成率为 91.4%；北仑区 17 家重点企业共 54 个项目已完成 52 项，投入资金约 21 亿元，完成率为 96.3%。其余未完成 5 项的情况为：宁波久丰热电有限公司炉外脱硫工程、镇海发电有限责任公司脱硫工程及宁波亚洲浆纸业有限公司废气处理工程均能在 2009 年 11 月底前建成投用，比原定年年底前完成的工作目标可提前一个月；宁波钢铁有限公司主厂区焦炉搬迁至五丰塘工程，目前五丰塘两座焦炉已基本建成，一号焦炉已于 8 月 31 日开始烘炉，二号焦炉于 10 月 20 日刚开始烘炉，按计划烘炉期为 71 天，分别于 11 月中旬和明年 1 月初完成烘炉，待新建焦炉运行稳定后，主厂区焦炉于明年 3 月停产；镇海炼化 2#电站炉外脱硫工程已完成土建，目前正在进行设备安装，将于 12 月底前建成投运，3#电站炉外脱硫工程可研报告已上报中石化总公司，初步设计正在抓紧进行，预计于明年 7 月建成投运。

二是主要废气污染物减排成效明显。通过整治，废气治理设施改造基本完成，废气污染源得到有效控制，主要大气污染物排放总量显著下降。据统计，2009 年上半年与 2007 年上半年同比，无机废气中二氧化硫排放量由整治前的 56000 吨下降到整治后的 24000 吨，同比下降了 57%；烟尘排放量由整治前的 4600 吨下降到整治后的 2800 吨，同比下降了 39%；工业粉尘排放量由整治前的 3700 吨下降到整治后的 1700 吨，同比下降了 54%。二氧化硫排放强度由整治前的 21.9 千克/万元 GDP 下降到整治后的 8.6 千克/万元 GDP。同时，有机废气的收集率、处理率普遍提高，每年可减少挥发性有机污染物排放量 1000 多吨。

三是企业清洁生产水平进一步提高。围绕优势企业和大项目，通过关联企业的集中布局，大力发展循环经济。宁波化工区作为浙江循环经济试点园区，充分发挥化工企业集聚的优势，以大型石化企业为龙头，着力构建产业循环链。同时，镇海、北仑两区政府加大政策扶持力度，积极开展清洁生产审核工作，努力提高企业清洁生产水平，到目前为止，实施清洁生产审核企业 146 家，通过审核验收企业 128 家，市控以上重点企业达到清洁生产二级标准的企业在 60%以上，达到清洁生产一级标准的比例在 25%以上。

四是区域环境质量得到较大改善。经过废气污染整治后，临港工业区域环境空气质量明显改善，2009 年上半年 SO_2 和 NO_2 的浓度与去年同期相比均有下降，特殊污染因子如苯系物等浓度日均值与整治前相比均有不同程度下降，且均达到环境功能区标准。镇海区 2009 年 1 月到 8 月环境空气质量优良率为 92.6%，与去年同期相比提高 1.2%，北仑区 2009 年上半年环境空气质量优良率为 93.9%，与去年同期相比提高了 4.3%。

五是环境信访投诉量逐年下降。随着整治工作的深入，废气污染治理力度的加大，群众对恶臭、粉尘等废气污染方面的投诉量明显下降，无重特大污染事故和因环境问题引发的群体性事件发生。镇海区环境污染投诉件由 2007 年的 828 件下降到 2008 年的 735 件，下降了 11.2%，2009 年上半年为 247 件，同比下降 40%；北仑区环境污染投诉件从 2007 年的 936 件下降到 2008 年的 878 件，下降了 6.2%，2009 年上半年为 279 件，同比下降了 34.8%。其中两区合计废气投诉件从 2007 年上半年的 440 件，下降到 2009 年上半年的 284 件，同比下降了 35.5%。经过逐件核实，2009 年上半年废气投诉件中涉及临港工业的，镇海区为 43 件，北仑区为 31 件，均呈大量减少的趋势。

（三）温州温瑞塘河综合整治

2008 年，温州市温瑞塘河环境污染整治列入了省政府“811”环境保护新三年行动计划。三年来，在省委、省政府的正确领导和省有关部门的精心指导下，严格按照《“811”环境保护新三年行动实施方案》和《温瑞塘河环境污染整治规划》的要求，坚持“科学治河、依法治河、全民治河”指导思想和“标本兼治、建管并重”方针，进一步理顺治河管理体制，全面实施“清脏拆违、截污纳管、清淤疏浚、生态调水、河岸绿化、保洁管理”等措施，塘河综合整治工作扎实推进。

1. 目标任务完成情况

2008 年以来，温瑞塘河整治共安排并实施了 350 个项目（其中 43 项重点项目列入本次省“811”温瑞塘河环境污染整治任务），累计完成投资 18 亿元（不含污水处理厂 BOT 项目投入）。共建成污水处理厂 5 座，污水泵站 6 座，污水干支管 439 千米；完成河道清淤疏浚 295 万立方米，清理沿河垃圾 90 万吨，拆除沿河违法建筑 124 万平方米，关、停、并、转畜牧业养殖户 799 户（牲畜 13.9 万头），建成了一批垃圾收集与处理设施、河道景观绿化工程。

经过三年来的努力，温瑞塘河综合整治取得明显成效，塘河沿线“脏、乱、差”现象得到改善，河道水质得到进一步改善，主要河道黑臭现象得到消除，塘河流域水环境质量持续恶化的态势已得到有效遏制，整体水环境正显现逐步好转的趋势。对照“811”考核要求，九大规划目标和 43 项整治任务基本完成。其中，温州市区生活污水处理率达到 74.5%；瑞安市生活污水处理率达到 65%；温瑞塘河流域农村生活污水处理达到 70.7%；县以上城市垃圾无害化处理率达到 85%；农村垃圾集中收集率达到 75%；规模化畜禽养殖场排泄物综合利用率达到 95%；省级飞行监测达标率达 82.8%；蒲州横河、蝉河、山前河、汇车桥河、小南门河、花柳塘河、九山外河、勤奋河八条主要河道黑臭现象消除；省控断面监测点 2010 年高锰酸盐指数均值相比整治前总体下降 37.3%，氨氮均值下降 42.3%；市控断面监测点 2010 年高锰酸盐指数均值相比整治前总体下降 22.17%，氨氮均值总体下降 38.14%，两大指标均超过了规划中规定的降低 10%的要求，水质感观明显改善。但总磷均值比 2007 年下降 5.72%，尚未达到下降 10%的目标，温州市已对此进行专题研究，并已将降低总磷工作列入了国家“十二五”水专项，开展国家层面的科技攻关，有效控制总磷指标。

2. 主要工作措施

（1）明确工作思路，制订科学方案

2007 年下半年以来，针对塘河存在的一系列环境污染问题，按照陈加元副省长的指示精神，温州市委、市政府对塘河综合整治工作进行了全面梳理，制订了《温瑞塘河综合整治实施方案（2007—2011 年）》，明确了塘河整治的指导思想、工作目标、基本原则、工作措施。同时，市委、市政府根据省“811”对温瑞塘河环境污染整治的要求，组织各地、各部门深入调研，委托省环科院制定了 2008—2010 年的《温州温瑞塘河环境污染整治规划》，经省生态办批准实施。在此基础上，每年还制定塘河整治工作年度计划，落实每年建设重点与资金，使“811”塘河整治更具科学性、针对性和可操作性。

（2）广泛宣传发动，营造治河氛围

通过“报纸专栏、电视专题、电台连线、网络互动”等形式，对塘河整治开展了全方位宣传。温州电视台、电台连续三年播出塘河公益广告，在市区中心地段设置多块大型公益广告牌，营造浓郁氛围。组织市民成立义务护河队，巡查、监管河道保洁和污水偷排情况。温州市七所高校成立大学生保护温瑞塘河联合会，开展志愿者行动。各级教育、科技、文化、环保、工青妇等部门举办形式多样的保护母亲河公益活动，引导市民积极参与塘河保护工作。沿河乡镇（街道）经常召开村居干部、老党员、村民代表、新温州人代表座谈会，专题谋划塘河整治工作，乡镇（街道）还把保护塘河写入村规民约，提高全民爱河护河的环保意识。

特别是 2010 年下半年，为深入推进温瑞塘河沿河绿化工作，进一步改善沿河生态和景观环境，温州市积极组织开展“两拆两绿”（“拆违建绿、拆围透绿”）工作，鼓励沿河企业主动拆除河岸违法建筑或围墙，建设分布合理、景观优美、生态良好的沿河绿化体系。

（3）推进工程建设，加快整治步伐

一是实施黑臭河道治理工程。通过沿河排污口整治、清淤、生态修复、调水保洁、绿化等综合措施，纳入整治目标的 8 条黑臭河道和黄洋浃河、江前河、山下河西段、山根河、主塘河（梧田—南白象段）等其他河道均已完成治理任务，河道黑臭现象得到有效解决。同时，积极寻求国家层面科技支撑，组织实施国家“十一五”重大水专项，启动温州黑臭河道治理技术研究与示范工作。二是实施截污纳管工程。加快推进污水管网、泵站、污水处理厂三位一体的污水收集与处理系统建设，重点开展污水处理厂和污水收集干支管建设，大力实施片区旧管网的维修和改造。三年来，共铺设污水干支管约 439 千米，市区东片污水管网、瓯海区蛟凤路（南）污水管网、瑞安市莘塘片污水收集系统二期等工程项目相继建成。黄龙商贸城—翠微片区、炬光园片区污水整治工程、龙湾区东片截污纳管工程、瑞安莘塘片和莘塍片截污纳管工程等一批治污项目均已开工。建成永强污水处理厂，西片（卧旗山）污水处理厂已完成通水调试；仙岩污水处理厂已完成主体工程。同时，理顺市区排污管理体制，组建市排水公司，实现城区排污管网和泵站统一管理，污水收集率得到大幅度提高。三是实施清淤疏浚工程。为了巩固清淤成果，确保河道的淤泥得到及时清理，自 2009 年下半年开始，对河床进行常态化清理维护。目前，塘河流域河道已基本完成了疏浚工作。四是实施综合调水工程。2008 年至今，共补充塘河用水近 5.3 亿立方米，开闸逾 2300 孔次，促进水体流动，缓解河水污染。五是实施打卡拓宽工程。进一步提高城市防洪排涝能力，组织实施了河道打卡拓宽工程。目前山下河贯通工程已基本完成；吕浦河与塘河主河道汇合口、划龙桥河与塘河主河道汇合口等卡口拓宽工程正在实施，年内完成。

（4）开展专项整治，改善沿河环境

一是深化清脏拆违整治行动。制定《关于开展"市容环境大整治　推进温瑞塘河综合整治"活动的实施意见》、《关于开展温瑞塘河垃圾清理和清障拆违大行动的通知》、《关于拆除温瑞塘河沿线违法建筑有关工作通知》和《关于依法拆除温瑞塘河沿线违法建筑的通告》，以塘河两侧综合整治为主线，以部位整治、道路整治、市场整治、秩序整治、卫生整治、建章立制为重点，集中时间、集中力量，开展塘河沿岸垃圾清理和清障拆违专项整治工作。沿河各乡镇（街道）严格按照责任要求，组建垃圾清运队伍，在规定时间内开展了塘河垃圾集中清理工作，并加强了河面保洁。各地普遍以村居为单位组建环卫清扫队伍，建立塘河整治定期督查通报制度并积极实施长效管理，目前塘河两岸垃圾成堆现象基本消除，河面漂浮物明显减少。深入开展拆违大行动。把拆违工作作为考验乡镇干部执行力的重要条件，充分发挥乡镇街道干部在拆违中的主力军的作用。各有关执法部门积极配合、通力协作、攻坚克难，整体推进塘河拆违工作。经统计，累计拆除各类违法建筑 123.89 万平方米。及时做好违法建筑拆后的河岸修复绿化，完成绿化面积 21.6 万平方米，防止违法建筑死灰复燃。二是推进温瑞塘河畜牧业专项整治。按照"禁养区内彻底搬迁，限养区内提升整合、废水处理达标排放"的原则，分级制订畜牧业整治具体实施方案，并层层签订协议书，使整治任务落到实处。市财政还拨出专款，对整治验收合格的乡镇（街道）给予每头生猪 150 元（市区两级财政各负担 50%）的补助。经统计，共完成 799 个养殖点（139038 头牲畜）关、停、迁、转治理工作。同时，强化对新建、扩建的规模养殖场的审批管理，严格要求新建、扩建的规模养殖场必须经国土、农业、环保、畜牧等部门审批，环保设施必须与主体工程实行"三同步"，严防产生新的污染源。三是开展建筑泥浆入河专项整治。出台《关于加强市区建筑泥浆消纳管理的通告》，对市区建筑泥浆的运输、处置、管理等方面工作予以规范。市城管执法局、市塘河整治办、市港航局、市水利局组建建筑泥浆联合管理办公室，承担泥浆管理工作的协调、泥浆联合整治、泥浆运输消纳的审核审批及违法案件的受理和查处工作，形成监管合力，泥浆入河污染水体的现象得到有效遏制。

（5）严格执法管理，加强塘河保护

一是强化河道管理。各地执法部门加强垃圾入河、填占水域和沿河违法建筑等的日常监管，定人定期对辖区河道进行巡查，及时发现并制止各种涉河违法行为，三年来共计查处涉及温瑞塘河的各类案件 363 起。二是规范企业监管。对电镀、制革、印染、水洗、造纸、化工、酸洗、线路板、食品饮料等九大重点行业实施排污许可证管理。对 484 家涉河重污染企业落实了具体监管责任人。对三区内涉河的 45 家企业开展了强制性清洁生产审核。对流域内 1535 家重点企业进行了环境信用等级评价，并纳入了市人民银行的征信系统，利用银行的绿色信贷政策，规范企业的环境行为。同时，加快工业园区环境整治步伐，加大电镀基地建设和企业入园力度，减少工业污染排放；并加强沿河企业在线监控建设，实施“阳光排放工程”，对沿河企业进行动态监管。三是推进环保执法。开展了“保护母亲河—绿箭”、“打击非法窝点，遏制污染转移”、“让江河休养生息”等专项环保执法行动，对沿河工业污染源始终保持高压执法态势。对重污染企业基本不定期开展突击执法、交叉执法、联动执法等，通过双休日、夜间突击检查、错时管理等手段，加强对沿河重点企业的监管。三年来，环保部门共出动 226030 人次，现场检查企业 99447 家次，立案处罚 5658 件，罚款金额 1.5 亿元。

（6）出台政策文件，完善配套措施

一是落实资金。出台了《温瑞塘河综合整治专项资金使用管理办法》，对塘河整治所需资金，瑞安市、生态园管委会和经济开发区管委会，按财政体制给予资金补助，其他各区和市级部门建设资金由市里统一安排。据初步统计，2008 年至今，累计完成直接投资达 18 亿元（其中，黑臭河道治理 9713 万元，污水收集与处理系统建设 92480 万元，垃圾收集与处理系统建设 22512 万元，重点污染源整治 13230 万元，清淤疏浚 14731 万元，景观绿化 15722 万元，调水、保洁等 11668 万元）。二是落实土地。由市里单列 1000 亩（1 亩=1/15 公顷）土地用地指标，对沿河两侧规划控制区范围内的边角地和拆违后空地等集体土地予以征收绿化。三是依法管理。2009 年 9 月 28 日，省人大常委会审议通过《浙江省温瑞塘河保护管理条例》，自 2010 年 1 月 1 日起施行。《条例》对温瑞塘河的规划、建设、保护和管理工作作出具体规定。为深入贯彻落实《条例》精神，市政府还颁布了《温州市温瑞塘河保护管理办法》。《条例》和《办法》的出台标志着温瑞塘河的环境污染整治和保护管理步入法制化、规范化轨道。此外，还在塘河拆违、畜禽业整治、河道管理等方面，制定了一系列政策文件，使得各项工作有章可循。

（7）加强监督检查，严格工作责任

一是切实加强领导。市委、市政府坚持把塘河环境污染整治作为重大民生工程列入市委、市政府重要目标责任制。由市委督查室、市政府督查室进行跟踪督查，促使目标任务落到实处。市委、市政府主要领导及分管领导经常深入现场调研，听取塘河整治工作汇报，及时研究解决有关重大问题。市委、市政府每年都召开塘河综合整治工作动员大会和推进会，明确塘河整治年度任务和要求、责任单位和责任人。为确保完成省“811”环境保护新三年行动计划任务，开展了温瑞塘河综合整治“攻坚 200 天、决战 811”专项行动。由市委常委或副市长领队，每 2 个月 1 次深入各地、各有关部门、各业主单位开展督查。市人大、市政协也分别针对温瑞塘河综合整治建设类项目和整治类项目，组织代表、委员开展专门视察、评议活动。二是强化协调力度。建立温瑞塘河综合整治工作委员会，由市委书记、市长亲自担任主任，负责塘河整治的规划制定、工作协调和指导督促。成立温州市温瑞塘河保护管理委员会，作为市政府派出机构，专门负责塘河保护管理的组织、协调、监督、考核等工作。按照“以块为主、条上配合、职责一体化”的要求，明确把“5+1”单位（鹿城区、龙湾区、瓯海区、温州经济技术开发区、温州生态园和瑞安市）作为温瑞塘河综合整治责任主体，具体负责塘河整治工作。各区（市）政府、管委会及水利、环保、港航、市政园林、行政执法等市有关部门，也分别建立各自的塘河综合整治组织机构，负责组织开展本辖区、本部门塘河综合整治工作，为塘河整治提供组织保障。三是明确工作责任。认真落实“河前三包”、市直机关与沿河乡镇（街道）结对挂钩制度，充分发动市直机关部门及乡镇（街道）等各方面力量，重点解决塘河整治中污水直排、垃圾（泥浆）入河和违法建筑等突出问题，形成保护塘河、人人有责的工作态势。市塘河整治办公室切实加强对面上工程建设进展情况的定期督查，及时发现问题，要求有关单位认真整改落实。2010 年 10 月 19—21 日，组织塘河、市政、水利、环保、执法等部门，对各地落实省“811”环境保护新三年行动计划任务情况进行预验收。通过这次预验收活动，进一步查漏补缺，督促、指导各地做好塘河环境污染整治各项工作。

（四）嘉兴市畜禽养殖污染整治

嘉兴是全省重要的畜牧主产区，畜牧业产量、产值多年来一直位居全省首位，形成了以生猪、家禽和湖羊为主的畜牧主导产业类型，2009 年，全市畜牧业产值达 62.47 亿元，占农业总产值的 34.14%。嘉兴市畜禽养殖业受传统影响，规模化养殖水平比较低，呈现小、散、多特征，畜禽养殖污染尤其是生猪养殖污染问题日益显现，特别是个别养殖密集地区曾一度出现河道堵塞、臭气熏天状况，甚至出现群众上访事件，给嘉兴市农村生态环境带来了沉重压力，也给社会带来了不稳定因素。

嘉兴市委、市政府高度重视这一问题，2005 年起连续两年将畜禽排泄物治理工作列入市政府实事工程，特别是 2008 年，嘉兴市的畜禽养殖污染问题被列为省政府督办的重点环境问题之一，全市上下思想高度统一，认真贯彻落实省政府《“811”环境保护新三年行动实施方案》，切实加强组织领导，制定工作目标，创新治理思路，狠抓工作落实，将畜禽养殖污染整治工作作为建设生态文明和新农村的重要内容来抓，按照“减量化、资源化、无害化、生态化”的原则，坚持治旧控新、疏堵结合、建管监并举，创新治理模式，着力打造生态品牌，发展生态高效的循环畜牧业，取得了明显成效。

1. 主要工作措施

（1）强化组织领导，健全工作机制

畜禽养殖污染治理工作不仅事关畜牧业生产的持续健康发展，更关系到整个嘉兴生态市和新农村的建设，为此，市、县两级政府领导高度重视，健全机制，全力抓好畜禽养殖污染治理工作。一是建立高规格的工作领导小组。为推动畜禽养殖污染治理工作，市政府下发了《关于成立嘉兴市省级督办重点环境问题整治工作领导小组的通知》，成立由李卫宁市长任组长，陈越强副市长任副组长，市监察局、市财政局、市环保局、市农经局等9个市级部门和单位为成员的省级督办重点环境问题整治工作领导小组，负责组织和协调全市畜禽养殖污染整治工作，领导小组下设办公室，办公室从市农经局、市环保局抽调人员集中办公，专门负责整治工作的协调和指导。二是实行领导定点包干制度。根据治理工作任务重、时间紧、要求高的实际，各地都建立了县（市、区）部门领导包片，镇、村领导包村、包户的工作制度，有力推进了治理工作。三是建立例会和信息通报制度。市整治办建立了信息员工作例会制度和《嘉兴畜禽养殖污染整治工作简报》通报制度，及时收集编印整治工作动态信息和全市整治工作进度，每半月或每周编印一期，向省生态办、省农业厅、省环保厅和市四套班子领导、各县（市、区）党委、政府领导等部门领导进行通报，截至目前，共编印《工作简报》30期。各县（市、区）也建立了相应信息通报制度。四是建立目标责任考核制度。市、县两级把畜禽养殖污染整治工作作为生态考核的一个重要内容纳入各级政府目标责任制考核，市、县、乡逐级签订责任状，明确治理工作行政首长负责制，在年度目标责任综合考核中实行一票否决制，考核结果与财政补助、政府目标责任制考核、环保区域项目限批挂钩，确保治理工作顺利推进。

（2）理清工作思路，明确目标任务

2005 年以来，全市开展了以建设沼气工程为主的畜禽养殖污染治理工作，但由于工作停留在为治理而治理上，没有与生态畜牧业建设结合起来，只注重设施建设而轻后续管理，导致大部分治理设施建成后因维护不到位而成为一个摆设。为此，嘉兴市及时总结经验和教训，转变工作思路，将畜禽养殖污染治理工作与生态畜牧业、生态文明建设紧密结合，建立治理工作的监管长效机制，推行农牧结合的生态养殖模式，使畜禽养殖污染治理工作真正起到成效。一是明确治理目标。2007 年，市政府出台的《关于加快发展现代畜牧业的若干意见》，就明确提出科学治理畜禽排泄物，实现畜牧业和生态环境的协调、可持续性发展的目标。2008 年，市政府制订下发了《嘉兴市畜禽养殖业污染整治实施方案（2008—2010 年）》，进一步转变思路，明确要求治理工作的建、监、管并重，并提出到 2010 年年底全面完成生猪存栏 50 头以上养殖户治理和畜禽粪便收集处理中心的建设。二是实行区域和总量控制，优化产业布局。畜禽养殖污染问题的产生主要原因是饲养量超出了土地承载能力，养殖污染治理的重点和难点是落实区域控制和总量控制的措施。为此，科学调整产业布局，划定畜禽养殖禁养、限养区尤为重要。2009 年 8 月，嘉兴市着手编制《嘉兴市畜牧产业发展规划》，根据环境容量和生态环境功能区规划，合理确定畜禽养殖规模，科学划定和调整禁养区、限养区，不断优化畜牧业区域布局与产业结构。今年 6 月，根据市委陈德荣书记的指示，深入调研，组织编制了《嘉兴市关于进一步加强生猪养殖业污染治理的若干意见》、《嘉兴市畜禽养殖污染防治管理办法》和

《嘉兴市生猪产业转型升级规划》，进一步明确了生猪发展的方向，结合全市开展的“两新”工程建设，实行“退村进区”工程。将生活饮用水水源保护区；风景名胜区、自然保护区的核心区及缓冲区；“一主六副”的中心城区及工业区；建制镇镇区、新市镇镇区、新社区；主要河道；高速铁路、高速公路、国省道等法律、法规和规章规定需特殊保护的区域及周边一定范围划入禁养区。对禁养区内现有的畜禽养殖场（户），各级政府作出限期搬迁或关闭的决定，清栏并拆除猪舍，对搬迁或关闭的畜禽养殖场（户）按照补助政策给予适当的经济补偿。全市范围除禁养区以外的其他区域均划为限养区，限养区必须根据可供消纳养殖排泄物的土地数量，明确限制养殖总量的上限目标。三是强化宣传教育。强化宣传教育和典型示范，不断提高广大群众的清洁养殖意识，营造全民参与的良好氛围；通过新闻媒体、座谈会、培训、宣传栏等形式开展治理技术、生态文明的宣传，使畜禽养殖污染治理工作从“要我治”逐步向“我要治”转变。南湖区注重将生态文明教育从娃娃抓起，制订了《2008年南湖区农村小学环境保护宣传教育实施方案》，通过开展环保系列活动，逐步形成教育一个学生、带动一个家庭、影响一个社会，进而推动整个社会树立环保意识的良好氛围。

（3）创新治理模式，推进生态建设

针对嘉兴平原地区水网纵横、养殖面广量大的特点，全市各地充分结合当地实际，围绕建设生态畜牧业这个目标，集思广益，总结经验，探索出一条适合嘉兴实际的农牧结合、生态循环型畜牧业发展道路。一是在高密度养殖区推广分散处理，集中利用的南湖模式。即通过干湿、雨污“两分离”，干粪堆积池、沼气池和沼液储存池“三配套”设施建设，实现污水分户处理生产沼气，干粪“户聚、村收、片处理”加工成商品有机肥，最终达到猪粪尿资源化利用，该模式又称“南湖模式”，被认为是全省四大主要生态循环养殖模式之一，在全省平原地区推广，并被写进了中组部干部教材。二是在中低密度养殖区推广种养结合，资源循环利用模式。养殖场先做好雨污、干湿“两分离”，配套建设干粪堆积池，有条件的建设沼气池、沼液储存池，小规模户和农村散养户采取建设“栅格式”沉淀池，对污水进行处理。按种养结合的要求，采取通过沟渠、管网或槽灌车运输就近或异地配套土地进行消纳，实现“畜禽—农家肥—作物”、“畜禽—沼液（污水）—作物、畜禽—蚯蚓—作物”等多种循环利用模式。三是引进探索生物发酵养殖，污水零排放模式。积极引进生物发酵养殖技术，改变传统养殖方式，实现粪尿零排放。2007年，首先在桐乡开始试点生物发酵养猪技术，并逐步扩展到南湖、平湖和海盐等地。2008 年 11 月，召开生态养殖座谈会，总结和交流试点经验。2009 年 3 月，邀请中国农科院、省农科院、浙江大学等国内权威的专家学者对试点生物发酵养猪技术进行论证，科学评估该技术在嘉兴市推广应用的可能性。据统计，全市先后有 200 家养殖场进行了试点应用。四是研究探索生化治理，达标排放模式。针对沼液量多利用难的问题，开展了沼液经二级 A/O 生化处理系统处理后达到排放标准试点和沼液生物球处理技术研究，即沼液通过生物球过滤，实现沼液中各项生物指标减量化排放，该项技术已完成中试阶段。

（4）增强政策扶持，加大资金投入

为确保畜禽养殖污染治理工作顺利实施，加快推动生态畜牧业建设，各地进一步加大政策扶持力度，建立了国家、集体、个人等多元化投资机制，多渠道筹集建设资金。一是积极争取省“811”治理经费。2008 年，嘉兴市共完成生猪存栏 100 头以上（南湖区 50 头以上）的 3 689 家养殖场（户）的治理任务，其中 922 头存栏 200 头以上养殖场（户）的省财政治理补助经费 2 766 万元全部到位，确保治理工作的顺利完成，存栏 100～199 头养殖场的省级补助也列入省财政预算计划。二是加大资金投入和政策扶持。市政府出台的《嘉兴市畜禽养业污染防治长效监管办法》进一步明确了对沼气工程建设、有机肥推广、生态养殖等方面的扶持政策，各县（市、区）积极响应，相继出台了资金扶持政策，补助标准为：沼气池 40～250 元/立方米、沼液池 20～80 元/立方米、收集中心 15 万～30 万元/个，有机肥推广使用 50～100 元/吨等。据统计，2008—2009 年，全市共投入畜禽养殖污染治理资金约 1.6 亿元，有效推进了治理工作顺利开展。与此同时，对污染治理工程项目和畜禽排泄物处理与利用设施用地，各地国土部门将其作为农业生产结构调整用地，优先予以安排。

（5）加强监督管理，建立长效机制

为加快推进治理工作，落实治理措施，各地切实加强监管，进一步健全长效管理机制。一是制定长效监管办法。建立长效监管机制是进一步巩固全市畜禽养殖污染治理成效的有效途径，市整治办经多方调研，历时四个多月起草完成了《嘉兴市畜禽养业污染防治长效监管办法》，2010 年 1 月市政府正式印发出台。各县（市、区）也因地制宜出台了相应的管理办法。二是建立养殖密集区联防联治机制。针对南湖、海盐、平湖三地交界区域的养殖污染整治存在盲区的情况，积极探索建立县与县之间部门区域联动联席会议制度，加强信息沟通，实行同步整治，制订下发了《“新三桥”畜禽养殖联防联治机制》，通过建立工作例会、信息互通、联合执法等制度，有效推进治理工作，使原先拦在南湖、平湖两地河道之间的水泥坝重新被打开，上下游群众间的水质污染纠纷得到切实解决。三是建立监督检查制度。为加快推进治理工作，切实落实治理任务，市委、市人大、市政府和市政协领导多次带队开展督查和调研，深入养殖户、畜禽粪便收集处理中心进行走访，了解治理工作情况。市整治办先后组织 4 次 3000 人次以上的大规模核查工作，对治理养殖户进行逐户检查，要求各地切实将治理工作作为当前重要任务来抓，不折不扣按时完成工作任务。各县（市、区）成立了由人大、政协领导带队的工作督查组，重点对各相关部门、乡镇工作情况、各项治理措施落实情况等开展督查，及时查找工作中存在的问题，并提出工作建议，有效推进治理工作开展。四是加强环保执法。市生态办专门制订了《嘉兴市畜禽养殖业专项执法检查工作方案（2008—2010 年）》和《畜禽养殖污染整治环保制度落实情况通报制度》，每季度组织环保专项执法检查行动，每月通报各地环保制度落实情况，从制度上保障畜禽养殖业污染治理环保执法工作的开展。从 2008 年到目前为止，全市共出动检查人数 2.3 万人次，检查养殖场（户）1 万家以上，对 3604 家养殖户发放限期整改通知书，有 676 家养殖户因违法排污受到查处，处罚金额 154.33 万元，平均每户近 2300 元，最高处罚 4 万元，起到了很大的震慑作用。南湖区还创新长效监管办法，引入公众参与机制，聘请当地村民作为农业面源监督员，建立了一支编外环境监督队伍，为环保部门快速、有效地了解畜禽养殖污染信息，有针对性地开展执法工作奠定了群众基础；嘉善县尝试对小规模养殖污染行为进行处罚，把养殖污染监管向纵深推进；海盐县建立重点治理村协管员队伍，对“干湿分离、雨污分离”和“三池”等其他治理设施开展日常巡视检查和指导工作。五是加强环保审批和环境监测。养殖户（场）排污申报、排污许可证发放、环保审批工作稳步推进，178 家符合审批条件的规模化养殖场和 21 家规模以下的生猪畜禽养殖场通过了环评审批；160 家规模化养殖场进行了“三同时”验收，符合审批条件的畜禽养殖场环评和验收率达到 100%。发放了排污许可证畜禽养殖场 367 家，各地均建立起排污许可证动态数据库。全市进一步加大对重点区域的水质监测，对 12 个重点整治镇进行地表水环境质量监测，监测断面为重点整治区域内的主河道上游 200 米、直接纳污河道以及重点整治区域内主河道下游 200 米，12 个重点整治区域共选定 43 个监测点，每个点每月监测 2 次。同时，结合全市 64 个断面水质监测数据，进行定期分析比对。六是建立后续服务组织。后续服务组织是维持畜禽养殖污染长效运作的主力军，是有效解决干粪、沼液、沼渣等处理难的问题，各地建立起了后续服务公司或队伍，负责沼气池维护，配备槽罐车，将沼液、沼渣统一收集后实行异地再利用，使治理设施充分发挥作用，实现了畜禽排泄物综合循环利用。据统计，全市已组建专业后续服务队伍 157 支，配置人员 522 个，其中专职干粪收集队伍 78 支，配备 277 人，专职沼气服务队伍 31 支，配备 113 人；配备集粪车 129 辆，槽罐车 51 辆。

2. 主要成效

经过两年多来全市上下的共同努力，《嘉兴市畜禽养殖业污染整治实施方案（2008—2010 年）》中提出的六大目标任务如期完成，全市农村生态环境得到明显改善。

一是生猪养殖总量得到有效控制。截至 2011 年 6 月底，全市生猪存栏 254.79 万头，较 2007 年 282.91 万头下降了 9.94%，实现了原定下降 8%的控量目标。

二是畜禽养殖场治理设施建设全面完成。两年来，嘉兴市通过采取“两分离、三配套”等治理模式，全面完成了 5208 家生猪存栏 50 头以上规模养殖场（户）的治理任务，比原定的 4746 家增加了 462 家，共建设沼气池 19.39 万立方米，沼液池 24.52 万立方米，干粪池 5.33 万立方米，建设雨污分离设施 30.31 万立方米。

三是畜粪收集处理中心建设全面完成。2008 年以来，全市共投入建设资金 2700 万元以上，新建畜禽粪便收集处理中心 27 个（累计建成 66 个），干粪收集范围覆盖到全部重点养殖镇、村。生产的生物有机肥不仅能满足当地农业生产和花草苗木的需求，还远销日本等国家和台湾地区，实现了畜禽排泄物的“变废为宝”。

四是排泄物综合利用率显著提高。按照减量化、资源化、无害化和生态化原则，养殖户通过流转土地实施农牧（林）结合或与周边农户签订协议，实现干粪、沼液沼渣就地综合利用，多余的干粪则通过片区内的畜禽收集处理中心制成生物有机肥，销售到周边各地，真正实现了农牧结合、生态循环。据污染源普查数据显示，全市规模化畜禽养殖场（年存栏 500 头以上）年产干粪 15 万吨，其中用于还田使用、生产有机肥

14.86 万吨，综合利用率为 99.06%；年产污水 56.8 万吨，用于农田灌溉、道路绿化浇灌使用 55.5 万吨，综合利用率为 97.72%以上，基本实现了农牧结合、资源循环利用的工作目标。

五是规模化养殖水平不断提高。全市各地对禁、限养区的养殖户严格执行“关、停、转、迁”措施，积极引导发展农牧结合、适度规模的养殖模式，探索建立散户集聚的畜牧小区，全市规模化养殖水平不断提升，从 2007 年的 65.24%提高至 2009 年年底的 76.07%。

六是畜禽养殖环境监管力度加大。各地环保部门认真执行环境影响评价、“三同时”及排污许可证制度。截至 2010 年 6 月，全市符合审批条件的畜禽养殖场环评和“三同时”验收率达到 100%，全市规模化养猪场排污许可证发放率达到 100%，各地均建立起畜禽养殖场（户）排污许可证动态数据库。

七是区域水环境质量稳步提升。全市在开展畜禽养殖户污染治理的同时，进一步加大了的河道清淤和保洁，两年来全市共清淤、保洁河道 5000 多千米，确保河道清洁顺畅，从另一方面凸显了畜禽养殖污染治理的成效。全市 12 个重点区域和 64 个断面水质监测分析表明：2008 年与 2007 年相比，Ⅲ～Ⅳ类断面所占比例上升 3.11%，Ⅴ类上升 1.16%，劣Ⅴ类下降 4.27%。2009 年，劣Ⅴ类比例同比下降了 20.7%，2010 年上半年相比 2008 年同期劣Ⅴ类比例下降了 25%，Ⅴ类水体比例上升了 21.9%，Ⅳ类水体比例上升了 1.5%，Ⅱ类和Ⅲ类水体比例上升了 1.5%。

从省环境监测中心监测的数据来看，2007 年到 2010 年嘉兴市地表水高锰酸钾指数总体呈明显下降趋势，整体降幅为 12%；氨氮浓度总体呈持续下降趋势，尤其是 2008 年以来下降较为明显，2009 年较 2008 年整体降幅度为 26%，2010 年较 2008 年整体下降 10%以上；总磷浓度总体呈明显下降态势，尤其是 2008 年以来下降较为明显，2010 年较 2008 年整体降幅达 20%以上。全市地表水水质逐步改善，群众对畜禽养殖业污染问题的投诉量也呈逐年下降趋势。

（五）常山化工园区污染整治

常山县化工园区是省《“811”环境保护新三年行动实施方案》确定的第一批省级督办的 11 个重点环境问题之一，要求在今年年底前完成整治任务，实现达标“摘帽”。一年来，常山县坚决贯彻省委、省政府要求，按照全省“811”环境污染整治和生态省建设的总体部署，以“凤凰涅槃、浴火重生”的决心和魄力，统一思想，克难攻坚，采取强有力举措，扎实推进化工园区污染整治工作，在 6 月 26 日省整治办批复同意整治方案后，通过近五个月的集中攻坚整治，全面完成各项整治任务，并于 12 月 6 日通过市政府组织的核查和预验收。

1. 整治的背景和基本情况

2001 年，为解决城区化工企业退二进三和全县化工企业分散布局问题，实现化工企业“集中布局、集中治污”的目标，常山县委、县政府决定对原来城区及附近分散的化工企业实行搬迁治理，集中到青石镇高铺村地带，形成一个小规模的化工企业集中区域。整个园区规划面积 0.8 平方千米，实际开发面积 0.5 平方千米，逐渐形成硝基苯氯苯系列有机化工产业链。至 2007 年园区内有企业 24 家（其中非化工企业 5 家），实现销售收入 8.24 亿元，实缴税利 6330 万元，从业人员 1935 人，化工产业成为重要的工业产业之一，对促进地方经济发展、增加财政收入、扩大群众就业等方面起到了积极的作用。

一直以来，常山县始终重视化工园区的污染问题，通过开展“3311”环境污染整治行动和化工企业综合整治、严格控制新建化工项目（几年来化工企业未新增一家、企业土地未新增一寸）、积极实施“腾笼换鸟”（几年来关停了 10 多种污染严重化工产品）、加强企业治污设施建设（建成企业污水、废气治理设施 20 余套）等一系列措施，着力解决化工企业的污染问题，取得了一定的成效，化工污染有一定好转，常山港出境水水质基本控制在Ⅲ类水质标准以内，周围环境信访量从2006年的108件下降到2007年的37件。但由于历史问题的积累遗留、治理资金技术缺乏、企业环保意识不强等多方面原因，化工园区企业规模小、档次低、“三废”污染重的问题未得到根本解决，周边群众对此反映强烈，社会各界高度关注。从近几年群众信访问题看，主要是反映企业废气、废水污染重，已严重影响其正常生产生活，要求整个园区企业全部搬迁，对受影响农作物进行补偿等。2008年1月，省政府将常山县化工园区污染整治列为第一批省级督办的11个重点环境问题之一，要求2008年年底前基本解决化工企业污染问题，完成各项整治任务。

对此，常山县委、县政府以全省“811”环境保护新三年行动为契机，把它看成不仅是挑战和压力，更是机遇和动力，从讲大局、讲责任、讲奉献的高度，坚决执行省委、省政府的正确决策，以铁的决心、铁的纪律、铁的措施、铁的要求，迎难而上，不惜一切代价，扎实推进化工园区污染整治工作，取得了预期的整治成效，得到了省委省政府、市委市政府的高度重视和充分肯定。整治期间，副省长陈加元亲临检查指导，作出重要指示；省环保局徐震局长、章晨副局长多次实地指导和协调整治工作；省政府督查室、省环保局、省经贸委、省建设厅、省十厅局联合检查组等多次到现场蹲点督查，协调解决整治工作中的具体问题；市委书记孙建国、市领导尚清、郑金平等多次亲临检查指导，及时帮助解决整治过程中遇到的困难和问题，市环保部门也给予了大力支持和精心指导，极大地推动了整治进程，促进了整治工作如期顺利完成。

2. 采取的主要整治措施

自化工园区被列为全省“811”环境保护新三年行动第一批省级督办重点环境问题以来，县委、县政府根据省政府的要求，确定了“积极稳妥、依法治理；治旧控新、科学整治；突出重点，长效管理”的工作方针，综合运用法律、技术、经济、行政等手段，采取积极措施，扎实有序推进整治工作。

（1）注重科学发展，更新理念、加强认识，合力推进整治

①认清形势强认识。常山县作为浙江重要的生态屏障和钱塘江的源头地区，保护生态环境的责任重大。确保“一江清水送出常山”，保障钱塘江流域人民用水安全，既是全省大局的要求，也是常山县自身生态环境建设、维护群众利益、落实科学发展观的需要，更是常山县义不容辞的政治责任。随着经济社会的快速发展，环保问题越来越突出，尤其是化工园区环境污染问题已经成为制约经济健康发展、社会和谐稳定的一大隐患。面对发展和保护的双重压力和“第一批省级督办的重点环境问题”帽子，县委、县政府果断作出决策，提出“一年达标摘帽、三年提升发展”的目标，把化工园区污染整治作为化工产业脱胎换骨提升发展的契机，作为县委、县政府着力攻坚的硬任务，以壮士断腕的勇气，果断亮剑、痛下决心开展污染整治工作。一年来，多次召开县委常委会、县政府常务会、县人大常委会、县政协常委会、县长办公会、整治领导小组会等不同层次会议，传达贯彻省、市有关污染整治会议和文件精神，研究部署化工园区污染整治工作，并进行层层动员发动，在干部群众和企业中广泛宣传全省“811”环境整治的重要意义，牢固确立“环境就是资源”、“环境就是生产力”、“抓环境保护、抓污染整治就是为了更好地落实科学发展观”的理念，切实把全县上下的思想、认识、行动统一到省委省政府、市委市政府的决策部署上来，统一到污染整治的推进落实上来，形成共识，下定决心，不惜一切代价做好整治工作。同时对所有企业主开展耐心细致的思想和宣传教育工作，切实消除企业主的思想情绪，取得他们的理解和支持，变“要我整治”为“我要整治”、“要我关停”为“我要关停”，为整治工作的顺利开展奠定了坚实的思想基础。

②加强领导强组织。县委、县政府高度重视化工园区污染整治工作，县委书记、县长坚持亲自抓部署、抓协调、抓落实，定期听取汇报、

调研督查，为顺利实施整治工作提供了有力保障。为切实加强对整治工作的领导、组织和协调，成立了由县长徐焕凤任组长、其他5位县领导任副组长、25个职能部门主要负责人为成员的“常山县解决省政府督办的重点环境问题领导小组”，领导小组下设产业调整组、环境整治组、社会稳定组、政策宣传组四个专项小组，由相关县领导牵头负责，同时对各专项小组的具体职责和要求进行细化和明确，从而使化工园区污染整治工作始终在强有力的领导下开展。

③完善机制强合力。一是重点工作推进机制。把化工园区污染整治列入县委、县政府年底确保完成的重点工作，明确责任领导、责任部门、目标任务，县整治领导小组每月召开一次工作例会，形成强有力的整治工作推进机制。二是目标责任考核机制。明确各职能部门的具体职责，把化工园区污染整治纳入生态县建设目标责任考核内容，实行“一票否决”。三是整治结对包干机制。由19个职能部门与园区企业实行整治包干责任制，一对一给予企业具体指导和帮助，落实各项整治任务。四是联合执法检查机制。相关职能部门采取平时检查和突击检查相结合的办法，坚持每周两次联合巡查和执法检查，加大对环保违法行为的处罚力度，做到以关促治、以罚促治。

④加强宣传强氛围。在整个整治过程中，始终把宣传发动、教育和舆论监督放在十分重要的位置，始终把整治工作置于社会各界和群众的监督之下，确保整治工作公开、透明。充分利用广播电视、报纸等新闻媒体，把污染整治工作作为重点进行宣传报道，以专版、专栏、专题等形式强化宣传，引导全社会关心、支持、参与和监督整治工作。还引入公众参与监督机制，成立化工园区污染整治民主监督组，由县人大农资环保工委主任任组长、县政协经科委主任任副组长、化工专业人员和化工园区周边村天马镇七里弄村和青石镇高铺村各5名村民代表为成员，多次深入化工园区企业进行实地检查，加强沟通、扩大宣传、强化监督，形成上下齐抓共促的良好社会氛围。

（2）注重整治标准，精编方案明目标，科学推进整治

①认真调研明方案。从 2010 年 12 月开始，就着手与省环科院联系，开展化工园区污染整治方案的调研和编制工作，省环科院专家和常山县相关专业人员密切协作，在深入实地调查、认真听取意见、全面收集资料、充分交流沟通、反复研究论证的基础上，科学编制了《第一批省级督办的重点环境问题常山县化工园区污染整治实施方案》，同时委托省环科院编制了整治企业的“一厂一策”整治方案，为整治工作提供了科学依据。

②从严要求明目标。整治工作的总体目标是按照“依法整治、达标排放、扶优扶强、提升发展”的原则，以“腾笼换鸟”、技术改造为重点，全面整治安全隐患，开展化工园区环境污染整治，加快产品结构、企业结构、技术结构的调整步伐，坚决关停淘汰一批落后企业和污染严重产品，提升发展一批优势企业和低污染产品，做到“一年达标摘帽、三年提升发展”，实现“企业污染达标排放，区域环境质量明显改善，常山港出境水稳定达标”的目标。具体目标分两个阶段，即第一阶段为 2008 年年底前污染整治达标“摘帽”阶段，第二阶段为到 2010 年前提升发展稳定达标阶段。整个整治步骤分四个阶段进行，即 2008 年 4 月 30 日前为调查准备阶段，4 月 20 日—10 月 30 日为集中整治阶段，10 月 10 日—12 月 31 日为检查验收阶段，2009 年 1 月 1 日—2010 年 12 月 31 日为提升发展阶段。

③掌握动态勤沟通。在整治过程中，常山县就整治工作涉及的政策和问题多次向省、市领导和环保部门汇报，积极主动做好沟通衔接，得到上级领导的大力支持，整治工作也始终在省环保局、经贸委、建设厅及市级相关部门和有关专家的具体指导下开展，保证了整治工作有条不紊进行。同时，对整治所涉及的企业，逐家上门宣传政策，加强沟通和联系，及时了解企业主和职工的思想动态、面临的困难和问题，帮助企业出谋划策、解决实际问题，推动整治工作稳步有序开展。

（3）注重政策导向，强化机制抓引导，快速推进整治

①优化政策细引导。制定了化工园区污染整治补偿办法，对关停或转产的化工企业给予适当补偿，并按照有关标准回购厂房和土地；鼓励企业通过重组和兼并等形式进行优势联合，促进企业做大做强；择优发展一批科技含量高、污染小、成长性好的大项目，奖励环境友好型和科技创新型企业，推进清洁生产和循环经济，积极走新型工业化道路，实现化工园区产业优化和升级。

②从严要求细开导。根据整治方案要求，对化工企业进行分类整治、做好引导，一方面对列入关停的 22 条生产线，在 2008 年 4 月 30 日和 9 月 30 日前分两批坚决关停到位，没有任何讨价还价的余地；另一方面对整治方案中同意列入整治的 22 条生产线，进一步加大工作力度，做好政策、形势等宣传，帮助企业主进行全面分析、综合权衡，尽可能地自行关停，县政府主要领导也多次与相关业主进行细心沟通、耐心开导，最后对总共 30 条生产线进行关停。同时对列入整治的企业和生产线进行重组整合，最终确定保留 5 家化工企业。

③强化业务细指导。编制了《常山县化工企业污染整治通用技术指导意见》下发到企业和整治结对包干部门，就化工企业环境管理要求、废水及管网整治技术要求、有组织工艺废气整治技术要求、无组织排放废气整治技术要求、危险废物整治技术要求、厂容厂貌整治要求、生产装备整治技术要求、“腾笼换鸟”的环保准入要求与程序、应急事故的技术要求等方面作出具体详尽的规定，使整治要求一目了然，极具针对性、指导性和操作性。

（4）注重群众满意，突出重点强措施，强力推进整治

在整个整治过程中，始终围绕整治方案确定的目标、任务和要求，围绕群众反映强烈的热点、焦点、难点问题，强化措施，全力开展整治。

①立说立行抓整治。2008 年 6 月 26 日省整治办批复同意整治方案后，7 月 2 日即召开了全县化工园区污染整治动员会进行动员和部署；7

月 9 日召开整治工作领导小组会议，细化任务，落实责任。整个整治期间召开了 30 多次协调会、现场会，就整治工作涉及的具体问题进行专题研究和部署，确保整治工作快速、扎实、有序推进。

②强化责任抓整治。一是强化企业的主体责任。由企业向政府出具承诺书，对不能完成整治要求通过达标验收的，坚决采取停电等断然措施；二是强化部门的结对责任。明确结对部门“一把手”负责制，并确定专门人员，做到每周不少于三天时间下企业进行结对指导和帮扶，从 2008 年 10 月开始，要求派出人员每天驻点企业帮扶；三是强化整治办的牵头责任。整治办加强整治进展情况的动态掌握，及时对各阶段的任务进行细化分解、督促检查。通过责任的落实，来保证整治工作保质保量、扎实有效开展。

③严格监管抓整治。一是严格整治监管。要求所有列入整治企业和生产线，必须全部实行停产整治，达不到整治要求的不得恢复生产；二是严格执法监管。加大整治期间环保、安全生产等执法检查力度，确保不发生企业环境违法和安全事故发生；三是严格治污监管。建成化工园区污水预处理厂及与城市污水处理厂连接管网和提升泵站，强化企业废气、废水治理设施建设，实现达标排放；加强在线监测监控能力建设，并与环保部门联网，实现实时在线监控；四是严格环境监管。大力开展企业厂容厂貌和园区面貌整治，企容园貌焕然一新。

④强化保障抓整治。根据《整治方案》和《补偿办法》，化工园区整治涉及资金巨大，除整治企业投入整治资金近 2000 万元外，政府投入高达 7800 万元以上，其中企业关停搬迁等补偿 2800 多万元、2008 年至 2010 年基础设施建设需投入 5000 多万元（2008 年已投入 2000 多万元）。面对巨大的资金缺口，在县财政资金十分紧张的情况下，仍千方百计想办法筹措，优先保障化工园区污染整治资金支出，做到早关停、早兑现、不拖欠；优先保障环保基础设施建设资金支出，做到早建设、早使用、早发挥效益，有力地推进了整治进程。

⑤优化服务抓整治。在整治工作中，坚持管理与服务“两手抓”，更加注重人性化的服务，加大企业帮扶解困力度。如家盛化工公司准备转产从事木制品加工，帮助其在经济开发区内进行落户，协调解决好相关选址、用地等问题；对企业整合重组工作，相关职能部门积极主动提供服务和指导，确保严格按照“四统一”（即统一法人、统一排放口、统一厂区、统一污染管理）要求开展整治。还举办了园区企业和污水处理厂环境管理和监测培训班，规范环保管理和监测行为。同时，认真做好企业关停搬迁后的职工再就业工作，加强企业职工转岗培训和就业指导，努力帮助职工实现再就业。由于工作细致，服务到位，促进了整治工作的平稳推进，整个整治期间没有发生重大信访和群体性事件。

⑥加强督查抓整治。县委、县政府主要领导和分管领导定期到化工园区进行现场督查，及时解决整治工作存在的具体问题；县人大、县政协也多次组织人大代表、政协委员开展视察活动，进行督查检查；县整治领导小组办公室多次开展专项督查，就督查中发现的问题及时下发督查意见，限期整改到位；县环保部门在化工园区设立污染整治办公室，抽出精干技术人员驻点办公，加强现场检查和业务指导；县化工园区民主监督组也通过现场监督活动进行督查。

（5）注重提升发展，优化产业调结构，着眼长效整治

①完善规划调结构。为实现污染减排的长效管理，推进发展方式转变，着重从完善产业发展规划、强化政策引导入手，促进产业结构调整和优化。在“十一五”发展规划中，明确了着重发展技术含量高、经济效益好、环境污染小的产业；在鼓励工业经济发展的“新工业50条”中，同样对污染企业进行严格的限制，明确享受优惠政策对象必须先过环保关，进一步强化政策的环保导向。

②从严把关控源头。认真落实项目引进、落地决策咨询制度，对新引进项目实行职能部门联合审查，凡不符合环保、安全、节能减排、产业政策、土地政策等方面要求的招商项目，一律不予落地和审批。在

2010年招商引资形势不容乐观的情况下，仍然否决了污染重、能耗高、效益差的项目36个，从源头上把好“控污”关。

③完善机制抓长效。积极引导和鼓励企业推行循环经济模式，加大资源综合利用水平，既节约资源、减少污染，又提高经济效益。加强清洁生产审核，指导企业推广清洁生产技术，实现清洁生产。完善化工园区长效管理制度、应急预案，落实环保责任制、环保准入制、环保定期监测制、企业主环保承诺制、人大代表和政协委员及村民代表暗访制、企业与村民定期沟通制、企业主及员工培训制等一系列制度，明确职责、落实责任，强化督查和考核，巩固整治工作成果。

3. 取得的主要整治成效

经过艰苦努力及合力攻坚，常山县化工园区污染整治工作按照省政府督办要求全面完成了各项整治任务。经过整治后的化工园区面貌焕然一新，区域环境质量得到了明显改善，经济发展与环境保护、人与自然的关系更为协调，污染整治工作取得了明显成效。

（1）污染减排成效明显

通过整治，关停了30条重污染产品及生产线，保留的五家化工企业污染得到了全面有效治理。与整治前相比，每年可实现减排化工污水127.7万吨，削减69.9%；减排COD 434.5吨，削减97%；减排二氧化硫200.8吨，削减80.1%；减排氨氮329.8吨，削减99.6%；减少各类有组织废气污染物126.6吨，削减90.5%；减少无组织废气污染物236.6吨，削减96.7%；减少工业固体废物产生量24352吨，削减84.2%。特别是COD、二氧化硫减排量可占全县“十一五”期间削减任务的51.3%和6.5%，为确保完成“十一五”期间主要污染物减排任务打下了坚实的基础。

（2）环境质量明显改善

通过整治，群众反映强烈的废气污染得到有效治理，经监测，企业废气排放均达到指标要求；废水经过企业内部、园区污水预处理厂、城市污水处理厂三级处理，实现达标排放；固体废物送到衢州市固废中心实现无害化处理；单位 GDP 主要污染物排放量得到大幅度下降，其中 COD 排放强度下降 92.1%、二氧化硫排放强度下降 75.5%、氨氮排放强度下降 96.3%。根据环境监测显示，常山港流域水质得到明显改善，据常山出境水水质自动监测站统计，2007 年度达到Ⅲ类水质天数为 348 天，达标率为 95%；2008 年整治工作开展以来均达到Ⅲ类水质标准，确保了一江清水送出常山；空气质量基本保持在二级以上。

（3）结构调整步伐加快

实施化工园区污染整治以来，通过产业结构调整，促进技术优化改造，化工园区企业得到提升发展。同时，腾出土地和环境容量，便于今后政府统一规划，引进一批档次高、轻污染或无污染、附加值高、技术含量高的化工项目和产品，努力实现化工企业的改造提升，提升企业和整个园区的档次和水平。

（4）群众满意度得到提高

由于化工园区污染整治工作透明度高，政策一致、标准一致、要求一致，整治工作开展以来，不仅关停企业、整治企业主感到满意，群众的信任度、满意度也不断提高，各类环境污染、信访投诉有较大幅度下降。从 2008 年 1—11 月周边群众对化工园区环境信访情况看，有群众信访 26 件，与整治前（2005—2007 年平均约 77 件/年）相比下降了 66.2%，且所信访问题主要集中对原来污染影响进行补偿和要求加快整治进度方面。化工园区民主监督组的几次活动中，周边村代表通过实地检查对整治工作给予了高度肯定和赞同，据最近组织的化工园区整治社会公众满意度调查显示，单位满意或基本满意率达 100%，群众满意和基本满意率达 96%。

（5）环保意识日益增强

通过整治工作，各级对生态建设和环境保护工作重要性认识进一步增强，企业经营者环保意识得到加强，“保护就是发展”的理念更加深入人心。社会各界通过积极参与化工园区污染整治攻坚战，进一步意识到了环保的责任所在。社会公众环保意识也不断得到加强，参与环保的积极性明显提高，环保的社会氛围更加浓厚。

（六）台州市固废拆解业土壤污染整治

台州有着较长的废旧金属拆解加工利用历史，始于20世纪70年代后期，经过30年发展，现已成为国内初具规模的进口废五金综合加工利用基地。在经济社会发展过程中，废旧金属拆解加工行业积极发挥了缓解资源约束矛盾、减轻环境污染、实现可持续发展等显著作用。同时，台州市也经历了从粗放拆解到逐步规范的曲折之路，特别是20世纪90年代前的无序拆解，造成了较为严重的环境污染。为此，省政府在“811”环境保护新三年行动中把“台州固废拆解业土壤污染整治问题”列为全省第一批省级督办的11个重点环境问题之一。对此，台州市高度重视，认真按照省政府和省生态办的部署要求，积极做好相关工作，已取得了积极成效。目前，已完成第一阶段的目标任务，达到居住地土壤质量标准。预计到2012年10月，可完成第二阶段的目标任务，达到农用地土壤质量标准。

领导重视，明确责任。一是加强组织领导。市委、市政府高度重视土壤污染控制工作，成立工作领导小组，多次听取固废拆解业土壤污染整治工作汇报，并明确由市整治办具体负责组织、协调、指导和监督等方面工作。将该项工作列入发展目标责任制考核和生态市建设目标责任考核之中，进一步加大了推进力度。落实1500多万元用于土壤污染整治工作，并加强专项资金管理，杜绝发生挪用、移用等现象。同时，路桥区、温岭市召开专项整治动员大会，与镇（街道）、村签订了整治责任状。二是完善整治方案。及时出台《台州市固废拆解业整治与土壤污染修复控制实施计划》和《台州市固体废弃物拆解业整治与土壤污染修复控制实施方案》，明确了各部门职责和工作要求。在全面掌握固废拆解业土壤污染现状的基础上，以百万分之一的风险评价，编制了《台州市固体废弃物拆解业污染整治规划》，并通过省生态办评审。三是加强督查指导。根据“政府负责、统一部署、部门配合、各方联动”的原则，国土、环保、农林等部门加强了对示范点功能区的调整、土地租赁及修复技术的指导工作。特别是 2011 年 5 月以来，市委、市政府主要领导多次带队督查土壤污染修复工作，在现场协调解决工作中存在的问题，有效地确保了土壤污染修复工作的稳步推进。

注重方法，科学实施。一是做细做实前期工作。土壤污染修复是环境保护领域的前沿课题，目前仍处于探索阶段，国内尚无十分成功的经验可循，而且治理成本非常高。从 2008 年开始，台州市积极与浙江大学合作对重点区域进行了表层土壤污染的筛查，采取“网格布点”方法，即按照“一般布点密度为每平方千米 1 个，重点区域每平方千米 4 个”的原则，共布设采样点 352 个，准确掌握了重点地块的主要污染物、污染程度、污染范围，并绘制出台州市重点区块土地质量现状图。二是科学选择修复方法。对目前国外较为流行的修复方法，逐一进行了比对分析，经国内权威专家多次论证，最终提出了以“动植物—微生物联合修复为主，其他修复为辅”的修复方法。为了确保技术的可行性以及修复效果，台州市专门邀请中国国家工程院院士蔡兆基为技术最后把关人，在技术层面严格进行指导把关。三是依托项目建设推进。坚持把土壤修复作为工程项目来抓，严格按照招投标相关程序开展各项工作。在实际操作过程中，主要是采用公开招投标形式选择修复单位，落实工程监理监管，实行全程跟踪监理，切实保证工程质量，真正起到示范工程的良好作用。

加强监管，巩固成果。一是深化企业规范管理。每年召开定点企业环境管理会议，严格落实日常监督管理措施，提高企业自律意识。加强对定点企业全过程监管，实行入运申报信息化管理，重点抓好下档料和废线路板流向管理。严格环保目标考核和信用等级考核，实行环保批文与考核相挂钩。环保、口岸、海关、检验检疫等部门加强了进口环节的管理，对不合格货物坚决予以退运。据统计，2009 年以来共退运 4 批次 212 吨。二是加大场外拆解打击力度。在 2006 年全面完成温岭、路桥固废拆解业“摘帽”整治任务的基础上，市政府相继出台《关于进一步加强环境污染整治工作的意见》和《关于进一步规范固废拆解业基础取缔场外废物拆解工作实施方案的通知》，扎实推进固废拆解业深化整治工作。路桥区、温岭市根据总体部署，加大力度，强化一线环境监察力量，开展重点整治村联合执法，彻底扑灭场外拆解的苗头。2011 年年初以来，全市共出动执法人员 3 700 多人次，开展专项行动 57 次，查处案件 61 件，取缔“垃圾清洗”、“废塑料分拣”等非法加工点 443 个，拆除违章建筑 16 500 平方米，暂扣废电线电缆等 155 吨，清理各类固废 1 520 多吨，场外非法拆解反弹趋势得到了有效遏制。三是加快推进“圈区”建设。为彻底解决场外拆解问题，走可持续发展之路，经环保部批准，建立台州市金属资源再生产业基地，对固废拆解业实行整体搬迁，实现全封闭的“圈区管理”。新基地规划总用地 6 643 亩（1 亩=1/15 公顷），现已完成 3 820 亩建设用海转建设用地报批和土地收储工作，完成道路填渣和场地平整 2 000 多亩。施工用水、用电已接入。45 家企业已明确入基地。预计整个基地建成后，将形成年拆解固废 500 万吨、销售收入 600 亿元、利税 80 亿元的生产规模，成为全国最大的废旧金属拆解基地。市里明确，圈区建成之日，就是场外拆解消亡之日。

（七）丽水经济开发区革基布、合成革行业污染整治

2003 年以来，丽水经济开发区引进了合成革及配套企业。目前，该区共有 PU 合成革生产企业 27 家，革基布企业 12 家，全行业 2008 年产值 85 亿元，已发展成为国内发展较快、产业链较为完整、产业集聚度

较高的合成革工业园区。2007 年，丽水经济开发区被中国塑料加工工业协会授予“中国合成革循环经济先进示范基地”称号，合成革行业循环经济建设整体走在了全国的前列。

2008 年，省政府将丽水经济开发区革基布合成革行业污染整治问题列入“811”污染整治新三年行动计划省级重点督办环境问题，对行业发展提出了更高要求，并得到了省级各有关领导的关注和关怀。省政府副省长陈加元专程来丽水就“811”环境整治及企业污染治理工作进行检查调研并指导工作。省经信委、省环保厅、省建设厅等多部门组成的“811”污染整治督查组也多次到园区督查工作进度并给予了大量的指导。为此，丽水市以推进革基布合成革行业污染整治为契机，进一步加快行业循环经济建设，发展生态工业。一年来，在省政府及有关部门的指导下，丽水市积极、深入地开展整治工作，现已全面取得阶段性成效，并基本达到了整治的预期目标。

1．主要做法

领导高度重视。为切实保障革基布合成革行业污染整治工作顺利进行，丽水市专门成立了革基布合成革行业污染整治领导小组，由市长卢子跃担任组长，常务副市长沈仁康担任副组长，市各相关部门为成员单位。市委书记陈荣高，市长卢子跃，市政府相关副市长多次就革基布合成革行业污染整治及基础设施建设作出重要批示，并到实地专题调研并督促指导整治工作。人大政协也多次到现场督查工作进度。就在近期，莲都、青田的人大代表、政协委员就“811”污染整治又进行了一次专项视察。市府办就该项工作进行专项月度督查。丽水经济开发区管委会也将该项工作列入年度十大重点工作，进行月度考核。

全面推进各项污染整治。针对革基布合成革行业存在的污染问题，结合省政府的整治要求，丽水市从源头把关、基础设施建设、行业污染整治、研发应用新材料、清洁生产推广、环境安全保障等六方面着手，开展了各项整治工作。

①严把项目审批关，实施生产规模控制。在严格执行合成革生产规模控制的基础上，制定了《丽水经济开发区工业项目禁入和限入暂行规定》和《丽水经济开发区投资项目能耗审核管理暂行办法》，严格环境准入，从源头上控制高污染高能耗项目入园，确保园区可持续发展。同时，严格执行“环保一票否决制”，所有入园企业全部进行了环评和审批，环评率达 100%。认真落实“三同时”制度，完成所有合成革、革基布企业的“三同时”验收工作。

②全面推进环保基础设施建设。一是加快建设污水处理厂。为确保园区工业污水得到及时妥善处置，实现稳定达标排放，2008 年 11 月，动工建设水阁污水处理厂。设计处理规模 10 万吨/日，一期规模 5 万吨/日。为保证项目建设进度，卢子跃市长专门做了批示，要求确保达到进度要求。蔡小华副市长多次到实地视察指导，并组织召开协调会，督促各部门协调配合，加快进度。在市政府的高度重视下，污水处理厂通过加班加点、空运生产设备等措施赶进度，仅加班费就多支出 200 万元以上。项目建设速度大大加快。二是推进集中供热。由杭州热电集团作为业主开展集中供热项目建设，对区域内的合成革企业实行集中供热，减少小容量的燃煤锅炉，提高废气治理水平。项目已在 12 月 12 日开始动工建设。三是实行村庄搬迁。为在园区工业区块和居住区块设置合理的缓冲带，避免工业发展对居民生活的不良影响，启动卫生防护距离不足的龙石村、岑山村的搬迁工作。现已完成搬迁规划和搬迁地块的土地平整，并已启动拆迁工作。四是建设饮水工程。为给园区周边居民提供安全、清洁、稳定的生活水源，按照规划要求，对尚在使用地下水的旭光片区（含白峰自然村）建设自来水饮用工程。项目现已全部完成，惠及村民 2000 余人。五是完成合成革釜残无害化处置中心二期工程。鉴于园区合成革釜残无害化处置中心一期工程 9.6 吨/日的处置能力已不能满足要求的实际情况，2009 年 4 月启动了设计处理能力为 20 吨/日的二期

处置工程建设。现已基本建成。

③深化行业污染整治，确保达标排放。一是抓好废气治理。实行合成革干湿法生产线密闭改造，使 90%以上的无组织排放废气转化为有组织排放，并回收利用。目前，园区全部合成革企业的干湿法生产线已经全部封闭。实行应用配料车间整改及大容量密封树脂料桶。重点通过这两项措施，有效减少有机废气无组织排放。目前，园区 27 家合成革企业已开始使用大容量密封树脂料桶。24 个湿法配料车间和 27 个干法配料车间密封整改也已完成。实施革基布企业弹力布定型废气治理工程。目前 29 条定型机的废气治理设施已经全部安装完毕，实现达标排放，预计可减少 150 吨/年的废机油排放。二是抓好恶臭治理。开展 DMF 回收系统精馏工艺和脱胺设备的改造，对二甲胺进行治理。目前，园区所有产生二甲胺异味的 24 家合成革企业均已建设完毕二甲胺治理设施。根据监测，通过治理后，二甲胺的浓度可从大约 1 500 毫克/升削减到 70 毫克/升以下。同时，改造釜残放料系统，采用密闭放料的方式，有效减少釜残废气的排放。目前，园区全部 24 家产生釜残异味的企业已经完成治理设施建设。三是抓好废水治理。以回用 30%为目标，开展了革基布行业中水回用技术推广。园区 12 家革基布企业现已全部落实。同时，按照中水回用 50%的要求，园区所有合成革企业增加中水回用系统。现园区 24 家有生产废水的合成革企业已经全部落实。

④探索新型材料替代，源头控制行业污染。目前合成革生产普遍使用油性树脂，由此带来有机废气、废水、釜残等一系列污染。而水性树脂在使用过程中，只有水分挥发，基本能够消除有机废气的影响，是源头控制污染排放的重要举措，也是合成革的未来发展趋势。园区积极引进两家技术相对成熟、研发水平较高的水性树脂生产企业，开展水性树脂研发及应用推广工作。经过将近两年的努力，水性树脂应用技术已经获得突破。园区 27 家合成革企业和 17 家后整理企业已经开始陆续使用水性树脂，使用量已经由最初每月 10 余吨增加至 10 月份的 200 余吨/月，

预计到 12 月底可达到每月 300 余吨，年底前整个园区水性树脂用量有望突破 1 000 吨，减排有机废气 700 余吨。

⑤积极推行清洁生产，发展循环经济。一是积极推行切实可行的清洁生产技术。督促 39 家革基布合成革完成了清洁生产审核验收，促使企业由被动治污转变为积极的环境自律行为。二是继续深入开展合成革产品结构调整和产业转型升级工作。积极寻找合成革的原料、工艺与产品结构调整新路子。开展环保型超纤合成革、高档透气透湿合成革、特殊性能合成革等前端生产技术的研发工作，提高产品附加值，在降低企业产量同时不降低企业的经济效益，从而削减污染排放总量。

⑥进一步加强项目监管，保障环境安全。为避免突发污染环境事故的发生，开展了园区环境风险评价，督促合成革企业开展风险事故评估及整改，加强包括应急预案、罐区围堰等环境应急系统建设。

不断强化各项保障措施。一是加强管理机构建设。成立环保局开发区分局，加强园区污染整治的监管力度。丽水经济开发区管委会组织通过 ISO 14000 环境管理体系认证，提高环境管理水平。二是完善整治监管措施。层层分解工作任务，并建立半月督查制度，各相关部门及时通报各项工作进度。同时要求企业建立半月进度上报制度，及时掌握企业进度，并充分调动丽水市合成革商会积极性，开展企业自律活动。丽水经济开发区管委会和市环保局专门成立了革基布合成革行业污染整治工作联合督导组，负责开展企业信息摸底调查、污染整治进度督查、整治问题摸底及技术服务等工作。为确保治理设施有效运转，在 13 家革基布合成革企业安装了污水在线监测设施，在 24 家合成革企业安装了二甲胺治理、燃煤二氧化硫治理、污水治理等运行在线监控设施。三是加快治理技术研发及推广。搭建技术研发平台，与四川大学、同济大学、浙江工业大学等众多国内知名大学合作，加快污染治理技术研发进度。搭建技术推广平台，落实各个课题的研发示范单位，采取先示范后推广的方式，将治理技术成熟一项推广一项。四是出台各项政策。为使整治工作取得实效，丽水经济开发区管委会、市环保局联合下发了《关于全面开展合成革与革基布行业生态化改造的通知》、《关于在革基布企业推广弹力布定型废气治理设施的通知》、《关于在合成革企业推广二甲胺废气治理设施的通知》、《关于强制性推广水性树脂的通知》等一系列文件，并采用技改补助、单项补贴、征收费用、停产整顿等措施督促企业开展自查工作，确保各项污染整治工作落到实处。五是加大财政资金支持。市政府对污染整治工作非常重视，特别对基础设施方面，投资近 1.67 亿元用于水阁污水处理厂建设。同时丽水经济开发区财政在有限的建设资金中挤出专项资金，补贴园区基础设施建设和企业污染整治。目前，已经支出试点补贴经费 1400 余万元，后续还需支出补助经费 500 余万元。企业的污染整治补贴也将陆续发放，预计将支出经费 2400 余万元。上述两项合计预计支出将达到 4300 余万元。在此基础上，还动员企业自主出资整治污染，据统计，园区企业在生产形势不好的情况下，共投入污染整治资金共 3.3 亿元。

2. 主要成效

通过近两年的努力，开发区革基布合成革行业污染整治也取得了明显成效。

①基础设施得到完善中。一是公共环保基础设施得到完善，提高了园区污染治理能力。水阁污水处理厂即将进水调试。集中供热项目已经动工建设。合成革釜残无害化处置二期工程已经基本建成。园区污染治理能力得到加强。二是企业环保设施得到完善，提升了环保治理水平。通过治理，园区 39 家革基布合成革企业各项治理设施全部得到落实，共建成各类污染防治设施 446 套。其中，污水治理及回用设施 37 套，污水在线监测 13 套、在线监控 24 套，干法生产线 DMF 废气回收治理设施 62 套，湿法生产线 DMF 废气回收治理设施 28 套，二甲胺治理设施 24 套，DOP 增塑剂回收治理设施 22 套，釜残放料废气收集处理设施

24 套，弹力布定型废气治理设施 29 套。此外，园区全部干湿法生产线、27 家合成革企业的干湿法配料车间全部完成了密封改造。大容量密封树脂料桶已经开始在全部合成革企业中推广。

②园区环境质量得到改善。通过对革基布合成革行业的全面整治，开发区区域环境质量已经得到明显改善。经市环境监测站监测显示，开发区区域环境空气中常规项目 TSP、SO_2、NO_2 区域日均值均达到环境空气质量二级标准。园区环境空气特征污染物 DMF 由整治前的 0.249～0.596 毫克/米^3 下降到 0.170 毫克/米^3。甲苯区域日均值为 0.041 毫克/米^3，远低于前苏联居住区标准 0.6 毫克/米^3，丁酮历次均未检出。通过强化污水治理和厂区的清污分流，园区水环境质量也得到明显改善。经丽水市环境监测中心站对企业污水现场检查抽测，达标率达到 90%。园区下游石牛、桃山大桥两断面水环境质量现状符合III类水质功能区要求。

③园区减排工作得到提高。一是有机废气得到减排。通过二甲胺治理、生产线密闭、配料车间整改、弹力布定型废气治理等措施，预计园区共减排有机废气约 6000 吨。二是 COD 得到减排：12 家革基布和 24 家合成革企业的中水回用措施落实，预计可减排污水 130 万吨/年，削减 COD 1450 吨/年。

④群众对环境的满意度得到提高。通过污染整治，群众对园区环境污染的投诉、上访量明显下降。据统计，2008 年共有各类环境污染信访投诉 41 件，其中涉及革基布合成革行业的投诉 24 件。截至 2009 年 11 月底共 34 件，与去年同期相比下降了 17%；其中涉及革基布合成革行业的投诉 9 件，与去年同期相比下降了 41%。同时，关于园区环保问题的质询和提案已明显减少。

⑤企业得到良好经济效益。通过污染整治、循环经济技术推广和清洁生产审核，2008—2009 年，园区 39 家革基布合成革企业共实施清洁生产方案项目共 621 项，其中总投资 3652 万元，全部项目运行后，可节电 1500 万千瓦·时/年，节煤 18500 吨/年，削减废水 130 万吨/年。

每年为企业创造效益 5800 余万元。企业获得良好经济效益，提高了污染整治的积极性和主动性。

⑥环保监管和风险防范能力得到进一步加强。通过污染整治，加强了监管力量。落实了革基布废水治理运行在线监测、合成革二甲胺治理、燃煤二氧化硫治理、污水治理等运行在线监控，有利于日常监管。严格控制了合成革生产规模。编制了《丽水水阁工业区环境风险报告》、《丽水水阁工业区突发环境事故应急预案》、《危险化学品突发事故应急救援预案》，并进行了相应演练，提高了环境风险事故防范能力。27 家合成革企业开展了环境风险评估并就罐区围堰、雨污分流等进行了整改，降低了环境事故风险。

⑦循环经济工作得到促进。通过此次整治，水性树脂应用技术获得突破。园区也逐渐清晰了合成革产业转型升级的方向。今后，开发区将环保型超纤纤维合成革、高档透气透湿合成革、水性树脂应用研发等课题作为合成革循环经济发展的重要方向，继续下大力气研究推广。开发区现已与省科技厅签订了厅市会商《合成革绿色生产工艺关键技术研发与示范》重大课题合同，正在组织实施。

第三章　城市环境污染防治

截至2009年年底，浙江省城镇人口2999.2万，城镇面积达到2532.35万平方千米，城市化水平达57.9%。与2004年和2007年相比，分别提高了3.2%和0.9%。城市是政治、经济、文化、交通、居住的中心，在整个社会生活和国民经济中占有十分重要的地位。城市化的快速推进和城市经济的持续高速增长，给城市带来了巨大环境压力。

城市环境是城市精神面貌和城市品牌的具体体现，是社会经济发展、人民安居乐业的基础。多年来，针对城市环境与发展矛盾，全省各部门联合采取了一系列综合性的政策措施，协调解决城市环境问题，并通过城市环境综合整治定量考核和创建国家环境保护模范城市这两项环境管理制度，逐步建立起“城市政府领导，各部门分工负责，环保部门统一监督管理类，公众积极参与”的城市环境管理工作机制，以量化的城市环境质量、城市环境基础设施建设和环境管理指标体系，综合评价城市环境综合整治方面的工作成效，在督促城市政府加大环保重视和投入，促进可持续发展等方面，发挥积极作用。

第一节　城市空气污染整治

随着经济社会的快速发展和城市化进程的快速推进，呼吸到新鲜的空气成为人们的一种奢望。在拉动GDP快速增长的同时，已显现出持续发展的后劲不足，环境资源的压力日趋沉重，大气质量每况愈下，城市环境空气优良率逐年走低，酸雨污染日趋严重，酸雨率居高不下。机动车保有量增长迅速，尾气污染明显加重。

2001 年以来，省控城市空气综合污染指数总体呈不显著上升趋势。具体而言，自 2003 年开始，上升趋势减缓，2007 年以后，平均综合污染指数有所下降。

2001—2009 年 32 个省控城市综合污染指数主要在 1～2 之间（较低水平，有个别污染物浓度超过国家二级标准限值），占省控城市总数的 50%～75.0%；其次是在 2～3 之间（较高水平），占 18.8%～46.9%。表明浙江城市常规空气污染处于相对较低水平。空气环境质量控制得益于这几年来对城市环境的重视和大力整治。

一、烟尘控制区

建设烟尘控制区是城市环境综合整治的重要任务之一，是创建文明城市、卫生城市、环保模范城市的重要组成部分。浙江从 1985 年开始创建烟尘控制区的工作，使大气污染防治工作从点源治理逐步转变到区域综合治理。

1985 年 5 月，省环保局召开全省消烟除尘工作经验交流会，交流杭州、嘉兴市创建无黑烟区的工作经验，要求各省辖市创建无黑烟区。

1987 年，省人民政府提出至 1990 年所有省辖市建成烟尘控制区的工作任务。同年 7 月，国务院颁发《城市烟尘控制区管理办法》，共 20 条，规定建设城市烟尘区的基本标准和基本原则、城市政府的职责、验收和奖惩办法。

1989 年，柴松岳副省长在第二次全国环境保护会议上与各省辖市区签订目标责任制。在省人民政府的领导下，经过计划、劳动、燃料、财政、建设、工商、环保等有关部门的共同努力，到 1990 年年底，全省 9 个省辖市的 275 平方千米烟尘控制区通过了省人民政府验收，浙江成为全国第一个所有省辖市建成烟尘控制区的省份。

1994 年 6 月，省人民政府在全省第三次环境保护会议上提出“六个一工程”，其中包括创建 100 个烟尘控制区的任务。

1995 年 10 月，省环保局以浙环办[1995]51 号文公布《浙江省烟尘控制区验收办法》，明确验收的指导思想是贯彻《大气污染防治法》、《城市烟尘控制管理办法》和省人民政府《关于加强环境保护工作的决定》，规定验收基本标准、验收检查内容及验收组织办法。

1997 年年底，全省已有 132 个烟尘控制区通过验收，面积达 941.36 平方千米。至此，全省所有城关镇以上城镇和主要建制镇，均已完成烟尘控制区建设并通过验收。据统计，全省累计治理改造炉、窑、灶达 14072 台，投入整治资金 4 亿元，烟控区受益人口为 842.2 万人。浙江城镇烟尘控制区建成个数及面积见表 3-1。

表 3-1　浙江城镇烟尘控制区建设情况

地区	烟尘控制区个数	烟尘控制区面积/km^2
杭州市	23	244.87
宁波市	23	192.97
温州市	11	95.32
嘉兴市	12	68.57
湖州市	7	39.08
绍兴市	12	65.14
金华市	16	81.53
衢州市	6	45.05
台州市	9	59.64
舟山市	4	18.02
丽水地区	9	31.17
全省合计	132	941.36

132 个烟尘控制区中，包括杭州市 23 个：上城区、下城区、西湖区、

拱墅区、江干区、萧山城厢镇、萧山瓜沥镇、萧山临浦镇、余杭临平镇、余杭塘栖镇、余杭瓶窑镇、余杭余杭镇、富阳富阳镇、富阳新登镇、建德新安江镇、建德梅城镇、建造寿昌镇、建德三都镇、建德乾潭镇、临安锦城镇、桐庐桐庐镇、淳安千岛湖镇、淳安汾口镇；宁波市 23 个：宁波老市区（海曙、江东、江北）、镇海区城关镇、镇海骆驼镇、北仑区新碶镇、北仑霞浦镇、北仑小港经济区、宁海城关镇、宁波梅林镇、慈溪浒山镇、慈溪周巷镇、奉化大桥镇、奉化溪口镇、奉化尚田镇、余姚城关镇、余姚临山镇、余姚朗霞镇、余姚低塘镇、余姚黄埠镇、象山丹城镇、象山石浦镇、象山爵溪镇、鄞县五乡镇、鄞县石碶镇；绍兴市 12 个：绍兴市区、绍兴县柯桥镇、绍兴县安昌镇、绍兴县东浦镇、上虞百官镇、上虞小城镇、诸暨城关镇、诸暨大唐庵镇、嵊州城关镇、嵊州石磺镇、新昌城关镇、新昌镜岭镇；金华市 16 个：金华市区、义乌稠城镇、义乌大陈镇、东阳吴宁镇、东阳南马镇、兰溪城关镇、兰溪游埠镇、金华汤溪镇、金华孝顺镇、武义城关镇、永康城关镇、永康芝英镇、浦江浦阳镇、浦江白马镇、磐安安文镇；衢州市 6 个：衢州市区、江山须江镇、龙游龙游镇、常山天马镇、开化城关镇、衢县航埠镇；温州市 11 个：鹿城区、龙湾区、瓯海区、乐清乐成镇、瑞安城关镇、永嘉上塘镇、洞头北岙镇、苍南灵溪镇、平阳昆阳镇、文成大峃镇、泰顺罗阳镇；嘉兴市 12 个：嘉兴市区、嘉善魏塘镇、平湖城关镇、平湖乍浦镇、海宁硖石镇、海宁盐官镇、海盐武原镇、海盐沈荡镇、桐乡梧桐镇、桐乡灵安镇、嘉兴郊区新塍镇、嘉兴郊区王店镇；湖州市 7 个：湖州市区、湖州南浔镇、德清城关镇、德清武康镇、长兴雉城镇、长兴和平镇、安吉递铺镇；台州市 9 个：椒江区、黄岩区、路桥区、临海城关镇、温岭城关镇、天台城关镇、仙居城关镇、玉环城关镇、三门海游镇；舟山市 4 个：定海城区、沈家门镇、岱山高亭镇、嵊泗菜园镇；丽水地区 9 个：丽水城关镇、松阳西屏镇、龙泉龙渊镇、云和城关镇、遂昌妙高镇、庆元松源镇、缙云五云镇、青田鹤城镇、景宁鹤溪镇。

1998 年，全省已累计建成 132 个烟尘控制区，总面积 1 060 平方千米。

2000 年，全省已累计建成 113 个烟尘控制区，总面积 1 143.7 平方千米。

二、机动车管理

（一）浙江机动车尾气污染基本情况

近年来，浙江省机动车保有量迅猛增加。浙江省汽车保有量从 2005 年的 204 万辆，到 2008 年的 386 万辆，据公安部门初步估计，2009 年年底全省汽车保有量达 400 万辆，其中 2009 年新增 100 万辆；2009 年污染源动态更新数据显示，全省机动车保有量达到 1 193 万辆（包括汽车、摩托车等）。机动车保有量年增长率大于 20%。大中型城市机动车增长速度更快，2005 年杭州市主城区机动车数量为 28 万辆，2008 年已增加到 46 万余辆。

大量机动车废气排放污染大气环境，引起灰霾现象。随着机动车保有量增加，机动车排气污染日益凸显，杭州市 2008 年的一项监测表明道路两侧机动车排放的污染物浓度超过国家空气质量二级标准的 2.4 倍。环保部门专家的分析认为，细颗粒是造成灰霾天气的主要原因，这主要是由于近些年来我们大中城市机动车保有量迅速增长，导致机动车排放迅速增加，空气中 $PM_{2.5}$ 这种细颗粒的累积就越来越多，由此造成大气灰霾天气比较频繁。杭州市的灰霾天气从 20 世纪 70 年代的 2 天，80 年代和 90 年代共计 143 天，2001 年的每年 12 天增加到 2008 年的 158 天。宁波、绍兴、金华等大中型城市灰霾天气也有很大幅度增加。

机动车尾气污染越来越受社会各界关注。今年全国污染防治工作现场会上张力军副部长强调今后一段时期要推动长三角区域开展空气联防联控工作，要加大机动车污染控制力度；陈加元副省长针对杭州控制高污染车辆已见初步成效，批示要求沿杭州湾各市也要尽快启动汽车尾气治理工作；环保厅领导在 2010 年的几次综合型大会中均强调要加强机动车尾气防治工作；省人大十一届二次会议、省政协十届二次会议代表均提议要加强机动车尾气污染防治工作；2008 年城市满意度调查报告中，33 个城市居民均认为机动车尾气污染是影响城市环境的较为突出的因素。

（二）机动车尾气污染防治

机动车排气主要污染物有碳氢化合物、碳氧化物、氮氧化物和细颗粒物（$PM_{2.5}$），其中，氮氧化物和细颗粒物（$PM_{2.5}$）是造成大气复合污染的主要因子，氮氧化物排放还将加剧酸雨污染。这几年，随着全省经济社会的快速发展和城市化进程的加快，浙江省各类机动车保有量大幅增长。2005 年，全省机动车保有量为 204 万辆，2008 年达到近 400 万辆，2009 年又新增 100 多万辆；其中杭州市主城区机动车数量已经达到 55.3 万辆。由于前几年机动车排气执行标准和成品油油品标准较低，加上城市道路交通状况等因素影响，该省机动车污染物排放总量急剧增加、污染日益加重，已成为引起大气复合型污染的主要原因，成为影响城市空气环境质量和居民身心健康的突出问题。保健康是保民生的基础。加强机动车排气污染防治，减排机动车污染物总量，对保障人民身体健康、提高生活质量，具有十分重要的意义。

1. 浙江机动车排气污染防治实施方案

2008 年年初，省政府在研究部署新“811”方案时，对机动车污染防治任务提出了具体要求。2009 年 8 月，省政府专门下发了《浙江省机动车排气污染防治实施方案》，方案对健全机动车排气污染防治体系，加强机动车生产、进口、销售、登记、使用、年检、维修、淘汰以及机动车燃油供应等环节的污染防治与监管、提高机动车尾气排放达标率，有效降低机动车污染物排放量，切实改善空气环境质量进行部署和制定。根据方案，全省新车注册登记与全国同步执行国家规定的阶段排放标准；加快淘汰未达到国家第Ⅰ阶段机动车污染物排放标准（简称国Ⅰ标准）的机动车，逐步淘汰未达到国家第Ⅲ阶段机动车污染物排放标准（简称国Ⅲ标准）的柴油机动车。杭州、宁波、温州、湖州、嘉兴、绍兴、台州等重点城市（简称7个重点城市）力争提前执行国家下一阶段机动车污染物排放标准。2010年1月1日起，全省统一供应符合国Ⅲ标准的车用成品油，全省统一供应符合国家第Ⅳ阶段机动车污染物排放标准（简称国Ⅳ标准）的车用成品油；7个重点城市和舟山以及其他臭氧浓度监测超标的城市，按照国家标准规定的时限要求完成加油站、储油库、油罐车的油气回收综合治理工作；2012年1月1日前，全省各设区城市加油站、储油库、油罐车全部完成油气回收综合治理工作；2010年年底前，基本建立覆盖全省的机动车排气检测体系和监督管理信息网络体系。

同时，为进一步完善协调机制，实现部门联动，统筹协调推进机动车排气污染防治，我们特别设立了机动车排气污染防治联席会议制度。

2. 清洁空气行动方案

为配合省政府的实施方案，省环保厅制定《清洁空气行动方案》和《浙江省机动车排气污染防治实施细则》。

2010年6月8日，省政府印发了省环保厅制定的《浙江省清洁空气行动方案》。方案充分阐述清洁空气行动的意义，结合生态省建设的总体目标，要求力争到2015年，区域大气环境管理机制基本形成，区域环境空气质量明显改善，并完成“十二五”减排任务，建成全省的机动车排气检测和监管体系，通过实施工业大气污染防治工程、绿色交通物流工程、城市蓝天工程、农村大气污染防治工程，达到全省新增“烟尘控制区”面积不少于2500平方千米；创建绿色矿山200座以上，需治理与修复的废弃矿山治理率达到98%以上；全省森林覆盖率达到61%以上，林木蓄积量净增5000万立方米以上，力争50%以上城市林木覆盖率达到30%以上；并建设大气符合污染监测和评价体系达到预警目标。

清洁空气行动分启动阶段2010年、推进2011—2012年、深化2013—2015年进行实施。

3. 浙江机动车排气污染防治实施细则

2010年6月28日经浙江省政府批转省环保厅制定的《浙江省机动车排气污染防治实施细则》正式出台。细则根据《浙江省大气污染防治条例》、《浙江省人民政府关于印发“811”环境保护新三年行动实施方案的通知》（浙政发[2008]7号）和《浙江省人民政府关于印发浙江省机动车排气污染防治实施方案的通知》（浙政发[2009]56号）精神，对机动车从生产、进口、销售、登记、使用、年检、维修、淘汰和燃油供应、油气回收等环节入手进行职责分工部署，要求各级发改、经信、公安、财政、建设、交通运输、商务、工商、质监、物价、能源等部门根据各自职责，对机动车排气污染防治从以下几个方面进行监督管理：新车与转入浙江省车辆管理；车用成品油管理；油气回收综合治理；机动车环保定期检测和抽测；机动车环保分类标志管理；高排放机动车淘汰与限行；超标排放机动车管理；机动车排气污染监督管理信息网络系统建设。

4. 目前已经开展积极组织开展的工作

自2009年10月1日起，全国实行机动车环保检验合格标志统一管理，规定环保标志由环境保护部监制，省级环保部门印发，各地环保部门核发。为落实全国统一环保标志发放工作，省环保厅印发了《转发环境保护部〈机动车环保检验合格标志管理规定〉的通知》（浙环办函[2009]258 号）和《关于做好全国统一机动车环保检验合格标志发放工作的通知》（浙环办函[2009]335 号），组织全省各市开展全国统一机动车环保检验合格标志发放工作。目前，全省各市均设立了全国统一机动车环保检验合格标志发放窗口，杭州市将全面铺开、其他各市由机动车车主自愿申领。今后，全省各市将在机动车环保定期检测时发放环保标志。杭州在全国统一标志发放之前，已经启动了机动车环保标志管理，并启动了区域限行，2010 年 1 月 1 日将限行区域从 2009 年的主城区道路扩大到绕城公路以内（包括萧山区和余杭区部分道路）。

2010 年 1 月起，全省统一供应符合国III标准的车用成品油；超标车禁止注册和流通。

经过对烟尘、机动车尾气控制，2009 年经监测，全省 69 个县级以上城市（设区城市 11 个，县级城市 58 个）空气质量总体状况良好，达到国家二级标准的城市 66 个，占县级以上城市总数的 95.7%；达到国家三级标准的城市 3 个，占 4.3%。11 个设区城市的空气质量全部达到二级标准。58 个县级城市中，55 个城市空气质量达到二级标准，占县级城市总数的 94.8%；3 个城市空气质量为三级，占 5.2%。

第二节　城市污水环境整治

（一）浙江污水处理厂的基本情况

1. 已建污水处理厂

截至 2009 年前三季度，浙江省县以上城镇、太湖流域镇级污水集中处理设施全面建成投运，钱塘江流域镇级污水处理设施基本建成，为实现全省主要水污染物减排目标提供了坚实的基础保障。据初步统计，到 2009 年前三季度，浙江省共建成投运污水集中处理厂 128 座（含集中式工业或工业与生活共用污水处理厂 23 座），设计处理能力 707.13 万吨/日。其中，县以上城市集中式污水处理厂 86 座，设计处理能力达 592.29 万米^3/日。各地区已建污水处理厂的规模详见表 3-2，已建成投运污水处理厂详表见表 3-3。

表 3-2　各地污水处理厂的建设情况（2009 年 9 月底）

地区	建成污水处理设施/座	总处理规模/（万 t/d）
杭州	15（含 3 座工业）	232
宁波	15（含 1 座工业）	86.5
温州	20（含 7 座工业）	62.3
嘉兴	14（含 7 座工业）	68.5
湖州	16	42.1
绍兴	4	102.5
金华	10	41.5
衢州	9（含 2 座工业）	18.79
舟山	7（含 3 座工业）	4.94
台州	9	37
丽水	9	11.00
合计	128	707.13

表 3-3 全省已建成投运的污水处理厂一览表（截至 2009 年 9 月底）

序号	污水厂名称	污水处理厂类型	所在市、县名称	建成设计能力/（万 m^3/d）	处理工艺	设计排放标准	COD 设计进水标准/（mg/L）	COD 设计出水标准/（mg/L）
	合计	—	—	707.13	—	—		
	杭州合计	—	—	232	—	—		
1	杭州萧山东片大型污水处理厂	工业集中式	杭州市	30	改良型 AB	国家二级排放标准	1 500	180
2	杭州萧山城市污水处理厂	城镇集中式	杭州市	10	HCR	国家二级排放标准	450	85
	杭州萧山城市污水处理厂	城镇集中式	杭州市	12	倒置 A/A/O	国家二级排放标准	550	100
3	塘栖污水处理厂	城镇集中式	杭州市	2	SBR 工艺	一级 B	350	60
4	良渚污水处理厂	城镇集中式	杭州市	2	DE 型氧化沟	一级 B	400	60
5	余杭污水处理厂	城镇集中式	杭州市	3	DE 型氧化沟	一级 B	400	60
6	四堡污水处理厂	城镇集中式	杭州市	60	A/0	GB 8978—1996 二级排放标准	450	120
7	七格污水处理厂	城镇集中式	杭州市	55	A/A/O	GB 18918—2002 一级 B	400	60
8	桐庐富春污水处理有限公司污水处理厂一期	城镇集中式	桐庐县	2	SBR	《污水综合排放标准》GB 8978—1996	370	60
9	淳安县南山污水处理厂	城镇集中式	淳安县	1	A2/O—SBR	《城镇污水处理厂污染物排放标准》GB 18918—2002 一级 B 标准	320	60

序号	污水厂名称	污水处理厂类型	所在市、县名称	建成设计能力/（万 m^3/d）	处理工艺	设计排放标准	COD 设计进水标准/（mg/L）	COD 设计出水标准/（mg/L）
10	建德市新安江污水处理厂	城镇集中式	建德市	2	SBR	GB 18918	350	60
11	富阳市污水处理厂	城镇集中式	富阳市	5	氧化沟	GB 18918—2002 一级 B	360	60
12	富阳市八一城市综合污水处理有限公司	工业集中式	富阳市	15	带好氧选择器的活性污泥法	ZDHJBE—2001	1 000	100
13	浙江春南污水处理厂	工业集中式	富阳市	25	悬链曝气	ZDHJBE—2001	1 000	100
14	临安城市污水处理厂	城镇集中式	临安市	6	三沟式氧化沟	GB 8978—1996	350	60
15	临安市青山污水处理有限公司	城镇集中式	临安市	2	MSBR	《污水综合排放标准》一级标准	400	60
	宁波合计	—	—	86.5	—	—	—	—
16	宁波市江东北区污水处理厂（一期）	城镇集中式	宁波市	3	AB	二级	300	100
	宁波市江东北区污水处理厂（二期）	城镇集中式	宁波市	7	AAO	二级	360	100
17	宁波市南区污水处理厂	城镇集中式	宁波市	16	AO	二级	240	100
18	宁波市镇海污水处理厂	城镇集中式	宁波市	3	氧化沟	二级	300	100
19	宁波北仑岩东污水处理厂	城镇集中式	宁波市	6	氧化沟	二级	400	100
20	宁波大榭污水处理厂	城镇集中式	宁波市	4	AICS	二级	400	100

序号	污水厂名称	污水处理厂类型	所在市、县名称	建成设计能力/（万 m^3/d）	处理工艺	设计排放标准	COD 设计进水标准/（mg/L）	COD 设计出水标准/（mg/L）
21	宁波市北区污水处理厂	城镇集中式	宁波市	10	A2/O	二级	500	100
22	宁波爱普环保有限公司	工业集中式	宁波市	1	MSBR	二级	1 500	150
23	宁波岩东再生水厂	城镇集中式	宁波市	10	D 型滤池	出水 COD 为 40mg/L，用于工业用水	60	40
24	象山富春紫光污水处理有限公司	城镇集中式	象山县	2.5	A2/O	一级 B	280	60
25	宁海县城北污水处理厂	城镇集中式	宁海县	3	SBR	城镇二级污水处理厂排放标准	400	60
26	余姚市小曹娥城市污水处理有限公司	城镇集中式	余姚市	6	A2/O	GB 18918—2002	600	100
27	宁波黄家埠滨海污水处理有限公司	城镇集中式	余姚市	3	A/O	《纺织印染工业水污染物排放标准》（GB 4287—1992）二级标准	1 200	180
28	慈溪市教场山污水处理厂	城镇集中式	慈溪市	2	氧化沟	一级 B 排放	320	60
	慈溪市教场山污水处理厂 BT 扩容工程	城镇集中式	慈溪市	3	SBR 池/活性砂滤池	一级 A 排放	320	50
29	慈溪市杭州湾水处理公司	城镇集中式	慈溪市	4	生物联合工艺	GB 8978—1996 对应工业一级	500	100

序号	污水厂名称	污水处理厂类型	所在市、县名称	建成设计能力/（万 m^3/d）	处理工艺	设计排放标准	COD 设计进水标准/（mg/L）	COD 设计出水标准/（mg/L）
30	奉化市污水处理厂	城镇集中式	奉化市	3	SBR	一级 B	430	60
	温州合计	—	—	62.3	—	—	—	—
31	温州中环正源水务有限公司	城镇集中式	温州市	20	氧化沟	二级	350	100
32	温州宏泽环保科技有限公司	城镇集中式	温州市	5	硅藻土物化+改进型曝气生物滤池	国家《城镇污水处理厂污染物排放标准》GB 18918—2002 中的一级 A 标准	500	50
33	瞿溪污水处理厂	城镇集中式	温州市	0.4	生化氧化沟	污水综合排放一级	350	100
34	温州市东片污水处理厂	城镇集中式	温州市	10	A/A/O	二级	500	100
35	城南污水处理厂	城镇集中式	洞头县	0.8	硅藻土工艺	一级 B	340	60
36	永嘉县河屿纸业废水处理厂	工业集中式	永嘉县	0.8	生化工艺	一级	2 000	100
37	永嘉县瓯北污水处理厂一期	城镇集中式	永嘉县	5	改进型 SBR	一级 B	300	60
38	平阳县污水处理厂	城镇集中式	平阳县	3	氧化沟	二级	500	100
39	温州侨信污水处理厂	工业集中式	平阳县	0.13	SBR+悬浮生物滤池	二	6 000	250
40	平阳县水头镇河头污水处理厂	工业集中式	平阳县	0.1	MSBR+悬浮生物滤池	二	4 500	250

序号	污水厂名称	污水处理厂类型	所在市、县名称	建成设计能力/（万 m^3/d）	处理工艺	设计排放标准	COD 设计进水标准/（mg/L）	COD 设计出水标准/（mg/L）
41	平阳县水头镇金塔污水处理厂	工业集中式	平阳县	0.1	SBR+二级氧化池	二	6 000	250
42	平阳县腾蛟镇皮革污水处理厂	工业集中式	平阳县	0.22	A+SBR	一	5 000	100
43	平阳县宝利污水处理厂	工业集中式	平阳县	0.1	改良 SBR	二级	3 000	250
44	平阳县蓝天污水处理有限公司	工业集中式	平阳县	0.65	A/O	二级	6 000	250
45	苍南县城污水处理厂	城镇集中式	苍南县	3	CAST 工艺	一级 B	370	60
46	文成县城东污水处理厂	城镇集中式	文成县	1	硅藻土	一级 B	360	60
47	泰顺县污水处理厂	城镇集中式	泰顺县	1	生物处理法	一级 B 标准	400	60
48	瑞安市污水处理厂	城镇集中式	瑞安市	7	A-A2/O	一级 B 标准	450	60
49	乐清市水环境处理有限公司	城镇集中式	乐清市	4	氧化沟	2 级	320	100
50	温州绿地污水处理有限公司	工业集中式	平阳县	0.55	A/O	二	6 000	250
	绍兴合计	—	—	102.5	—	—	—	—
51	绍兴水处理发展有限公司	城镇集中式	绍兴市	70	一期强化预处理+厌氧+好氧 二期强化预处理+全生化	纺织染整工业污染物排放标准二级 污水综合排放标准二级	1 000	170

序号	污水厂名称	污水处理厂类型	所在市、县名称	建成设计能力/（万 m^3/d）	处理工艺	设计排放标准	COD 设计进水标准/（mg/L）	COD 设计出水标准/（mg/L）
52	诸暨市菲达宏宇环境发展有限公司	城镇集中式	诸暨市	10	氧化沟/A2O	《城镇污水处理厂污染物排放标准》（GB 18918—2002）一级 B	300	60
53	上虞市水处理发展有限责任公司	城镇集中式	上虞市	7.5	气浮＋MSBR	GD 8978—1996/染料二级	1 000	200
54	绍兴市嵊新污水处理有限公司	城镇集中式	嵊州市	15	改良型氧化沟	一级 B 类	600	60
	嘉兴合计	—	—	68.5	—	—	—	—
55	油车港镇污水处理厂	工业集中式	嘉兴市	1	混凝沉淀－A/O	GB 8978—1996，一级	800	100
56	嘉善县大成环保有限公司	工业集中式	嘉善县	1.5	生化+物化	100	500	98
57	嘉善洪溪污水处理有限公司	工业集中式	嘉善县	3	A/O	一级	500	100
58	嘉善西部水务（嘉兴）分公司	城镇集中式	嘉善县	1.5	SBR	一级	442	60
59	嘉善县姚庄污水处理厂	城镇集中式	嘉善县	2	生物处理法 生物膜法	一级 A	650	50
60	嘉兴市联合污水处理厂	城镇集中式	海盐县	30	氧化沟	污水海洋处置工程污染物排放标准	400	120
61	丁桥污水处理厂	城镇集中式	海宁市	10	SBR	二级	500	120

序号	污水厂名称	污水处理厂类型	所在市、县名称	建成设计能力/（万 m^3/d）	处理工艺	设计排放标准	COD 设计进水标准/（mg/L）	COD 设计出水标准/（mg/L）
62	盐仓污水处理厂	城镇集中式	海宁市	6	AAO	二级	500	120
63	桐乡市城市污水处理有限责任公司	城镇集中式	桐乡市	5	A/A/O	二级	350	60
64	濮院恒盛水处理有限公司	工业集中式	桐乡市	3	A/A/O	GB 8918—1996	1 000	100
65	屠甸污水处理有限公司	城镇集中式	桐乡市	1	A/O	一级	1 000	100
66	高桥污水处理有限公司	工业集中式	桐乡市	0.5	A/O	一级	1 000	100
67	桐乡申和水务有限公司	工业集中式	桐乡市	3	CASS	一级 B	1 000	60
68	崇福污水厂	工业集中式	桐乡市	1	A/O	二级	1 000	100
	湖州合计	—	—	42.1	—	—	—	—
69	市北污水处理厂	城镇集中式	湖州市	3	氧化沟	二级	360	100
70	凤凰污水处理厂	城镇集中式	湖州市	3	A/A/O	一级 B	400	60
71	碧浪污水处理厂	城镇集中式	湖州市	1	CASS	一级 B	300	60
72	湖州织里东郊水质处理有限公司	城镇集中式	湖州市	3	CAST	一级 B	400	60
73	南浔振浔污水处理厂	城镇集中式	湖州市	3	CASS	污水综合排放标准	350	60
74	湖州市练市污水处理厂	城镇集中式	湖州市	3	A2/O	一级 B	500	100

序号	污水厂名称	污水处理厂类型	所在市、县名称	建成设计能力/（万 m^3/d）	处理工艺	设计排放标准	COD 设计进水标准/（mg/L）	COD 设计出水标准/（mg/L）
75	湖州东部新区污水处理厂	城镇集中式	湖州市	5	A/A/O	一级 B	480	60
76	湖州小梅污水处理厂	城镇集中式	湖州市	0.5	CASS	一级	400	60
77	德清县狮山污水处理厂	城镇集中式	德清县	5	A/A/O 法	一级 B	350	60
78	德清县钟管污水处理厂	城镇集中式	德清县	0.8	A/O 法	一级 B	2 000	100
79	德清县新市乐安污水处理厂	城镇集中式	德清县	2	SBR	一级 B	500	60
80	长兴兴长污水处理有限公司	城镇集中式	长兴县	3	A/A/O	GB 8978—1996 一级标准	420	60
81	长兴城关污水处理有限公司	城镇集中式	长兴县	2	一级化学强化+生物处理	GB 18918—2002 一级 B 标准	500	60
82	长兴县夹浦污水处理有限公司	城镇集中式	长兴县	4	NSBR	GB 18918—2002 一级 B 标准	500	60
83	长兴新源污水处理厂（洪桥镇）	城镇集中式	长兴县	0.8	物化+A/O	GB 18918—2002 一级 B 标准	400	60
84	浙江安吉水务有限公司污水处理厂	城镇集中式	安吉县	3	SBR 法	GB 8978—1996	300	60
	金华合计	—	—	41.5	—	—	—	—
85	金华市秋滨污水处理厂	城镇集中式	金华市	8	SBR—CAST	国家一级 B 类	360	60

序号	污水厂名称	污水处理厂类型	所在市、县名称	建成设计能力/（万 m^3/d）	处理工艺	设计排放标准	COD 设计进水标准/（mg/L）	COD 设计出水标准/（mg/L）
86	武义县污水处理厂	城镇集中式	武义县	2.5	DE 氧化沟	一级 B 标准	350	60
87	浦江县城市污水处理厂	城镇集中式	浦江县	4	CASS、SBR	国家一级（B）	390	60
88	磐安县城市污水处理厂	城镇集中式	磐安县	1.5	SBR	一级 B	350	60
89	兰溪市污水处理有限公司	城镇集中式	兰溪市	4	CAST	一级 B 标准	450	60
90	义乌市水处理中心	城镇集中式	义乌市	7	三沟式氧化沟	国家一级 B	360	60
91	后宅第三污水处理厂	城镇集中式	义乌市	4	氧化沟	一级 A	250	50
92	东阳市污水处理有限公司	城镇集中式	东阳市	4	SBR	GB 8979—1996	410	60
93	东阳市横店污水处理厂	城镇集中式	东阳市	2.5	A2/O+接触氧化	国家一级 B 类	650	100
94	永康市钱江水务有限公司城市污水处理厂	城镇集中式	永康市	4	除磷脱氮、微孔曝气、氧化沟工艺	一级 B 标准	320	60
	衢州合计	—	—	18.79	—	—	—	—
95	衢州市污水处理厂	城镇集中式	衢州市	5	三沟式氧化沟	GB 8978—1996 一级	370	60
96	衢江区沈家经济开发区污水处理厂	工业集中式	衢州市	0.3	A/O	三级	1 000	100
97	巨化衢州公用有限公司污水处理厂	工业集中式	衢州市	1.44	A/O/O	一级	1 010	100

序号	污水厂名称	污水处理厂类型	所在市、县名称	建成设计能力/（万 m^3/d）	处理工艺	设计排放标准	COD 设计进水标准/（mg/L）	COD 设计出水标准/（mg/L）
98	柯城区石梁镇污水处理厂	城镇集中式	衢州市	0.05	AO 法	二类	200	50
99	常山县天马污水处理有限公司	城镇集中式	常山县	2	CAST	II 级	450	100
100	开化县城市污水处理厂	城镇集中式	开化县	1	CAST 工艺	《城镇污水处理厂污染物排放标准》（GB 18918—2002）	340	60
101	龙游县城市污水处理厂	城镇集中式	龙游县	1	CAST	一级 B 标准	330	60
102	江山市鹿溪污水处理厂	城镇集中式	江山市	4	Orbal 氧化沟	1 级 B	420	80
103	江山市鹿溪污水处理厂	城镇集中式	江山市	4	Orbal 氧化沟	1 级 B	420	60
	舟山合计	—	—	4.94	—	—	—	—
104	舟山市定海白泉自来水厂污水处理中心	工业集中式	舟山市	0.24	A/O 法	GB 8978—1996 二级	1 500	150
105	浙江海氏环保发展有限公司	工业集中式	舟山市	0.8	A/A/O	GB 8978—1996 二级	1 900	150
106	舟山国际水产城污水站	工业集中式	舟山市	0.05	物化-兼氧-好氧	GB 8978—1996 二级	3 500	150
107	朱家尖南沙污水处理厂	城镇集中式	舟山市	0.2	A/A/O-SBR—人工湿地	GB 18918—2002 一级 B 标准	350	60
108	舟山市定海污水处理厂	城镇集中式	舟山市	2	MSBR	GB 18918—2002 二级	380	100

序号	污水厂名称	污水处理厂类型	所在市、县名称	建成设计能力/（万 m^3/d）	处理工艺	设计排放标准	COD 设计进水标准/（mg/L）	COD 设计出水标准/（mg/L）
109	岱山高亭污水处理厂	城镇集中式	岱山县	1	科利尔生物氧化法	GB 18918—2002	400	100
110	嵊泗县绿岛污水处理有限公司	城镇集中式	嵊泗县	0.65	A/A/O	GB 18918—2002（二级）	500	100
	台州合计	—	—	37	—	—	—	—
111	台州市黄岩污水处理有限公司	城镇集中式	台州市	8	卡鲁塞尔	GB 8978—1988	530	120
112	台州市水处理发展有限公司	城镇集中式	台州市	5	二段法	二级 B	600	120
113	路桥污水处理有限公司	城镇集中式	台州市	4	奥贝尔氧化沟	一级 B	300	60
114	玉环县污水处理有限公司	城镇集中式	玉环县	3	A/A/O	一级 B	360	60
115	三门县城市污水处理厂一期	城镇集中式	三门县	2	SBR	一级 B	400	60
116	凯发新泉水务（天台）有限公司	城镇集中式	天台县	2	氧化沟	城镇污水处理厂污染物排放标准一级 B 标准	350	60
117	仙居县永安污水处理厂	城镇集中式	仙居县	2	改良型氧化沟	一级 B 标准	480	60
118	温岭污水处理厂	城镇集中式	温岭市	7	氧化沟	100	350	100
119	临海市富春紫光污水处理有限公司	城镇集中式	临海市	4	CAST	GB 18918—2002 一级 B 标准	400	60
	丽水合计	—	—	11.00	—	—	—	—
120	丽水市区中岸迁污水处理厂	城镇集中式	丽水市	5	氧化沟	一级 B	320	60

序号	污水厂名称	污水处理厂类型	所在市、县名称	建成设计能力/（万 m^3/d）	处理工艺	设计排放标准	COD 设计进水标准/（mg/L）	COD 设计出水标准/（mg/L）
121	缙云县污水处理厂	城镇集中式	丽水市	2	SBR	一级 B	330	35
122	青田污水处理厂	城镇集中式	青田县	1	硅藻精土	国家一级 B 类标准	500	50
123	遂昌县污水处理厂	城镇集中式	遂昌县	0.5	硅澡精土	50	500	50
124	松阳县城市污水处理厂	城镇集中式	松阳县	0.5	硅藻精土	一级 A	500	50
125	云和县污水处理厂	城镇集中式	云和县	0.5	硅藻精土	一级 A 标	500	50
126	庆元县污水处理厂	城镇集中式	庆元县	0.5	硅藻精土处理工艺	一级 A 标	500	50
127	景宁溪口污水处理厂（第一期）	城镇集中式	景宁畲族自治县	0.5	硅藻精土处理	一级 B 标	500	50
128	龙泉市大沙污水处理厂	城镇集中式	龙泉市	0.5	硅藻精土	一级 A	500	50

2．城镇污水处理厂管理工作进展

2009年10月，浙江政府令第265号发布了《浙江省城镇污水集中处理管理办法》将于2010年1月1日正式施行。《浙江省城镇污水集中处理管理办法》，明确了城镇污水规划、建设、运行监管、法律责任等方面相关法律责任，同时，对城镇污水处理厂污泥处理处置设施建设、运行和监督管理等作了具体规定，确保城镇污水处理厂和污泥处理处置工作法制化、规范化、标准化。

2009年上半年下达了镇级污水处理设施建设省级“以奖代补”专项资金共计1.2亿元，专项用于钱塘江、中心镇等镇级污水处理设施建设。

3．污水处理厂出水水质达标情况与监管工作进展

按照GB 18918—2002《城镇污水处理厂污染物排放标准》（大型工业污水处理厂评价标准参照行业标准或环保行政主管部门“环评”批复文件）的规定，135家污水处理厂出水水质总体达标情况统计如下。

以pH值、悬浮物、色度、化学需氧量、生化需氧量、氨氮、总磷、总氮、阴离子表面活性剂、石油类10项指标进行评价，本年度实施监督监测的135家污水处理厂出水水质总体达标率为82.2%，较上年上升了15.2%。其中已经通过竣工环保验收的污水处理厂达标率为82.3%，较上年上升了17%；尚未进行（或未通过）竣工环保验收的污水处理厂达标率为82.1%，较上年上升了8.1%。城市污水处理厂的达标率为83.6%，较上年上升了16.6%；大型工业污水集中处理厂的达标率为75.3%，较上年上升了8.7%。

4．省市飞行监测评价结果

2009年省级飞行监测对污水处理厂共监测95家次，达标率74.74%（pH、悬浮物、化学需氧量、氨氮、总磷5项指标），见表3-4。

表 3-4 2009 年省市飞行监测评价结果

地区	监测级别	检查数/个	达标数/个	达标率/%
污水处理厂	省级	95	71	74.74
	市级	217	193	88.94
	小计	312	264	84.62

根据监督监测结果，结合各污水处理厂出水水质排放标准，全省 135 家污水处理厂出水中超标的项目主要为悬浮物，其超标频次占总监测频次的比例为 6.05%，其余依次为总磷 4.34%、化学需氧量 4.22%、氨氮 3.88%、总氮 3.20%、生化需氧量 1.37%、色度 0.68%、pH 0.57%、阴离子表面活性剂 0.46%和石油类 0.34%，见图 3-1。

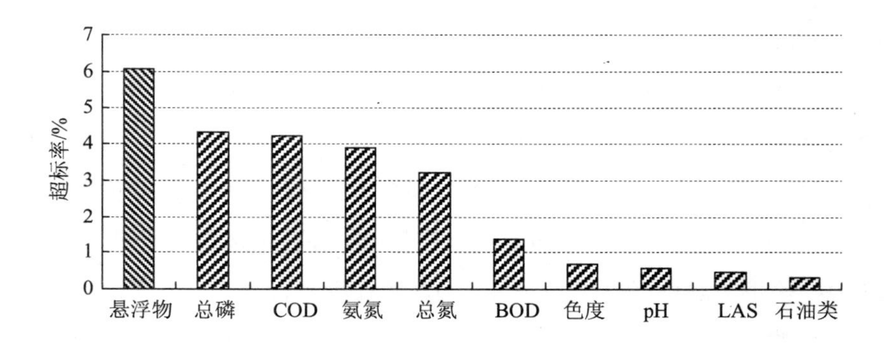

图 3-1 全省 135 家污水处理厂水质汇总

从污水处理厂监测数据来看，浙江省集中式污水处理厂出水达标率有很大提升，以下几方面成效显著。

一是 10 项指标进行评价，出水水质总体达标率（以监测水量计，下同）为 82.2%，较去年同期上升了 15.2%。

二是 3 项指标进行评价，出水水质总体达标率为 91.2%，较去年同期上升了 5.2%，达到了“811”环境污染整治中要求的全省污水处理厂达标率必须高于 80%的要求。

三是氨氮单项指标进行评价，出水水质总体达标率为93.8%，较去年同期上升了10.4%。

表3-5　监督监测达标率统计结果　　单位：%

评价指标	水质达标率			2009年按不同类型统计的达标情况			
	2008年	2009年	变化情况	已验收	未验收	城市	工业
10项指标评价	67.0	82.2	+15.2	82.3	82.1	83.6	75.3
8项指标评价	67.9	84.2	+16.3	84.3	83.3	85.9	75.3
7项指标评价	70.2	86.2	+16.0	86.3	86.2	87.8	78.1
3项指标评价	86.0	91.2	+5.20	91.7	87.7	91.7	88.6
COD指标评价	91.3	97.4	+6.10	97.6	95.9	98.2	93.3
氨氮指标评价	83.4	93.8	+10.4	93.2	97.4	94.9	87.5
总磷指标评价	94.6	96.2	+1.60	96.3	96.2	96.1	97.0

第三节　城市固体废物整治

一、城市生活垃圾收运和处理

城市生活垃圾是城市居民生活活动中产生的固体废弃物。随着经济发展、社会的进步和城市化进程的加快，城市人口不断增长，人民物质生活日益丰富，城市生活垃圾的数量越来越多，成分也发生很大变化，已成为城市环境污染的一个主要来源，影响生活环境破坏城市景观，甚至影响社会安定团结。对于城市生活垃圾的处理和处置，至今仍以卫生填埋、焚烧和堆肥为主要方法，目的是达到无害化、减量化和资源化。

在过去很长一个历史时期内，城市生活垃圾和粪便都是城市附近广大农村的肥料来源。浙江省志中就有“兹齐时期，三嚅农田实施区田制，使用粪厩肥、改变火种水耕的方法”等记载。早在南宋时期，杭州就有环卫工人78名，每天清晨把垃圾和粪便集中到市郊区的几个便于农民装运的码头，也让农民进城自收自运。新中国成立后直至 1970 年，浙江仍有 85%以上的城市垃圾和粪便，靠市郊农民装运。80 年代以后，由于化学肥料大量占领市场，当时环保工作的重点是防治工业污染源，若干年后，许多城市面临“垃圾围城”的尴尬局面，城市生活垃圾成为城市“公害”。据省统计局资料，1986 年的垃圾和粪便清运量分别为 121 万吨和 126 万吨，1990 年为 251 万吨和 184 万吨，1995 年为 443 万吨和 311 万吨，已大大超过全国的平均增长速度。

1986—1991 年，杭州市建成容量 600 万立方米的天子岭垃圾填埋场，并列为国家科委和建设部的推广项目。该填埋场位于杭州市东北郊天子岭下，收集杭州市和余杭临平镇的生活垃圾和部分建筑工业垃圾，投资 4000 多万元，设计日处理能力为 1800 吨，使用寿命 13 年。依据卫生填埋的要求，在场址选择、设计与施工过程中采取防渗、防雨、排气等措施，并设置垃圾渗滤液收集池及污水处理站，经过化学和生物两级处理，出水达到国家污水排放标准。并投资 250 万美元，引进全套加拿大技术，修建发电量为 1.4 兆瓦的垃圾发电厂，日产沼气 2 万立方米。

同年，仙居县环卫所等采用有覆盖的半坑式堆肥与野积式堆肥相结合，用卵石沙滩作为垃圾处理场，临安等县环卫所以河滩废地作为垃圾场，既解决垃圾出路，又使土地再生。

1988 年 7 月 13 日国务院下达《关于城市环境综合整治定量考核的决定》，把生活垃圾无害化处理率列为城市环境整治定量考核指标的第一项，并及时下达了共 4 套国标和部标：《GB 7959—1987 粪便无害化卫生标准》、《CJJ 17—1988 城市生活垃圾填埋技术标准》、《GB 8172—1987 城市垃圾农用控制标准》、《CJJ 52—1993 城市生活垃圾好氧静态堆肥技术规程》。

1992 年 7 月 4 日，国发[1992]39 号文《关于解决我国城市生活垃圾问题的几点意见》指出，城市生活垃圾以每年 8%～10%的速度增长，到 1990 年为止，97.7%的垃圾填埋场未经无害化处理。

1993 年 6 月 24 日，浙政发[1993]16 号文对城市生活垃圾处理提出实行垃圾专用收集容器化和密闭化运输，近期以高温堆肥利卫生填埋为主要方式；要搞好垃圾填埋场建设，建设规模应达到使用 10 年以上。并提出，到 2000 年，杭州的垃圾无害化处理率要达到 90%以上，宁波、温州要达到 80%以上，其他城市要达到 60%以上，县级市要达到 50%以上。

1995 年 10 月 15 日，浙政发[1995]203 号文又对生活垃圾无害化的标准作进一步说明：生活垃圾无害化处理方法是指用卫生填埋、焚烧和堆肥等方法达到无害化和无污染的目的，垃圾处理过程中经过分选，消毒后无害、不污染并予以加工利用的量（如废塑料、玻璃等）也应计入无害化处理中。卫生填埋是指按卫生填埋工程技术标准处理城市垃圾的一种方法，主要是防止地下水、大气及周围环境污染的设施，它区别于裸卸堆弃的自然填垫等旧式的垃圾处理方法，并符合 CJJ 17—1988 标准的要求。

1996 年 9 月 19 日杭州市人民政府根据国务院《城市市容和环境卫生管理条例》发布了《杭州市城市生活垃圾管理办法》，对杭州市产生的垃圾产生、收运、收容装置、集中处理的管理作了具体细则规定。

截至 1997 年 12 月，全省已建成大小垃圾填埋场 231 处，其中 14 处较为完善，已通过省级验收。主要问题是无害化处理率比较低，主要城市只有 5 处符合 CJJ 17—1988 标准的要求，日处理量 1 703 吨，占 5%。

到 2005 年年底，全省已建成垃圾无害化处理工程 62 个，总处理能力约 25488 吨/日，其中：垃圾卫生填埋场 45 座，处理能力 17148 吨/日；垃圾焚烧厂 15 个，处理能力 7910 吨/日；其他处理方式的垃圾处理场 2 个，处理能力 430 吨/日，垃圾无害化处理率约 78%。全省在建垃圾无害化处理设施 35 个、总处理能力约 1.11 万吨/日，建设总投资约 33.15 亿元，其中：垃圾卫生填埋场 25 座，处理能力约 6030 万吨/日；垃圾焚烧处理场及其他 10 个，处理能力约 5100 吨/日。

2005 年，浙江财政厅联合浙江建设厅出台了《浙江省城市污水和城乡垃圾集中处理设施建设省级“以奖代补”专项资金管理办法》，鼓励各级政府积极稳妥的处理好垃圾收集处理大事。

到 2007 年年底，浙江每个县、市都拥有了生活垃圾处理设施，全省县城以上运营的垃圾填埋场 68 座，焚烧厂 19 座，堆肥厂 1 座。生活垃圾无害处理能力近 3 万吨/日。

2010 年年初，为减少垃圾处理量、促进循环经济回收利用垃圾资源，浙江杭州市出台《杭州市生活垃圾分类收集处置工作实施方案》，同年各省控城市宁波等地也纷纷开始启动垃圾分类试点。

表 3-6　浙江“十一五”城镇垃圾处理设施建设项目表

序号	市（县）	项目名称	建设规模/（t/d）	处理方式	建设年限	估算总投资/万元
	合计	—	30 674	—	—	835 893
	杭州合计	—	2 680	—	—	50 910
1	萧山区	萧山垃圾焚烧发电项目	800	焚烧	2006—2007	19 200
2	富阳市	富阳市第二垃圾填埋场项目	500	卫生填埋	2006—2008	14 000
3	临安市	临安市於潜镇垃圾填埋场项目	80	卫生填埋	2006—2007	930
4		临安市昌化镇垃圾填埋场项目	100	卫生填埋	2006—2007	580
5	建德市	建德市城市生活垃圾资源综合处理项目	700	综合处理	2006—2008	4 000
6	桐庐县	桐庐县垃圾无害化处理工程	300	焚烧	2006—2007	8 200
7	淳安县	千岛湖镇垃圾填埋场项目	200	卫生填埋	2006—2010	4 000
	宁波合计	—	3 600	—	—	64 500
8	市区	宁波市餐厨垃圾处理厂项目	100	生化处理	2006—2007	1 000

序号	市（县）	项目名称	建设规模/（t/d）	处理方式	建设年限	估算总投资/万元
9	慈溪市	慈溪市生活垃圾生化处理厂项目	1 000	生化处理	2006—2008	23 000
10	余姚市	余姚市生活垃圾焚烧发电厂项目	700	焚烧	2006—2010	18 000
11	奉化市	奉化市垃圾填埋场项目	700	卫生填埋	2007—2010	8 500
12	象山县	象山县垃圾处理厂项目	500	生化处理	2008—2009	12 000
13		象山县水桶岙垃圾填埋场扩容项目	300	卫生填埋	2006—2007	1 000
14	宁海县	宁海生活废弃物填埋场（二期）项目	300	卫生填埋	2008—2009	1 000
	温州合计	—	4 920	—	—	144 771
15	市区	温州市综合垃圾填埋场项目	1 000	卫生填埋	2008—2010	19 000
16		温州市临江垃圾焚烧发电扩建项目	1 000	焚烧	2008—2009	32 000
17	瑞安市	瑞安市垃圾焚烧发电项目	600	焚烧	2007—2008	22 100
18	乐清市	乐清市乐成镇蛎灰窑垃圾卫生填埋场扩建项目	300	卫生填埋	2006—2007	5 000
19		乐清市柳市垃圾焚烧发电项目	900	焚烧	2006—2008	31 500
20	平阳县	平阳县垃圾焚烧发电厂	400	焚烧	2005—2007	14 479
21	洞头县	洞头县垃圾填埋场扩建项目	100	卫生填埋	2006—2007	1 100
22	永嘉县	永嘉县垃圾焚烧处理项目	400	焚烧	2007—2009	14 792
23	文成县	文成县大峃镇无害化处理场	120	卫生填埋	2006—2008	2 500
24	泰顺县	泰顺县城关垃圾填埋场	100	卫生填埋	2006—2009	2 300
	嘉兴合计	—	2 500	—	—	98 700
25	市区	嘉兴市绿色能源有限公司垃圾焚烧热电二期技改项目	600	焚烧	2007—2008	12 000

序号	市（县）	项目名称	建设规模/（t/d）	处理方式	建设年限	估算总投资/万元
26	嘉善县	嘉善县垃圾焚烧处理项目	400	焚烧	2007—2009	14 000
27	平湖市	平湖市生活垃圾焚烧发电项目	600	焚烧	2007—2008	22 700
28	海宁市	海宁市垃圾焚烧热电厂	500	焚烧	2007—2008	25 000
29	海盐县	海盐县焚烧发电综合利用项目	400	焚烧	2006—2008	25 000
	湖州合计	—	1 950	—	—	67 520
30	市区	湖州市垃圾焚烧处理工程	600	焚烧	2007—2008	23 600
31	德清县	德清县垃圾焚烧发电项目	400	焚烧	2006—2007	9 480
32	长兴县	长兴县垃圾焚烧发电项目	500	焚烧	2006—2007	17 300
33		长兴垃圾应急填埋厂项目	150	卫生填埋	2006—2007	1 140
34	安吉县	安吉县垃圾焚烧综合利用热电项目	300	焚烧	2006—2007	16 000
	绍兴合计	—	3 420	—	—	109 363
35	市区	绍兴市垃圾和污泥处理综合利用工程	1 200	焚烧	2006—2008	55 200
36		绍兴市大坞岙垃圾填埋场改造项目	500	卫生填埋	2006—2007	8 000
37	诸暨市	诸暨市店口生活垃圾处理中心项目	300	焚烧	2007—2008	9 368
38	上虞市	上虞市日处理 500 吨城市生活垃圾焚烧发电项目	500	焚烧	2006—2007	16 995
39		上虞市垃圾填埋场扩建项目	320	卫生填埋	2006—2008	3 600

序号	市（县）	项目名称	建设规模/（t/d）	处理方式	建设年限	估算总投资/万元
40	嵊州市	嵊州市垃圾焚烧发电厂项目	400	焚烧	2006—2010	8 700
41	新昌县	新昌县绿夏城市生活垃圾处理工程	200	热解	2006—2008	7 500
	金华合计	—	4 030	—	—	94 082
42	市区	金华市垃圾卫生填埋场（4 期）工程	600	卫生填埋	2008—2010	7 000
43	市区	婺城区垃圾填埋场项目	360	卫生填埋	2006—2008	6 800
44	市区	金东金三角垃圾焚烧发电项目	200	焚烧	2006—2008	10 000
45	兰溪市	兰溪市卫生填埋场项目	240	卫生填埋	2006—2010	4 550
46	东阳市	东阳市垃圾焚烧发电项目	700	焚烧	2006—2008	21 600
47	永康市	永康市垃圾焚烧发电项目	800	焚烧	2006—2008	17 500
48	武义县	武义县生活垃圾填埋项目	200	卫生填埋	2006—2008	5 442
49	浦江县	浦江县垃圾焚烧发电项目	500	焚烧	2005—2008	15 000
50	浦江县	浦江县垃圾填埋项目	230	卫生填埋	2006—2008	2 400
51	磐安县	磐安县垃圾填埋二期工程	200	卫生填埋	2006—2010	3 790
	衢州合计	—	1 326	—	—	40 667
52	衢州市	衢州市生活垃圾卫生填埋场	500	卫生填埋	2005—2012	12 138
53	江山市	江山市垃圾填埋场项目	250	卫生填埋	2007—2010	11 369
54	常山县	常山县垃圾填埋场项目	210	卫生填埋	2006—2010	8 075
55	开化县	开化县垃圾填埋场项目	136	卫生填埋	2007—2010	2 100
56	龙游县	龙游县青龙山垃圾填埋场项目	230	卫生填埋	2007—2010	6 985

序号	市（县）	项目名称	建设规模/（t/d）	处理方式	建设年限	估算总投资/万元
	丽水合计	—	1 948	—	—	54 315
57	市区	丽水市务岭根垃圾填埋场项目	630	卫生填埋	2006—2008	15 000
58		丽水市生活垃圾焚烧厂项目	400	焚烧	2006—2007	20 000
59	龙泉市	龙泉市垃圾处理项目	72	卫生填埋	2007—2008	3 100
60	青田县	青田县季庄垃圾场二期项目	100	卫生填埋	2007—2008	950
61	云和县	云和县柿树坳垃圾填埋场二期项目	120	卫生填埋	2006—2007	1 948
62	庆元县	庆元县垃圾处理场项目	80	卫生填埋	2006—2007	1 500
63	缙云县	缙云县城垃圾填埋场项目	150	卫生填埋	2008—2012	2 000
64	遂昌县	遂昌县上坑垃圾填埋场项目	200	卫生填埋	2003—2007	4 117
65	松阳县	松阳县青蒙垃圾填埋场二期项目	96	卫生填埋	2008—2010	2 200
66	景宁县	景宁县垃圾填埋场项目	100	卫生填埋	2006—2007	3 500
	台州合计	—	3 450	—	—	103 365
67	市区	台州市区生活垃圾处理中心项目	900	焚烧	2007—2009	31 500
68		椒江垃圾焚烧二期项目	150	焚烧	2007—2008	5 250
69		黄岩区垃圾处理厂工程	300	卫生填埋	2006—2007	10 775
70	温岭市	温岭市垃圾焚烧发电厂项目	700	焚烧	2006—2008	29 620
71	临海市	临海市垃圾焚烧处理项目	600	焚烧	2007—2008	16 970
72	玉环县	玉环县城市生活垃圾综合处理项目	600	综合处理	2006—2008	6 600
73	三门县	三门县花棒生活垃圾卫生填埋场项目	100	卫生填埋	2009—2010	1 890

序号	市（县）	项目名称	建设规模/（t/d）	处理方式	建设年限	估算总投资/万元
74	仙居县	仙居县垃圾填埋场项目	100	卫生填埋	2006—2007	760
	舟山合计	—	850	—	—	7 700
75	市区	舟山市垃圾填埋场项目	700	卫生填埋	2006—2008	6 000
76	岱山县	岱山垃圾无害化填埋项目	150	卫生填埋	2006—2007	1 700

二、危险废物与医疗废物

1．医疗废物集中处置

积极推行“小箱装大箱”的收集模式，即由乡镇级卫生防疫站（卫生院）分片包干，统一回收将辖区内村级诊所的医疗废物，集中处置单位定期到各乡镇转运。目前，县以上医疗卫生机构已基本实现统一收集处置，绝大部分设区市实现了集中处置的全覆盖，全省医疗废物集中处置率超过 93%。

2．危险废物监管处置

积极推行危险废物管理台账制度，建立了台账定期通报和检查制度，为危险废物源头监管提供有力手段。到 2009 年年底，全省已有包括化工、医药、电镀、制革等重点行业在内的 2000 余家企业执行了台账制度。同时依靠在 2007 年投入运行的浙江固废管理信息系统，基本实现了危险废物跨区域转移的网上审批和转移联单的网上跟踪。在做好掌握基础数据工作的同时也加大监督检查力度。

3．危险废物经营行为规范

制定出台了废矿物油、电镀污泥和废线路板等三个行业利用处置准入政策，为规范和提升危废综合利用行业奠定了基础。出台了危险废物经营许可管理细则，细化了发证的分级分类审批原则，明确了持证单位日常监管的具体要求。组织清理整顿危废持证单位，取缔了一批非法经营或不规范经营企业，提高全省持证经营单位的整体水平。

4. 加强危险废物处置区域和国际合作

牵头建立了长三角危险废物污染防治协作机制，会同上海市和江苏省两次召开长三角危险废物污染防治联席会议。同时，浙江积极与周边兄弟省市协作配合，妥善处理了多起危险废物非法转移处置事件，及时消除了环境安全隐患。在国际合作方面，积极有效地推动了全省多氯联苯清查处置与管理国家示范项目的开展。完成了高浓度多氯联苯污染物暂存库的土建招标和采购工作，并预计于年底前完成土建并投入使用。重点落实了浙江热脱附设施临时场所，设备完成了调试和试运行，即将正式投入使用。我们还完成了 3 个多氯联苯污染物储存点的清运前监测工作和 1 个储存点的清运工作，预计年底前还将完成 4 个储存点的清运工作。

5. 制度建设

“十一五”期间，随着社会经济日益发展，固废污染量不断加大，种类日益繁多，固废污染防治工作出现了新情况、新问题。为了及时跟上新的工作形势，有效地指导浙江省的固废污染防治工作。我们在已有法规制度的基础上，近几年又先后制定出台了《浙江省有害废物名录》、《浙江省限制类进口废物环境保护管理办法》、《浙江省危险废物经营许可证申领指南》、《浙江省危险废物经营许可证审批管理办法（试行）》、《关于加强危化品生产使用单位危险废物管理的通知》、《关于进一步加强建设项目固体废物环境管理的通知》、《关于进一步加强危险废物经营许可管理工作的通知》、《浙江省危险废物集中处置设施建设规划（2008—2010 年）》、《上海世博会期间长三角区域危险废物处置跨区域联动和应急保障方案》、《浙江省有毒化学品进出口环境管理登记地方预审及年度备案程序》等一系列法规政策文件，涵盖了浙江省固废污染防治工作各个方面，为固废污染防治工作提供了强有力的法律保障。

三、污泥处理处置

污泥规范化处置和土壤污染防治两项工作作为全省固废污染防治工作中的重中之重，一直以来都受到省政府和省厅领导的高度重视，也是我们固废污染防治工作的重心和着力点。在污泥规范化处置方面。2008 年，由省环保厅等 9 个部门联合出台了《浙江省污水处理设施污泥处置工作实施意见》，明确了全省污泥处置工作的指导思想、总体目标、主要任务和各部门职责分工。并从 2009 年开始，污泥处置工作也纳入生态省建设年度任务书，明确了责任主体。同时，编制了《全省污泥处置方案编制大纲》，以指导各市制订污泥处置三年工作方案。目前，全省已有 9 个设区市制订了污泥处置工作方案，并通过了各市生态办审查。2010 年 8 月，省级 9 部门联合召开了污泥处置工作座谈会，专题研究污泥处置的一系列扶持政策。我们还专门拨出 20 万元专项经费，用于编制《浙江省污泥处理处置技术导则》。在处理处置设施建设上，“十一五”期间，各地以主要集中式污水处理厂为重点，组织实施了一批污泥处理处置试点工程，到目前为止，全省已建成较为规范的污泥处理处置设施 11 座，形成日处置能力 2 960 吨，在建、拟建设施 9 座，建成后可新增日处置能力 6 000 吨。总体上，浙江省的污泥处置工作走在了全国前列。具体详见表 3-7。

表 3-7　2009—2010 年浙江城镇污水处理厂污泥处理处置设施建设计划表

序号	建设地点	项目名称	建设起止年限	服务对象	建设规模/（t/d）	建设内容	处置方式	总投资/万元	进度安排
	—	总计	—	—	7 026	—	—	123 675	—
	—	杭州合计	—	—	2 000	—	—	34 964	—
1	杭州下沙	七格污水处理厂污泥脱水项目	2009—2010	七格污水处理厂	350	350 t/d 污泥脱水设施一套	填埋	3 500	2009 年开工建设 2010 年建成运行
2	下沙七格社区	杭州市七格污水处理厂三期工程污泥直接焚烧生产性示范工程	2009—2010	七格污水处理厂	100	100 t/d 污泥直接焚烧设施	焚烧	3 500	2009 年开工建设 2010 年建成运行
3	富阳	富阳市污泥焚烧资源综合利用一期工程	2009—2010	江南片污水处理厂	1 500	1 500t/d 污泥直接焚烧设施	焚烧	25 464	2009 年开工建设 2010 年建成运行
4	临安锦南街道上畔村	临安市垃圾焚烧发电（含污泥处置工艺）项目	2009—2010	建成区及周边乡镇已建污水处理厂	50	建设总规模为 450 t/d 垃圾焚烧发电项目，包括厂区建设及其设备安装等，其中污泥规模 50t/d	焚烧发电	2 500	2009 年开工建设 2010 年建成运行

序号	建设地点	项目名称	建设起止年限	服务对象	建设规模/（t/d）	建设内容	处置方式	总投资/万元	进度安排
	—	宁波合计	—	—	400	—	—	990	—
1	慈溪	慈溪杭州湾众茂热电有限公司	2009	慈溪市域内已建污水处理厂	200	污泥干化设施	干化焚烧	510	2009 年建成运行
2	余姚	余姚光耀热电有限公司	2009	余姚市域内已建污水处理厂	200	污泥干化设施	干化焚烧	480	2009 年建成运行
	—	温州合计	—	—	1 740	—	—	35 593	—
1	东片污水处理厂	温州市污泥集中干化焚烧工程	2009—2010	中心片及东片污水处理厂	240	240 t/d 污泥集中干化焚烧工程	焚烧	7 593	2009 年开工建设 2010 年建成运行
2	温州经济技术开发区	温州经济技术开发区污泥焚烧综合利用热电联产项目	2009—2011	温州市区（除中心片和东片污水处理厂外）在建、已建城市污水处理厂及企业污水处理厂	1 500	75 t/h 循环流化床锅炉 2 台，18 MW 双抽凝汽式汽轮机 1 台，18 MW 发电机 1 台及管网等配套设施	焚烧	28 000	2009 年完成前期 2010 年开工建设
	—	绍兴合计	—	—	630	—	—	18 000	—
1	绍兴	绍兴污泥预处理工程	2009—2010	绍兴污水处理厂	630	新建和改建污泥浓缩脱水设施	焚烧	18 000	2009 年开工建设 2010 年建成运行

序号	建设地点	项目名称	建设起止年限	服务对象	建设规模/（t/d）	建设内容	处置方式	总投资/万元	进度安排
	—	嘉兴合计	—	—	816	—	—	10 900	—
1	乍浦	嘉兴电厂联合污水处理厂污泥处置工程	2009—2010	嘉兴市联合污水处理厂污泥	250	污泥干化设施、运输设备、投加系统、电厂焚烧系统设备改造及配套工程等	焚烧	3 300	2010年建成运行
2	桐乡	浙江新都绿色能源有限公司污泥焚烧项目	2010—2011	桐乡市城市污水厂和5镇污水处理厂	500	日处理500t污泥焚烧炉1台，及污泥库、半干反应塔、布袋除尘器等配套设施	焚烧	6 500	2010年开工建设 2011年建成运行
3	平湖	浙江荣成纸业有限公司污泥有机肥项目	2008—2009	浙江荣成纸业有限公司	66	污泥浓缩脱水设施、有机堆肥车间土建钢构、翻堆设备、造粒设备及配套工程等	有机肥	1 100	2008年开工建设 2009年建成运行
	—	湖州合计	—	—	400	—	—	6 000	—
1	湖州市	湖州市区污泥无害化处理示范工程	2009—2010	湖州市域已建成的污水处理厂	400	污泥焚烧及建材利用设施	焚烧、建材利用	6 000	2009年开工建设 2010年建成运行

序号	建设地点	项目名称	建设起止年限	服务对象	建设规模/（t/d）	建设内容	处置方式	总投资/万元	进度安排
	—	金华合计	—	—	400	—	—	3 677	—
1	金华	金华市区污水处理厂污泥处置工程	2009—2010	秋滨、金东和婺城新城区污水处理厂	200	污泥脱水设施	卫生填埋	1 800	2009 年开工建设 2010 年建成运行
2	义乌	义乌市污泥处置中心工程	2007—2009	义乌市域已建污水处理厂	200	三段式可控温污泥处理工艺的干化系统	焚烧、制砖	1 877	2010 年建成运行
	—	衢州合计	—	—	100	—	—	1 800	—
1	衢州	衢州市衢州污水处理厂污泥深度处理项目	2009—2010	衢州市主城区、柯城、衢江城区已建污水处理厂	100	污泥干化设施	垃圾填埋场覆土	1 800	2009 年开工建设 2010 年建成运行
	—	舟山合计	—	—	100	—	—	3 500	—
1	舟山市新港工业区	舟山市岛北污泥处理处置项目	2009—2010	舟山本岛已建成的污水处理厂	100	建设 100 t/d 污泥处置设施	焚烧、建材利用	3 500	2009 年开工建设 2010 年建成运行
	—	台州合计	—	—	380	—	—	5 251	—
1	椒江区	椒江污泥处置工程	2009—2010	椒江、黄岩污水处理厂及路桥污水处理厂	300	年产 10 万 m^3 陶粒生产线	造粒、制砖	4 800	2009 年开工建设 2010 年完成主体工程

序号	建设地点	项目名称	建设起止年限	服务对象	建设规模/（t/d）	建设内容	处置方式	总投资/万元	进度安排
2	路桥区	台州市路桥污泥处置一期扩建工程	2009—2012	路桥污水处理厂	80	日处理35t的污泥干化焚烧设施	堆肥 焚烧	451	2009年开工建设 2010年建成运行
	—	丽水合计	—	—	60	—	—	3 000	—
1	丽水市	丽水市污泥处置工程	2008—2010	丽水城市污水处理厂	60	污泥干化设施	卫生填埋	3 000	2009年开工建设 2010年建成运行

四、土壤污染防治

近几年，开展了一系列探索和试点工作，重点抓了三个方面的工作。第一，探索建立土壤污染防治法制体系。出台了《关于加强建设项目土壤污染评价的通知》、《浙江省污染土壤修复评估目录》等政策文件。目前，正在起草《关于加强工业企业场地污染防治的通知》、《浙江省污染场地开发利用环境管理办法》和《场地污染环境风险评估和治理修复技术规范》等政策文件。通过这几年的努力，浙江省土壤污染防治法规政策从无到有、不断完善，有力保障了土壤污染防治的全面起步。第二，基本掌握土壤环境污染基本情况。根据“浙江省重点区域土壤污染调查研究”课题、全省“七·五”土壤环境背景点回顾性调查与对比分析等工作，基本掌握土壤环境污染基本情况，为下一步污染场地的治理修复和环境监管提供了基础信息。第三，推动污染场地修复工程试点。各地启动了一批污染场地治理修复试点工程，其中，金华市兰溪农药厂原址修复、杭州市铬渣污染场地治理、宁波市制药厂和化工研究院地块污染土壤处置等试点工程都取得了积极进展。2008 年，省政府印发的《“811”环境保护新三年行动实施方案》中，将台州市拆解业污染土壤污染作为全省 11 个省级督办重点问题，进行综合整治。目前，路桥和温岭两处污染场地修复工程已经开工，三处地块的农产品种植结构调整正抓紧实施。

五、进口废物与化学品管理

在进口废物环境监管方面。规范了申请与审核程序，推行季度情况报表制度，在全省范围内统一了废五金类加工利用台账，并在全国率先推行了网络信息化的电子台账试点。2006 年以来对固体废物拆解业开展了数次大规模的整治行动，清理场外拆解 11000 户以上，大大改善了原先非法散户随地拆解的现象。建立了月度抽查制度，规范定点企业经营行为，“十一五”期间共查处了29家涉嫌倒买倒卖进口废物的企业。对定点单位高度集中的地区推行园区化管理，宁波再生金属加工园区成为全国第一个进口再生资源“圈区管理”试点园区。“十一五”期间共完成了5595份限制类进口废物申请材料的审查工作。认真执行总量控制与年底考核制度，每年召开总量核定联席会议，严格按照总量核定方法开展工作，组织多部门联合的考核组，对120多家定点企业进行了认真严格的现场考核和逐项评分，并将考核结果与总量核定相挂钩，五年来共报请取消了7家不合格企业的定点资格。

在化学品管理方面。在“十一五”期间，浙江省出台了化学原料药、印染、废纸造纸等3个行业的环境准入指导意见，并提高各开发区（工业园区）的准入条件，并将其环境整治列入年度生态省建设工作目标任务书进行考核。为了应对突然的环境事件，全省共制定各种突发环境事件应急预案203个，建立了较为完备的突发环境事件应急体系。在危险化学品登记工作上，截至2009年9月23日，全省1113家危险化学品生产企业开通登记帐号，占生产企业总数的78.9%。在新化学物质环境监管上。截至目前，环保厅已转发新化学物质监管通知单10份，新化学物质免予申报监管通知单22份，涉及新化学物质使用企业17家，新化学物质种类达33种。并将获得登记的新化学物质使用企业共分7批次将8家企业的54种化学物质增补申报材料上报环境保护部。结合浙江省实际深入调查持久性有机污染物，分别在2007年7月—2008年4月和2009年8月—2010年3月组织开展了全省持久性有机污染物调查和更新调查工作，分别调查了1734家和1708家二噁英产生企业。基本摸清浙江省持久性有机污染物排放状况和排放企业分布情况，为确定全省重点管理地区和重点管理源打下了很好的基础。在2010年5月，固管中心还专门成立了化学品管理科，负责开展持久性有机污染物更新调查和化学品环境监管工作，开创全国首例。

第四节 环保模范城市创建与城市环境综合整治定量考核

为推进城市环保，国家出台了环保模范城市创建（以下简称“创模”）与城市环境综合整治定量考核（以下简称“城考”）两大政策，城考是约束性管理机制，是对所有城市环境管理的基本要求，是对所有城市政府的考核。创模是建立在城考基础上的激励性管理机制，是城市政府自愿性行为，是在全国树立的典型，针对少数城市。这两项政策很好地促进各市加强环保、探索可持续发展道路。为推进浙江各城市经济社会与环境保护协调发展，根据《关于开展浙江省环境保护模范城市创建工作的通知》（浙环发[2007]63 号），浙江省启动了省级环境保护模范城市创建活动，2009 年年初召开全省环保模范城市创建现场会，全面启动了浙江创模工作。

一、创模工作进展

（一）基本情况

目前，浙江省城市创模工作已呈现快速推进态势：杭州、宁波、绍兴、湖州、富阳和义乌 6 个城市被命名为国家环保模范城市；诸暨、临安两市通过技术验收和公示。

自 2007 年开展创建省级环保模范城市工作以来，各市积极开展创建。截至 2009 年，诸暨、临安、临海和奉化 4 市被命名为第一批省级环境保护模范城市（浙环发[2009]25 号）。台州市通过验收，经整改后于 2009 年年底获省级环境保护模范城市称号。2009 年 3 月全省城市创模工作会议在台州召开，浙江省创模工作全面展开，目前，嘉兴、衢州、舟山、丽水、平湖市、永康等市创模规划通过评审，桐乡、建德等市正在积极组织创建，其他各市创建工作也在积极准备中。

（二）创模工作成效

经过两年的探索，浙江省创模工作取得了初步成效。

一是有效提升了城市政府对环境保护工作的积极性。创模作为城市环保工作的一种手段，又是城市评优创先的一种形式，大大激发了城市政府的荣誉感和开展城市环保工作的积极性，普遍形成了政府主要领导牵头，环保部门统一协调考核，各部门分工负责，广大群众积极参与的城市环保工作新机制，特别是利用创模这一契机，创模城市的环保队伍和环保管理能力得到了明显的壮大和加强，有效促进了各项城市环保工作的全面展开。

二是加快了产业结构的调整和环保基础设施的建设。从面上情况来看，关停一批重污染企业，产业结构和布局得到明显优化；创模城市普遍增加了环保投入，并率先引入 BOT、TOT 等市场化投融资运作方式，在环保基础设施建设方面走在了全省的前面。2008 年，全省县以上城市处理能力 663 万米^3/日，生活污水处理率为 73.1%，而模范城市与通过验收城市的生活污水平均处理率为 81.7%，高出 8.6%。

三是促进解决新型、突出环境问题，树立良好典型。通过创模，一批群众关心的热点和难点问题得到切实解决，台州、临海等市大力整治开展临海水洋化工区、黄岩王西外东浦化工区、椒江外沙岩头化工区等 3 个省级重点监管区整治，经整治缓解区域突出环境矛盾，提升了城市的政府形象；诸暨市探索污水处理厂污泥处置有成效；临安市通过大力开展深度脱氮除磷，保护好饮用水水源出成绩；奉化市积极探索城乡一体化可持续发展的路子，城乡结合部的滕头村成为 2010 年上海世博会“城市最佳实践区”唯一的乡村实践案例。浙江省的环保模范城市积极探索新型、突出的环保问题解决之道，为全省城市树立了样板，起到了很好的示范作用，有效推动全省城市环保工作。

四是调动了广大群众自觉参与城市环保工作的积极性。通过宣传发动，不仅使广大群众了解了政府在环保方面所作的努力，密切了政府与人民群众的关系；更使群众认识到“人人参与、人人共享”，提高了参与环保工作的积极性。因此，创模本身是一项公众参与的社会活动，不仅提高了城市环境质量和综合竞争力，更提高了全社会的环保意识和环保素质。

（三）各市创模工作存在的问题

根据国家及省级环保模范城市创建管理办法，环保模范城市需每三年进行一次复检，同时环境保护部于2008年出台《关于印发〈“十一五”国家环境保护模范城市考核指标及其实施细则（修订）〉的通知》（环办[2008]71号），进一步提高国家环保模范城市考核要求，对照《关于印发〈“十一五”国家环境保护模范城市考核指标及其实施细则（修订）〉的通知》和《关于开展浙江省环境保护模范城市创建工作的通知》，浙江省各设市城市与国家或省级环保模范城市还存在一定差距，主要差距有：①城市水功能区水质达标率低；②机动车环保检测没有省级委托，检测率低；③部分城市单位GDP能耗、水耗过大；④重点工业企业污染物排放稳定达标率低；⑤环保基础设施建设滞后；⑥公众对城市环境保护的满意度偏低。

二、城考工作基本情况

1990年《国务院关于进一步加强环境保护工作的决定》中明确规定：“省、自治区、直辖市人民政府环境保护部门负责对本辖区的城市环境综合整治工作进行定量考核，每年公布结果，直辖市、省会城市和重点风景游览城市的环境综合整治定量考核结果，由国家环保局核定后公布”。从1990年的32个国家考核城市，发展到2007年的617个考核城市，城考工作逐步成为推进城市环保的一个重要抓手。

浙江早在1995年出台《浙江省人民政府办公厅关于对县级市城市

环境综合整治实行定量考核的通知》（浙政办发[1995]203 号），组织设市城市进行全国统一城考工作。

2008 年，根据原国家环保总局办公厅《关于印发〈“十一五”城市环境综合整治定量考核指标实施细则〉和〈全国城市环境综合整治定量考核管理工作规定〉的通知》（环办[2006]36 号）和环境保护部办公厅《关于请报送 2008 年度“城考”复核结果的函》（环办函[2009]829 号）的要求，环保厅对全省 11 个设区市、23 个县级市（包括绍兴县）城市城考结果进行了初审和复核，并将有关情况上报环保部。杭州、宁波、温州、绍兴和湖州 5 个城市为国家“城考”重点城市。

根据环保部《关于 2008 年度全国城市环境综合整治定量考核结果的通报》（环办函[2009]1348 号），2008 年度，浙江省重点城市的得分情况为：杭州市 76.81 分、宁波市 98.25 分、温州市 78.06 分、湖州市 91.79 分、绍兴市 96.28 分。其中，杭州市、宁波市、湖州市和绍兴市较 2007 年分别提高了 2.51 分、0.43 分、0.69 分和 0.70 分，温州市由于区域噪声和交通噪声环境质量恶化，较 2007 年下降了 8.43 分。

2008 年城考显示，中国城市环境今后一个时期将面临四个方面的挑战：一是城市化加速与人口快速增长给城市资源、环境带来巨大压力；二是城市环境基础设施建设严重滞后于城市化速度；三是“退二进三”战略增加了周边地区的环境风险；四是城市用地过快增长，导致多种环境问题。

浙江省城考工作在全国总体处于中上游水平，医疗废物集中处置率超过 97%，生活垃圾无害化处理率超过 95%，但机动车定期检测委托管理还没有开展，城市环保满意率整体偏低，少数城市的环保基础设施建设需加强，其中龙泉市城市生活污水集中处理率认定为 0，乐清市生活垃圾无害化处理率为 0。从全国整体来看，国家环保模范城市在水环境功能区水质达标率、工业固废处置利用率、医疗废物处置率、生活污水集中处理率和生活垃圾无害化处理率方面较全国平均水平高出较多，浙江省的国家及省级环保模范城市在水环境功能区水质达标率、生活污水集中处理率和生活垃圾无害化处理率方面，较全省平均水平分别高出16.52%、10.32%和3.27%。

表3-8　2008年度设区市城考结果

城市编码	城市名称	环境质量指标得分合计	污染控制指标得分合计	环境建设指标得分合计	环境管理指标得分合计	总得分	省（自治区）内排名
330100	杭州市	25.84	25.82	19.8	5.35	76.81	11
330200	宁波市	43.5	28.98	20	5.77	98.25	1
330300	温州市	31.72	28.27	13.42	4.65	78.06	10
330400	嘉兴市	28	28.5	20	5.53	82.03	9
330500	湖州市	39.08	27.35	20	5.36	91.79	5
330600	绍兴市	43.6	27.07	20	5.61	96.28	2
330700	金华市	36	26.8	19.11	2.14	84.05	8
330800	衢州市	43.4	22.28	18.68	5.72	90.08	7
330900	舟山市	41.33	26.64	19.14	6	93.11	4
331000	台州市	42	28.59	20	4.64	95.23	3
331100	丽水市	43.05	25.22	17.26	4.97	90.5	6

表3-9　2008年度县级市城考结果

城市编码	城市名称	环境质量指标得分合计	污染控制指标得分合计	环境建设指标得分合计	环境管理指标得分合计	总得分	省（自治区）内排名
330182	建德市	44	24.77	20	5.73	94.5	7
330183	富阳市	40.67	21.7	15.97	5.51	83.85	18
330185	临安市	44	26.63	20	5.79	96.42	3
330281	余姚市	40.67	27.04	19.62	6	93.33	8
330282	慈溪市	35	27.76	18.4	5.71	86.87	15
330283	奉化市	42.5	27.77	19.33	5.37	94.97	4
330381	瑞安市	39.26	27.67	17.24	4.74	88.91	13
330382	乐清市	36	27.04	3.38	4.64	71.06	23

城市编码	城市名称	环境质量指标得分合计	污染控制指标得分合计	环境建设指标得分合计	环境管理指标得分合计	总得分	省（自治区）内排名
330481	海宁市	27.67	24.58	20	5.72	77.97	22
330482	平湖市	28	24.59	20	5.62	78.21	20
330483	桐乡市	28	24.48	20	5.56	78.04	21
330621	绍兴县	44	23.68	18.4	5.69	91.77	10
330681	诸暨市	44	27.44	20	5.62	97.06	2
330682	上虞市	44	25.2	19.96	5.51	94.67	6
330683	嵊州市	39	27.91	18.74	5.25	90.9	11
330781	兰溪市	37.4	23.59	12.69	5.27	78.95	19
330782	义乌市	44	27.72	20	5.82	97.54	1
330783	东阳市	36	26.48	20	5.07	87.55	14
330784	永康市	35.58	27.97	16.68	4.87	85.1	16
330881	江山市	44	23.28	16.51	5.61	89.4	12
331081	温岭市	43.7	26.25	20	3	92.95	9
331082	临海市	44	26.07	19.74	5.07	94.88	5
331181	龙泉市	44	22.5	11.95	5.83	84.28	17

第四章　流域污染防治

浙江水资源的空间分布不均匀，总的趋势是自西向东，自南向北递减，其中山区大于平原，沿海山地大于内陆盆地。水资源的地区差异显著，与耕地、人口分布、生产力布局以及经济发展状况不相匹配，如苕溪、杭嘉湖平原、曹娥江和甬江一带人口稠密，经济发达，耕地面积占全省的近一半，而水资源量只占全省的1/5，水资源量亩均1400立方米，人均1000立方米；相反，瓯江、飞云江、鳌江、椒江一带水资源量占全省的38%，而耕地面积只占全省的24%，亩均水资源量5500立方米，人均7000立方米。

根据资料情况，地表水质现状评价的基准年采用2009年。水质评价标准采用《地表水环境质量标准》（GB 3838—2002），水质评价方法采用单指标评价法。全省参与评价的重点水功能区220个，设230个水质监测断面，评价总河长3322.6千米。评价项目选用pH值、溶解氧、高锰酸盐指数、五日生化需氧量、氨氮、总磷、氟化物、砷、汞、铬（六价）、总氰化物、挥发酚、总铜、总锌、总镉、总铅、石油类等17项。

全年期，属Ⅰ～Ⅲ类水的河长1769.6千米，占评价总河长的53.3%；属Ⅳ类水的河长457千米，占评价总河长的13.8%；属Ⅴ类水的河长233.1千米，占评价总河长的7.0%；属劣Ⅴ类水的河长862.9千米，占评价总河长的26.0%。

汛期，属地表水Ⅰ～Ⅲ类水的河长1786.4千米，占评价总河长的

53.8%；属Ⅳ类水的河长 568.4 千米，占评价总河长的 17.1%；属Ⅴ类水的河长 136.1 千米，占评价总河长的 4.1%；属劣Ⅴ类水的河长 831.7 千米，占评价总河长的 25.0%。

非汛期，属地表水Ⅰ～Ⅲ类水的河长 1 697.5 千米，占评价总河长的 51.1%；属Ⅳ类水的河长 360.7 千米，占评价总河长的 10.9%；属Ⅴ类水的河长 374.7 千米，占评价总河长的 11.3%；属劣Ⅴ类水的河长 907.7 千米，占评价总河长的 27.3%。

浙江省自北至南有苕溪、运河、钱塘江、甬江、椒江、瓯江、飞云江、鳌江八大水系。上述河流除苕溪注入太湖，京杭运河沟通杭嘉湖平原水网外，其余均为独流入海河流；此外，尚有众多独流入海小河流，另有部分浙、闽、赣边界河流；在杭嘉湖和萧绍宁、温黄、温瑞等主要滨海平原，地势平坦，河港交叉，形成平原河网。

第一节　流域基本情况

一、钱塘江水系

1. 自然环境概况

①地理位置。钱塘江流域位于浙江西北部，介于东经 117°37′～121°52′，北纬 28°10′～30°48′，跨越安徽、浙江、江西和福建四省，澉浦以上流域面积 49 876 平方千米，主流长 583 千米，杭州闸口以上流域面积 41 945 平方千米，其中浙江省 35 500 平方千米。

②水系与水文特征。钱塘江是浙江省第一大河，其源头分南、北两源。北源为新安江，南源为兰江，南北两源在建德梅城汇合后经杭州入杭州湾。干流有马金溪、常山港、衢江、兰江、新安江、富春江、钱塘江。兰江主要支流有江山港、乌溪江、灵山港、金华江等。新安江段主

要支流有寿昌江。梅城以下主要支流有分水江、壶源江、浦阳江等。干流富春江电站以上为山溪性河流，坡陡流急；富春江以下则为感潮河段，河口潮差大，属强潮汐河口。

钱塘江干流及主要支流流域特征见表 4-1。部分水文站年径流特征值统计见表 4-2。

表 4-1　钱塘江干流及主要支流流域特征

河道名称			河长/km	集水面积/km^2	河道比降/‰
干流（南）	马金溪		102.2	1 011	7.1
	常山港		175.9	3 385	4.4
	衢　江		257.9	11 477	3.1
	兰　江		302.5	19 468	2.6
	富春江（东江嘴以上）		460.7	38 318	2.9
	钱塘江	闸口以上	476.6	41 945	2.8
		澉浦以上	583.1	49 876	2.3
干流（北）	新安江		358.9	11 674	3.7
支流	池淮溪		53.8	418	12.1
	龙山溪		45.7	332	13.9
	马　溪		57.4	275	15.3
	芳村溪		50.6	357	15.5
	江山港		137.4	1 946	7.3
	乌溪江		155.9	2 577	7.5
	铜山源		45.4	247	14.3
	芝　溪		63.8	350	15.1
	灵山港		90.6	727	12.6
	金华江	全　河	194.5	6 782	3.1
		其中东阳江	165.5	3 378	3.6
		武义江	129.2	2 520	5.6
	寿昌江		65.8	692	11.0
	分水江		164.2	3 444	5.9
	壶源江		102.8	761	6.6
	浦阳江		149.7	3 452	3.0

表 4-2 钱塘江流域部分水文站年径流特征值表

河流	站名	集水面积/ km^2	年降水量/ mm	平均流量/ （m^3/s）	年径流深/ mm	年径流系数
马金溪	密赛	797	1 836.3	29.845	1 181.7	0.664
常山港	长风	2 082	1 863.7	73.954	1 120.9	0.601
芝溪	严村	180	1 877.8	7.085	1 242.1	0.661
白沙溪	山脚	189	1 751.8	6.851	1 143.9	0.653
乌溪江	钟埂	710	1 811.0	25.734	1 143.8	0.632
壶源江	高峰	383	1 498.4	9.93	818.2	0.546
寿昌江	源口（建德）	687	1 591.8	19.4	891.1	0.560
分水江	分水	2 630	1 618.2	75.254	899.6	0.556
东阳江	八达	102	1 493.4	2.908	899.8	0.603
兰　江	兰溪	18 233	1 713.5	545	943.3	0.551
衢　江	衢县	5 424	1 888.6	200	1 163.6	0.616
金华江	金华	5 953	1 526.5	142	752.8	0.493

2．社会经济状况

①行政区划。浙江省境内位于钱塘江流域的主要市县有杭州市、衢州市、金华市、诸暨市和遂昌县。杭州市辖杭州市区、萧山区、富阳、桐庐、建德、淳安、临安，共 134 个镇（乡）。衢州市辖柯城区、衢江区、江山市、常山县、龙游县、开化县，共 117 个镇（乡）。金华市辖婺城区、金东区、兰溪市、义乌市、东阳市、永康市、浦江县、武义县、磐安县，共 106 个镇（乡）。诸暨市辖 35 个镇（乡），遂昌县辖 15 个镇（乡）。

②人口规模。钱塘江流域内城镇众多，人口集中。2005 年主要市县总人口为 1 398.04 万人，占全省总人口的 32.3%。人口最多的是杭州市区，占流域总人口的 41.4%，其次为金华市，占 32.5%，其余依次为衢州市、诸暨市和遂昌县。人口密度最大为诸暨市，为 457 人/平方千米，最小是遂昌县，为 77 人/平方千米，其余依次为金华市、杭州市

和衢州市。

③经济状况。杭州市是浙江经济最发达的地区之一，金华、兰溪、衢州是浙江省中西部主要的工农业生产基地和经济文化中心，拥有化工、食品、纺织、医药、机械等多种工业门类，具有较大的经济发展潜力。义乌、富阳、诸暨、东阳等市综合实力具全省前列，均为全国百强县。2005 年流域内主要市县的 GDP 为 4388.43 亿元，占全省 GDP 总量的 32.9%。GDP 最高的是杭州，占全流域国内生产总值的 60.6%，其余依次为金华市、衢州市、诸暨市和遂昌县。流域内主要市县人均 GDP 为 31390 元，高于全省人均 GDP 27287 元的平均水平。

3. 钱塘江流域环境状况

①水土流失情况。钱塘江流域是浙江省水土流失程度较高且分布范围较广的地区。水土流失类型主要是水力侵蚀，其表现形式以坡面面蚀为主，在金衢盆地的四周还分布着一定数量的沟蚀。据 2001 年杭州市、金华市、衢州市、诸暨市、遂昌县水土流失调查统计，水土流失面积合计 7015.3 平方千米，约占土地面积的 19.1%，占全省水土流失面积的 43.3%。淳安、临安的水土流失面积超过 500 平方千米。江山、开化、东阳、诸暨、建德的水土流失面积超过 400 平方千米。除遂昌县水土流失以中度侵蚀为主外，其他四市的水土流失以轻度侵蚀为主。造成水土流失的原因一方面是流域的山地丘陵面积大，山高坡陡，降水量集中，强度大，冲刷能力强；林分蓄水保土功能不强；另一方面植被破坏、陡坡开垦、耕作方式不合理、矿山开采、水利工程、公路、城乡建设过程中缺乏相应的水土保持措施等不合理的人为活动加剧了水土流失。

②水质情况。钱塘江流域共设置地表水监测断面 45 个，根据 2005 年监测结果，采用《地表水环境质量标准》（GB 3838—2002），应用单因子评价方法进行评价，结果如下。

45 个断面中满足功能断面有 23 个，占总数的 51.1%，不满足功能断面 22 个，占 48.9%；其中达到Ⅰ类断面 2 个，Ⅱ类 7 个，Ⅲ类 21 个，Ⅳ类 7 个，Ⅴ类 3 个，劣Ⅴ类 5 个；各类水质断面及分布情况见附图 4-1。

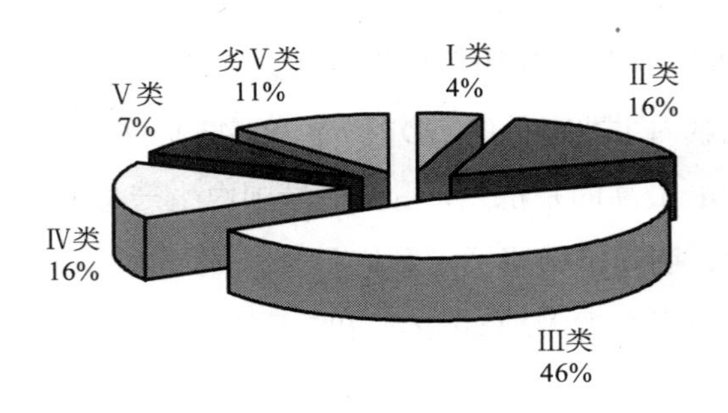

图 4-1　钱塘江流域监测断面水质分布图

在钱塘江干流及支流总评价河段 1 165.8 千米中，Ⅰ类水河段长 95.6 千米，占 8.2%；Ⅱ类 198.1 千米，占 17.0%；Ⅲ类 534.6 千米，占 46.6%；Ⅳ类 152.6 千米，占 13.1%；Ⅴ类 48.5 千米，占 4.2%；劣Ⅴ类 127.4 千米，占 10.9%。满足功能河段长 710.5 千米，占总评价河长的 60.9%，不满足河段长 455.3 千米，占 39.1%（钱塘江流域具体分段水质评价结果见表 4-3，图 4-2）。主要污染河段为金华江、东阳江、南江和武义江的河段，主要污染指标为生化需氧量、氨氮、总磷等，详见表 4-4。

从整体来看，钱塘江水系中衢州市上游的马金溪、常山港和灵山港水质较好，为Ⅰ～Ⅱ类，其次是乌溪江，水质为Ⅱ～Ⅲ类，衢江和江山港为Ⅲ类；杭州市的新安江水质最好，为Ⅰ类，其次是分水江，为Ⅱ～Ⅲ类，渌渚江和壶源江为Ⅲ类，富春江和钱塘江干流为Ⅲ～Ⅳ类，其中Ⅲ类占评价河段总长的 79.8%；金华市的兰江水质为Ⅲ～Ⅳ类，其中Ⅲ类河段占 79.9%，中下游为Ⅳ类和劣Ⅴ类，南江水质为Ⅳ类和劣Ⅴ类；浦阳江流经金华、绍兴和杭州，主要为Ⅲ类，但金华出境水质较差为Ⅴ类。

表 4-3　钱塘江流域分段水质评价结果表（2005 年）

河流名称	评价河段总长/km	河段类别												满足功能河段		不满足功能河段	
		长度/km						百分比/%						长度/km	百分比/%	长度/km	百分比/%
		I	II	III	IV	V	劣V	I	II	III	IV	V	劣V				
马金溪	96.0	53.6	42.4	0	0	0	0	55.8	44.2	0	0	0	0	96.0	100	0	0
常山港	53.2	0	53.2	0	0	0	0	0	100	0	0	0	0	53.2	100	0	0
衢　江	64.9	0	0	64.9	0	0	0	0	0	100	0	0	0	64.9	100	0	0
兰　江	52.8	0	0	42.2	10.6	0	0	0	0	79.9	20.1	0	0	21.6	40.9	31.2	59.1
富春江	86.2	0	0	62.6	23.6	0	0	0	0	72.6	27.4	0	0	0	0	86.2	100
干　流	48.2	0	0	44.4	3.8	0	0	0	0	92.1	7.9	0	0	11.2	23.2	37.0	76.8
分水江	46.4	0	22.8	23.6	0	0	0	0	49.1	50.9	0	0	0	22.8	49.1	23.6	50.9
渌渚江	15.0	0	0	15.0	0	0	0	0	0	100	0	0	0	15.0	100	0	0
壶源江	24.0	0	0	24.0	0	0	0	0	0	100	0	0	0	24	100	0	0
新安江	42.0	42.0	0	0	0	0	0	100	0	0	0	0	0	42	100	0	0
江山港	128.6	0	0	128.6	0	0	0	0	0	100	0	0	0	128.6	100	0	0
乌溪江	30.9	0	19.8	11.1	0	0	0	0	64.1	35.9	0	0	0	30.9	100	0	0
灵山港	57.5	0	57.5	0	0	0	0	0	100	0	0	0	0	57.5	100	0	0
金华江	24.3	0	0	0	0	11.8	12.5	0	0	0	0	48.6	51.4	0	0	24.3	100
武义江	71.1	0	0	0	52.0	19.1	0	0	0	0	73.1	26.9	0	52.0	73.1	19.1	26.9
东阳江	119.6	0	0	26.9	42.0	0	50.7	0	0	22.5	35.1	0	42.4	42.0	35.1	77.6	64.9
南　江	84.8	0	0	0	20.6	0	64.2	0	0	0	24.3	0	75.7	0	0	84.8	100
浦阳江	120.3	0	2.4	100.3	0	0	17.6	0	2.0	83.4	0	0	14.6	48.8	40.6	71.5	59.4
合计	1165.8	95.6	198.1	534.6	157.6	48.5	127.4	8.2	17.0	46.6	13.1	4.2	10.9	710.5	60.9	455.3	39.1

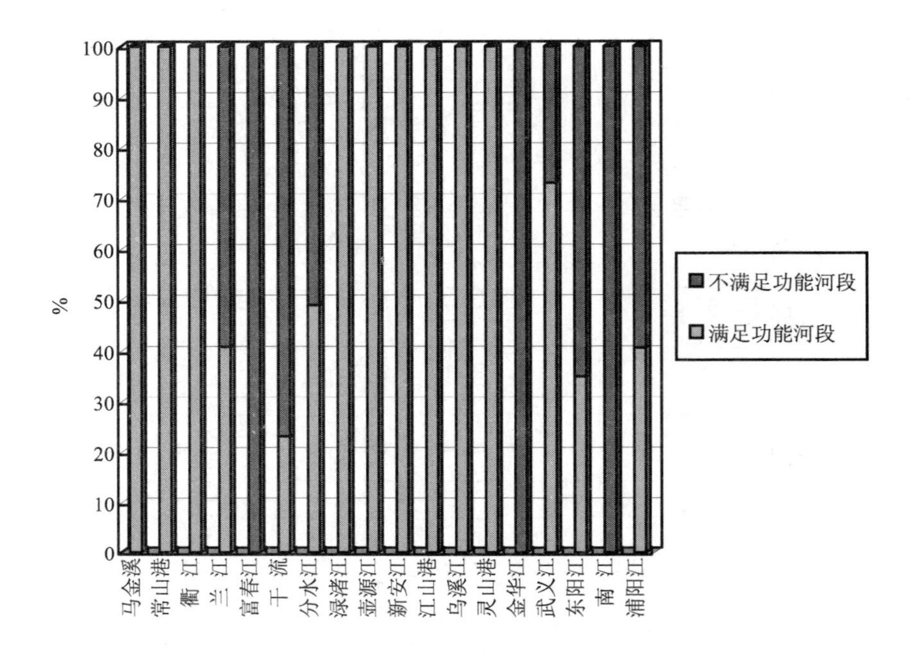

图 4-2 钱塘江分段水质评价图

表 4-4 钱塘江水系主要不满足功能河段情况表（2005 年）

河流	河段	水质类别	功能类别要求	主要不满足功能标准项目
兰江	横山	Ⅲ	Ⅱ	氨氮、总磷
	兰江口	Ⅴ	Ⅲ	总磷、石油类
富春江	严东关	Ⅳ	Ⅲ	总磷、石油类
	窄溪	Ⅲ	Ⅱ	总磷
	富阳	Ⅲ	Ⅱ	氨氮、总磷
钱塘江干流	袁浦	Ⅲ	Ⅱ	DO、氨氮、总磷、石油类
	闸口	Ⅲ	Ⅱ	氨氮、总磷、石油类
	猪头角	Ⅳ	Ⅲ	氨氮、石油类
分水江	桐君山	Ⅲ	Ⅱ	总磷
金华江	河盘桥	劣Ⅴ	Ⅲ	氨氮、BOD_5
	铁路桥	劣Ⅴ	Ⅳ	氨氮
	费垅	Ⅴ	Ⅱ	COD_{Mn}、氨氮、总磷、石油类
武义江	章店	Ⅴ	Ⅲ	总磷、石油类

河流	河段	水质类别	功能类别要求	主要不满足功能标准项目
东阳江	横锦水库出口	III	II	总磷、Pb
	义东桥	劣V	III	氨氮、石油类
	东关桥	劣V	III	BOD_5、氨氮
南江	城头	劣V	III	COD_{Mn}、BOD_5、氨氮、总磷、挥发酚、石油类
	南江桥	IV	III	BOD_5、氨氮、石油类
浦阳江	金坑岭水库出口	III	II	挥发酚、石油类
	上仙屋	V	III	DO、COD_{Mn}、BOD_5、氨氮、石油类
	自来水厂	III	II	COD_{Mn}、氨氮、总磷
	浦阳江出口	III	II	COD_{Mn}、氨氮、石油类

4．钱塘江流域污染情况分析

全流域 2005 年 COD 排放量为 317816.9 吨，主要来自于工业和生活污染源；氨氮排放量为 67531.76 吨，主要来自农业面源污染，其次为生活污染源；总磷排放量为 9858.68 吨，主要来自农业面源和生活污染源。各污染源主要污染物排放权重见表 4-5 和图 4-3、图 4-4、图 4-5。

表 4-5　钱塘江流域各污染源水污染物排放权重一览表（2005 年）

污染来源＼项目	COD 排放比例/%	氨氮排放比例/%	总磷排放比例/%
工业	41.91	13.13	—
生活	41.11	24.01	43.54
农业面源	16.98	62.86	56.46
合计	100	100	100

注：工业总磷由于未列入环境统计而无确切数据，故未计算在内。

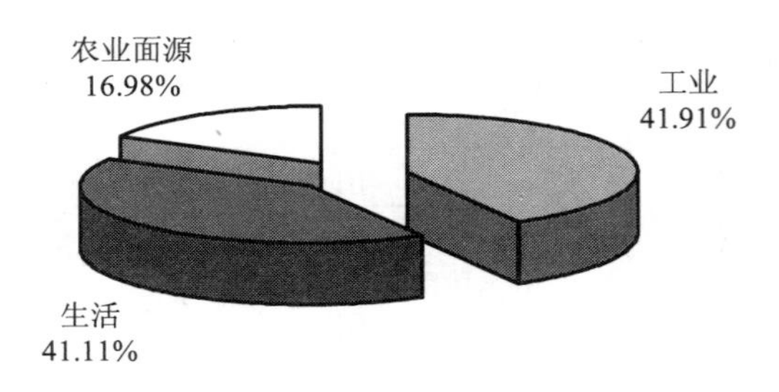

图 4-3 各类污染源 COD 排放权重分布图

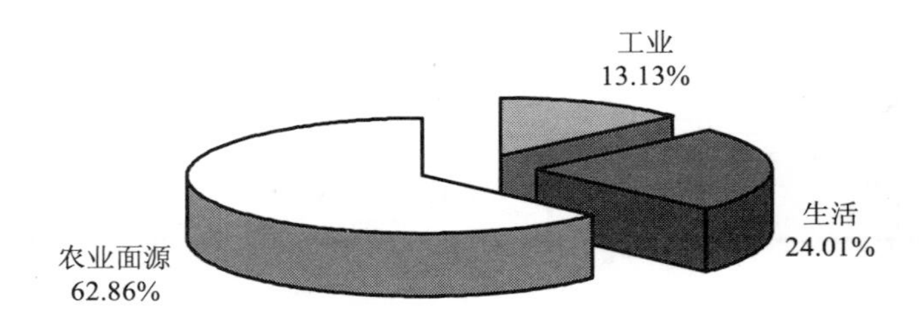

图 4-4 各类污染源氨氮排放权重分布图

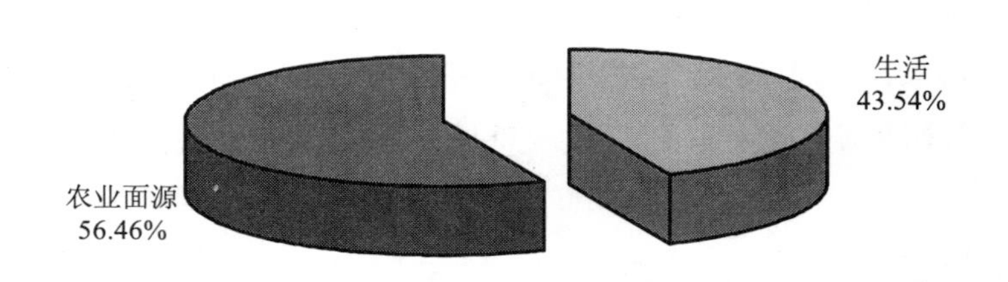

图 4-5 各类污染源总磷排放权重分布图

流域水污染物分县（市、区）汇总见表 4-6。由表 4-6 可知，流域 2005 年排放水污染物等标负荷最大的是诸暨市，为 4403.48 吨；其次是杭州市区和萧山区，分别为 3303.14 吨和 2783.02 吨；最小的是磐安县，为 321.91 吨。诸暨市等标污染负荷居首主要是因为其种植业化肥施用量高、氮磷流失量大所造成的，化肥流失占其整个污染负荷量的 82.9%。杭州主要是因为人口较多，生活污染负荷较高，萧山则是因为工业、生活和农业面源污染负荷相对量均比较大。

表 4-6　钱塘江流域水环境污染物排放汇总表（2005 年）

行政区划		COD 排放量/t	氨氮排放量/t	总磷排放量/t	等标污染负荷/（t/a）
杭州市	杭州市区	32 390.27	6 670.734	1 267.259	3 303.14
	萧山区	42 619.98	6 048.087	976.805 6	2 783.02
	富阳市	43 801.83	1 678.78	251.89	1 053.72
	临安市	10 747.01	2 671.59	229.34	744.26
	建德市	8 673.74	2 896.52	279.18	838.20
	桐庐县	17 649.56	1 500.99	236.75	750.06
	淳安县	8 629.03	1 362.54	188.36	553.85
	小计	164 511.4	22 829.23	3 429.58	10 026.22
金华市	金华市区	12 298.51	3 421.93	596.75	1 544.61
	兰溪市	11 957.01	2 892.21	468.15	1 248.68
	东阳市	11 944.14	4 647.18	319.82	1 068.89
	义乌市	10 789.04	3 076.13	369.1	1 051.17
	永康市	5 913.98	1 822.79	295.83	772.32
	武义县	7 279.05	2 319.98	311.11	849.66
	浦江县	7 256.65	1 013.87	150.74	441.64
	磐安县	2 179.77	745.74	125.2	321.91
	小计	69 618.13	19 939.82	2 636.68	7 298.86
衢州市	衢州市区	30 860.21	9 551	721.26	2 387.86
	江山市	10 873.77	2 355.87	339.91	945.62
	常山县	5 049.26	1 353.55	170.85	482.43
	开化县	5 828.66	1 852.3	164.15	510.07
	龙游县	14 297.33	2 694.25	336.87	996.33
	小计	66 909.23	17 806.97	1 733.03	5 322.28
绍兴市	诸暨市	14 025.13	6 199.31	1 924.97	4 403.48
丽水市	遂昌县	2 752.92	756.03	134.42	346.77
整个规划区域总计		317 816.9	67 531.76	9 858.68	27 397.62

5. 重点污染河段成因分析

钱塘江流域主要污染河段集中在富春江、金华江、武义江、东阳江南江和浦阳江。

富春江河段污染主要是由于富阳造纸行业粗放型经济增长方式仍未得到根本扭转，相当一部分企业规模小、设备陈旧、工艺落后、废水排放量大，同时污水处理工程建设进度滞后，生活污水截污纳管率低，工业企业污染物达标排放不稳定，再加上上游兰江来水水质较差等原因所致。

东阳江南江流域城头断面水质较差，基本上为劣Ⅴ类水体，主要与东阳南江流域特别是横店镇近年来重污染工业发展迅速，城市化发展较快有关，其 4 家医化企业的排污量就占到东阳南江流域工业源负荷的90%以上。值得一提的是，近年来东阳江北江流域也有污染加重的趋势，尤其是氨氮指标，超标 2～3 倍，与当地企业污水超标排放有很大关系。

武义江主要污染因子为总磷，近年来以Ⅴ类、劣Ⅴ类为主，主要与永康市金属表面处理业、特别是防盗门等产品的磷化工序企业和电解、氧化企业的发展有关。目前永康市金属表面处理企业分布面广、规模小、数量多，档次低，大部分缺乏完善的污染治理设施，废水基本上超标排放，造成水质总磷指标逐年恶化。

浦阳江流域污染主要是因为流域内农业农村面源污染严重，印染、造纸企业数量多、不能稳定达标排放有关。

金华江污染主要原因为沿江分布的大量水污染企业排放达标率低以及上游来水中污染物集中在此江段稀释降解所致。

二、甬江水系

1. 自然概况

甬江流域位于东经 120°55′至 122°16′，北纬 28°51′至 30°33′。地处

中国海岸线中段，长江三角洲南翼。东有舟山群岛为天然屏障，北濒杭州湾，西接绍兴市的嵊州、新昌、上虞，南临三门湾，并与台州的三门、天台相连。河流有余姚江、奉化江、甬江，余姚江发源于上虞县梁湖；奉化江发源于奉化市斑竹。余姚江、奉化江在市区“三江口”汇合成甬江，流向东北经招宝山入东海。

甬江水系是浙江八大水系之一，流域面积 4518 平方千米，由奉化江和姚江及汇合后的甬江干流组成，年平均径流量 35 亿立方米。甬江干流指姚江、奉化江汇合于宁波市区的三江口后至镇海大小游山出口段，全长 26 千米，平均水深 4.9 米，宽 200～500 米，干流段积水面积 36 平方千米，常年可通 3000 吨级海轮。姚江为平原河流，全长 105 千米，积水面积 1934 平方千米。奉化江发源于四明山东北麓的绣尖山，干流长 98 千米，积水面积 2223 平方千米。奉化江有剡江、县江、东江和鄞江四大支流区域河网密布，约有 3000 多条河流，总长达 12345 千米。

甬江流域为宁波市经济发展和人民生活提供了绝大部分的水资源，同时接纳了宁波市大部分排入陆域水体的点源（约 90%的 COD 和 85%的氨氮）和绝大部分的非点源排污。随着宁波市社会经济的不断高速增长，地面水水质（尤其市河网地区）逐年恶化，已受到有关部门的广泛关注和重视。因此，以甬江流域为重点，制定甬江流域水污染防治规划。

2. 社会经济概况

甬江流域 4518 平方千米，包括江东区、江北区、海曙区、镇海区、北仑区、鄞州区，余姚（部分）、慈溪（部分）、奉化（部分）。

宁波地处中国大陆海岸线中段，长江三角洲南翼，既是一个有着悠久历史的国家历史文化名城，又是中国进一步对外开放的副省级城市和计划单列市。2006 年宁波市实现生产总值 2864.49 亿元，财政一般预算收入 561.17 亿元，市区居民人均可支配收入 19673 元，农村居民人均纯收入 8 847 元。

3．污染物排放情况

就污染源的全年入河量总体来看，甬江流域的 COD 的污染源以非点源污染为主，非点源污染占 COD 入河量的 70.3%；而点源和非点源的污染源对氨氮的入河量贡献则差不多，点源污染源占氨氮总入河量的 45.33%。

就不同类型点源污染源而言，工业污染源占点源污水总入河量的 71.17%，占点源 COD 入河量的 66.08%，占点源氨氮入河量的 45.68%；点源生活污染源占点源污水总入河量的 24.62%，占点源 COD 入河量的 27.27%，占点源氨氮入河量的 44.22%；规模化畜禽养殖所占份额不大。

非点源污染中，就不同类型而言，COD 入河量以生活污染源、农田径流为主，分别占非点源 COD 入河量的 61.20%和 33.98%；氨氮以生活污染源、农田径流和畜禽养殖污染为主，分别占非点源氨氮入河量的 76.69%、19.29%和 5.79%。点源污染对地表水质影响较大，同时也不能忽视非点源污染。

就全流域看，甬江流域污染主要集中在奉化江入三江口附近，以及甬江干流段的几个汇水单元；就行政区域角度看，甬江流域的污染源主要集中在江东、奉化、海曙和鄞州；就工业污染源看，COD 的排放量主要产生于纺织印染业，其次是造纸业、化纤制造业和食品加工，该四个行业 COD 排放量占整个流域的 77.80%。

三、瓯江水系

1．地理位置

瓯江位于浙江南部，是浙江第二大河，东临东海，南与飞云江流域交界，西与闽江流域接壤，西北部、北部与钱塘江、椒江两流域相邻，在东经 118°45′～121°00′，北纬 27°28′～28°48′。瓯江流经丽水地区的庆元、龙泉、云和、遂昌、松阳、缙云、莲都、景宁、青田和温州地区的永嘉、瓯海、鹿城、龙湾、乐清等县（市、区）至崎头注入东海，全长 384 千米，落差 1 300 米，平均坡降 3.4‰。

2. 水系

瓯江干流主要一级支流有八都溪、均溪、岩樟溪、大贵溪、浮云溪、松阴溪、宣平溪、小安溪、好溪、祯埠溪、船寮港、小溪、四都港、菇溪、西溪、瞿溪、楠溪江、温瑞塘河、永强塘河、柳市塘河等。干流发源于龙泉与庆元交界的百山祖西北麓锅冒尖，自西南向东北流。丽水市大港头镇以上河段称龙泉溪，即干流上游段，河长 196.5 千米，河宽 100～200 米。龙泉溪汇松阴溪后，自大港头至青田县湖边村河段称大溪，即干流中游段，河长 94.6 千米，河宽 250～400 米，其中碧湖至丽水城关河段宽 400～800 米。大溪、小溪汇合后，自湖边村至河口称瓯江，即干流下游段，河长 92.9 千米，河宽 400～800 米。

瓯江自西向东贯穿整个浙南山区，属典型的山溪性河流，河谷两岸地形陡峻，河道纵向底坡较大。河岸局部地段为第四系覆盖层，大多是基岩。河床覆盖有较厚的卵石、大块石。河道及河谷宽窄不均，深潭与浅滩相间，河流基本上是在山谷中穿行，受两岸山谷约束，水流湍急。大港头至丽水段河面较宽，水流比较平稳。小溪全部流经山区峡谷，河流曲折，两岸山坡陡峭。瓯江干流自温溪以下，河面开阔，为潮汐河道。

3. 行政区划

瓯江流域主要地市有丽水市和温州市。丽水市辖丽水市区（莲都区）、龙泉市、庆元县、云和县、青田县、遂昌县、松阳县、缙云县、景宁县，共 9 区（市、县）163 镇（乡、街道）。温州市辖鹿城区、瓯海区、龙湾区、永嘉县、乐清市5区（市、县）68镇（乡、街道），详见表4-7。流域内土地总面积18142.7（17958）平方千米，约占全省土地总面积的17.9%。其中丽水市境内流域面积13107.7平方千米，占流域土地总面积的72.2%；温州市境内流域面积5035平方千米，占流域土地总面积的27.8%。

表4-7　瓯江流域县、市、区、乡镇一览表

地市	县（市、区）	乡镇数	乡　镇　名　称
丽水市	莲都区	1区5镇13乡	市区；碧湖、联城、大港头、老竹、双溪；太平、西溪、仙渡、富岭、峰源、郑地、高溪、丽新、巨溪、泄川、双黄、黄村、严乌
	云和县	4镇10乡	云和、紧水滩、崇头、石塘；雾溪、安溪、云坛、朱村、大源、赤石、黄源、大湾、沙铺、云丰
	青田县	10镇21乡	鹤城、温溪、山口、船寮、东源、北山、海口、腊口、高湖、仁庄；万山、黄垟、季宅、高市、海溪、章村、祯旺、祯埠、舒桥、巨浦、岭根、万阜、方山、汤垟、贵岙、小舟山、吴坑、仁宫、章旦、阜山、石溪
	松阳县	5镇15乡	西屏、古市、玉岩、象溪、大东坝；望松、叶村、斋坛、三都、竹源、四都、赤寿、樟溪、新兴、谢村、新处、枫坪、板桥、裕溪、安民
	龙泉市	1区7镇7乡	市区；八都、上垟、小梅、查田、安仁、锦溪、屏南；兰巨、哒石、竹垟、道太、岩樟、城北、龙南
	缙云县	7镇11乡	五云、壶镇、东渡、东方、舒洪、大洋、大源；溶江、双溪、胡源、雁岭、白竹、三溪、前路、方溪、石笕、南溪、木栗
	景宁县	4镇18乡	鹤溪、渤海、英川、沙湾；外舍、大筠、澄照、梅岐、金钟、郑坑、大顺、陈村、大　祭、雁溪、葛山、鸬鹚、梧桐、标溪、毛垟、秋炉、大地、家地
	遂昌县	2镇3乡	妙高、云峰；垵口、濂竹、三仁
	庆元县	3镇5乡	荷地、左溪、贤良；江根、官塘、张村、合湖、百山祖

地市	县（市、区）	乡镇数	乡　镇　名　称
温州市	永嘉县	12镇 26乡	上塘、枫林、岩头、岩坦、碧莲、大箬岩、巽宅、沙头、桥头、桥下、瓯北、乌牛；五尺、表山、东皋、鹤盛、西源、岭头、鲤溪、张溪、溪口、黄南、潘坑、昆阳、茗岙、山坑、应坑、大岙、溪下、界坑、西岙、石染、陡门、花坦、渠口、下寮、徐岙、西溪
	瓯海区	6镇	郭溪、瞿溪、泽雅、潘桥、丽岙、仙岩
	鹿城区	1城区 4镇5乡	城区；双屿、藤桥、临江、七都、仰义、南郊、双潮、岙底、上戍
	龙湾区	5镇	状元、瑶溪、沙城、天河、灵昆
	乐清市	9镇1乡	乐成、柳市、北白象、白石、象阳、翁垟、七里港、黄华、磐石、城北

4．人口规模

瓯江流域2005年总人口为583.17万人，占全省总人口的12.68%，人口密度为321人/平方千米。其中丽水市人口237.85万人，占流域总人口的40.78%。温州市人口685.84万人，占流域总人口的59.22%。流域内人口密度最大为温州市区（鹿城区、瓯海区、龙湾区），达到1 171人/平方千米，人口密度最小为景宁县，仅为90人/平方千米。

5．经济状况

瓯江流域2005年生产总值1 351.5亿元，占全省生产总值的10.08%，人均生产总值为23 175.74亿元。其中丽水市生产总值298.19亿元，占流域生产总值的22.06%。温州市生产总值1 053.35亿元，占流域生产总值的79.94%。生产总值最高的是温州市区，达到674.17亿元，其次为乐清市和永嘉县，分别为260.19亿元和118.19亿元。

温州市是中国东南沿海对外开放的重要工业、商贸、港口城市，是浙江经济最发达的地区之一，主导产业为电气、机械、鞋革、服装、塑料制品、通用设备等；丽水市工业经济稳步成为全省新的增长点，木制玩具、日用化工和微电机及制笔、缝纫机和灯管、金属制品、鞋革和石雕、宝剑青瓷和太阳伞等特色块状经济不断壮大，人造革、不锈钢制品、阀门制造、汽车摩托车零部件等新兴产业快速成长。

表 4-8　2005 年瓯江流域社会经济情况

地市	县（市、区）	面积/km²	人口/万人	人口密度/（人/km²）	GDP/亿元	人均生产总值/（元/人）
丽水市	莲都区	1633.7	37.38	249	80.77	21607.81
	云和县	847.5	11.04	113	16.25	14719.20
	青田县	2486.5	47.81	192	49.45	10343.02
	松阳县	1307.1	23.14	165	21.92	9472.77
	龙泉市	2488.0	27.84	91	29.27	10513.65
	缙云县	1037.1	43.86	296	47.61	10854.99
	景宁县	1744.2	17.73	91	14.68	8279.75
	遂昌县	773.7	9.47	122	23.21	24508.89
	庆元县	789.9	19.84	105	15.03	7575.60
丽水小计		13107.7	237.85	145	298.19	12536.45
温州市	永嘉县	2674	89.34	334	118.99	13318.78
	温州市区*	1187	139.01	1171	674.17	48497.95
	乐清市	1174	116.97	996	260.19	22244.17
温州小计		5035	345.32	685	1053.35	30503.59
合计		18142.7	583.17	321	1351.5	23175.74

* 温州市区指瓯海区、鹿城区、龙湾区。

6. 水环境质量

（1）瓯江。2001—2005 年瓯江水系总体水质良好，水质主要为Ⅱ类，各类Ⅰ～Ⅲ类水河段占总评价河长的比例在 95.1%～100%，满足功能河段比例在 80.0%～95.9%波动。2001—2005 年瓯江水系满足功能河段的秩相关系数为–0.6，下降趋势没有显著意义。瓯江水系水质变化情况见表 4-9。2001—2005 年瓯江水系主要不满足功能河段见表 4-10。

表 4-9　瓯江 2001—2004 年水质总体情况　　单位：%

年份	Ⅰ类水质比例	Ⅱ类水质比例	Ⅲ类水质比例	Ⅳ类水质比例	水质达标断面比例
2001	35.2	57.8	3.6	3.4	86.9
2002	43.4	50.4	6.2	0	95.9
2003	7.1	67.6	25.3	0	81.0
2004	8.1	58.0	29.0	4.8	80.0
2005	5.4	73.9	20.7	0	86.8

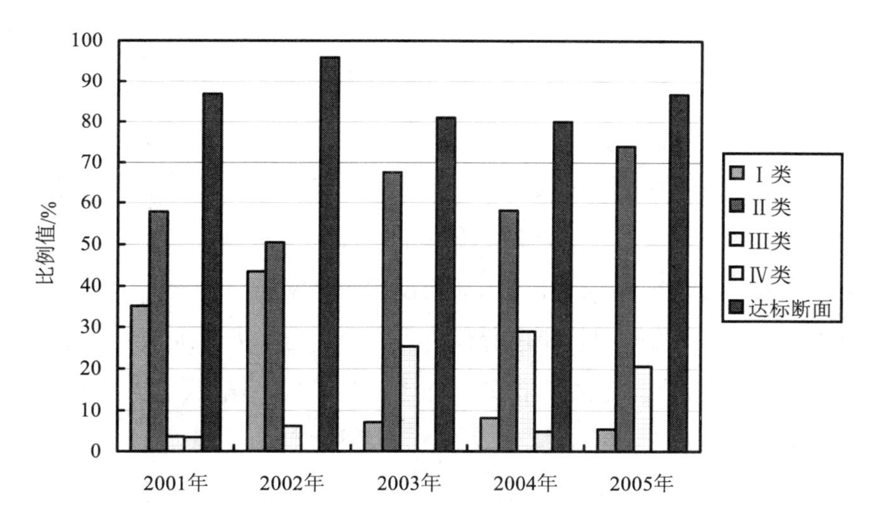

图 4-6　2001—2005 年瓯江断面水质达标情况及各类水质断面比例对比图

表 4-10　2001—2005 年瓯江水系主要不满足功能河段

年份	河流	河段	水质类别	功能类别要求	主要不满足功能标准项目
2001	松荫溪	渡船头	Ⅳ	Ⅲ	氨氮
	好溪	左库水库	Ⅱ	Ⅰ	COD_{Mn}、DO、总磷
	楠溪	碧莲	Ⅱ	Ⅰ	总磷、DO
		清水埠	Ⅳ	Ⅲ	总磷
2002	好溪	左库水库	Ⅱ	Ⅰ	总磷

年份	河流	河段	水质类别	功能类别要求	主要不满足功能标准项目
2003	松荫溪	遂昌水厂取水口	III	II	铅
	好溪	左库水库	II	I	COD_{Mn}、DO、总磷
	楠溪	碧莲	II	I	总磷、DO
		沙头	III	II	总磷
2004	大溪	碧湖渡口	IV	II	总磷、石油类
	好溪	左库水库	II	I	总磷
	楠溪	碧莲	III	I	总磷、铅
		沙头	III	II	总磷、铅
		清水埠	IV	III	DO
2005	龙泉溪	紧水滩水库近坝	III	II	总磷
	好溪	左库水库	II	I	总磷
	楠溪	碧莲	III	I	总磷、镉

（2）温瑞塘河水系。温瑞塘河干流除郭溪站位为II类水，仙门、新桥、梧田、白象站位为V类水外，其余站位均为劣于V类水。主要污染物是氨氮、生化需氧量，溶解氧偏低，主要污染类型为有机污染。

鹿城区 37 条主要河流的水质类别均为劣V类。各项评价指标中，COD_{Cr}、氨氮、总氮和总磷在所有断面上均为劣V类，DO 在 36 条河流上呈劣V类，BOD_5 在绝大部分断面上呈劣V类。氨氮、总氮和总磷的污染指数非常高，其中总氮是鹿城区河流主要污染因子。

龙湾区的 22 条主要河流的水质类别均为劣V类。在评价指标中，总氮在所有河流中均呈劣V类，氨氮在除东河以外的其他河流上呈劣V类，其他指标在部分河流上也呈劣V类。氨氮和总氮是龙湾区河流水环境主要污染因子。

瓯海区 6 条主要河流水质均呈劣V类，从污染因子来看，氨氮、总氮和总磷在所有河流上均呈劣V类，其中总氮的污染指数最高，是主要的污染因子。

（3）主要超标断面原因分析。瓯江水系超标断面主要超标因子为总磷，主要是由于生活污染和农业面源污染引起，再加上本身断面水质标准多为Ⅱ类以上，标准限值较低，因此虽然绝对值不高，但在水质类别判定上都为超标。

温瑞塘河主要污染物是氨氮、生化需氧量，溶解氧偏低，主要污染类型为有机污染。污染原因主要是由于污水收集与处理系统的不完善，生活污水直接入河或混接雨水管入河情况普遍，工业企业"低、小、散"，治污设施不健全，工业废水长期直排进入塘河，再加上沿河畜禽养殖等农业污染源，造成了温瑞塘河现状水质普遍恶化的现象。

四、椒江水系

1．椒江水系概况

椒江水系介于东经120°17′～121°56′，北纬28°01′～29°21′，由西向东横贯仙居、天台、临海、黄岩、椒江等5个县（市、区），干流发源于仙居县与缙云县交界的天堂尖，经永安溪、灵江、椒江，最后入台州湾，全长197.70千米，流域面积6613平方千米，约占台州市陆域面积的70%，是台州市境内最大的水系，是浙江第三大河流。

椒江水系河流溪坑情况见表4-11。

表4-11　椒江水系河流溪坑情况表

河　名			起止地点	干流长/km	流域面积/km^2
永安溪	主　流		天堂尖—三江村	141.30	2702.00
	支流	曹店港	界坞—曹店庄	33.80	166.80
		九都坑	红树底—皤滩镇	23.80	113.10
		十三都坑	杨岭山—茶溪村	40.80	222.20
		十八都坑	小溪—下力洋	34.00	107.00
		北岙坑	金钟山—官路桥	38.50	189.20
		朱溪	竹园山—黄良陈	48.40	383.60
		双溪港	枫树岗—柏枝岙	23.00	132.00
		方溪	陈丰—张家渡	20.00	104.00

河　名			起止地点	干流长/km	流域面积/km^2
始丰溪	主　流		大盘山主峰—三江村	134.00	1 609.40
	支流	三茅溪	平岭—清溪燕	24.00	172.00
		苍山溪	小呑—波愣庄	21.00	177.00
灵江	主　流		三江村—三江口	44.00	1 018.00
	支流	逆溪	大罗山—四年村	25.00	225.00
		大田港	两门山—小两山	46.00	276.00
		义城港	牛岗—红旗闸	40.20	212.00
永宁江	主流		大寺尖—三江口	80.00	889.80
	支流	西江	太湖山—西江闸	22.00	223.50
椒江口	主流		三江口—牛头颈	12.00	393.80
	支流	百里大河	新屋—椒江	58.00	287.50

永安溪源自石长坑，自仙居县西南端安岭乡迂回东北，流经缙云县境，在大园附近折回称曹溪。在曹店附近与发源于陈岭水壶岗的曹店港汇合后称永安溪。永安溪自西向东横贯仙居盆地，至临海市城西三江村与始丰溪汇合为灵江。全长 141.3 千米，流域面积 2 702.0 平方千米，沿溪两岸共有大小支流 38 条，南岸支流多而长，北岸支流比较短小。其中：曹店港长 33.8 千米，流域面积 166.8 平方千米；九都坑长 23.8 千米，流域面积 113.1 平方千米；十三都坑长 40.8 千米，流域面积 222.2 平方千米；十八都坑长 33.8 千米，流域面积 166.8 平方千米；北呑坑长 38.5 千米，流域面积 189.2 平方千米；朱溪长 48.4 千米，流域面积 383.6 平方千米；双港溪长 23 千米，流域面积 132.0 平方千米；方溪长 20 千米，流域面积 104.0 平方千米。干支流发源地一般海拔 1 000 多米，东部出县境地方海拔 20 米左右，落差大，水流湍急。水力资源丰富，蕴藏量达 14 万千瓦。

始丰溪发源于磐安县大磐山南麓，由后求入天台境，流经龙溪、街头、新中、平桥、山河、丽泽、城关、坦头，在滩岭乡下湾村出境入临海市，于三江村与永安溪汇合后称灵江。始丰溪全长 134 千米，流域面积 1 609.4 平方千米，在天台县境内 68.5 千米。支流包括：三茅溪长 24 千米，流域面积 172.0 平方千米；苍山溪长 21 千米，流域面积 177.0 平方千米。90%保证率径流量为 7.81 亿立方米，75%保证率为 10.27 亿立方米，50%保证率为 25.17 亿立方米。

灵江全长 44 千米，流域面积 1018.0 平方千米，其中：逆溪长 25.0 千米，流域面积 225.0 平方千米；大田港长 46 千米，流域面积 276.0 平方千米；义城港长 40.2 千米，流域面积 212.0 平方千米。90%保证率径流量为 6.05 亿立方米，75%保证率为 7.88 亿立方米，50%保证率为 13.48 亿立方米。

永宁江发源于黄岩市西部大寺尖，自西向东贯穿黄岩市中西部和北部，至三江口与灵江汇合为椒江，全长 80 千米。其上游大横溪，至圣堂与黄溪会合称黄岩溪，经宁溪与半岭溪会合称永宁溪，入长潭水库，长约 34 千米。水库以下，自潮济至三江口称永宁江，长 43 千米。水库上下有小坑港、柔极溪、杨岙溪、九溪、元洞溪、屿龚浦、西江等汇入，其支流最大者为西江，长 22 千米，流域面积 223.5 平方千米，自太湖山向北至西江闸注入，并与南官河、东官河等结成水网。永宁江南北有长潭水库两条输水渠道。江南渠道与南官河等连接，输水至温黄平原，东抵椒江市区，南达温岭县松门镇；江北渠道贯穿江北平原，至临海市长甸乡。永宁江全长 80 千米，流域面积 889.8 平方千米。永宁江地表泾流量年间差异大，年内分布不均，最大年份地表径流 18.9 亿立方米，最小年份地表径流 8.56 亿立方米。年内汛期径流量约占全年总泾流量的 75%～80%。90%保证率径流量为 6.16 亿立方米，75%保证率为 7.89 亿立方米，50%保证率为 0.12 亿立方米。

椒江口河段全长 33.80 千米，流域面积 166.8 平方千米，其中：百里大河长 58 千米，流域面积 287.5 平方千米。椒江区境内三江口至牛头颈长 11.7 千米，属河口段，河道顺直，但腹宽口窄，江面平均宽 1580 米，最宽处 2000 米，出口有两山夹峙，为江流最窄处，宽 913 米，在口内形成一个巨大的纳潮库容。潮型属不正规半日潮，潮区界可远溯至上游永安溪毛良店附近（距入海口 60 千米）；潮流界位于临海市三江村，两者相距 3.5 千米，洪水时下移。椒江既为感潮河段，又属山溪性河流。椒江年平均流量 122 米^3/秒，平均涨潮流量为 8 739 米^3/秒，最大 17 000 米^3/秒，流速 0.78 米/秒；平均落潮流量为 6 420 米^3/秒，流速 0.68 米/秒，落潮流至牛头颈因狭管效应，流速可达 2 米/秒。椒江水系年平均入海径流量为 51.7 亿立方米，最大年达 101.1 亿立方米，最小年为 31.6 亿立方米，水潮比值为 0.024，平均含沙量 5～6 千克/米^3。

2．气候特征

椒江流域属亚热带季风区，背山面海，受海洋调节及西北高大山体对冬季北风的阻滞，夏少酷热，冬无严寒，雨水充沛，气候温和湿润。4—9 月，受副热带海洋气团或赤道海洋气团控制，气候温热、多雨；10 月至翌年 3 月受副极地大陆气团控制，气候干冷、少雨。

椒江流域人口密度 470 人/平方千米，流域内各县市每平方千米人口密度依次为：椒江 1 744 人/平方千米、黄岩 582 人/平方千米、临海 512 人/平方千米、天台 390 人/平方千米和仙居 235 人/平方千米。人口出生率和自然增长率为 12.08‰、6.01‰。2004 年年末流域内耕地总面积 23.79 万亩，人均耕地面积 0.54 亩。

2004 年流域国内生产总值达 546.9 亿元，其中椒江区 166.1 亿元，黄岩区 128.4 亿元，临海市 150.5 亿元，天台县 57.3 亿元，仙居县 44.6 亿元；流域人均生产总值达 17 000 元，其中椒江区 35 000 元，黄岩区 22 400 元，临海市 13 600 元，天台县 10 300 元，仙居县 9 600 元；台州市三次产业构成为 8.2∶58.5∶33.3。

3．水环境质量

根据椒江流域水系状况，选取椒江干流，一级支流永安溪、始丰溪、永宁江、灵江、百里大河以及台州市区内河（东官河、永宁河等）的水质监测资料，对水环境质量进行评价，监测数据参见表 4-12。

表 4-12　椒江流域水质监测结果

单位：mg/L

水系	监测站位		溶解氧	COD_{Mn}	BOD_5	氨氮	TP	挥发酚	氰化物	砷	汞	六价铬	铅	镉
椒江	栅浦	年均值	3.52	3.96	1.61	0.44	0.22	0.003	0.002	0.020	0.000 03	0.002	0.025	0.000 2
		评价类别	Ⅳ	Ⅱ	Ⅰ	Ⅱ	Ⅳ	Ⅲ	Ⅰ	Ⅰ	Ⅰ	Ⅰ	Ⅲ	Ⅰ
	老鼠屿	年均值	4.19	3.79	1.57	0.46	0.24	0.003	0.002	0.016	0.000 03	0.002	0.024	0.000 2
		评价类别	Ⅳ	Ⅱ	Ⅰ	Ⅱ	Ⅳ	Ⅲ	Ⅰ	Ⅰ	Ⅰ	Ⅰ	Ⅲ	Ⅰ
市区内河	下埭头	年均值	4.68	8.94	3.05	4.20	0.29	0.001	0.003	0.012	0.000 03	0.005	0.004	0.000 4
		评价类别	Ⅳ	Ⅳ	Ⅲ	劣Ⅴ	Ⅳ	Ⅰ	Ⅰ	Ⅰ	Ⅰ	Ⅰ	Ⅰ	Ⅰ
	朱砂堆	年均值	0.64	15.16	60.49	11.18	1.14	0.047	0.005	0.062	0.000 04	0.010	0.004	0.000 4
		评价类别	劣Ⅴ	劣Ⅴ	劣Ⅴ	劣Ⅴ	劣Ⅴ	Ⅴ	Ⅰ	Ⅳ	Ⅰ	Ⅰ	Ⅰ	Ⅰ
	黄礁	年均值	3.74	4.47	2.92	2.06	0.37	0.002	0.003	0.007	0.000 03	0.002	0.002	0.000 1
		评价类别	Ⅳ	Ⅲ	Ⅱ	劣Ⅴ	Ⅴ	Ⅱ	Ⅰ	Ⅰ	Ⅰ	Ⅰ	Ⅰ	Ⅰ
	椒北水厂	年均值	4.75	4.01	2.47	1.07	0.18	0.001	0.003	0.006	0.000 02	0.002	0.003	0.000 1
		评价类别	Ⅳ	Ⅲ	Ⅱ	Ⅳ	Ⅲ	Ⅰ	Ⅰ	Ⅰ	Ⅰ	Ⅰ	Ⅰ	Ⅰ
	洪家	年均值	0.57	15.87	12.52	11.79	1.85	0.034	0.004	0.016	0.000 03	0.002	0.005	0.000 4
		评价类别	劣Ⅴ	劣Ⅴ	劣Ⅴ	劣Ⅴ	劣Ⅴ	Ⅴ	Ⅲ	Ⅰ	Ⅰ	Ⅰ	Ⅰ	Ⅰ
	栅浦闸	年均值	0.08	25.15	19.13	16.42	1.94	0.142	0.018	0.020	0.000 03	0.002	0.005	0.000 9
		评价类别	劣Ⅴ	劣Ⅴ	劣Ⅴ	劣Ⅴ	劣Ⅴ	劣Ⅴ	Ⅳ	Ⅰ	Ⅲ	Ⅰ	Ⅰ	Ⅰ

水系	监测站位		溶解氧	COD_{Mn}	BOD_5	氨氮	TP	挥发酚	氰化物	砷	汞	六价铬	铅	镉
市区内河	岩头闸	年均值	1.17	16.72	12.08	12.53	2.15	0.026	0.005	0.011	0.00004	0.002	0.002	0.0001
		评价类别	劣V	劣V	劣V	劣V	劣V	V	I	I	I	I	I	I
	下陈	年均值	1.54	8.39	10.22	7.96	0.80	0.023	0.014	0.005	0.00004	0.002	0.006	0.0002
		评价类别	劣V	IV	劣V	劣V	劣V	V	III	I	I	I	I	I
	利民	年均值	1.42	8.39	11.08	8.99	0.54	0.024	0.027	0.007	0.00003	0.017	0.009	0.0001
		评价类别	劣V	IV	劣V	劣V	劣V	V	IV	I	I	II	I	I
永宁江	上郑	年均值	8.43	0.83	0.37	0.13	0.07	0.001	0.002	0.004	0.00003	0.002	0.004	0.0004
		评价类别	I	I	I	I	II	I	I	I	I	I	I	I
	宁溪	年均值	8.09	1.18	1.36	0.16	0.01	0.001	0.002	0.004	0.00003	0.002	0.004	0.0004
		评价类别	I	I	I	II	I	I	I	I	I	I	I	I
	江口	年均值	1.79	19.33	11.53	13.00	2.15	0.037	0.008	1.967	0.00011	0.015	0.004	0.0004
		评价类别	劣V	劣V	劣V	劣V	劣V	V	II	劣V	IV	II	I	I
永安溪	曹店	年均值	10.50	2.40	1.70	0.05	0.01	0.001	0.002	0.004	0.00002	0.002	0.001	0.0001
		评价类别	I	II	I	I	I	I	I	I	I	I	I	I
	圳口	年均值	9.17	0.58	0.73	0.04	0.05	0.001	0.002	0.004	0.00003	0.002	0.005	0.0010
		评价类别	I	I	I	I	II	I	I	I	I	I	I	I
	茶溪	年均值	9.66	1.02	1.02	0.22	0.06	0.001	0.002	0.004	0.00003	0.003	0.003	0.0008
		评价类别	I	I	I	II	II	I	I	I	I	I	I	I

水系	监测站位		溶解氧	COD_{Mn}	BOD_5	氨氮	TP	挥发酚	氰化物	砷	汞	六价铬	铅	镉
永安溪	永安	年均值	9.64	0.93	1.15	0.28	0.03	0.001	0.002	0.004	0.00003	0.002	0.004	0.0009
		评价类别	Ⅰ	Ⅰ	Ⅰ	Ⅱ	Ⅱ	Ⅰ	Ⅰ	Ⅰ	Ⅰ	Ⅰ	Ⅰ	Ⅰ
	河埠	年均值	9.68	1.96	1.23	0.10	0.04	0.001	0.002	0.004	0.00003	0.002	0.004	0.0008
		评价类别	Ⅰ	Ⅰ	Ⅰ	Ⅰ	Ⅱ	Ⅰ	Ⅰ	Ⅰ	Ⅰ	Ⅰ	Ⅰ	Ⅰ
	盂溪	年均值	6.58	14.50	24.26	2.40	0.67	0.036	0.002	0.004	0.00003	0.005	0.005	0.0010
		评价类别	Ⅱ	Ⅴ	劣Ⅴ	劣Ⅴ	劣Ⅴ	Ⅴ	Ⅰ	Ⅰ	Ⅰ	Ⅰ	Ⅰ	Ⅰ
	柴岭下	年均值	4.34	5.84	21.77	0.98	0.38	0.016	0.004	0.004	0.00003	0.004	0.003	0.0010
		评价类别	Ⅳ	Ⅲ	劣Ⅴ	Ⅲ	Ⅴ	Ⅴ	Ⅰ	Ⅰ	Ⅰ	Ⅰ	Ⅰ	Ⅰ
	官屋	年均值	10.27	1.23	1.21	0.05	0.05	0.001	0.002	0.004	0.00003	0.002	0.003	0.0012
		评价类别	Ⅰ	Ⅰ	Ⅰ	Ⅰ	Ⅱ	Ⅰ	Ⅰ	Ⅰ	Ⅰ	Ⅰ	Ⅰ	Ⅱ
	下张	年均值	5.78	3.05	4.04	0.27	0.09	0.006	0.002	0.004	0.00003	0.002	0.003	0.0011
		评价类别	Ⅲ	Ⅱ	Ⅳ	Ⅱ	Ⅱ	Ⅳ	Ⅰ	Ⅰ	Ⅰ	Ⅰ	Ⅰ	Ⅱ
	黄梁陈	年均值	5.79	3.33	5.55	0.55	0.15	0.004	0.002	0.004	0.00003	0.003	0.003	0.0010
		评价类别	Ⅲ	Ⅱ	Ⅳ	Ⅲ	Ⅲ	Ⅲ	Ⅰ	Ⅰ	Ⅰ	Ⅰ	Ⅰ	Ⅰ
	柏枝岙	年均值	5.63	2.70	2.35	0.67	0.11	0.001	0.002	0.004	0.00002	0.003	0.005	0.0005
		评价类别	Ⅲ	Ⅱ	Ⅰ	Ⅲ	Ⅲ	Ⅰ	Ⅰ	Ⅰ	Ⅰ	Ⅰ	Ⅰ	Ⅱ
始丰溪	前山	年均值	8.47	2.18	1.16	0.52	0.13	0.001	—	0.005	0.00002	0.012	0.001	0.0001
		评价类别	Ⅰ	Ⅱ	Ⅰ	Ⅲ	Ⅲ	Ⅰ	—	Ⅰ	Ⅰ	Ⅱ	Ⅰ	Ⅰ

水系	监测站位		溶解氧	COD_{Mn}	BOD_5	氨氮	TP	挥发酚	氰化物	砷	汞	六价铬	铅	镉
始丰溪	上清溪	年均值	9.42	2.62	1.37	0.39	0.05	0.001	—	0.004	0.00002	0.007	0.001	0.0001
		评价类别	Ⅰ	Ⅱ	Ⅰ	Ⅱ	Ⅱ	Ⅰ	—	Ⅰ	Ⅰ	Ⅰ	Ⅰ	Ⅰ
	天台水厂	年均值	9.00	2.24	1.12	0.51	0.10	0.001	—	0.004	0.00002	0.013	0.001	0.0001
		评价类别	Ⅰ	Ⅱ	Ⅰ	Ⅲ	Ⅱ	Ⅰ	—	Ⅰ	Ⅰ	Ⅱ	Ⅰ	Ⅰ
	国清	年均值	9.34	1.87	0.87	0.10	0.02	0.001	—	0.004	0.00002	0.009	0.001	0.0001
		评价类别	Ⅰ	Ⅰ	Ⅰ	Ⅰ	Ⅰ	Ⅰ	—	Ⅰ	Ⅰ	Ⅰ	Ⅰ	Ⅰ
	人民桥	年均值	7.53	11.26	3.88	3.37	0.65	0.001	—	0.004	0.00002	0.007	0.001	0.0001
		评价类别	Ⅰ	Ⅴ	Ⅲ	劣Ⅴ	劣Ⅴ	Ⅰ	—	Ⅰ	Ⅰ	Ⅰ	Ⅰ	Ⅰ
	坡塘	年均值	8.75	2.34	0.99	0.46	0.03	0.001	—	0.005	0.00002	0.006	0.001	0.0001
		评价类别	Ⅰ	Ⅱ	Ⅰ	Ⅱ	Ⅱ	Ⅰ	—	Ⅰ	Ⅰ	Ⅰ	Ⅰ	Ⅰ
	响岩	年均值	5.59	4.63	3.80	1.21	0.79	0.002	—	0.004	0.00002	0.013	0.002	0.0001
		评价类别	Ⅲ	Ⅲ	Ⅲ	Ⅳ	劣Ⅴ	Ⅰ	—	Ⅰ	Ⅰ	Ⅱ	Ⅰ	Ⅰ
	石岭	年均值	6.19	5.26	2.43	1.13	0.47	0.002	—	0.005	0.00002	0.009	0.002	0.0001
		评价类别	Ⅱ	Ⅲ	Ⅱ	Ⅳ	劣Ⅴ	Ⅰ	—	Ⅰ	Ⅰ	Ⅰ	Ⅰ	Ⅰ
	沙段	年均值	5.89	3.61	3.46	0.84	0.37	0.001	0.002	0.004	0.00002	0.002	0.005	0.0005
		评价类别	Ⅲ	Ⅱ	Ⅲ	Ⅲ	Ⅴ	Ⅰ	Ⅰ	Ⅰ	Ⅰ	Ⅰ	Ⅰ	Ⅰ
灵江	三江村	年均值	6.85	4.50	4.47	0.71	0.25	0.001	0.002	0.029	0.00004	0.002	0.015	0.0018
		评价类别	Ⅱ	Ⅲ	Ⅳ	Ⅲ	Ⅳ	Ⅰ	Ⅰ	Ⅰ	Ⅰ	Ⅰ	Ⅲ	Ⅱ

水系	监测站位		溶解氧	COD_{Mn}	BOD_5	氨氮	TP	挥发酚	氰化物	砷	汞	六价铬	铅	镉
灵江	水云塘	年均值	5.66	4.36	—	0.76	0.31	0.001	0.002	0.029	0.000 03	0.004	0.028	0.002 6
		评价类别	Ⅲ	Ⅲ	—	Ⅲ	Ⅴ	Ⅰ	Ⅰ	Ⅳ	Ⅰ	Ⅰ	Ⅲ	Ⅱ
	西岑	年均值	4.75	4.55	—	0.66	0.31	0.002	0.002	0.045	0.000 03	0.002	0.077	0.006 4
		评价类别	Ⅳ	Ⅲ	—	Ⅲ	Ⅴ	Ⅰ	Ⅰ	Ⅰ	Ⅰ	Ⅰ	Ⅴ	Ⅴ
百里大河	龙头口	年均值	7.03	5.05	4.15	0.89	0.18	0.002	0.002	0.005	0.000 02	0.002	0.008	0.000 5
		评价类别	Ⅱ	Ⅲ	Ⅳ	Ⅲ	Ⅲ	Ⅰ	Ⅰ	Ⅰ	Ⅰ	Ⅰ	Ⅰ	Ⅰ
	杜桥洪家	年均值	3.24	6.47	5.53	3.41	0.42	0.001	0.002	0.005	0.000 02	0.002	0.013	0.000 6
		评价类别	Ⅳ	Ⅳ	Ⅳ	劣Ⅴ	劣Ⅴ	Ⅰ	Ⅰ	Ⅰ	Ⅰ	Ⅰ	Ⅲ	Ⅰ
牛头山水库	康谷下陈	年均值	8.53	2.29	2.27	0.39	0.05	0.001	0.002	0.006	0.000 02	0.002	0.005	0.000 5
		评价类别	Ⅰ	Ⅱ	Ⅰ	Ⅱ	Ⅱ	Ⅰ	Ⅰ	Ⅰ	Ⅰ	Ⅰ	Ⅰ	Ⅰ
	洋头	年均值	5.43	4.24	3.36	1.33	0.48	0.001	0.002	0.004	0.000 02	0.002	0.005	0.000 5
		评价类别	Ⅲ	Ⅲ	Ⅲ	Ⅳ	劣Ⅴ	Ⅰ	Ⅰ	Ⅰ	Ⅰ	Ⅰ	Ⅰ	Ⅰ
义城港	三洞桥	年均值	8.27	3.16	3.02	0.62	0.09	0.001	0.002	0.004	0.000 02	0.002	0.007	0.000 5
		评价类别	Ⅰ	Ⅱ	Ⅲ	Ⅲ	Ⅱ	Ⅰ	Ⅰ	Ⅰ	Ⅰ	Ⅰ	Ⅰ	Ⅰ

地表水水质评价主要项目：溶解氧、COD_{Mn}、BOD_5、氨氮、总磷、挥发酚、氰化物、砷、汞、铅、镉、六价铬 12 项指标。

椒江干流栅浦和老鼠屿断面为为Ⅲ类水质多功能区，执行Ⅲ类水标准，BOD、As、Hg、Cr^{6+}、Cd、CN^-均达Ⅰ类水标准，COD_{Mn}、NH_3-N 达Ⅱ类水标准，挥发酚、Pb 达Ⅲ类水标准，而 TP、DO 达Ⅳ类水标准，主要污染因子为 TP 和 DO。从干流总体水质状况来讲，大部分指标均能达到功能区要求，部分指标有超标现象，主要超标因子为 TP 和 DO。

市区内河各断面为Ⅲ类水质多功能区，执行Ⅲ类水标准。其中，东官河的下埭头断面，挥发酚、CN^-、As、Hg、Cr^{6+}、Cd、Pb 均达Ⅰ类水标准，BOD 达Ⅲ类水标准，TP、COD_{Mn}、DO 达Ⅳ类水标准，NH_3-N 为劣于Ⅴ类水标准，主要污染因子为 NH_3-N；朱砂堆断面挥发酚、CN^-、Hg、Cr^{6+}、Cd、Pb 均达Ⅰ类水标准，As 达Ⅳ类水标准，其他均劣于Ⅴ类水标准，主要污染因子为 DO、COD_{Mn}、BOD、NH_3-N、TP。永宁河椒江段利民断面 As、Hg、Cd、Pb 均达Ⅰ类水标准，Cr^{6+}达Ⅱ类水标准，COD_{Mn}、CN^-达Ⅳ类水标准，挥发酚达Ⅴ类水标准，DO、BOD、NH_3-N、TP 劣于Ⅴ类水标准，主要污染因子为 DO、BOD、NH_3-N、TP；栅浦闸断面 As、Cr^{6+}、Cd、Pb 均达Ⅰ类水标准，Hg 达Ⅲ类水标准，CN^-达Ⅳ类水标准，其他均劣于Ⅴ类水标准，主要污染因子为挥发酚、COD_{Mn}、DO、BOD、NH_3-N、TP。另外，下陈断面 As、Hg、Cr^{6+}、Cd、Pb 均达Ⅰ类水标准，CN^-达Ⅲ类水标准，COD_{Mn} 达Ⅳ类水标准，挥发酚达Ⅴ类水标准，其他均劣于Ⅴ类水标准，主要污染因子为 DO、BOD、NH_3-N、TP；洪家断面 As、Hg、Cr^{6+}、Cd、Pb 均达Ⅰ类水标准，CN^-达Ⅲ类水标准，挥发酚达Ⅴ类水标准，其他均劣于Ⅴ类水标准，主要污染因子为 DO、COD_{Mn}、BOD、NH_3-N、TP；岩头闸断面 CN^-、As、Hg、Cr^{6+}、Cd、Pb 均达Ⅰ类水标准，挥发酚达Ⅴ类水标准，其他均劣于Ⅴ类水标准，主要污染因子为 DO、COD_{Mn}、BOD、NH_3-N、TP。市区内河所有监测断面水质均劣于Ⅴ类水，NH_3-N 在所有监测断面全部呈劣于Ⅴ类水标准，水环境质量很差。

永宁江的上郑和宁溪为Ⅱ类水质多功能区，上郑除 TP 达Ⅱ类水标准，其他均达Ⅰ类水标准；宁溪除 NH_3-N 达Ⅱ类水标准，其他均达Ⅰ类水标准。永宁江的江口断面为Ⅲ类水质多功能区，Cd、Pb 均达Ⅰ类水标准，CN^-、Cr^{6+}为Ⅱ类水标准，Hg 为Ⅳ类水标准，其他均劣于Ⅴ类水标准，主要污染因子为 DO、COD_{Mn}、BOD、NH_3-N、TP、As。上郑和宁溪站位于饮用水水源地长潭水库上游，两者除各一项指标达Ⅱ类水标准外，其余均达Ⅰ类水标准，水环境质量较好；永宁江下游的污染较严重。

永安溪除盂溪、柴岭下和黄梁陈外，其他断面均为Ⅱ类水质集中式生活饮用水水源一级保护区。永安溪上游除曹店的 COD_{Mn}、河埠和圳口（十八都峰）的 TP、茶溪和永安的 NH_3-N 和 TP 为Ⅱ类水标准，其他均为Ⅰ类水标准。朱溪的官屋断面的 TP 和 Cd 为Ⅱ类水标准，其余均达Ⅰ类水标准；下张断面 CN^-、As、Hg、Cr^{6+}、Pb 均达Ⅰ类水标准，COD_{Mn}、NH_3-N、TP、Cd 达Ⅱ类水标准，DO 为Ⅲ类水标准，BOD、挥发酚为Ⅳ类水标准，主要污染因子为 DO、BOD 和挥发酚。永安溪下游盂溪断面为Ⅳ类水质工业用水区，CN^-、As、Hg、Cr^{6+}、Cd、Pb 均达Ⅰ类水标准，DO 为Ⅱ类水标准，COD_{Mn}、挥发酚达Ⅴ类水标准，BOD、TP、NH_3-N 为劣于Ⅴ类水标准，主要污染因子为 COD_{Mn}、挥发酚、BOD、TP。柴岭下断面为Ⅲ类水质多功能区，CN^-、As、Hg、Cr^{6+}、Cd、Pb 均达Ⅰ类水标准，COD_{Mn}、NH_3-N 达Ⅲ类水标准，DO 为Ⅳ类水标准，TP、挥发酚为Ⅴ类水标准，BOD 为劣于Ⅴ类水标准，主要污染因子为 DO、BOD、TP、挥发酚。黄梁陈断面为Ⅲ类水质多功能区，CN^-、As、Hg、Cr^{6+}、Cd、Pb 均达Ⅰ类水标准，COD_{Mn} 达Ⅱ类水标准，DO、NH_3-N、TP、挥发酚达Ⅲ类水标准，BOD 为Ⅳ类水标准，主要污染因子为 BOD。柏枝岙断面为Ⅱ类生活饮用水水源保护区，BOD、挥发酚、CN^-、As、

Hg、Cr^{6+}、Pb 均达Ⅰ类水标准，COD_{Mn}、Cd 达Ⅱ类水标准，DO、NH_3-N、TP 达Ⅲ类水标准，主要污染因子为 DO、NH_3-N、TP。总的看来，永安溪上游断面基本达到了水质功能区要求，但 TP 需引起重视，下游断面的水质超标情况较为严重。

始丰溪前山断面为Ⅱ类水质。前山断面 DO、BOD、挥发酚、As、Hg、Cd、Pb 均达Ⅰ类水标准，COD_{Mn}、Cr^{6+}达Ⅱ类水标准，NH_3-N、TP 达Ⅲ类水标准，主要污染因子为 NH_3-N 和 TP。天台水厂、国清和坡塘断面为Ⅱ类水质生活水源二级保护区。天台水厂断面 DO、BOD、挥发酚、As、Hg、Cd、Pb 均达Ⅰ类水标准，COD_{Mn}、TP、Cr^{6+}达Ⅱ类水标准，NH_3-N 达Ⅲ类水标准，主要污染因子为 NH_3-N。国清断面各指标均达到Ⅰ类水标准。坡塘断面除 COD_{Mn}、NH_3-N、TP 为Ⅱ类水标准外，其他均达Ⅰ类水标准。响岩和石岭断面为Ⅲ类水质。响岩断面挥发酚、As、Hg、Cd、Pb 均达Ⅰ类水标准，Cr^{6+}达Ⅱ类水标准，DO、BOD、COD_{Mn} 达Ⅲ类水标准，NH_3-N 达Ⅳ类水标准，TP 为劣Ⅴ类水，主要污染因子为 TP；石岭断面挥发酚、As、Hg、Cr^{6+}、Cd、Pb 均达Ⅰ类水标准，DO、BOD 达Ⅱ类水标准，COD_{Mn} 达Ⅲ类水标准，NH_3-N 达Ⅳ类水标准，TP 为劣Ⅴ类水，主要污染因子为 TP；沙段断面为Ⅲ类水质一般鱼类保护区，挥发酚、CN^-、As、Cr^{6+}、Hg、Cd、Pb 均达Ⅰ类水标准，COD_{Mn} 达Ⅱ类水标准，DO、BOD、NH_3-N 达Ⅲ类水标准，TP 为Ⅴ类水标准，主要超标污染因子为 TP。总的来看，始丰溪上游各断面基本达到了水功能区的要求，下游污染严重，主要是 TP 超标。

灵江的三江村、水云塘和西岑断面均为Ⅲ类水质多功能区，三江村断面 DO 和 Cd 达Ⅱ类水标准，COD_{Mn}、NH_3-N、Pb 达Ⅲ类水标准，BOD、TP 达Ⅳ类水标准，其余均达Ⅰ类水标准；水云塘断面挥发酚、CN^-、Cr^{6+}、Hg 达Ⅰ类水标准，Cd 达Ⅱ类水标准，DO、COD_{Mn}、NH_3-N、Pb 达Ⅲ类水标准，As 达Ⅳ类水标准，TP 为Ⅴ类水标准，主要污染因子是

TP 和 As。灵江西岑 COD_{Mn}、NH_3-N 达Ⅲ类水标准，DO 达Ⅳ类水标准，TP、Cd、Pb 达Ⅴ类水标准，其他（除 BOD 外）均为Ⅰ类水标准，主要污染因子为 TP、Cd 和 Pb。可见灵江各断面基本达不到水功能区划的要求。

百里大河的龙头口断面为Ⅱ类水质多功能区，DO 达Ⅱ类水标准，COD_{Mn}、NH_3-N、TP 达Ⅲ类水标准，BOD 达Ⅳ类水标准，其他均为Ⅰ类水标准，主要污染因子为 COD_{Mn}、NH_3-N、TP 和 BOD。杜桥洪家 Pb 达Ⅲ类水标准，DO、COD_{Mn}、BOD 达Ⅳ类水标准，NH_3-N、TP 劣于Ⅴ类水标准，其他均为Ⅰ类水标准。可见百里大河的水质污染情况较为严重。

牛头山水库康谷下陈为Ⅱ类水质集中式生活饮用水水源一级保护区，COD_{Mn}、NH_3-N、TP 达Ⅱ类水标准，其他均为Ⅰ类水标准。大田港的洋头断面为Ⅲ类水质集中式生活饮用水水源一级保护区，DO、COD_{Mn}、BOD 达Ⅲ类水标准，NH_3-N 达Ⅳ类水标准，TP 达劣Ⅴ类水标准，其他均为Ⅰ类水标准，主要污染因子为 NH_3-N、TP。可见大田河网的水质不能满足水功能区划的要求。

义城港的三洞桥断面为Ⅱ类水质生活饮用水水源保护区，COD_{Mn}、TP 达Ⅱ类水标准，BOD、NH_3-N 达Ⅲ类水标准，其他均为Ⅰ类水标准，主要超标污染因子为 BOD 和 NH_3-N。

总的看来，2004 年椒江水体污染特征属典型的有机型污染，主要超标因子有氨氮、总磷、高锰酸盐指数、生化需氧量、溶解氧等，污染最为严重的是台州（椒江、黄岩部分）城市内河、百里大河和永宁江下游，其次是灵江；水质较好的是始丰溪和永安溪，基本满足水功能区划要求。

2000—2004 年椒江水系地表水各断面水质统计结果见表 4-13。

表 4-13　2000—2004 年椒江水系地表水各断面水质统计结果

	水功能类别					水功能区类别
	2000 年	2001 年	2002 年	2003 年	2004 年	
曹店	Ⅱ	—	Ⅱ	Ⅰ	Ⅱ	Ⅰ
茶溪	Ⅱ	—	—	Ⅱ	Ⅱ	Ⅱ
河埠	Ⅱ	—	—	Ⅱ	Ⅱ	Ⅱ
柴岭下	Ⅱ	—	Ⅴ	劣Ⅴ	劣Ⅴ	Ⅲ
黄梁陈	Ⅱ	—	—	Ⅲ	Ⅳ	Ⅲ
圳口	Ⅱ	—	—	Ⅱ	Ⅱ	Ⅱ
永安	Ⅰ	—	—	Ⅱ	Ⅱ	Ⅱ
盂溪	Ⅲ	—	—	Ⅴ	劣Ⅴ	Ⅳ
官屋	Ⅱ	—	—	Ⅱ	Ⅱ	Ⅱ
下张	Ⅱ	—	—	Ⅱ	Ⅳ	Ⅱ
柏枝岙	Ⅱ	—	—	Ⅱ	Ⅲ	Ⅲ
三江村	Ⅳ	—	Ⅳ	Ⅲ	Ⅳ	Ⅲ
水云塘	Ⅱ	—	Ⅴ	Ⅲ	Ⅴ	Ⅲ
西岑	Ⅲ	—	Ⅳ	Ⅳ	Ⅴ	Ⅲ
前山	Ⅱ	—	—	Ⅲ	Ⅲ	Ⅱ
上清溪	Ⅱ	—	—	Ⅱ	Ⅱ	Ⅱ
国清	Ⅱ	—	—	Ⅱ	Ⅰ	Ⅱ
人民桥	Ⅳ	—	Ⅴ	劣Ⅴ	劣Ⅴ	Ⅱ
坡塘	Ⅱ	—	—	Ⅱ	Ⅱ	Ⅱ
天台水厂	Ⅱ	—	—	Ⅱ	Ⅲ	Ⅱ
响岩	Ⅱ	—	Ⅳ	劣Ⅴ	劣Ⅴ	Ⅲ
石岭	Ⅱ	—	—	Ⅴ	Ⅴ	Ⅲ
沙段	Ⅱ	—	—	Ⅲ	Ⅴ	Ⅲ
洋头	Ⅲ	—	Ⅳ	Ⅳ	—	Ⅱ
康谷下陈	Ⅱ	—	—	Ⅱ	Ⅱ	Ⅱ
三洞桥	Ⅱ	—	—	Ⅱ	Ⅲ	Ⅲ
江口	劣Ⅴ	—	劣Ⅴ	劣Ⅴ	劣Ⅴ	Ⅲ
栅浦	—	Ⅳ	Ⅴ	Ⅳ	Ⅳ	Ⅲ

	水功能类别					水功能区类别
	2000年	2001年	2002年	2003年	2004年	
老鼠屿	Ⅲ	—	Ⅳ	Ⅳ	Ⅳ	Ⅲ
黄礁	Ⅳ	—	—	Ⅴ	劣Ⅴ	Ⅱ
椒北水厂	Ⅳ	Ⅳ	—	Ⅳ	Ⅳ	Ⅱ
杜桥洪家	Ⅳ	—	—	Ⅴ	劣Ⅴ	Ⅳ
宁溪	Ⅱ	—	—	Ⅴ	Ⅱ	Ⅱ
上郑	Ⅱ	—	—	Ⅴ	Ⅱ	Ⅱ

2000—2004年，椒江水系水质下降趋势明显。说明水质已受到污染，各常规监测断面水质污染程度逐年加剧。

五、鳌江水系

1．鳌江水系概况

鳌江为浙江八大独流入海水系之一，鳌江流域位于东经120°4′～120°41′，北纬27°22′～27°46′，西北与文成县、瑞安市相邻，南与泰顺县及福建省交界，东濒东海，隶属平阳、苍南两县。主流鳌江发源于文成县桂山乡狮子岩附近的吴地山麓（海拔1124米），流经平阳县顺溪、南雁、水头、麻步、鳌江、苍南县龙港等镇而入东海，干流全长90千米，流域面积1531平方千米。源头至顺溪为上游段，长18千米，流域面积112平方千米；顺溪至水头为中游段，长24千米，流域面积332平方千米；水头—鳌江河口为下游段。上游段两岸陡峻，河道蜿蜒曲折，坡陡流急，为山区性河流，河床宽度平均仅10米，平均比降为3.98%。中游段平均比降0.29%，为山区性河道，河流蜿蜒曲折，河道两岸有东门、水头等小片滩地；下游段河道宽度平均为400米。

鳌江水系呈树枝状，根据地形、地理位置可分为北港和南港两个流域。北港流域集雨面积806.0平方千米，主要支流有岳溪、怀溪、凤卧溪、腾蛟溪、梅溪、闹村溪等；南港流域集雨面积 724.7 平方千米，主要支流有横阳支江、沪山内河，肖江塘河。

流域内共有耕地约 12.86 万亩，主要的粮食作物为水稻、大麦、小麦、玉米、大豆等，主要经济作物有茶叶、甘蔗、油料等，主要分布在西部河谷台地及部分山丘地带，2003 年农业总产值 17.56 亿元。土地利用情况见表 4-14、表 4-15。

表 4-14　平阳片土地利用情况汇总　　单位：hm^2

乡镇名称	农田面积					
	水田	旱作地	茶园	果园	竹园	林地
昆阳镇	3 407.4	—	—	—	—	—
敖江镇	30 383.8	5 700.5	3 200	4 000	5 000	73 567
水头镇	9 898.6	3 457.9	60	77	2 850	9 650
萧江镇	18 981	300	—	—	—	—
麻步镇	620	300	10	100	130	540
腾蛟镇	573	385	181	147	213	133
钱仓镇	334.4	92.87	—	91.25	21.71	684.33
顺溪镇	2 210	3 207	312	250	—	—
山门镇	600	167	36.7	20	400	1 733
西湾乡	123.09	95.75	16	—	—	640
龙尾乡	179	196	20	—	—	1 266
南湖乡	9 120	3 100	650	850	10 000	6 300
闹村乡	509	180	100	100	500	3 150
青街乡	2 500	1 200	200	300	10 000	25 000
梅溪乡	324.3	256.9	10	86.7	2 100	2 217.6
凤巢乡	3 876	3 349	1 479	595	—	1 305
吴洋乡	44	66	—	—	466	1 466
晓坑乡	259	90	77	70	18	2 548
朝阳乡	1 154	2 056	2 700	—	—	—
怀溪乡	1 316	1 763	480	78	—	—
桃源乡	183	163	6	30	—	100
梅源乡	193.3	13.9	112.6	—	1 835.8	—
维新乡	134.3	—	—	5.3	6.8	544

表 4-15　苍南片土地利用情况汇总　　单位：hm^2

乡镇名称	农田面积					
	水田	旱作地	茶园	果园	竹园	林地
莒溪镇	208	178	218	70	8 392	34 468
藻溪镇	824	810	196	203	3 643	66 385
龙港镇	3 347	764	0	24	0	104
宜山镇	613	9	0	5	160	511
灵溪镇	3 858	456	60	310	2 301	17 945
五凤乡	400	169	362	33	202	35 979
新安乡	479	24	0	0	0	26
仙居乡	557	33	0	0	0	0
观美乡	673	267	164	91	1 709	41 701
藤垟乡	150	96	65	11	2 084	21 552
凤池乡	341	59	8	33	2 071	14 989
浦亭乡	480	203	3	46	379	28 911
云岩乡	435	86	0	14	109	4 758

2．工业经济发展概况

2003 年流域范围工业总产值 112.88 亿元，主要工业产品为皮革、塑料、印刷、食品等，其中水头镇对流域社会经济发展具有重要的贡献。

中国皮都水头镇，下辖 5 个办事处、14 个居民区和 45 个行政村，户籍人口 7 万多人，外来员工 2 万多人。水头镇改革开放二十多年来，工业经济发展迅速，现已列于温州市三十强镇之中。目前水头镇已成为亚洲最大的猪皮革生产加工基地、全国最大的猪皮革集散地和贸易市场、全国最大的成品皮出口供应基地、全国最大的制革污水处理工程。并以制革产业为依托，发展了制革、皮件加工、宠物制品、明胶等系列化产业，相辅相成，成绩显著。2003 年，全镇实现国内生产总值 15.9 亿元，工农业总产值 40.5 亿元，税收 1.7 亿元。其中，年产值

500 万元以上规模企业 60 家，产值千万元企业 37 家，5000 万元以上企业 13 家。

3. 鳌江水环境现状评价

根据鳌江历年监测数据分析，1992 年鳌江还属于Ⅱ类水质，1994 年降到Ⅳ类，1995 年之后，水质急剧恶化，达劣Ⅴ类，河道丧失基本使用功能，目前鳌江水系已成为浙江八大水系中污染最为严重的水系。

根据功能区划所界定的水质标准，对鳌江各主要监测断面 2004 年水质状况进行详细的分析与评价，详细结果见表 4-16、表 4-17。

表 4-16 2004 年鳌江干流各主要监测断面监测结果

序号	监测断面	COD_{Mn}	BOD_5	NH_3-N	挥发酚	石油类	总磷	总氮
1	埭头	2.55	1.87	2.27	0.002	0.05	0.11	3.32
2	江屿	24.03	34.93	13.9	0.225	0.61	0.42	33.09
3	方岩渡	4.03	3.4	6.04	0.002	0.07	0.35	4.51
4	江口渡	8.88	6.81	6	0.002	0.07	0.29	4.44
Ⅲ类标准		≤6	≤4	≤1.0	≤0.005	≤0.05	≤0.2	≤1

表 4-17 鳌江各监测断面综合污染指数与水质分级结果

序号	监测断面	综合污染指数	污染分担率/%	污染排序	水质类别	主要污染物（劣Ⅴ类）
1	埭头	8.433	5.27	4	劣Ⅴ类	总氮
2	江屿	119.028	74.41	1	劣Ⅴ类	挥发酚、COD_{Mn}、BOD_5、NH_3-N、总磷、总氮
3	方岩渡	15.622	9.77	3	劣Ⅴ类	NH_3-N、总氮
4	江口渡	16.873	10.55	2	劣Ⅴ类	COD_{Mn}、BOD_5、NH_3-N、总氮

表 4-18 鳌江各监测断面平均综合污染指数计算结果

监测断面	COD_{Mn}	BOD_5	NH_3-N	挥发酚	石油类	总磷	总氮	平均综合污染指数
埭头	0.425	0.468	2.270	0.400	1.000	0.550	3.320	1.205
江屿	4.005	8.733	13.900	45.000	12.200	2.100	33.090	17.004
方岩渡	0.672	0.850	6.040	0.400	1.400	1.750	4.510	2.232
江口渡	1.480	1.703	6.000	0.400	1.400	1.450	4.440	2.410
小计	6.582	11.753	28.210	46.200	16.000	5.850	45.360	—
平均	1.645	2.938	7.053	11.550	4.000	1.463	11.340	—

从以上评价结果来看，鳌江主要监测断面水质类别均为劣Ⅴ类，鳌江干流整体水环境状况极差。各项评价指标中，4 个主要断面总氮均为劣Ⅴ类，其中江屿断面除石油类外，各项均为劣Ⅴ类。从单项污染指数来看，挥发酚、总氮和氨氮单项平均污染指数分别为 11.55、11.34 和 7.05，单项最高污染指数达到 45、33.09 和 28.21，远高于其他指标，其中挥发酚和总氮的污染指数为最高，是鳌江最主要的污染因子。总体上看，鳌江干流呈现明显的有机污染及氮类污染特征。

从各个断面的平均综合污染指数来看，4 个监测断面的平均综合污染指数均大于 1，其中江屿断面的平均综合污染指数为 17，此断面污染最严重，江口渡排第二。

六、曹娥江水系

1. 自然环境概况

曹娥江是钱塘江河口段的主要支流。主流全长 197 千米，流域总面积 6080 平方千米，其中绍兴市境内面积 5169 平方千米，占全市总面积的 62.6%。其主流澄潭江从源头磐安尚湖镇始，自南向北，汇入钱塘江河口段。曹娥江干流自上而下有左圩江、小乌溪、新昌江、长乐江、黄泽江、澄潭江、嵊溪、隐潭溪、下管溪、小舜江等，以长乐江为最大，东沙埠以上为山溪性河段，以下为感潮河段。

绍兴市曹娥江范围内的多年平均水资源量为46.505亿立方米。人均水资源量为1413.7立方米，按国际人均拥有水资源衡量标准，新昌为丰水地区，绍兴市区属极度缺水地区，嵊州、上虞、绍兴县属中度缺水地区。曹娥江流域水资源开发利用量呈上升趋势，曹娥江流域水资源开发利用率35.9%，已达到国际公认的水资源利用率上限40%标准的83.5%。

2. 社会经济发展现状

绍兴市曹娥江流域涉及新昌县、嵊州市、上虞市、绍兴县和绍兴市区，到2004年年底该流域范围内人口329万人，人口占绍兴总人口的75.7%以上，该流域范围GDP为989亿元。

3. 污水排放现状

曹娥江干流两侧均建有海塘，水污染源主要来自上游流域来水及左右两侧河网区通过水闸排入的涝水、绍兴污水处理厂处理后排放的污水，而上游主要污染源来自新昌、嵊州城区及干支流沿岸各镇的工业、农业和生活污水。

（1）工业废水

2004年曹娥江流域工业废水排放总量为31040.92万吨，其中24720.30万吨直接接入污水处理厂，30091.06万吨符合排放标准，达标排放率达到96.94%。79.64%的工业污水接入城市污水处理厂进行处理。工业废水排放情况见表4-19。曹娥江流域工业污水COD_{Cr}排放量为79080.50吨/年，NH_3-N排放量为6413.43吨/年；直接排入曹娥江流域的工业污水COD_{Cr}排放量为13013.05吨/年，NH_3-N排放量为1214.73吨/年。

表 4-19　曹娥江流域工业废水排放情况

项　目	单位	合计	市区	绍兴县	上虞市	嵊州市	新昌县
1. 工业废水排放量	万 t/a	31040.92	7244.78	19104.23	2475.19	747.93	1468.79
COD_{Cr} 排放量	t/a	79080.50	13629.90	52907.89	10324.76	643.18	1574.77
NH_3-N 排放量	t/a	6413.43	218.78	4872.30	1034.07	37.56	250.72
2. 达标排放量	万 t/a	30091.06	7149.79	18396.88	2397.70	747.93	1398.76
达标排放率	%	96.94	98.68	96.30	96.87	100	95.23
3. 直接接入污水处理厂	万 t/a	24720.30	5893.80	16800.30	2026.20	—	—
COD_{Cr} 排放量	t/a	66067.45	11088.25	46527.31	8451.89	—	—
NH_3-N 排放量	t/a	5198.70	67.50	4284.71	846.49	—	—
4. 直接排入曹娥江流域							
工业废水排放量	万 t/a	6320.62	1350.98	2303.93	448.99	747.93	1468.79
COD_{Cr} 排放量	t/a	13013.05	2541.65	6380.58	1872.87	643.18	1574.77
NH_3-N 排放量	t/a	1214.73	151.28	587.59	187.58	37.56	250.72

（2）生活污水

生活污水主要为城镇生活污水和农村生活污水。2004 年曹娥江流域城镇生活污水排放总量为 4745.54 万吨，其中 2328.18 万吨接入污水处理厂处理。曹娥江流域中，绍兴市区 70.68%生活污水（约 4 万米^3/日）进入绍兴城市污水处理厂处理后外排曹娥江，绍兴县城区约 1.35 万米^3/日生活污水进入绍兴污水处理厂处理后外排曹娥江。上虞市城区约 1 万米^3/日生活污水进入上虞市污水处理厂处理后外排杭州湾上虞港口区水域。全市生活污水 COD_{Cr} 排放量为 30815.19 吨/年，NH_3-N 排放量为 8988.59 吨/年。

绍兴市曹娥江流域生活污水排放基本情况见表 4-20。

表 4-20　曹娥江流域生活污水排放基本情况

项　目	单位	合计	市区	绍兴县	上虞市	嵊州市	新昌县
城镇生活污水	万 t/a	4745.54	2344.75	613.13	801.23	575.08	411.35
农村生活污水	万 t/a	5526.19	640.99	1305.01	1391.45	1394.25	794.40
合计生活污水	万 t/a	10271.73	2985.74	1918.23	2192.68	1969.33	1205.75
合计 COD_{Cr}	t/a	30815.19	8957.22	5754.69	6578.04	5907.99	3617.25

项　目		单位	合计	市区	绍兴县	上虞市	嵊州市	新昌县
NH_3-N		t/a	8 988.59	1 748.17	1 920.63	2 119.10	2 013.16	1 187.53
进污水处理厂	生活污水	万 t/a	2 328.18	1 598.18	495.00	365.00	—	—
	COD_{Cr}	t/a	3 241.82	1 917.82	594.00	730.00	—	—
	NH_3-N	t/a	614.55	399.55	123.75	91.25	—	—
直排曹娥江流域内	生活污水	万 t/a	7 943.55	1 387.56	1 423.23	1 827.68	1 969.33	1 205.75
	COD_{Cr}	t/a	27 573.37	7 039.40	5 160.69	5 848.04	5 907.99	3 617.25
	NH_3-N	t/a	8 374.04	1 348.62	1 796.88	2 027.85	2 013.16	1 187.53

七、飞云江水系

1. 地理位置

飞云江位于浙江东南部，在瓯江以南，鳌江以北，流域介于东经119°37′～120°40′、北纬27°30′～28°00′。北有北祖山与瓯江小溪分界，西以洞宫山与福建相邻，南有南雁荡山与鳌江分解，东临东海。流域地形狭长，南北两岸面积比值为 1∶1.63，山地丘陵面积占 84%，平原、盆地、河泊面积占 16%。

飞云江一级支流水系。流域内主要有里光溪、洪口溪、莒江溪、峃作口溪、泗溪、玉泉溪、高楼溪、金潮港 8 条一级支流。

2. 社会经济概况

飞云江流域（温州段）内涉及泰顺县、文成县、瑞安市的 80 多个街道和乡镇。规划以泰顺县、文成县、瑞安市三个行政区域为主。

温州市是中国东南沿海对外开放的重要工业、商贸、港口城市，是浙江南部的经济、金融、交通、文化和科技中心。

瑞安位于浙江东南部，东接东海，南邻平阳县，西接文成县，北连温州市瓯海区、龙湾区，是浙南沿海重要的工贸港口城市。随着改革开放的不断深入，瑞安市经济得到迅猛的发展，目前已形成纺织、服装、制鞋、汽摩配、食品、化学、机械、塑料制品等优势工业行业。近年来瑞安市经济发展迅速，2006 年全市生产总值 279.41 亿元，人均生产总值 24500 元，比上年增长 12.8%，折合 3141 美元（按 2006 年人民币对美元年平均汇率计算）。

文成位于浙江南部山区，温州市西南部飞云江中上游，东邻瑞安市，南界平阳、苍南县，西倚泰顺、景宁县，北接青田县。总面积 1292.16 平方千米，辖 8 镇 25 乡。2006 年全县国内生产总值为 22.3 亿元，地方财政收入 1.35 亿元，农民人均收入 3471 元，全县已拥有机械制造、电力、纺织、化工仪表、酿造、电机、印刷、制药、建筑材料、竹木加工、食品、陶瓷等行业。

泰顺位于温州西南部，是“国家级生态示范区”、“中国茶叶之乡”、“廊桥之乡”。总面积 1761.5 平方千米，辖 36 个乡镇，总人口 35.2 万。2004 年全县生产总值 17.8 亿元，财政收入 1.6 亿元，农民人均收入 2793 元，分别同比增长 8%、12.2%和 8%。

3．飞云江水质及污染物排放情况

（1）2006 年水质现状

根据 2006 年监测数据统计，飞云江干流水质良好，所有断面均为Ⅱ类水，水质类别优于 2005 年。除乌岩岭断面由于溶解氧达不到功能水质要求不能满足功能需要外，其余各断面都能满足功能要求。

（2）2001 年至今水质变化情况

2001 年：水质较好，Ⅱ、Ⅲ类水长度分别占 85.3%、14.7%。除乌岩岭、飞云渡断面由于溶解氧达不到功能水质要求，而不能满足功能需要外，其余各断面都能满足功能要求。

2002 年：水质较好，Ⅱ、Ⅲ类水长度分别占 81.2%、18.8%。除百丈漈水库及下游的飞云渡口、第三农业站河段为Ⅲ类水外，其余均为Ⅱ类水。除乌岩岭、飞云渡断面由于溶解氧达不到功能水质要求、百丈漈水库由于总汞达不到功能水质要求而不能满足功能要求外，其余各断面都能满足功能要求。

2003 年：水质良好，全部河段为Ⅱ类水。除乌岩岭断面溶解氧达不到功能水质要求外，其余各断面均能满足功能水质要求。本年度满足功能水质要求的河段个数比上年度增加 1 个。

2004 年：水质良好，全部河段为Ⅱ类水。除乌岩岭由于溶解氧达不到功能水质要求不能满足功能需要外，其余各断面都能满足功能要求。

2005 年：水质良好，除飞云渡口河段为Ⅲ类水外，其余河段均为Ⅱ类水。除乌岩岭由于溶解氧达不到功能水质要求不能满足功能需要外，其余各断面都能满足功能要求。飞云渡口断面水质比 2004 年下降一个类别，其余断面水质类别保持不变。

（3）污染物排放情况

2004 年飞云江流域（包括飞云江干流及其支流）工业废水排放量为 767 万吨，COD 排放量 1 177 吨，氨氮排放量为 31 吨。工业污染物排放量最大的是瑞安市，其次是文成县，最少的是泰顺县。

2004 年飞云江流域内总人口约 189.52 万人（包括文成、泰顺、瑞安三县市流域人口），其中城镇人口约 21.72 万人，农村人口 137.05 万人，流动人口 30.75 万人。根据相关资料，城市（镇）人均生活用水量城市人口取 200 升/日，流动人口取 120 升/日，农村人均生活用水量取 80 升/日，生活污水 COD 质量浓度以 350 毫克/升计，氨氮质量浓度以 20 毫克/升计，总磷质量浓度以 5 毫克/升，污水排放系数取 0.8。

2004 年飞云江流域城乡生活污水总排放量为 5 547.42 万吨，COD 排放总量为 19 415.97 吨，氨氮排放总量为 1 109.484 吨，总磷排放总量为 277.371 吨。在流域各县（市）中，城市生活水污染物排放量瑞安片所占的比例最大为 85.5%，其次文成为 13%，泰顺仅占 1.5%。

飞云江流域现耕地面积 634 212 亩，其中水田面积 439 757 亩，旱地面积 194 468 亩，流域化肥年消耗量（按折纯法计算），氮肥总用量为 11 052 732 千克，磷肥总用量为 3 328 463 千克，根据不同农田性质，化肥使用量以及不同的化肥流失系数估算，流域内氮肥流失总量为 2 077 914 千克，磷肥流失总量为 139 795.4 千克，氮肥流失量大于磷流失量，化肥的流失也是造成流域内水体 N、P 污染的主要原因之一。

飞云江流域内畜禽养殖主要为养殖生猪、牛及家禽为主，根据统计，2004 年流域内生猪养殖总数为 140 220 头，牛养殖量为 12 312 头，羊养殖量为 46217 头、家禽为 1 555 164 只，兔子 466 555 只。根据不同饲养品种及相应的污染物产生系数，估算流域内畜禽养殖业污染物的产生量，COD 产生量为 9 875.29 吨/年，BOD 产生量为 8 468.18 吨/年，氨氮产生量为 917.84 吨/年，总磷产生量为 683.30 吨/年，总氮产生量为 2314.27 吨/年。文成县工业企业及医院等单位废物 2004 年产生量为 3864.4 吨，综合利用率 28%，处置率 72%。文成县生活垃圾填埋场总占地面积 113 亩，距文成县县城 10 千米，设计填埋垃圾 200 吨，垃圾填埋时间 40 年，从 2000 年开始投入使用。现日填埋 100 多吨生活垃圾，简易的垃圾处理率达到 100%。其他乡镇的生活垃圾中转站正在筹建中，基本未经无害化处理。

泰顺县工业固体废物产生量为 51539 吨，其中危险废物 1 吨，危险废物主要是由医疗机构产生的医疗废物。固体废物的综合利用量、处置量和排放量分别为 3135 吨、47004 吨和 1400 吨。

全县绝大多数城镇建成了垃圾填埋场，建立了生活垃圾统一收运、处理制度；而乡和村的生活垃圾暂无统一处理规划，生活垃圾污染较为严重。

瑞安市的生活垃圾收集处理系统投入不足，垃圾场零星布点，垃圾无组织堆放和随意倾倒现象严重。生活垃圾产生系数按 0.7 千克/（人·日）计算，则年垃圾产生量分别是 36.7 万吨，基本未经无害化处理。

据前所述，全流域 2004 年废水排放总量为 6425.81 万吨，化学需氧量排放量为 27505.44 吨，氨氮排放量为 1783.06 吨。

流域2004年废水、化学需氧量及氨氮排放量最大的是瑞安市，分别为5153.80万吨、19613.78吨/年和1193.35吨/年，所占流域排放量分别为80.2%、71.3%和66.9%；水污染物排放量最少的是泰顺，废水、化学需氧量及氨氮排放量所占流域排污量的比例分别为4.2%、5.8%和6.6%。

八、东西苕溪水系

1．地理位置

苕溪在浙江北部，属太湖水系，包括东苕溪、西苕溪两条源流完全不同的河流。现在的东苕溪源出浙江临安东天目山北部平顶山南麓的马尖岗，流经临安市、杭州市余杭区、德清县、湖州市等地。由于东苕溪入杭州市余杭区境后呈西南—东北流向，经瓶窑、安溪，横穿余杭良渚文化遗址群的北部，将遗址群分隔为苕溪西北与东南两片，然后又在獐山镇的西侧北折，径流入太湖。西苕溪是太湖上游的重要支流，位于浙江省湖州市境内。发源于安吉县永和乡的狮子山，自西南向东北流向太湖，是湖州市及其沿河居民的主要饮用水水源。

苕溪流域最大降水量2428毫米（1954年），瓶窑站历年最高水位8.97米（1984年6月14日），历年最低水位2.17米（1978年9月9日），多年平均年径流量10.4亿立方米，最大年径流量为21亿立方米（1954年），最小年径流量为5.06亿立方米（1978年），多年平均流量30.8立方米每秒，最大洪峰流量795立方米每秒（1984年6月14日），最小流量为6.74立方米每秒（1984年10月2日），每年枯季，当东苕溪水位低于太湖水位时，常发生逆流而产生负流量。东苕溪流域有时也因降水量较小而干旱。

2．环境情况

1985年，该水系（主要分布在杭州市和湖州市境内），接纳工业废水 5546.80 万立方米，接纳有害物质 39028.06 吨，分别占全省的 4.54% 和 3.67%，主要受纺织和食品废水污染，水系呈有机污染特征。

1989 年，该水系接纳乡镇工业废水 498.7 万立方米，占全省的 3.46%，其中接纳有机废水量占该水系的 76%，污染主要分布在苕溪。

1995 年，该水系年接纳乡镇工业废水 2699.1 万立方米，占全省的 5.30%。该流域内乡镇工业的化学需氧量、悬浮物和总铬排污密度分别为 210.31 千克/千米^2、4928.9 千克/千米^2 和 0.3764 千克/千米^2，分别居八大水系的第二位、第三位和第八位。

九、京杭大运河

京杭大运河（浙江段）由苏南平望入境，南经嘉兴市区、崇福、长安、乔司、临平，循上塘河进杭州市区，干流全长 129 千米，分嘉兴段（长 52 千米）和杭州段（长 77 千米）。嘉兴段指平望江浙交界处至嘉兴余杭交界龙兴堰；自龙兴堰经杭州市区称杭州段。

随着城市化的迅猛发展和农村城市化步伐的快速推进，人们对运河流域生态环境要求日益提高，而运河现状水质却仍趋下降，工业、农业、养殖、居民生活和船舶排入的氮磷、石油类污染仍有增无减。

第二节　流域污染状况

一、各流域内工矿企业生产及排污情况

据 1997 年 7 月至 1998 年 12 月全省首次排污申报登记，汇总基准年为 1997 年，共受理 36457 家排污单位的申报登记，各水系污染物纳入情况见表 4-21。废水污染物均占全省排放量的 96%以上。

表 4-21　1997 年各水系污染物纳入情况表

水系名称 \ 纳入量/(t/a) \ 污染物名称	化学需氧量	悬浮物	石油类	挥发酚	氰化物	硫化物	氨氮	汞	镉	铅	砷	六价铬
钱塘江	207 675.83	106 801.81	804.14	54.75	69.90	356.24	11 644.25	0.15	—	0.77	1.97	16.59
曹娥江	63 062.73	17 940.51	355.93	9.49	2.46	20.81	122.20	—	—	0.94	—	2.86
甬　江	26 061.55	5 605.20	51.09	8.99	7.10	25.52	465.29	—	—	0.37	0.67	—
椒　江	39 991.46	14 614.85	144.25	51.44	2.40	39.67	327.79	—	—	0.26	—	3.47
瓯　江	76 529.22	43 986.11	128.68	140.11	35.25	21.01	350.95	—	0.30	6.60	0.63	43.44
飞云江	20 380.10	29 762.70	—	—	3.20	—	21.04	—	—	—	—	1.46
鳌　江	6 569.39	1 682.29	8.24	0.67	22.40	349.86	35.35	—	—	—	—	29.37
东西苕溪	54 335.73	27 856.11	74.18	0.83	0.49	46.82	599.30	—	—	0.05	—	0.58
运河及内河河网	105 877.12	59 892.38	791.63	20.19	10.85	385.34	3 474.69	0.05	0.70	3.64	1.32	5.74
浙江沿海海域	36 970.45	22 914.58	88.91	1.47	8.95	13.78	224.62	—	0.05	1.00	6.19	4.41
其他河流（信江、闽江、交溪）	5 207.40	1 486.71	1.83	7.14	—	—	27.89	—	0.02	2.86	—	—
合计	642 660.98	332 543.25	2 448.58	295.08	163.00	1 259.08	17 293.37	0.20	1.07	15.90	10.78	107.92
占全省排放量/%	99.63	99.97	99.86	99.66	99.98	99.29	99.99	71.43	96.40	97.07	98.81	96.21

化学需氧量：各水系均有排入，纳入量前三位为钱塘江（207675.83吨）、运河及内河河网（105877.12吨）、瓯江（76529.72吨），分别占全省排放量的32.20%、16.41%、11.86%。

悬浮物：各水系均有排入，纳入量前三位为钱塘江（106801.81吨）、运河及内河河网（59892.38吨）、瓯江（43986.11吨），分别占全省排放量的32.10%、18.00%、13.22%。

石油类：除飞云江外，各水系均有石油类排入，纳入量前三位为钱塘江（804.14吨）、运河及内河河网（791.63吨）、曹娥江（355.93吨），分别占全省排放量的32.80%、32.29%、14.52%。

挥发酚：除飞云江外，各水系均有挥发酚排入，纳入量前三位为瓯江（140.11吨）、钱塘江（54.75吨）、椒江（51.44吨），分别占全省排放量的47.18%、18.43%、17.32%。

氰化物：除信江、闽江、交溪外，各水系均有氰化物排入，纳入量前三位为钱塘江（69.90吨）、瓯江（35.25吨）、鳌江（22.40吨），分别占全省排放量的42.87%、21.62%、13.74%。

硫化物：除飞云江以及信江、闽江、交溪外均有硫化物排入，纳入量前三位为运河及内河河网（385.34吨）、钱塘江（356.24吨）、鳌江（349.86吨），分别占全省排放量的30.39%、28.09%、27.59%。

氨氮：各水系均有排入，纳入量前三位为钱塘江（11644.25吨）、运河及内河河网（3474.69吨）、东西苕溪（599.30吨），分别占全省排放量的67.32%、20.09%、3.46%。

砷：在五个水系中有砷排入，但主要排入海域（6.19吨）、钱塘江（1.97吨）、运河及内河河网（1.32吨），分别占全省排放量的56.74%、18.06%、12.10%。

重金属：六价铬、铅在大部分水系均有排入，在瓯江的排入量分别为43.44吨、6.60吨，占各水系首位。汞、镉在部分水系有排入，汞在钱塘江、镉在运河及内河河网的排入量分别为0.15吨、0.70吨，均占各水系首位。

1. 钱塘江水系

1985年（据该年为基准年的全省工业污染源调查，下同），全省有1328家企业的工业废水直接或间接排入该水系，占全省调查企业总数的14.32%，居各水系纳污单位数的第二位。全水系接纳废水量39252.8万立方米，接纳各种有害物质348112.01吨，纳入的废水量和有害物质分别占全省的12.16%和32.74%。在排入水系的17种有害物质中，有12种（即悬浮物、COD、BOD_5、汞、砷、酚、氰化物、油、氟化物、铜、氨氮、氯化物等）有害物质的数量居各水系的第一位，其中砷、氟化物、氰化物的纳入量为全省总量的60%～70%，氨氮、悬浮物、COD、BOD_5、酚、油等有害物质接近或超过全省的30%，钱塘江纳入的废水量和有害物质居各水系的第一位。在钱塘江水系的11个主要干流河段（即钱塘江、富春江、新安江、兰江、金华江、东阳江、义乌江、衢江、常山港、江山港及浦阳江）中，江山港、钱塘江和富春江纳入工业废水分别为13829.6万立方米、8127.4万立方米和5333.3万立方米，分别占全水系的35.23%、20.71%和13.59%。接纳有害物质的主要干流段为钱塘江、富春江和江山港，三者纳污量合计为183276.24吨，占水系纳污总量的52.65%，其中，钱塘江占水系纳污量的24.01%。衢江和兰江的纳污量也较高，分别为总量的8.87%和8.79%。其余各干流段均不同程度地受到工业废水及其有害物质的污染。

1989年（据该年为基准年的全省乡镇工业污染源调查，下同），该水系接纳乡镇工业废水量3139.6万立方米，占全省的21.78%，接纳COD和悬浮物分别为2274.1万吨和1827.6吨，分别占全省总量的23.2%和26.18%。

1995年（据该年为基准年的全省乡镇工业污染源调查，下同），该水系接纳乡镇工业废水12361.1万立方米，占全省总量的24.29%，该水系接纳的乡镇工业化学需氧量、悬浮物和总铬的排污密度分别为 1834.5 千克/千米^2、1763.5 千克/千米^2 和 1.0143 千克/千米^2，分别居八大水系的第三位、第四位和第五位。

2．甬江水系

1985 年，该水系共接纳 922 家企业的 974.20 万立方米工业废水，接纳各种有害物质 65845.05 吨，分别占全省的 8.00%和 6.19%，该水系中，甬江、奉化江和余姚江的废水纳入量分别占水系总量的 24.4%、29.69%和 45.91%，其有害物质纳入量分别占水系总量的 19.47%、45.65%和 34.88%，甬江为宁波市区（老区）企业的主要排污河道，其纳污量较奉化江和余姚江为低。甬江水系的六价铬纳入量居全省各水系第一位，为 24.62 吨，石油类和氨氮纳入量居第二位，分别为 349.00 吨和 1486.67 吨。水系污染特征为有机污染。

1989 年，该水系接纳乡镇工业废水 451.8 万立方米，占全省的 3.13%，其接纳的有机废水占该水系的 75%，水系呈有机污染特征。

1995 年，该水系接纳乡镇工业废水 1265.2 万立方米，占全省总量的 2.49%。流域内化学需氧量、悬浮物和总铬的排污密度分别为 1368.7 千克/千米^2、1009.2 千克/千米^2 和 0.6587 千克/千米^2，分别居八大水系的第五位、第六位和第三位。

3．瓯江水系

1985 年，该水系接纳工业废水 4845 万立方米，接纳各种有害物质 74469.75 吨，分别占全省的 3.97%和 7.00%。主要受温州市和丽水地区造纸、冶金、矿山废水的污染，其年纳铅量 13.8 吨，占全省的 30.3%，居各水系第一位，锌、氰化物和酚各为 240.25 吨、17.15 吨和 28.17 吨，分别居各水系的第三位、第四位和第二位。

1989 年，该水系接纳乡镇工业废水 165.8 万立方米，占全省的

1.15%，水系呈有机污染特征。接纳化学需氧量 141.6 万吨，占全省的 1.45%。

1995 年，该水系接纳乡镇工业废水 1 479.1 万立方米，占全省的 2.91%。流域内乡镇工业化学需氧量、悬浮物和总铬的排污密度分别为 1 400.4 千克/千米^2、5 481.9 千克/千米^2 和 15.593 1 千克/千米^2，分别居八大水系的第五位、第二位和第二位。

4. 曹娥江水系

1985 年，该水系（是绍兴市境内的主要水系）接纳工业废水 1 500 万立方米，接纳各种有害物质 23 239.33 吨，分别占全省的 1.23%和 2.19%，该水系主要受造纸、化工废水影响，以有机污染为主。

1989 年，该水系接纳乡镇工业废水 4 286.6 万立方米，占全省的 2.97%。

1995 年，该水系接纳乡镇工业废水 943.6 万立方米，占全省的 1.8%，流域内乡镇工业的化学需氧量、悬浮物和总铬的排污密度分别为 1 673.7 千克/千米^2、922.2 千克/千米^2 和 0.658 7 千克/千米^2。分别居八大水系中的第四位、第六位和第六位。

5. 椒江水系

1985 年，该水系接纳工业废水 2 942.30 万立方米，接纳各种有害物质 70 006.64 吨，分别占全省的 2.41%和 6.58%，该水系接纳硫化物 189.20 吨，占全省的 19.69%，居第一位，仍以有机污染为主。

1989 年，该水系接纳乡镇工业废水 243.4 万立方米，占全省的 1.69%，水系呈有机污染特征。

1995 年，该水系接纳乡镇工业废水 791.4 万立方米，占全省的 1.56%。流域内乡镇工业的化学需氧量、悬浮物和总铬的排污密度分别为 1 280.4 千克/千米^2、671.4 千克/千米^2 和 1.066 1 千克/千米^2，分别居八大水系的第七位、第七位和第四位。

6. 东西苕溪

1985年，该水系（主要分布在杭州市和湖州市境内），接纳工业废水5546.80万立方米，接纳有害物质39028.06吨，分别占全省的4.54%和3.67%，主要受纺织和食品废水污染，水系呈有机污染特征。

1989年，该水系接纳乡镇工业废水498.7万立方米，占全省的3.46%，其中接纳有机废水量占该水系的76%，污染主要分布在苕溪。

1995年，该水系接纳乡镇工业废水2699.1万立方米，占全省的5.30%。该流域内乡镇工业的化学需氧量、悬浮物和总铬排污密度分别为210.31千克/千米^2、4928.9千克/千米^{2}和0.3764千克/千米^2，分别居八大水系的第二位、第三位和第八位。

7. 飞云江水系

1985年，该水系接纳工业废水301.5万立方米，接纳各种有害物质9858.48吨。

1989年，该水系接纳乡镇工业废水仅0.39万立方米。

1995年，该水系接纳乡镇工业废水36.3万立方米，占全省的0.07%，流域内乡镇工业的化学需氧量、悬浮物和总铬的排污密度分别为153.2千克/千米^2、76.8千克/千米^{2}和0.5253千克/千米^2，分别居八大水系的第八位、第八位和第七位。

8. 鳌江水系

1985年，该水系接纳工业废水163.6万立方米，接纳各种有害物质1375.92吨。

1989年，该水系接纳乡镇工业废水134.3万立方米，占全省的0.93%，所接纳污水均为有机废水。

1995 年，该水系接纳乡镇工业废水 1 089.4 万立方米，占全省的 2.14%。流域内乡镇工业的化学需氧量、悬浮物和总铬的排污密度分别为 36 827.5 千克/千米^2、27 481.2 千克/千米^2 和 336.530 5 千克/千米^2，均居八大水系的第一位。

9. 内河

1985 年，有 1 715 家企业（占调查企业总数的 18.49%）的工业废水直接或间接排入内河（主要有京杭大运河、浙东运河和温州平原若干内河），废水量和废水内各种有害物质量分别为 25 897.7 万立方米和 133 724.2 吨，分别占全省总量的 21.22%和 12.58%。均居各水系（1985 年共分 15 个纳污水系单元统计，下同）的第二位。废水中的镉、六价铬、铅、酚、石油类、铜、锌、悬浮物、COD、BOD_5 的纳入量在各水系中均居前几位，其中，锌的纳入量为 1 006.64 吨，占总量的 54.22%，居第一位，铜、氰化物、铅、砷居第二位。大运河杭州段纳废水量及各种有害物质量分别为 14 937.2 万立方米和 57 115.19 吨，占水系的 57.8% 和 42.71%，是水系的主要纳污河段，大运河桐乡段、萧绍运河萧山段及绍兴段的废水和有害物质纳入量，合计分别占水系的 29.27%和 44.56%。

1989 年，据调查，有 3 011.6 万立方米乡镇工业废水直接或间接排入该水系单元。占全省总量的 20.89%，居各纳污水系（1989 年共分 17 个纳污水系单元统计，下同）的第二位。其中，有机废水量为 2 513.9 万立方米，占该水系废水量的 83.47%，该水系中以大运河桐乡段和杭州段的废水纳入量最多。

1995 年，运河水系接纳乡镇工业废水 6 317.6 万立方米，占全省的 12.42%。

10. 水库

1985 年，全省蓄积量在 1 000 万立方米以上水库已有 108 座，其中

16 座水库纳污，即新安江水库、湖南镇水库、青山水库、皎口水库、四明湖水库、铜山源水库、对河口水库、长潭水库、泗安水库、东钱湖、胡陈港、东岙港、横山水库、大塘港、吴家园水库、百丈漈水库。年接纳废水及有害物质分别为 1550.7 万立方米和 14814.67 吨，分别占全省的 1.27%和 1.39%。新安江水库纳污量最大，年接纳 50 家企业工业废水及有害物质分别为 1038.5 万立方米和 11361.27 吨，分别占全省所有水库纳入水量的 67.39%和 76.63%。

1989 年，108 座水库中，新安江水库、富春江水库等 16 座年受纳乡镇工业废水 555.1 万立方米，均为无毒有害废水。

1992 年，据杭州市环境科学研究所调查千岛湖（即新安江水库）周围 35 家企业，工业废水排放量 678.73 万立方米，其中达标废水量 124.47 万立方米，占 18.34%。主要工业污染源有淳安化肥厂、淳安造纸厂等 12 家企业，西南湖区和中心湖区是主要纳污水域。新安江水库四周 9 镇 16 乡区域内生活污水总量为 700.23 万立方米，其中入湖污水量为 285.14 万立方米，COD_{Cr} 366 吨，TN 42.7 吨，TP 5.0 吨。湖岸直接入湖的非点源（包括经径流间接入湖）COD_{Cr} 4268.5 吨，TN 573.7 吨，TP 17.3 吨。

1998 年，淳安县开展排污申报登记，截至 1997 年，千岛湖镇废水排放申报企业 89 家（包括工业、服务业、卫生、教育业），申报企业用水总量 243.35 万立方米，废水排放量 136.72 万立方米，废水污染物 COD 达 1242.09 吨，悬浮物 66.21 吨，六价铬 0.7 吨。其中旅馆餐饮业排放废水占总量的 26.8%，其 COD、BOD 分别占排放总量的 13.4%和 47.1%。重点工业污染源是浙江新安江罐头食品厂、杭州千岛永顺纺织集团有限公司和沪千人造板制造公司。生活污水约 326.2 万立方米，经三个主要排放口入湖。非点源入湖污染物 COD_{Cr} 1748 吨，TN 336 吨，TP 7.66 吨。

11．湖泊

1985年，调查的17个较大的湖泊中，仅西湖、白马湖、马斜湖、东湖、梅家荡、鉴湖和太湖7个湖泊纳污，年接纳废水和各类有害物质分别为6873.6万立方米和26489.71吨，分别占全省的5.63%和2.49%，主要受印染和食品饮料废水影响。白马湖、太湖、东湖和鉴湖4个湖泊合计接纳废水及有害物质分别是6243.7万立方米和23146.78吨，分别占湖泊纳污总量的90.84%和87.38%。

1989年，据调查，接纳乡镇工业废水的湖泊有鉴湖、西湖等15个，接纳废水600.8万立方米，占全省的4.17%，以有机污染为主。

二、各流域污染事故

1987年，浙江医学科学院卫生学研究所环境卫生研究室对当时以钱塘江为原水的两个自来水厂（清泰、赤山埠）以及以苕溪水为原水的水厂（祥符桥）源水和自来水进行丰水期和枯水期的致突变试验。其结果为：Ames试验致突变率和致突变强度丰水期高于枯水期，但致突变率不高且看不出规律性。一般在10升/皿剂量组才可见阳性反应并且其致突变强度是阴性对照组的2～3倍。蚕豆根尖微核试验能检出微核率增高。DNA合成抑制试验未见阳性结果。比较同时进行的浙江大肠癌高发区嘉善县三个乡和吴兴县两个乡、海宁县六个乡地面水同样的致突变试验，很少检测出阳性。在10～20升/皿剂量组偶尔有几个点出现阳性。说明该年的内河河网地区较少受有毒有机物污染，而钱塘江杭州段已有轻微污染。

1992—1996年，对衢江水域的七个采样点进行致突变试验，出现落马桥、老鹰潭、西安门大桥、樟树潭几个强阳性点。Ames试验0.3升/皿呈阳性，且在1.25升/皿已呈强阳性，致突变强度达到阴性对照的7倍。经气相色谱检测，查出可疑致突变物为氯乙烯，与衢化的排污口有关，其中以西安门大桥、樟树潭最强。

1994 年，对金华江（婺江）丰、枯水期进行有机浓集物的致突变试验。采用 Ames 试验、细菌波动试验和小鼠微核试验。Ames 试验 0.6 升/皿即引起阳性反应。而且各点反应均随试验剂量增加而增大。至 5.0 升/皿致突变强度可达到阴性对照组的 7～11 倍，1.25 升/皿为 2～5 倍。细菌波动试验 0.15 升/板即可得到阳性结果。小鼠微核试验 0.5 升/克小鼠已出现阳性。可见，金华江受有机致突变物污染严重，对此有关部门已予以关注。

1996 年，对婺江水有机浓集物进行气相色谱/质谱联机检测，进行有机污染物的成分分析。共检测出 65 种化合物。其中丰水期有 34 种，枯水期有 56 种。与肿瘤有关的首要控制污染物有十余种，但含量不高，主要有卤代烃、苯环类、萘、蒽、邻苯二甲酸酯（酞）类。与 1994 年婺江水有机浓集物比较，1994 年婺江水样中也存在萘和邻苯二甲酯类污染。丰水期和枯水期东关桥、东市水厂、石柱头、洪坞桥、山嘴头各点有所变化但总的变化不大，枯水期有机污染物数量和种类均多于丰水期。

1998 年对钱塘江衢州段：富足山、双港口、樟树潭、下童；钱塘江金华段：义东桥、低田、白洋渡、女埠、三河；钱塘江杭州段：三江口、洋溪渡、窄溪、渔山、闻家堰进行枯水期采样，其采样点选择各主要城市的入水口和出水口及主要支流的注入口，计 14 个点。该年 11 月至次年 1 月采样期间降雨量不大，故认为该 14 个点结果均为枯水期资料。1999 年 2 月至 5 月进行该 14 个点水样浓集物的处理及 Ames 试验，同时留样并相应处理以备 GC/MS 检测用，经过多次试验发现该流域某些站位可检测出致突变物，并有剂量反应关系，说明这些站位致突变物污染严重，其中以衢州段四点最严重，金华段四点也有较强致突变性；杭州段中富春江较好，杭州闻家堰也有较强的致突变性。

1999 年丰水期，进行潮汐对致突变性影响的研究。选择钱塘江杭州段自上游至下游的五个点，Ames 试验结果表明对 TA98 自上游至下游涨潮时致突变性（回变率）逐渐增强，特别是加 S9 后回变率显著增加，并有剂量-反应关系，说明该流域不仅存在直接的致突变物，还存在较强的间接致突变物，下游江段更为严重。钱江三桥点还存在对 TA100 致突变的碱基对置换型致突变剂。落潮时致突变性有所回落，但渔山和浦阳江仍可检出致突变物，不排除当地有致突变物排放的可能；其他两项试验分别显示该流域在强致突变点存在染色体及 DNA 损伤剂。

第三节　流域环境污染整治

浙江流域环境保护工作，主要是对水质进行常规监测，开展沿岸新扩建项目的“三同时”管理和工业污染源的限期治理。同时，划分全省地面水环境保护功能区，对主要水系和湖泊水库制定环境保护的地方法规，对水质保护制定规划。加快实施水资源保障百亿工程，到 2009 年年底，全省已实现新增库容 3.7 亿立方米，新增年供水量 6.02 亿立方米。2009 年，全省合格规范饮用水水源保护区创建比例达到 99%，全省县级以上集中式饮用水水源地水质达标率达到 87.1%。在抓好日常水环境监管、推进流域水系源头生态保护工作的同时，着重抓好太湖、钱塘江流域水污染防治。编制实施《浙江省太湖流域水环境综合治理实施方案》，建立蓝藻立体监测网络，启动清水入湖工程，加强污染源监察执法力度。2009 年，浙江省太湖流域蓝藻发生情况逐步好转，入湖断面水质基本良好，6 个入湖断面均为Ⅲ类水质。加快钱塘江流域乡镇污水处理设施建设，加强金华江流域的整治，加大氮磷污染物排放企业的监管力度。创新流域水环境管理机制，制定实施《浙江省跨行政区域河流交接断面水质保护考核办法（试行）》和《重点流域专项规划实施考核办法》。编制实施姚慈平原河网、绍虞平原河网、台州平原河网和温瑞平原河网水污染防治规划，全省平原河网水系水质总体有所改善。

一、流域污染整治主要措施

1. 政府对流域污染整治的重视

“十一五”以来，浙江省环境保护工作坚持以科学发展观为统领，认真贯彻执行《国家环境保护“十一五”规划》（以下简称《规划》），积极实施“创业富民、创新强省”总战略，部署推进资源节约和环境保护行动计划，坚决落实节能减排各项政策措施，大力推进生态省建设，深入实施“811”环境污染整治行动和“811”环境保护新三年行动，持续加大环保执法监管力度，着力解决涉及人民群众根本利益的突出环境问题，切实维护环境安全，《规划》实施总体情况良好，所确定的各项目标任务得到了较好的贯彻落实，各项工作取得扎实进展。

浙江在全国率先出台了《浙江省水污染防治条例》，印发了《浙江省跨行政区域河流交界断面水质监测和保护办法》，此外，省环保局还会同水利厅、财政厅等部门起草了《浙江省跨行政区域河流交接断面水质保护管理考核细则（试行）》和《浙江省钱塘江流域太湖流域交接断面水质保护补偿试点方案》，进一步明确各流域地方性政府的环保责任。抓好重点流域水污染防治工作。以实施重点流域水污染防治规划为先导，推进流域地区城镇污水处理厂和配套管网建设，进一步加强污染源的监察执法力度。在抓好日常水环境监管的同时，着重抓了太湖、钱塘江流域水污染防治工作。省政府专门召开了太湖流域水环境综合治理和蓝藻应对应急工作会议、钱塘江流域水污染防治工作会议；严格落实国家“治太”部署和省政府“五个确保”的要求，编制上报《浙江省太湖流域水环境综合治理实施方案》，进一步加强了对太湖蓝藻的监测监控，开展了省市县三级联动执法检查，加强了对杭嘉湖太湖流域各类污染源的环境监管；省财政厅专门下达太湖流域污水处理设施和改造专项补助资金 2.28 亿元，并争取到中央太湖流域水污染专项补助资金 37574 万元。目前已建成或基本建成太湖流域 72 个镇污水处理设施，率先实现太湖流域镇镇都有污水处理设施的目标。加强了对钱塘江流域氨氮排放企业的排查，强化环境监管。切实加强饮用水水源保护工作。加快实施水资源保障百亿工程等饮用水保障工程建设，饮用水保障工程建设进一步加快，饮用水第二水源或备用水源建设正在加快推进。积极开展水库水源地保护工作，省水利厅编制完成了《浙江省百库饮用水水源地安全保障工程实施方案工作大纲》。各地市纷纷开展饮用水水源保护专项行动，对饮用水水源保护地内排污口进行了全面清理，定期对新老污染源进行监督检查和监测，并建立水源水质预测预警应急体系。目前，全省合格规范饮用水水源保护区创建比例达到 85%。此外，省卫生厅还组织 10 个市（县、区）开展全国城市饮用水卫生监测网络工作，进一步推进平原河网水污染防治。组织各地着手编制姚慈平原河网、绍虞平原河网、台州平原河网、温瑞平原河网水污染防治规划。省水利厅印发《浙江省水功能区水质监测断面调整和布设建设实施方案》，以流域交界断面水质目标管理为抓手，全面推进水污染防治，至 2008 年年底新增水质监测断面 110 个，全省水功能区水质监测断面达到 492 个，并对全省水功能区水资源质量进行定期通报。此外还开展了水功能区限制污染排放总量核定工作，进一步规范了全省和完善水功能区调整的管理工作等。

全省各级以实施流域水污染防治规划为龙头，以实行跨界河流交界断面水质考核制度为抓手，全面推进流域水污染防治。太湖是国家确定的水污染防治重点。浙江省认真组织实施国家《太湖流域水环境综合治理总体方案》和省实施方案，制定出台了《关于进一步加强太湖流域水环境综合治理工作的意见》、《浙江省应对太湖蓝藻保障饮用水安全应急预案》等政策措施，切实加强组织领导，加大资金投入，全力抓好蓝藻应急应对，着力保障饮用水安全，深入推进地区水环境综合治理工作。

2. 流域污染组织保障机制

①拓展环保工作重点领域，确保生态环境安全。全面推进《资源节约与环境保护行动计划》的实施，加强农村环境保护、近岸海域污染防治和辐射环境监管，进一步拓展环保工作的重点领域。制定和实施《关于进一步加强农村环境保护工作的意见》、《浙江省农村环境保护规划》，切实抓好农村饮用水水源保护、工业污染防治、畜禽养殖污染防治、农村生活污水和垃圾处理等项目，着力解决危害农民群众身体健康，威胁城乡居民食品安全，影响农业农村可持续发展的突出环境问题。严格执行近岸海域环境功能区划，全面实施《碧海生态建设行动计划》，加强陆源污染入海控制，严格涉海工程环境监管。完善辐射环境监测网络，建立核环境安全监测系统，构筑浙江省辐射环境安全预警系统和应急体系。

②加强环境法治建设，加大环境执法力度。进一步完善地方法规、标准体系，严格实施环保法律、法规和政府规章，进一步加大环保执法力度，不断提高依法行政水平。持续深入开展各类环保专项行动，采取交叉检查、错时执法、后督察、重点督办等多种执法形式，加密日常监察频次，建立完善部门联合环保执法和重点案件移送督办机制。建立健全行政执法监督检查和稽查制度，切实加强环境行政执法内部制约和监督机制。根据浙江省的环境特征、产业特点和环保工作需要，研究制定符合浙江省实际的环境质量、污染物排放和环境准入标准。

③加强环保能力建设，提升环保监管水平。以污染源普查为契机，找出环境监管的薄弱环节，改进监管措施，健全各级环境监测、执法监督体系。进一步完善生态环境、辐射环境和应急监测网以及自动监测网络的建设，加快全省环境监测机构现代化和监察机构标准化建设进程，建立健全环境预警应急体系。围绕生态保护和修复、污染治理的关键技术和难点，组织开展重大科技项目攻关，认真完成国家水专项课题，积

极推进烟气脱硝、蓝藻水华防治等先进适用技术的研究，提升环保科技自主创新能力。

④创新环境规划管理，健全规划实施保障机制。进一步加强和改进规划工作，建立层次分明、功能清晰的规划体系和科学合理、规范有序的环境规划管理体制，确保规划具有前瞻性、科学性和可操作性。科学界定规划编制的领域，理清规划体系的功能分工。突出环境保护中长期发展规划的战略导向、环境功能区划的空间指导和约束功能，加强专项规划的衔接、审核和区域规划的统筹协调落实。规范规划编制行为，加强规划立项管理，深化规划前期研究，注重规划衔接协调，完善规划审批程序。加强对规划实施工作的组织协调和督促指导，建立责任明确、行之有效的规划实施机制，强化规划的年度调动、滚动执行、绩效评估和期末考核，有序推进规划各项目标任务的顺利实施。

3. 重点流域污染防治规划

近年重点流域污染防治规划有：

《钱塘江流域水污染防治“十一五”规划》（2007.07）

《温州鳌江水污染整治规划》（2007.08）

《绍兴市曹娥江流域水污染防治规划》（2005.11）

《飞云江流域水环境概况及防治对策》（2007.09）

《甬江流域水环境概况及防治对策》（2007.09）

《瓯江流域水污染防治“十一五”规划》（2006.12）

《椒江流域水污染防治规划》（2006.09）

《温州温瑞塘河环境污染整治规划》（2008.08）

《东阳江流域水环境污染整治规划》（2008.08）

二、地面水环境保护功能区划分

1990 年 5 月，省环保局根据国家的统一部署，在全省开展地面水环境保护功能区划分工作。经全省 1054 位工作人员（其中环境保护部门 650 人，其他部门 404 人）的共同努力，经城建、水利、卫生、农业等部门和各行政区协调、专家论证、当地人民政府确认和省环保局验收，于 1992 年 5 月完成浙江地面水环境保护功能区划分建议方案。该方案是在水域现状使用功能调查认定和功能区目标可达性评估基础上，结合地方社会经济发展布局和技术经济可行性的反复分析比较后形成。开展该项工作时，成立浙江地面水环境保护功能区划分领导小组及其办公室。采用统一规划、分层管理、逐级划定、上级协调的方式，省、市（地）、县先按统一的方法自下而上的划分，再由上一级划分管理机构指导并协调，协调内容主要是划分的深度和广度，上、下游间水域的水质功能类别。境界两侧的协调先由县级接触，市（地）协商确定。划分范围达到浙江省地面水环境保护功能区划分技术实施纲要的要求，水域的覆盖率达 95%左右，对各流域内的水域行政交界面达成了协调一致的水质控制目标。建议方案对全省地面水范围内共划定地面水环境保护功能区 1229 个，河流、河网功能区长度 12887.3 千米，湖库、河网功能区面积 1457.1 平方千米。其中划定为Ⅰ类水水域：904.05 千米加 6.31 平方千米，Ⅱ类水水域 3772.34 千米加 911.7 平方千米，Ⅲ类水水域：6804.15 千米加 488.89 平方千米，Ⅳ类水水域：1183.34 千米加 50.23 平方千米，Ⅴ类水水域：223.63 千米。各类水划分的比例按河流、河网长度比为 4∶17∶30∶5∶1，按湖库、河网面积比为 1∶144∶77∶8∶0。Ⅰ～Ⅲ类水的长度占河流、河网的 89.08%，面积占湖库、河网的 96.55%。

1992 年 5 月至 1994 年 5 月，在全省范围内试行上述建议方案，根据省验收组的意见和试行情况，对因引水工程的建设、取水口的搬迁、工业和市政建设的发展而需作修改的功能区进行适当的增减和调整，对个别经实践证明水质控制目标可达性太差的功能区进行修改，凡变动的功能区须经当地环境保护部门上报当地人民政府确认。

1995 年，省环保局先后组织省地面水环境保护功能区划分领导小组和办公室成员会议和局办公会议，就全省地面水环境保护功能区划分建议方案的修改情况进行讨论。同年 11 月，省环保局在杭州主持召开全省地面水环境保护功能区划分方案论证会，参加会议的有省人民政府办公厅、科委、建设厅、卫生厅、水利厅、地矿厅、石化厅、水产厅等 16 个单位的代表。会议对修改后的方案进行了认真的论证，最终形成《浙江省地面水环境保护功能区划分方案》。

1996 年 4 月 24 日，省人民政府办公厅浙政办发[1996]91 号文批准《浙江省地面水环境保护功能区划分方案》，并在全省范围内组织实施。全省各水系共划分各类功能区 1814 个，包括源头水水源保护区、集中式生活饮用水水源保护区（分一级、二级、准保护区）、珍贵鱼类及鱼类产卵场保护区、一般鱼类保护区、工业用水区、农业用水区、景观用水区、游泳区和多功能区。其中，钱塘江水系划分功能区 387 个，瓯江水系 163 个，曹娥江水系 91 个，甬江水系 67 个，椒江水系 95 个，飞云江水系 68 个，鳌江水系 10 个，苕溪水系 124 个，京杭运河及河网 123 个，宁绍平原河网 162 个，温黄平原河网 59 个，温瑞平原河网 106 个，西湖 1 个，鉴湖 16 个，东钱湖 3 个，独流入海溪流 100 个，海岛水系 132 个和城市内河 51 个。

2000 年，杭州、宁波和温州 3 个城市的地面水环境功能区水质已达到国家规定的有关质量标准。全省已累计创建规范化饮用水水源保护区 200 个。八大水系和运河水质评价总长度 3238.0 千米，其中，满足地面水环境保护功能区要求的河段长度为 2682.7 千米，不满足功能区要求的河段长度为 645.3 千米，分别占评价河段总长度的 80.6%和 19.4%。钱塘江、曹娥江、甬江、椒江、瓯江、飞云江、鳌江、苕溪诸水系和运河的评价河段水质满足功能区要求的情况见表 4-22。

表 4-22 2000 年主要水系和运河水质满足功能区要求情况

水系名称	评价河段总长/km	满足功能河段		不满足功能河段	
		长度/km	百分比/%	长度/km	百分比/%
钱塘江	1 165.8	993.1	85.2	172.7	14.8
曹娥江	206.1	144.3	70.0	61.8	30.0
甬　江	214.7	131.1	61.3	82.6	38.7
椒　江	336.8	290.8	86.3	46.0	13.7
瓯　江	680.3	652.5	95.9	27.8	4.1
飞云江	139.7	139.7	100.0	0	0
鳌　江	0	0	0	47.0	100.0
苕　溪	366.2	331.2	90.4	35.0	9.6
运　河	172.4	9.4	5.4	163.0	94.5
合　计	3 328.0	2 682.7	80.6	645.3	19.4

三、重点流域污染整治情况与成效

截至 2008 年年底，浙江省太湖流域共关停企业 1 184 家，对 254 家超标排污企业实施了限期治理，已建成污水处理厂 69 个，处理能力达 274 万吨/日，提前 4 年完成国务院下达的到 2012 年太湖流域建制镇污水处理设施全部建成的目标任务。太湖流域地表水中，II 类和III类的水质断面占总断面数的 34.1%，IV类占 18.2%，V 类和劣 V 类占 47.7%。与 2005 年相比，II 类和III类水质断面增加 2.3%，IV类增加了 2.3%，V 类和劣 V 类减少 4.6%。入湖断面水质基本良好，6 个入湖断面中 5 个断面为III类水质，1 个断面为IV类水质。钱塘江是浙江省的母亲河。“十一五”以来，省政府在该流域率先实行源头地区省级财政生态环保专项补助政策和流域排污总量控制制度。通过整治，钱塘江流域 62.2%的断面满足功能区要求，与 2005 年相比，提高了 11.1%。鳌江是浙江省污染最重的水系。多年以来水质均为劣 V 类，2006 年以来，通过对主要污染源平阳水头制革基地的整治，鳌江水质已经明显好转，河水黑臭现象已经消除。宁波的姚江经过整治，全线水质已从原来的劣 V 类恢复到III类以上。

1985 年，全省各水系的调查企业数、废水排放总量、废水中主要有害物质排放量、废水处理率、达标率见表 4-23。

表 4-23　1985 年浙江省主要水系接纳废水情况

水系名称	企业数	废水排放总量/（万 m³/a）	经处理废水		符合排放标准水		废水中主要有害物质排放量/（t/a）
			水量/（万 m³/a）	处理率/%	排放量/（万 t/a）	达标率/%	
钱塘江水系	1 328	39 252.8	6 969.5	17.8	18 488.0	47.1	348 112.01
曹 娥 江	186	1 500.0	191.0	12.7	401.2	26.7	23 239.33
甬江水系	922	9 747.2	709.5	17.5	3 203.5	32.9	65 845.05
椒江水系	412	2 942.3	581.9	19.8	338.8	11.5	70 006.64
瓯江水系	605	4 845.0	1 113.9	23.0	1 325.0	27.3	74 469.75
飞云江水系	157	301.5	9.2	3.1	10.0	3.4	9 858.48
敖江水系	84	163.6	8.0	4.9	107.0	65.4	1 275.92
东西苕溪	228	5 546.8	878.5	15.8	2 584.3	46.6	39 028.06
内　　河	1 715	25 897.7	5 351.5	20.7	16 604.6	64.1	133 724.20
湖　　泊	264	6 873.6	304.7	4.4	3 325.0	48.4	26 489.71
水　　库	134	1 550.7	156.4	10.1	320.2	20.6	14 814.67
河　　网	977	12 672.2	1 004.3	7.9	4 315.5	34.1	111 176.39
入 海 口	1 136	6 373.2	1 338.9	21.0	2 366.2	37.1	118 844.21
其他河流	263	1 573.8	113.2	7.2	560.5	35.6	13 220.48
任意排放	864	2 807.9	406.8	14.5	982.4	35.0	13 113.04
合　　计	9 275	122 048.2	20 137.4	16.5	54 933.3	45.0	1 063 317.94

1989 年 9 月 1 日，《浙江省鉴湖水域保护条例》施行。

同年，全省各水系经处理的乡镇工业废水量合计为 4 199.8 万米^3/年，占全省乡镇工业废水普查数总量的 35.31%，占应处理废水量的 47.92%。为治理乡镇工业废水，已通过多渠道投资 1 亿多元，经处理达标的废水量合计 1 140.2 万米^3/年，占处理废水量的 27.15%，占全省废水总量的 9.59%。

1995 年 10 月 1 日，《宁波市余姚江水污染防治条例》施行。

同年，全省乡镇工业的 10 个纳污水系的废水处理量合计占全省乡镇工业废水处理总量的 96.78%；废水治理设施数合计占全省总数的 90.48%，其中正常运行的占 89.78%；平均运行率为 81.27%，基本与全省平均水平持平；废水治理设施总投资合计占全省的 93.79%。

表 4-24 1995 年浙江主要水系沿岸乡镇工业废水污染治理情况

水系名称	废水处理量/万 m^3	治理设施数/台套	正常运行数/台套	运行率/%	治理设施总投资/万元
钱塘江	7524.8	1 118	1 018	91.06	9964.83
曹娥江	759.7	74	72	97.30	2225.84
甬 江	832.5	204	194	95.10	3189.54
椒 江	457.0	257	206	80.16	1984.38
瓯 江	483.7	180	113	62.78	1647.35
飞云江	15.2	44	39	88.64	101.60
鳌 江	49.4	76	33	43.42	68.71
苕 溪	1258.6	99	83	83.84	2556.64
运 河	1014.8	101	99	98.02	1520.36
内河及河网	10915.3	1 232	894	72.56	26681.13
合 计	23311.0	3 385	2 751	81.27	49940.38
占全省/%	96.78	90.48	89.78	—	93.79

由表 4-24 可知，废水治理设施数最多的是内河及河网，其次是钱塘江水系，分别为 1232 台（套）和 1118 台（套）；最少的是飞云江水系，只有 44 台（套）。废水治理设施正常运行数以钱塘江水系为最高，其次是内河及河网，分别为 1018 台（套）和 894 台（套）；正常运行数量少的是鳌江水系，仅 39 台（套）。运行率最高的是运河水系，为 98.02%；其次是曹娥江水系，为 97.30%；甬江水系和钱塘江水系的运行率也较高，均在 90%以上；鳌江水系废水治理设施正常运行率最低，仅 43.42%。废水治理设施总投资也是内河及河网最多，钱塘江水系次之，投资额分别为 26681.13 万元和 9964.83 万元，合计占全省总投资的 68.82%；鳌

江水系最少，仅 68.71 万元，占全省的 0.14%。

1996 年 9 月 1 日，《浙江省实施〈中华人民共和国水污染防治法〉办法》施行。

1997 年，修改《浙江省鉴湖水域保护条例》。

1998 年 4 月 1 日，《浙江省钱塘江管理条例》施行。

2000 年，全省 860 家省控重点水污染源（其中国控重点源 352 家）完成治理的有 722 家，关停的有 138 家。太湖流域杭嘉湖地区全面实施工业污染源达标排放，该地区入太湖污染物总量、监测断面水质达到国家预定目标要求。城镇污水处理工程项目建设、农业面源污染控制、船舶污染控制、河道清淤、水流域整治等工作取得实质性进展。

四、各流域环境污染整治工作

1．钱塘江流域环境污染整治

①钱塘江整体水质得到改善，部分江段和出境水质明显转好。2007 年上半年钱塘江 45 个实测断面中，Ⅰ～Ⅲ类占 64.4%，Ⅳ类占 11.1%，Ⅴ～劣Ⅴ类占 24.4%，满足功能要求断面占 53.3%，东阳江、南江、武义江和浦阳浦江段受污染严重，水质类别以Ⅴ～劣Ⅴ类为主，大部分均不能满足功能要求。

与 2004 年相比，整体水质有所改善，其中Ⅰ～Ⅲ类断面增加了 13.3%，劣Ⅴ类减少了 4.4%。兰江、江山港、乌溪江和分水江水质改善明显，改善指标主要为氨氮、BOD 和总磷。东阳江、金华江、南江和武义江水质类别虽然没有提高，但氨氮、高锰酸盐指数和总磷平均浓度有明显下降，其中，东阳江义桥断面至金华江费龙断面氨氮、高锰酸盐指数和总磷的平均浓度下降幅度分别为 35.0%、22.6%和 17.7%，南江氨氮、高锰酸盐指数和总磷的平均浓度下降幅度分别为 69.6%、72.5%和 69.3%。

金华市出境水质（兰江地表水）由轻度污染转为良好，水质符合III类水质标准的比例从整治前的 58.3%上升至 2006 年的 75%。磐安县梓誉等四个交界断面水质达标率为 90.5%，基本满足下游功能区要求。

②重点监管区工作卓有成效，污染整治深得人心。金华市东阳南江流域、永康金属表面处理行业和浦江印染、造纸、水晶行业先后被列为省级环境保护重点（准重点）监管区，2007 年已完成环境整治并通过“摘帽”验收。三年来，围绕“811”环境污染整治和省级环境保护重点（准重点）监管区“摘帽”的中心任务，金华市委、市政府以及各级环保部门把按时、按质、按量完成环境污染整治工作，确保如期通过省环境保护重点（准重点）监管区验收作为一项构建和谐社会的政治任务和发展循环经济的重要抓手，加强领导、精心组织，全市上下全力以赴，围绕环境污染整治做了大量卓有成效的工作。重点（准重点）监管区整治得到了群众的大力支持。

杭州市全面推进 7 个重点监管区污染整治工作，萧山南阳化工区、桐庐钟山石材、临安锦溪流域、余杭苕溪流域等 4 个市级重点监管区通过“摘帽”验收。建德化工行业准省级环境保护重点监管区也于 2007 年 6 月通过省、市两级验收，萧山东片印染染化重点监管区也已完成了整治任务并通过“摘帽”验收。

③顺利完成了重点行业重点企业减排任务，明显减轻了江河的污染负荷。至 2005 年 12 月，杭州、金华、衢州三市 27 家省级氨氮重点排放企业已全部做到基本达标排放或全面关停。浙江金华中元化工有限公司，杭州萧湘颜料化工有限公司 4 家企业基本达标，通过关停减少重污染生产工序（或厂家）来削减污染负荷的有杭州丰汇发酵有限公司、横店集团家园化工有限公司、巨化集团公司、衢州新衢江味精有限公司、浙江味元食品有限公司、沈家经济开发区污水处理厂（已关停区内 16 家化工企业）等 6 家。27 家重点氨氮排放企业，氨氮排放总量从整改前的 16786.92 吨/年降至整改后的 4177.91 吨/年，共削减氨氮排放量

12 609.01 吨/年，削减率 75.1%。其中钱塘江流域 5 家味精企业氨氮排放总量从整治前的 3 122.99 吨/年削减到整治后的 247.97 吨/年，削减量为 2 875.02 吨/年，削减率 92.1%。巨化公司全厂氨氮排放总量从整治前的 1 725 吨/年削减到整治后的 1 300 吨/年，削减量为 425 吨/年，削减率 24.6%。

2005 年 6—8 月，省环保局组织了钱塘江流域范围内使用和排放含磷物质企业和摸底调查，整理出武义江永康段、武义江武义段、南江东阳段、新安江建德段等 5 个磷排放重点区域，有机磷农药行业、医药化工行业，金属制品业（磷化工序）等 3 个重点行业，巨化股份公司兰溪农药厂等 17 家省控重点排磷企业。2005 年 9 月下发了《关于加强钱塘江流域磷排放企业环境监管的通知》，要求各地重视流域地表水总磷超标问题，加大环境监管力度，要求对磷排放企业在 2006 年 5 月底前完成整治、验收工作。其后流域排磷企业整治工作有序展开，大部分排磷企业整治取得实质性进展，均已新增或完成除磷设施改造，进入调试阶段或开展验收监测。

④积极创建生活饮用水水源达标区，建立水源水质预警应急体系。杭州市编制了饮用水水源保护规划并经市政府批准实施，拆除设在保护区内的排污口，对采砂行业开展整治；开展了重点水源地饮用水水源水质监测工作，在开展有机污染物监测调查工作基础上，对有能力监测的项目开展了全面监测，并编制了杭州市饮用水水源水质监测月报；启动了饮用水水源保护区红线划定的控制性详规编制工作，编制了《杭州市突发饮用水水源污染事故应急预案》，基本建成了饮用水水源水质预测预警应急体系。

金华市加强了城乡集中式饮用水水源保护，全市累计创建合格、规范饮用水水源保护区 23 个，经监测，在生活饮用地表水一级保护区内水质基本达到国家规定的《地表水环境质量标准》（GB 3838—2002）II 类水标准，东阳横锦水库库区水质常年保持在 I 类水标准。

⑤优化了产业结构，发展了循环经济。金华市着力实施医药化工行业的结构调整、水泥机立窑拆除和造纸废水生化处理，提升产业产品档次和污染治理水平。重点区域东阳横店镇共搬迁重建普洛医药科技、英洛华染化、东阳漂染厂等3家企业，关停项目10个，累计实现COD减排3790吨，NH_3-N减排255.64吨。永康市关闭了44家逾期未完成限期治理任务的企业和55家烂版作坊企业，取缔了48家电镀、8家电解、4家氧化企业和51家未经环保审批的小磷化企业，同时集中力量攻坚，加快金属表面精饰整合区建设，抓紧纳污管网铺设，将电镀、电解、氧化等企业集中整合区生产，实行统一管理、集中治污。兰溪市从政策上鼓励水泥企业拆窑转产，至2007年4月底，全部拆除了机立窑，同时对处于兰溪城区的巨化兰溪农药厂等两家企业实行退城进园，停止污染严重的甲胺磷生产，新建兰氟化工实现产品升级。浦江将原来分散分布、噪声大、污水多的300余家水晶切割、平磨加工企业全部搬迁到万家水晶加工园区，废水进行集中处理，现每天处理废水300多吨、污泥30吨，治理效果明显。虽然企业关停、搬迁、重建，短期内造成直接经济损失巨大，但通过环境整治，直接淘汰了较落后的产品、工艺，腾出了环境容量，新建了一批科技含量高、低污染的项目，提升了产品的质量与档次，有力推动了循环经济的发展。

衢州市开化县已累计关停造纸、土法炼硫、硫黄矿开采、小火电、石煤矿非法开采点、原煤矿等污染企业，累计关停“十五小”180家。虽损失产值13.4亿元、利税2.67亿元，但却换取了可持续发展的先机和活力。产业结构趋优，县域经济基本竞争力在全国排名由2001年的第953位上升到2006年的第498位。该县还组织编排确定一批循环经济项目。清元气体有限公司对清华化工排放的二氧化碳废气进行了回收利用，建成了年产2万吨食品级二氧化碳项目，被列入了省重点支持项目；通利照明器材有限公司年回收废旧灯管5000吨，改建了低钠无铅生产线，使照明器材行业形成了完整的循环经济产业链。开化合成材料有限公司利用生产过程中产生的高沸物生产气相法白炭黑，通过技术提升，生产废水经处理循环使用。把硅产业培育成以综合利用、资源节约为主的循环经济产业链。

杭州建德市提高环境准入“门槛”，严控新污染增量。按照“四统一”原则，要求工业项目一律向工业功能区集中；禁止新上规模小、污染重、效益差的项目，腾出环境容量，扶持科技含量高、经济效量好、能耗污染小的企业。两年多来，全市共否决重污染项目100余个，涉及投资金额近3亿元。通过整治，全市“低小散”企业多的状况基本得到解决，产业布局逐步优化，采用清洁技术、具有规模化、竞争力较强的新产业格局初步形成。

⑥全面整治农村面源污染，有效保护农村水环境安全。流域内各市、县（市、区）强化农村面源污染治理，努力保障农村水环境安全。突出生活垃圾无害化处理、农村生活污水治理、规模化畜禽养殖治理等三大工程建设。杭州建德市累计建成296座生活污水无动力厌氧净化装置，总容积达2.08万立方米；建成畜禽粪便处理沼气工程85处，容积达6540立方米；建成生活垃圾集中填埋场22座，遏制了农村面源污染扩散，有效保护了农村生活饮用水水源。

衢州市开化县农村环境综合整治生活污水处理设施工程，自2003年开始试点示范建设，现已建成投入运行的农村生活污水处理工程有：桐村黄石村无动力的埋式污水净化池工程、华埠金星村无动力地埋式污水净化池工程、杨林镇蛳山村无动力地埋式污水净化池工程、杨林镇下庄村卫生净化池工程。杨林镇微动力污水净化池工程已完成主体工程。2007年还启动了全县乡镇政府所在地生活污水集中治理工程，试点的林山乡、中村乡生活污水处理设施和收集管网的埋设已基本完成，其他乡镇已完成项目建设的招投标。2002年完成了7个规模化养猪场污染综合治理工程并投入使用；2006年对钱江源猪场、英武猪场、克邦猪场、小华猪场、有生猪场等5家常年存栏1000头以上的规模化养猪场排泄物进行综合治理。全县15处1000头以上的规模化养猪场粪便均已实施综合治理和利用，合计完成总容积2850立方米，年处理粪便能力达到7万余吨。县城生活垃圾无害化填埋场改造工程于2007年8月完工投入使用。

2. 甬江流域环境污染整治

随着宁波市经济、社会的高度发展，甬江流域的环境压力越来越大，部分水体水质已不能满足水环境功能区要求。宁波市政府高度重视甬江流域的水污染防治工作，尤其是“811”环境污染整治以来，将甬江流域确定为环境污染整治行动的重点流域，采取了一系列措施和方案，取得了良好的效果。

①以建设项目专项整治为突破口，开展重点流域保护行动。宁波市坚持“治老控新、监建并举”的原则，以建设项目专项整治为突破口，从源头上堵住对重点流域的污染。环保部门先后组织力量，对全市范围内的建设项目进行了两次专项检查，凡属“811宁波行动”规定的重点整治流域的违法建设项目，一律彻底关闭，不再重新审批。共有26个违法建设项目被责令立即停建，并在全市主要媒体上给予通报，通过这两次专项行动，共削减了污水排放量近万吨。

②结合环境污染整治行动，开展甬江流域专项治理。一是开展电镀企业专项整治。对全市207家电镀企业逐家进行了核查，对71家企业下达了限期治理任务；二是实施沿岸重污染企业限期治理。在甬江、奉化江沿岸，排查确定了一批治理设施不规范、污染物无法稳定达标排放，并对周围环境造成严重污染的企业名单。由宁波市人民政府对宁波新乐电器有限公司等9家企业下达限期治理决定，由各辖区政府对宁波伟伟带钢厂等30家企业下达限期治理决定；三是对沿江的化工企业陆续实行搬迁，包括氨氮排放大户泰丰面粉厂、宁波农药厂等一批污染企业；四是完善污染治理设施。建成了宁波江东南区和北区两个污水处理厂，

将原先直接排江的城市污水进行收集处理。对沿江的主要排污单位造纸和印染企业实施中水回用工程和清洁生产审核。要求主要排污单位均安装自动监控系统，实行无间断的监管。

通过采取以上措施，奉化江、甬江干流水质总体呈好转趋势，特别是高锰酸盐指标和生化需氧量指标自 2004 年以来普遍好转，主要断面水质符合功能区要求。

③加强饮用水水源地保护，严禁影响水源的一切排污。加强饮用水水源地的保护及周边环境的监管，并经常性地开展全面排查和水质监测，坚决打击违法排污行为，及时、准确地掌握饮用水水源地的水质动态趋势。2006—2007 年，全市开展了两次饮用水水源地环保专项执法行动，并在历次“绿剑”系列环境执法专项行动期间，对 20 多个重要饮用水水源地进行专项执法检查，坚决查处、取缔了一批违法排污企业。两年来全市在饮用水水源保护专项执法检查中，共出动执法人员 1 000 多人次，检查饮用水水源地近 140 次，通过全面的排查、调处工作，共取缔了 20 家位于水源地附近的非法生产污染企业，搬迁了 9 家有环境污染隐患的排污企业，关闭了 19 家位于饮用水水源地附近的畜禽养殖场，清理了 250 家嫩竹造纸作坊，有效保障了饮用水水源安全。

④甬江流域水环境质量明显得到改善。2007 年上半年 14 个实测断面中，Ⅰ～Ⅲ类占 64.3%，Ⅳ类占 35.7%，总体水质良好，无Ⅴ～劣Ⅴ类断面，满足功能区断面占 64.3%。

与 2004 年相比，Ⅰ～Ⅲ类断面增加了 14.3%，水质改善的河段主要为奉化江、姚江和干流。奉化江翻石渡和澄浪堰断面均由Ⅴ变为Ⅳ类；姚江下陈断面由Ⅳ类变为Ⅲ类；干流江三口断面由Ⅴ类变成Ⅳ类；张鉴矸断面由Ⅳ类变成Ⅲ类。

⑤制定《甬江流域水污染防治规划》，实施科学管理。为科学地控制和管理甬江流域内的点源和非点源污染，逐步走上科学治污和管理的道路，宁波市委托宁波市环科院和清华大学环境科学学院联合制定了包

括甬江、奉化江和余姚江在内的《甬江流域水污染防治规划》。规划涉及对流域内水质现状、功能达标情况和排污状况的分析，甬江流域水环境容量的测算及流域水污染防治的对策措施，各控制单元内每个工业污染源剖析和应采取的治理措施、内容和目标等。该规划已于 2005 年 9 月通过专家评审，于 2006 年 8 月由市政府批复同意。

为落实规划，宁波环保局成立了甬江流域水污染物排污总量控制和许可证管理工作领导小组和工作班子，着手编制《甬江流域水污染物排污总量控制和许可证管理实施方案》，于 2007 年 2 月中旬组织专家对该方案进行了审查。实施方案中对流域内的污染点源逐家按照达标排放、清洁生产和留有发展余地的原则进行了核查，明确了其允许排污量，为许可证发放打下了工作基础。

3. 鳌江流域环境污染整治

鳌江是浙江八大水系中污染最为严重的一条，水头镇下游的江屿断面水质在 1992 年开始急剧恶化，到 1995 年，就从Ⅱ类水恶化到劣Ⅴ类，主要污染物含量比国家地表水质量标准中最差的Ⅴ类水还要高出几倍甚至几十倍。1996 年开始影响到整条鳌江干流，干流平均水质也恶化为劣Ⅴ类，基本丧失功能。周围群众意见很大，1996 年以来上访不断。2002 年被省环保局列为全省 11 个环境污染严管区之一，2003 年被国家环保总局列为全国十大环境违法典型案件。并引起了浙江省委、省政府和温州市委、市政府的高度重视。

造成鳌江水污染的原因有工业、生活、农业三方面，根据统计分析，工业废水排放的主要污染物 COD、NH_3-N 占污染物排放总量的一半以上。相比生活和农业污染，工业污染毒性大，自然降解困难，因此鳌江水质污染主要是由于工业废水排放造成。

鳌江流域工业中形成区域性污染的主要有以平阳水头为中心的制革业、以苍南龙港宜山为中心的布角料褪色业和以苍南灵溪为中心的卤制品业，其中制革业污染最大，水头制革业有机污染物排放量高于温州全市工业污染物总量的 1/3，对于流量不大的鳌江其影响是致命的。鳌江水质差的罪魁祸首就是水头制革业。

针对鳌江污染严峻的形势，省、市、县三级政府和环保部门从 2004 年开始，重病用猛药，开展了以省级环境保护严管区水头制革业，省级环境保护准严管区苍南褪色业、市级环境保护严管区苍南卤制品业为重点的工业行业污染整治工作和以城市污水处理厂为主的城市环境基础设施建设工作，鳌江水质明显改善，取得初步成效。

①水头制革业整治。水头制革工艺落后、布局无序，正常生产每天排放高浓度的制革污水在 8 万～10 万吨，COD 达 3000 毫克/升左右，氨氮在 150～200 毫克/升。同时，基地内企业大部分“低、小、散”、“三合一”现象严重，存在很大的安全隐患。近几年，为解决制革污染问题，平阳县成立了以县委副书记和副县长等人领导小组为首的指挥部负责水头污染整治工作。从时间、措施和效果上，水头治污分三阶段进行。

第一阶段，1997—2003 年，从无序排污到有序集中治理排污。主要工作是政府主导建设了污水集中处理 1 号工程（2.5 万吨/日）。

第二阶段，2003—2006 年，主要思路是根据污水处理能力安排生产能力。期间政府主导又建设了 2 号集中污水处理厂（3 万吨/日），企业自主建设了 5 个污水处理厂（总 1.65 万吨/日），企业简单兼并重组为 162 家。同时基地按照污水处理能力，分片轮产，限制生产能力和污水排放量在投产的污水处理能力之内。

前两阶段由于没有考虑鳌江的环境容量，加上污水中的氨氮没有处理，污泥得不到妥善处置，到 2005 年为止，鳌江水质没有明显好转。

第三阶段，2006 年下半年开始至今，省、市、县三级政府和环保部门转变思路，针对鳌江的污染现状，重病用猛药，确定了以鳌江环境容量为基础确定生产规模的总体思路。编制了《鳌江流域污染防治规划》和《水头制革业污染防治规划》，并通过市政府和省整治办批准实施。

规划测算了鳌江水环境容量，提出了在环境容量的基础上，削减生产规模、推广清洁生产、基地改造、深化治理等多项综合整治措施。

2006 年 11 月，成立了以书记为总指挥的水头制革基地停产整治领导小组，根据容量要求，把 162 家企业重组为 39 家，企业数量减少了 86%；转鼓数量从 3300 多个减少到 469 个，减少了 86%；污水日排放量从 7.15 万吨控制在 1.7 万吨以内，减少了 77%；COD 排放量控制在 1200 吨以内，削减 90%以上。整治过程中，县政府筹集了 1.435 亿元资金，用于补助关闭的企业和生产设备。

同时，开展了清洁生产试点，取消了石灰和硫化物的使用，减少 90%的无机污泥产生，取得初步成效。氨氮治理和污泥焚烧处置工程通过全国招标，也正在顺利进行，尤其是氨氮治理工程，已经取得突破性进展，有望攻克制革污水氨氮治理的世界性难题，做到稳定达标排放。

整治期间，水头镇税收从整治前最高的 3 亿元，减少到 2006 年的 1.7 亿元，制革业产值也从 30 多亿元减少到 10 多亿元。现在，水头镇经过阵痛，经济也开始恢复。制革产业链延伸，皮件皮带产业快速发展，产值从无到有，2006 年达到 16 亿元，超过了传统的制革业。其他产业和城镇面貌也得到大幅提高。

②苍南褪色业整治。苍南褪色业整治前褪色池总数近 4500 个，涉及 11 个乡镇的 130 多个村居，年加工废布角料总量 30 万吨以上，加工收入逾 3 亿元，从业人员近 3 万人。由于该产业设备简陋、工艺简单，没有任何污染防治措施，褪色加工过程中大量成分复杂的褪色废水全部都直接排入当地河道，一些褪色无效的废布角料直接倒入河道或就地焚烧，危害非常大，不仅直接破坏当地生态环境，危害群众身体健康，而且制约着苍南县经济的可持续发展和生态县建设的全面推进。

苍南县为了整治褪色业，加强组织领导，周密部署各项整治工作，县委、县政府还专门成立了以县长为总指挥的褪色污染整治工作指挥部，全面负责全县褪色整治行动的具体工作任务。领导小组制定了周密详细的工作计划，健全责任追究制度，并从有关部门抽调工作人员组成督察、宣传、废布角料流通控制、废布角料经营整治、褪色剂生产整治和褪色剂捣毁取缔六大工作组，组成专业工作队进驻褪色污染重点乡镇，确保褪色整治工作落实到位，高标准地完成省政府下达的整治任务。各有关乡镇、部门均成立相关领导小组，确保各个工作环节都有人干事、有人负责，从而使整治工作形成县、镇、村三级联动的广覆盖、全方位的工作网络。

从褪色加工流程以及整个再生纺织行业的规范入手，狠抓废布角料防堵、无照经营点查处、褪色剂生产点打击、褪色加工池取缔等四个重点环节，全面取缔褪色加工。截至目前，全县各机关部门、乡镇共出动人员 29000 人次以上，查扣废布角料 1200 吨以上，捣毁取缔褪色加工池 5000 多个，查缴褪色剂 270 多吨。

③苍南卤制品业污染整治。苍南县卤制品行业有 170 家以上的生产企业，每年产生生产废水 30 万吨，年排放 COD 达到 1500 吨，氨氮 60 吨。2004 至 2006 年，在苍南县环境污染整治工作领导小组的领导下，实行专人专职，同时联合公安、工商、安监、环保、国土、规划等有关职能部门，围绕淘汰“低、小、散”企业、规范污染治理、强化监督管理等核心工作，全力以赴，投入大量人力、物力，大力推进卤制品行业污染整治，取得了显著的成效。通过整治，全面淘汰 148 家“低、小、散”卤制品企业。保留规范的 27 家生产企业，全部完成污染防治设施建设，生产废水达标排放率达到 96.4%。污染物排放量大幅度削减，年产生废水量减少到 8 万吨，年排放氨氮减少到 1.21 吨，COD 6.44 吨。氨氮和 COD 排放削减率分别为 99.7%和 99.5%。区域环境质量明显改善。目前，沪山、桥墩等纳污水体中主要特征污染因子氨氮、五日生化需氧量等浓度都明显下降，溶解氧明显增加，地表水环境质量日趋好转。群众对区域环境质量的满意率逐步上升，2006 年以来，有关卤制品行业的群众信访举报件为零。

④其他环境工程。围绕省“811”环境污染整治工作，加快了苍南县城市污水处理厂、苍南县垃圾焚烧发电厂、平阳县污水收集管网的建设，全面开展农村污水和垃圾收集，生态乡镇、生态村建设等工作。

通过以上多种措施，鳌江干流江屿断面水质有明显好转，水质除氨氮指标外，基本达到地面水Ⅳ～Ⅴ类标准，COD 平均水平达到了地表水III类标准。江屿断面氨氮超标倍数也从原先 10 多倍降低到 2～3 倍，鳌江流域综合整治工作取得初步成效。

4. 曹娥江流域环境污染整治

为加大曹娥江流域（包括鉴湖水系）的环境综合治理力度，全面落实科学发展观，推进生态县建设，严格执行《浙江省鉴湖水域保护条例》，根据曹娥江流域（包括鉴湖水系）整治方案，主要开展以下工作。

①全面实施曹娥江流域（包括鉴湖水系）内污染物排放总量控制制度。绍兴县为加大曹娥江流域（包括鉴湖水系）的水环境综合治理力度，制定实施了污染物排放总量控制制度。在鉴湖水域保护范围内，严禁新建、扩建印染、电镀、造纸、制革、化工以及其他严重污染水体的项目。新建、扩建、改建其他污染水体的项目，从严控制。曹娥江流域（包括鉴湖水系）实施污染物排放总量控制制度，实行排污许可证制度，禁止无证或超总量排污，否决、劝退重污染或不符合产业导向的项目。加强对老污染源的治理，对不能稳定达标或超总量的排污单位实行限期治理，逾期未完成治理任务的，依法予以停止或关闭。积极探索、推行排污权有偿使用和交易制度，逐步建立和完善污染赔偿和责任追究制度。

②进一步加大环境执法力度。加大对曹娥江流域（包括鉴湖水系）的环境监管力度。监督企业污染治理设施正常运营，确保治污效果。对污染较重的企业实施强制性清洁生产审核，减少污染物产生量。规范企业清下水排放口设置，严格实施清污分流。2006 年、2007 年在印染企

业41个清下水排放口安装视频监控系统，2007年，按省环保局的要求，安装113个在线监控装置。

防范水环境安全事故。定期开展环保不稳定因素摸排调查工作，及时疏理存在的环境纠纷隐患，善于从信访中发现倾向性和苗头性的环境问题，提前介入，变被动为主动，变事后处理为事前化解，进一步提高环保预警能力，最大限度地降低环境安全风险。

加大夜间、节假日和雨天的突击检查，实施“利剑”系列环保专项执法行动，着力解决群众反映强烈、影响群众正常生产生活的环境问题，重点查处偷排、漏排、超标排污的企业。2007年上半年县环保局共检查排污企业2 758厂次，其中夜间节假日检查461厂次。作出行政处罚74件，罚款554.5万元。

采取限产、停产治理等严厉手段，督促污染企业落实污染整治措施，对其中20家企业实施停产或关停措施。

③全面实施“新时期治水工程”，确保曹娥江流域（包括鉴湖水系）水环境质量。对曹娥江流域（包括鉴湖水系）实施“新时期治水工程”，花五年时间，每年财政拨出一亿元资金，通过“清水、护水、利水、用水、管水”的“新时期治水工程”，牢牢抓住改善水质这个核心问题、根本问题，强化综合治理，以促进人水更和谐，谱写治水新篇章。全面改善河道水质。实施新时期治水工程是一项系统工程，需要各镇（街）、开发区和有关部门的密切配合、分工协作、综合治理。水环境质量是衡量、考核水环境整治质量的重要手段，目前每个镇（街）、开发区各设有两个水质量监控点，县环保局每月进行断面水质量监测，将水环境质量监测数据作为水环境整治质量的重要标准，严格考评镇（街）、开发区和有关部门新时期治水工程完成情况。

④加强农业农村面源污染整治。推广生态农业模式。调整农业产业结构，大力推广农村沼气等可再生能源和节能技术，推进绿色食品、有机食品和无公害农产品基地建设，实施生态农业模式。

化肥农药污染防治。实施测土配方施肥工程和沃土工程，加大有机肥施用量，严格控制化肥的施用量。推广高效、低毒、低残留农药及生物农药，严格执行农药安全使用的标准，加强农药残留量的监测，确保主要农产品农药残留合格率达 85%以上。

畜禽养殖污染防治。完成禁养区畜禽养殖场关停或搬迁，限养区内严格控制养殖规模和数量，在适宜养殖区实施农牧结合、种养平衡一体化；抓紧规模化畜禽养殖场排泄物治理项目的建设，尽早投入运行，切实减轻环境压力。

农村生活污水处理。对不能纳入城市污水处理工程的乡镇和农村生活污水，因地制宜建设相对集中式污水处理工程设施，分类处理农村生活污水。推行标准化的厌氧化粪池建设，相对集中的生活污水处理方法优先推广采用人工生态绿地技术或地埋式厌氧生化处理工艺，减少农村生活污水对环境的影响。

农村生活垃圾处理。加快构建“户集、村收、镇运、县处理”的农村生活垃圾收集处理体系。全面启动流域内农村垃圾收集站、乡镇垃圾中转站和区域垃圾无害化处理设施建设，构建城乡一体化垃圾收集体系。

5. 飞云江流域环境污染整治

一直以来，飞云江水系水质保持良好，全流域基本保持在Ⅰ～Ⅱ类清洁水质，100%满足功能要求。是“八大水系”中水质最好的。2001年开始，温州市在飞云江上游建设了珊溪水利枢纽，成为市最大的饮用水水源地，目前日供水量达到 100 万吨以上，供应市区、瑞安、平阳 300 万人生活用水。为保护飞云江水系尤其是珊溪水库水质。温州市做了以下工作：

①成立机构，强化政府责任。为了加强对珊溪水利枢纽饮用水水源保护区的环境保护，市机构编委已经批复同意设立温州市环境保护局珊

溪水利枢纽分局，作为市环保局派出机构，其主要职责包括负责监督、管理珊溪水利枢纽饮用水水源保护范围内环境污染防治和生态环境的保护工作，组织、协调、督促当地政府和有关部门开展库区周边环境的治理和保护工作等。

为强化政府保护水质的责任，加强饮用水水源保护一直是生态市建设目标责任书上的重要内容，也是市政府对各个县（市、区）政府目标考核的重要内容。

②落实资金，全面开展生活污水治理。2001 年，珊溪水利枢纽工程水源保护规划经市政府常务会议通过后批准实施。2002 年，启动珊溪水利枢纽工程库周生活污水治理试点工作。2003 年，建成文成玉壶、泰顺百丈两个生活污水生态土壤深度处理试点工程。2004 年，文成县污水处理厂前期工程启动。2005 年，文成县污水处理厂前期工程开工建设，2007 年运行。峃口、九山等村结合生态村建设推进农村生活污水处理。截至 2006 年年底，文成县共建成生活污水沼气净化处理设施 262 套，土壤深度处理系统 1 套，总池容 14000 立方米，生活污水日处理能力达 4050 吨。

文成县结合“千村整治、百村示范”工程，启动了 52 个村的村庄整治工作，已完成峃口等 18 个村的整治工作，被市委、市政府命名为村庄整治合格村。2007 年继续完成 29 个村的整治任务，已启动了巨屿镇和九都村垃圾集中收集和无害化处理重点建设，启动了周墩村和九山村生产、生活污水净化处理试点建设。新增村内道路硬化 8255 平方米，整修赤膊房 1032 间，安装路灯 445 盏，配备垃圾桶 275 只，拆除违章建筑、危房、土厕所 205 处，配卫生保洁员 24 人，建设公厕 15 座，清理河道、水沟 7812 米，农村环境面貌得到了明显的改观。

2007 年，市委、市政府专门成立市珊溪库区环境整治工作领导小组，由市长亲自担任组长，成员包括 20 个相关市直属部门和县、市政府的负责人，开展珊溪库区环境整治。这次整治以保障饮用水安全为目标，以清理废弃物、治理污染源为主要内容，通过人口转移、产业转移、生产转型、新产业培育等各种途径，对珊溪库区群众进行有效引导，重点是引导和帮助珊溪库区群众解决生产和生活出路问题，从根本上解决环境污染问题，彻底消除珊溪库区环境安全隐患。据了解，此次整治范围涉及文成、泰顺、瑞安三地的 37 个乡镇，整治重点为库区一级、二级保护区。根据分期目标，分别对生活垃圾、养殖业、生活污水、化肥农药污染以及工业废水等进行治理，做到无害化处理。另外，从 2007 年开始珊溪库区全面禁止使用含磷洗衣粉。

市财政在资金上给予大力支持，2007 年安排专项资金 3 000 万元，对整治范围涉及的 37 个重点乡镇，依照保护类别、人口规模和集聚程度，分别给予每个乡镇 50 万～80 万元的环境整治资金支持。同时，安排补助资金总额的 10%作为实施环境整治的乡镇的专项工作经费。另外，市环保、农业、水利等相关部门对珊溪库区的环境整治工程也将重点扶持。以后每年还将根据财力和实际需要安排，通过本届政府的努力，彻底治理好库区周边环境，以改善库区居民的生活条件。文成县污水处理厂一期工程的投资由珊溪经济发展有限责任公司和市财政按 8∶2 比例承担。

③发展生态工农业，杜绝新建污染企业。飞云江水系的上游、中游是泰顺县和文成县，都是浙江欠发达的地区，当地发展经济的愿望非常强烈。为了保护飞云江一江碧水，两县人民作出了巨大的牺牲。由于温州土地紧张，很多企业纷纷从市区外迁。作为温州周边的泰顺和文成县，是温州市区和瑞安市企业搬迁的首选之地。但从 2001 年开始，由于当地政府重视环境保护工作，泰顺、文成两县拒绝了上百个可能有污染的项目，意向投资总额达到近 200 亿元。

泰顺、文成两县在拒绝污染的同时，利用当地良好的生态环境，大力发展生态型的加工业、特色农林产品和旅游业，经济稳健发展，走上了经济、环境双赢，绿水青山和金山银山并存的道路。

6. 椒江流域环境污染整治

对椒江流域整治，按照“点面结合，全面推进”的思路开展，即抓住流域沿线重点源和重点区域，深入开展达标治理，推进整个流域治理水平提高，改善流域环境质量。为此，台州市将椒江流域沿线重污染相对集中的区域——仙居城南化工区、天台坡塘化工区、临海水洋化工区、黄岩王西外东浦化工区、黄岩江口轻化投资区、椒江三山化工区和椒江外沙岩头化工区这 7 个区域纳入市级重点区域范围，实行“摘帽”整治。调整黄岩五区、外东浦化工区块功能，全面实施区域内医化企业关停；椒江外沙区块化学合成和发酵项目搬迁，逐步建成医化企业的总部管理中心、研发中心和制药加工基地；调整椒江岩头区块医化产品结构，逐步淘汰化学合成项目，发展制剂、成药生产；迁出黄岩江口区块污染企业和项目，淘汰化学合成能力；控制仙居、天台、三门医化行业发展，减少三地污染物排放总量；加快临海川南区块环保基础设施建设；椒江三门化工区块调整产业结构，保留了 5 家医化企业，淘汰了高能耗、重污染的生产企业，停止了中间体产品，新建了 7 座废气处理设施，全流域建成 7 座污水集中处理厂，日处理能力达 38 万吨，建成污水管网 357.49 千米，污水处理率 67.3%。先建成垃圾处理厂 9 座，新建垃圾中转站 39 座，建成危险物处理 3 座，危险废物处置中心已动工兴建；完成 500 头以上规模化畜禽养殖排污物治理；有 1638 家企业通过核查领取了排污许可证，200 多家企业通过了清洁生产审核，创建市级绿色企业 83 家，省级绿色企业 18 家，国家环境友好企业两家。

通过三年的整治，各区域、企业共投入治理资金共 3 亿多元，天台坡塘化工区等 5 个重点区域顺利通过省市级“摘帽”验收，仙居城南、黄岩江口两个重点区域将在 2007 年 10 月底完成“摘帽”整治。针对内河水质污染严重，流域沿线工业企业数量众多，达标排放难的实际，台州市全面部署和开展了市区工业企业废水达标整治工作，计划投资

20 多亿元，对内河水系和沿线 2390 多家工业企业进行达标治理，到目前为止，已有 664 家企业污水处理设施已建成，停产、搬迁污水严重企业 376 家，使 300 万吨/年以上的废水实现达标排放，削减 COD 约 1600 吨。

通过三年多整治，椒江水系环境污染整治得到了有效解决，流域水环境质量总体明显好转。2007 年上半年 13 个实测断面中，Ⅰ～Ⅲ类占 46.2%，Ⅳ类占 30.8%，Ⅴ～劣Ⅴ类占 23.1%，满足功能要求断面占 38.5%。永宁江和干流受污染较严重，主要污染指标为总磷、高锰酸盐指数和氨氮。

与 2004 年相比，整体水质明显好转，其中Ⅰ～Ⅲ类断面增加了 15.4%，劣Ⅴ类减少了 15.4%。水质改善的河段主要为始丰溪、灵江和永安溪，始丰溪响岩断面由劣Ⅴ类变为Ⅳ类，沙段断面由Ⅴ类变为Ⅲ类，改善的指标为总磷和氨氮；灵江西岑断面由Ⅴ类变为Ⅳ类，水云塘断面由Ⅳ类变为Ⅲ类，改善的指标为总磷；永安溪柴岭下断面由劣Ⅴ类变为Ⅳ类，改善的指标有生化需氧量、总磷和挥发酚。满足水域功能断面占 46.6%，比 2006 年增加 14.5%。

7. 瓯江流域环境污染整治

经过“811”环境污染整治，瓯江流域 2007 年上半年实测断面水质为Ⅰ～Ⅲ类，满足功能要求约占 96.6%。总体水质优良，没用明显污染的河段。

①瓯江流域（温州段）整治工作。温州市委、市政府以“811”环境污染整治为核心，对瓯江两岸的工业污染源、工业园区的污染进行了重点整治，减少了污染物的排放，对瓯江水质的改善起到了重要作用。温州市完成了《瓯江流域温州段水污染防治规划》并落实实施。

工业污染整治：温州境内瓯江两岸的工业园区主要有鹿城的轻工产业园、沿江工业区、涂村工业区、温州经济技术开发区、温州工业园区

（原扶贫开发区）、瓯北五星工业区等。主要的污染行业有省级严管区电镀业，市级严管区鹿城制革业、瓯海泽雅废塑料业、龙湾合成革业、龙湾不锈钢业和龙湾拉丝业以及化工、印染、造纸等行业。

目前鹿城沿江工业区中后京电镀基地已经建成日处理 1.2 万吨的集中污水处理厂，龙湾、瓯海的电镀中心正在建设，所有电镀企业已经全部建成规范化、自动化的污水处理设施，做到了达标排放。

鹿城下岸、前京、洞桥、十里、岩门制革基地分别建成了日处理 10 000 吨、8 000 吨、10 000 吨、5 000 吨、5 000 吨的污水处理厂，现在正在进行氨氮深化治理改造工程。

涂村工业区和温州经济技术开发区的污水已经接入市区中心片污水处理厂处理。温州工业园区的所有企业、龙湾合成革企业、不锈钢企业都已经基本建成独立的污水处理厂，园区整体正在进行管网改造，2007 年年底接入市区东片城市污水处理厂。

市区、永嘉的造纸、印染行业都依照全省的统一要求进行了污水处理系统的改造，建成了处理稳定、效果可靠的生化处理系统。

城市生活污水垃圾处理：市区中心片污水处理厂，设计处理能力 20 万吨/日，由于市区管网不完善，在 2006 年前处理率一直只有 50%左右，2006 年，市区管网建设逐步完善，处理污水达到 80%以上。市区东片污水处理厂（一期 10 万吨/日）、瓯北城市综合污水处理厂（一期 5 万吨/日）、乐清市污水处理厂（一期 8 万吨/日）已完成建设，投入运行。届时温州工业园区、欧北五星工业区、乐清市乐成镇、柳市镇、北白象镇及瓯江沿岸的乡镇综合污水都将接管集中处理。随着温州市“五个一”工程的深入开展，市区污水收集管网将趋于完善，上述所有工程完工后，大部分的乡镇污水将得到比较彻底的集中处理。

市区已经建成临江、东庄、永强三个垃圾焚烧发电厂，目前市区建成区的生活垃圾全部收集焚烧。但由于城郊接合部、农村、工业园区等地的垃圾收集系统尚不完善，垃圾焚烧处理能力已基本满负荷，所以尚有部分垃圾没能全部收集处理。2007 年，市将扩建临江垃圾焚烧发电厂，并完善城乡垃圾收集转运系统，落实综合固体废物填埋场，将彻底解决市区垃圾问题。

②瓯江流域（丽水段）整治工作。围绕省市长环境污染整治目标责任书和生态省建设的目标要求，结合丽水市环境污染问题的特点，制订了市环境建设与环境污染整治行动方案，提出市环境污染整治的“五个重点”（重点内容为“1889”工程，重点区域 21 个，重点项目 58 个，重点行业 12 个，重点企业 68 家）和“四个一批”（整治一批，保护一批，建设一批，严管一批），并认真组织实施，推动面上工作，取得明显成效。

8. 京杭大运河环境污染整治

京杭大运河（浙江段）水质下降得到控制，部分水质指标转好，据实测断面数据，运河（浙江段）水质类别近几年未见明显变化，虽仍劣于Ⅴ类，但是其下降趋势已得到一定程度的控制。2007 年上半年 11 个实测断面水质为Ⅴ～劣Ⅴ类。与 2004 年相比，整体污染仍然严重。但高锰酸盐指数浓度有所下降，京杭运河杭州段和嘉兴段的平均质量浓度分别下降了 0.73 毫克/升和 1.1 毫克/升，下降幅度分别为 11.5%和 12.9%。

①钱塘江引水改善了运河水质，河道整治完善了水环境保护。杭州市政府专门设立了市区河道配水指挥部，负责具体调度、检查监督、配水方案制订及组织考核等。目前运河杭州段主要通过三堡船闸、中河泵站以及西湖引钱塘江水改善水环境，已基本形成比较完善的配水网络体系，2006 年投资 2 451 万元，建成了三堡船闸输水专用通道建设工程，目前日引钱塘江水进入运河水量已经达到 35 米^3/秒以上，极大改善了运河水环境质量。为进一步落实和完善河道保护和相应污染事故的处置机制，市政府制定《杭州市市区河道水环调度境污染事故的处置应急预

案》、《引配水管理办法》，优化了西部河道配水方案及灾害性天气下配水调度预案，将有效防止市区河道水污染事故特别是重、特大水环境污染事故的发生，处置各类污染事故，保护市区水环境安全。

嘉兴市政府围绕“三清三保”，着力实施河道整治。在河道整治工作中，尽力做好水底清淤、水中清障、水面（及岸边）清洁等“三清”工作，并对河道管理范围规定，保证河道工程的完整性，采取各种工程和植物措施护岸护坡，保护水土，在岸边、水边和水中创造条件让鸟类、鱼类等自由生存和繁殖以保护生态。为保证河道功能得到充分发挥，效果得到持续，在技术环节上有不少的创新。例如为了使河道的行水、排水功能充分发挥，河道景观得到改善，桐乡、秀洲将复式断面引入平原中小河道，将岸线内移，构筑3米左右平台马道，形成“季节河道断面”；为了改变过去的单一护岸形式，嘉善、海盐在原有护岸基础上改进处理，形成鱼巢护岸；为了探索生态河道避免船行波冲刷，海宁在河道水位变幅区种植水芹、水葱等植物，避免波浪冲击。

②专项行动增大污染整治力度，综合治理营造河道流域和谐社会亮点，运河（杭州段）继底泥疏浚、铺设截污管道、两岸驳坎绿化等综合整治后，目前正在建设运河公园、运河博物馆，并出版发行运河文化丛书。这一系列整治工程向中外游客集中展示了古往今来运河对社会、经济发展的卓越贡献，悠久的历史文化遗存和闻名中外的江南水乡风光，构筑成运河流域和谐社会的一大亮点。

杭州市西溪湿地综合保护工程总投资40亿元，规划保护面积10.08平方千米，建设国家湿地公园。一期2.63平方千米的核心保护区块和二期工程已分别于2005年5月1日和2007年9月30日建成开放。pH、溶解氧、高锰酸钾指数3个指标已达《地表水环境质量标准》(GB 3838—2002)Ⅳ类标准。西溪三期位于余杭区内，分东、西两岸工程，总投资43.34亿元，2007年动工，2008年10月1日开园。

嘉兴市开展建设项目环境保护专项整治，重点完成了海宁农发区新建化工项目整治，基本解决了该区域的污染问题；嘉兴南郊贯泾港水厂一期工程建成投用，日供水 15 万吨，与市区北郊石臼漾水厂形成南北呼应的供水格局，避免出现哈尔滨“一河污染，全城停水”的情况。石臼漾水厂生态湿地工程已动工建设，水厂原水流经生态湿地后，因工程措施和生态措施将使水质有明显提升。

③流域污染整治主要行政管理和工程技术措施。加强组织领导，层层落实整治任务。杭州、嘉兴两市及所辖各县（区、市），均成立“811”环境污染整治工作办公室，由分管副市长或副县（区、市）长任办公室主任，制订整治工作行动方案和分年度实施计划，层层分解，事事落实。两市整治办均与各县（区、市）及市有关部门签订了环境污染整治责任书。对工艺落后和治污无望的单位，限期关停；对布局不合理对环境存在潜在危险的单位，实施变迁；对总量超标和不能稳定达标的单位实施限期治理。要求三年内所有污染源全面达标。

强化执法力度，深化环境管理。杭州、嘉兴两市均强化执法力度，对重点行业、重点区域、重点单位实施重点监管。按照省“811”环境综合整治行动要求，开始实施环境污染整治工程，进一步开展省市县人大三级联动执法检查、七部门联合执法行动，以造纸、印染、医药等重点行业整治为突破口，以污染源控新治旧为抓手，全面开展污染限期整治工作。

两市进一步完善各项制度，深化管理。通过省、市人大的环保执法，市、区两级环境监察部门的自查、联查、互查、稽查，全方位的污染源规范化管理专项检查，进一步规范排污申报和许可制度，完善排污口规范化和在线监测工作，有力地提升了企业规范化管理的水平。

调整产业结构和企业空间布局，倡导综合利用和循环经济。杭州、嘉兴两市根据省政府整治要求，对工艺落后和治污无望的单位，限期关停；对总量超标和不能稳定达标的单位实施限期治理；对布局不合理对环境存在潜在危险的单位，实施搬迁。2002 年 7 月 16 日，杭州市政府下发《关于市区范围内市属工业企业搬迁的若干意见》，同时成立了有关部门组成的搬迁工作领导小组，市政府下达了《杭州市区首批搬迁企业名单》和《杭州市人民政府关于进一步加快市区工业企业搬迁的通知》，在2002年搬迁20家企业的基础上新增了97家市区工业企业的搬迁。嘉兴市对布局不合理的企业，也加强了搬迁力度。

两市积极倡导循环经济和推进清洁生产，深化污染物总量控制。继续在造纸、热电、化工、印染等重点行业开展清洁生产审核，督促落实强制清洁生产审核工作，至2006年杭州市已完成近200家企业的清洁生产审核。开展环境审计工作试点，帮助企业分析污染生产的原因，全面分析和评估企业的治污水平，寻找潜在的清洁生产机会，分析企业环境、经济的绩效。积极开展省级绿色企业（清洁生产先进企业）创建活动，截至2006年杭州市已累计有31家企业被省级命名。嘉兴市有效解决了河道整治中清淤弃土这一难题，桐乡在全市率先推进并实施了清淤制砖的方法，效果很好；海宁市区在摸索经验的基础上提出了淤泥还田的方法，补偿了一季的作物，在农田、旱地或水田覆盖20厘米左右的淤泥（有毒污染的淤泥除外），分别用了3个月左右的时间即可归还农民复耕，受到农户的欢迎；南湖、秀洲也已逐步推行。并推广到果园，秀洲区在生态护岸砌块石中套补种植，有效地改善了景观，成为新农村建设中的一景。

开展农业面源污染控制，启动农村污水整治。杭州市畜禽养殖业污染综合整治工作通过市、区两级政府和有关部门共同努力，三年来禁养区和限养区内累计削减生猪44.412 6万头、奶牛10 011头、家禽386.465 0万羽，关闭养猪场20个，养牛场35个，市区限养区内养殖场全部实施了关停迁转，限养区内基本没有存栏500头以上规模养殖场，圆满完成养殖量削减任务。非禁养区内68家规模养殖场得到治理和综合利用。为了进一步深入推进畜禽养殖污染防治，2006年6月，市政府下发了《杭州市畜禽养殖污染防治管理办法》。2006年8月更是下发了《运河（含部分支流）沿线地区畜禽养殖业污染综合整治工作方案》，其中西湖区三墩镇于2007年6月通过市级畜禽养殖业污染综合整治工作考核验收，共禁养生猪28938头，禽6.4万羽。杭州市全面启动农村生活污水整治工作，市政府下发了《关于运河杭州段（干支流）地区农村小型生活污水处理设施工程项目实施办法》，从2007年开始，实施农村小型生活污水处理设施建设。

嘉兴市在近几年农村环境综合整治已取得显著成果的基础上，2007年继续深化畜禽污染综合整治，重点是在南湖区实现三年整治目标；新丰、凤桥等地的养殖业污染问题和平湖曹桥的边界纠纷已基本得到解决，并力争新创省级生态镇10个，全国环境优美乡镇2个，嘉善县将按计划完成生态县创建。

加快环境基础设施建设，建立环境质量自动监测系统。2005年1月杭州市七格污水处理厂一期工程35万吨/日通过国家环保总局的竣工验收，加上四堡污水处理厂处理量，杭州市区污水总量已达到85万吨/日。二期20万吨/日工程（A^2/O）建设期主体工程，已通水试运行；继续实施污水截污工程。2006年杭州市主城区通过截污纳管和背街小巷等工程，使市区生活污水处理率已达70%以上；杭州第二垃圾填埋场建设已完成并投入运行，渗滤液污水处理装置正在进入试运行，整个工程项目投资额达3.5亿元，占地2200万立方米，日平均处理垃圾2000多吨，可正常运行24.5年。杭州市工业危险废物集中填埋场也在积极建设中。

嘉兴市污水处理厂（一期）运行正常，二期工程已具备全面开工条件，部分污水管网已建成；桐乡污水出海一期工程也已具备开工条件。

增加资金投入力度，扩大专项基金规模。杭州市政府于2004年制定了《杭州生态市建设专项资金使用管理暂行办法》，专门建立生态专项资金，由市财政按年度列入生态市建设、环保补助专项资金计划，每年不少于4 000万元。2005年出台了《杭州市生态补偿专项资金管理办法》和《关于建立健全生态补偿机制的若干意见》，明确设立生态补偿专项资金，用于流域内特别是上游地区生态建设、环境污染治理、环境基础设施建设以及工业、农业等领域生态环境改善行为的补偿或奖励。从2005年起，市财政在原有10项生态补偿政策方面已安排1.5亿元资金的基础上，再新增5 000万元，使专项资金规模达到2亿元。

与此同时，嘉兴市在“811”污染整治工作中，也加大了资金投入，并相应建立专项资金。

9. 太湖流域环境污染整治

为顺利推进太湖流域水污染防治工作，省政府和杭嘉湖地区各市、县（市、区）都成立了水污染防治领导小组，定期召开会议研究部署“治太”工作。围绕《太湖水污染防治“十五”计划》、《浙江省太湖流域水污染防治“十一五”规划》的实施，省政府每年下达杭嘉湖地区水污染防治工作计划，并将其纳入省市生态省建设目标责任书进行考核，确保“治太”目标责任“横向到边、纵向到底”。着力在建设城镇环保基础设施、防治农业农村面源污染、建立健全企业治污长效管理机制等方面加大工作力度，取得了较好的成效。

①城镇环保基础设施建设取得突破性进展。到2006年年底，列入太湖流域水污染治理“十五”计划的14个大项共计43个子项中，已建成35个，新增日污水处理能力123万吨；6个在建；2个正在开展前期准备工作。截至2006年年底，杭嘉湖地区的污水处理项目建设已完成投资总额52.75亿元，占国家太湖“十五”计划污水处理项目总投资的106%。“十五”计划外，杭州七格污水处理厂二期工程（20万吨/日）、德清县武康污水处理厂二期工程（3万吨/日）已经建成投运。桐乡市第二污水处理工程、长兴县城关污水处理厂等总规模达20.5万吨/日的6个工程项目正在紧张建设中。

目前，杭嘉湖三市运行的污水处理厂达41个，处理能力325.8万吨/日，实际处理量242.6万吨/日。杭嘉湖三市城市污水平均处理率已达

70%以上。

②工业污染治理得到进一步巩固和深化。全省加强了工业企业污染治理的长效管理，对573家重点污染企业开展了“百厂千次飞行监测”。杭嘉湖三市分别建成了在线监测信息平台，在233家重点水污染企业安装了在线监测装置。加大了对违法排污行为的打击力度，仅2006年，就查处违法排污案件2650件，罚款8443万元。杭嘉湖三市严格落实环保产业政策，近年来否决了200多个经济效益好但污染严重的建设项目，完成了470家企业的清洁生产审计。全面实施重点污染物排放许可证制度，已发放排污许可证9838家。目前，该地区列入“十五”脱磷计划的7家工业企业和脱氮计划的18家企业已全部完成治理或纳管处理。长兴县铅酸蓄电池行业列为省环境保护重点监管区污染整治已完成“摘帽”工作。嘉兴市秀洲区还积极探索工业企业排污权有偿使用机制，有力促进了产业结构、产业布局的调整和污染治理。

③农业农村污染治理取得阶段性成效。杭嘉湖三市划定了养殖业“禁养区”、“限养区”，对新建养殖场实行环评制度，大力推行生态养殖模式。杭嘉湖三市“禁养区”内畜禽养殖场的关停工作已完成，其中，杭州市“禁养区”内累计削减畜禽存栏量生猪44.4万头、奶牛10011头、家禽368.4万羽。各地加快了规模化畜禽养殖场的污染治理，已建成畜禽粪便处理中心和有机肥加工厂67处；建成6800多个生活和畜禽粪便沼气池和净化池，杭嘉湖三市畜禽粪便综合利用率分别达到了82%、78%和91%，畜禽污染治理开始走上生态化、资源化、市场化道路。

各地还积极推行水产健康养殖模式，实行养殖水域封闭管理，有效控制了养殖尾水对外部水域的影响。加强种植业污染防治。各地积极发展高效生态农业，积极推广平衡施肥、秸秆还田等实用技术，加快实施重大病虫无害化治理工程。长兴县加快农业结构调整，出台了扶持政策，引导农民对二级保护区内的种植业由水作（水稻）向旱作（经济林、花卉苗木等）转变。目前，杭嘉湖三市已建成无公害、绿色、有机农产品基地 598 个，农业面源污染控制示范区 37 个。杭嘉湖三市实行平衡施肥的耕地面积已达 29.95 万公顷，氮磷污染物年排放量分别削减 3196 吨和 102 吨。

④饮用水水源得到切实保护。2001 年以来，省政府调整了全省地表水环境功能区，进一步明确了各集中式饮用水水源地的保护区范围。各地各部门加大了合格、规范饮用水水源保护区的创建力度，出台管理办法，建立了集中式饮用水水源水质定期监测报告和管理制度，切实落实各项管理措施。省级有关部门专门组织开展了“清洁饮水源、喝上放心水”等专项执法检查，对影响饮用水水源水质的污染行为进行了严肃查处，共取缔一级保护区内排污口 84 个，取缔二级保护区内排污口 189 个。目前，所有饮用水水源保护区一级保护区内的排污口已经得到全面取缔，二级保护区内仅剩的 37 个排污口也将于 2007 年年底前全部取缔。杭嘉湖三市以实施“万里清水河道”工程为载体，加强了对河道的生态清淤，“十五”以来，共投入了 21.79 亿元，清淤河道 8324.78 千米，清淤量达 10875 万立方米，有效削减了河道内源污染，积极营造“水清、流畅、岸绿、景美”的效果。目前，杭嘉湖三市已建成合格规范饮用水水源保护区 60 个，受益人口 629 万以上。

⑤生态市、县建设深入开展。浙江省太湖流域所有市、县都已着手开展生态市、县和生态示范区创建工作。目前，安吉被命名为国家级生态县并被授予中国人居环境范例奖；杭州、湖州被命名为国家环保模范城市；临安、平湖、桐乡、海宁、德清等县（市）已被命名为国家级生态示范区，德清县还被命名为国家级生态农业示范先进县；有 16 个镇村被命名为省级生态镇村。一些地区还积极探索异地生态补偿机制，安吉、德清、临安等县（市）出台相关政策，规定流域上游乡镇的企业进入县（市）开发区或工业园区，利税全部返回给上游乡镇，促进了上游地区保护环境的积极性。各地积极开展“创模”活动，大力开展内河疏

浚、小流域综合整治和城市绿化，有效改善了城市生态环境。“十五”以来，浙江加强了区域内森林资源、湿地资源的保护，建设了一批自然保护区；实行了重点生态公益林效益补偿制度，完成了太湖流域防护林国债项目建设任务，实施了高速公路两侧省级阔叶林发展示范工程，建成了一批优势林产品基地；结合“千村示范、万村整治”工程，加快了村庄绿化进度，建成“绿化示范村”261 个；完成了环杭州湾森林生态圈建设规划，全地区的绿化率得了到明显提高。

与此同时，积极推进科技治污，开展了“杭嘉湖地区水环境容量与污染物总量控制”等课题研究，农业面源污染综合治理、污染源在线监测等科研成果得到推广。船舶污染防治、风景名胜旅游区环境综合整治、地下水保护等工作也都取得积极成效。

2006 年监测数据表明：杭嘉湖地区 44 个省级地表水监测断面水质与 2000 年相比，高锰酸盐指数明显好转，Ⅱ～Ⅲ类的断面增加了 6.8%，Ⅳ类增加了 6.8%，Ⅴ类和劣Ⅴ类减少了 13.6%；氨氮为Ⅱ～Ⅲ类的断面减少了 13.6%，Ⅳ类增加了 13.6%，Ⅴ类和劣Ⅴ类持平；总磷为Ⅱ～Ⅲ类的断面增加了 2.3%，Ⅳ类减少了 11.4%，Ⅴ类和劣Ⅴ类增加了 9.1%。西苕溪安吉境内各支流水质常年保持Ⅰ、Ⅱ类，干流水质从原来的Ⅴ类、劣Ⅴ类提高到现在的Ⅲ类以上，曾一度灭绝的一些水生生物又重新出现。总体而言，河水确实变清了，黑臭现象消失了，鱼虾又回来了，人民群众实实在在感受到了环境污染治理的成效。

第五章　农村环境保护

改革开放以来，浙江在农业农村建设方面做了许多工作，并取得了巨大的成就，但由于对自然生态规律认识不足，没有正确处理好资源开发利用和保护增殖之间的关系，使生态破坏和环境污染逐渐成为农村突出的环境问题。在经济利益的驱使下，畜禽养殖场无序扩张，废弃物未经处理直接排放加速了水体的富营养化；农村生活污水、生活垃圾的随意排放和堆放，加大了地下水受污染的风险，加剧了局部农村生态环境的恶化；大量流失的化肥使地面水和地下水中硝态氮值升高，逐年增加的农药施用量增高了农产品残留量；围湖造田使大量自然湿地系统消失，生态环境的恶化，加剧了旱涝灾害的发生。

浙江各级人民政府和有关部门及时发现了农村环境质量的恶化趋势，逐步开始关注农村生态环境的保护工作。20 世纪 70 年代末，就开始加强农村环境污染防治的监督管理；80 年代初，对乡镇企业中电镀、印染、皮革等污染较严重的行业进行治理；80 年代中期，开展城镇饮用水水源的综合治理，同时，开展生态农业、生态村镇建设活动，探索农村环境整治的有效途径，力求综合解决农业环境污染和生态破坏问题。20 世纪 90 年代以后，工农业生产和城市化快速发展，资源环境容量逐渐无法适应经济社会的高速发展，因环境问题引发的群体性事件逐渐增多。1995 年省人民政府提出环境保护“六个一工程”的要求，至 1997 年年底，全省已建成合格生态村镇 104 个，累计有 4 个生态村（镇）先后荣获联合国环境规划署授予的“全球500佳”称号。1996年，原国家环保局在全国范围内开展生态示范区建设，并逐步开展国家级生态县（市）、生态乡镇（原全国环境优美乡镇）、生态村、环保模范城市等的创建，截至2010年上半年，全省已累计建成1个国家级生态县、43个国家级生态示范区、7个国家环保模范城市、238个国家级生态乡镇、9个国家级生态村，30个省级生态县，712个省级生态乡镇。同时积极推进国家级生态示范创新试点建设，安吉县被列为全国新农村建设与生态县互促共建单位，台州市被列为全国农村环保工作试点，杭州市、安吉县列为全国生态文明建设试点。通过试点示范工作，进一步推动了浙江农业和农村环境的综合整治工作，局部农村地区环境质量有所改善。

第一节　村庄环境综合整治

2003年，省委、省政府根据党的十六大提出的全面建设小康社会目标和统筹城乡经济社会发展要求，着眼于尽快改变农村建设无规划、环境脏乱差、公共服务建设滞后等问题，作出了实施“千村示范万村整治”工程的重大战略决策。“千万工程”以农村环境“五整治一提高”为重点，按照“布局优化、道路硬化、村庄绿化、路灯亮化、卫生洁化、河道净化”的要求，着力推进村庄环境的综合整治。

2006年，中共浙江省委办公厅、浙江省人民政府办公厅转发《省农办、省环保局、省建设厅、省水利厅、省农业厅、省林业厅关于加快推进“农村环境五整治一提高工程”的实施意见》，提出深入实施“千村示范、万村整治”工程，进一步综合整治农村环境污染，全面改善农民群众的生产生活环境，扎实推进社会主义新农村建设和生态省建设，集中实施以整治畜禽粪便污染、生活污水污染、垃圾固废污染、化肥农药污染、河沟池塘污染和提高农村绿化水平为主要内容的“农村环境五整治一提高工程”。

经过 5 年的努力，到 2007 年，全省已有三分之一的村庄环境得到整治，完成全面小康建设示范村 1181 个、环境整治村 10303 个，开展农村垃圾集中收集处理的行政村覆盖面达到 66.4%，农村生活污水治理的行政村覆盖面达到 15%，农村卫生户厕覆盖率达到 58.9%，建有公共厕所的行政村覆盖面达到 43.3%。

2008 年，省委、省政府出台《关于全面改善民生促进社会和谐的决定》、“全面小康六大行到计划”对实施新一轮“千村示范万村整治”工程提出了具体要求：全面开展以改善农村人居环境为主要内容的村庄整治建设，重点推进“村道硬化”、“垃圾处理”、“卫生改厕”、“污水治理”四个方面的项目，突出村庄环境连片整治。当年开展环境整治的村庄 4471 个，收益农户 168.99 万户。

2009 年浙江人民政府办公厅下发《关于进一步加强农村环境保护工作的意见》（浙政办发[2009]111 号）和《浙江省农村环境保护规划》（浙发改规划[2009]928 号），继续深入推进农村环境“五整治一提高”工程和“千村示范万村整治”工程，当年完成 3185 个村庄环境综合整治任务，完成生活污水治理的已整治村 1038 个。

“千村示范万村整治”工程实施以来，全省各级党委、政府高度重视，广大农民群众积极参与，社会各界广泛支持，工程建设呈现出内含不断拓展、内容不断丰富、力度不断加大、成效不断显现的良好态势。一大批传统村落逐步改造成为文明和谐、生活舒适的农村新社区。

第二节　畜禽粪便污染整治

畜禽养殖业是浙江省农业十大主导产业之一，其年产值约占全省农业总产值的四分之一。畜牧业结构以生猪、家禽、牛、羊及特种经济动物等为主。畜禽养殖场的污染物主要有畜禽粪便、尿液及污水。畜禽污染物利用得好是宝贵的资源，反之是严重的污染源。

畜禽养殖业污染物排放情况：生猪是浙江省畜牧业的第一大产业，2008 年年末存栏 1291.63 万头。牛和羊 2008 年年末存栏分别为 27.54 万头、177.86 万头。家禽是浙江省畜牧业的第二大产业，2008 年年末全省家禽饲养量约 4 亿只，其中鸡、鸭、鹅分别为 2.67 亿、1.28 亿、0.1046 亿只。按照 2008 年年末的养殖规模，据测算（采用国家环保总局推荐的排泄系数，猪 26.6[千克/（头·年）]、牛 248.2[千克/（头·年）]），全省畜牧业（生猪和牛）每年产生污水 5487.36 万吨、粪便 702.86 万吨、尿 944.04 万吨，COD 40.83 万吨、氨氮 3.33 万吨。

畜禽养殖业污染物主要危害：畜禽粪便及产生的高浓度污水排入江河湖泊，是造成水体富营养化的重要原因之一；排入鱼塘及河流中，会使对污染物敏感的水生生物死亡，威胁水产业的发展；渗入地下水中，会导致地下水溶解氧含量减少，水质恶化；高浓度的污水长期直接用于灌溉，会造成土壤板结、盐渍化。近年来，因畜禽养殖污染引发的群众信访和纠纷时有发生，影响了社会的稳定。

浙江省畜禽养殖污染的主要特点：一是污染源点多面广，污染物排放量大、处理率低。浙江省畜禽养殖分布很广，2008 年年末生猪养殖场（户）达 98.78 万个。2008 年，生猪和牛的化学需氧量排放量为 40.83 万吨，相当于全省工业废水化学需氧量排放量的 75.8%。大量的中小养殖户尚未得到治理，畜禽排泄物处理率偏低。二是对水体的影响逐渐凸显。畜禽养殖污染物以化学需氧量、氨氮、总磷、总氮等有机物为主。随着“811”环境污染整治行动、主要污染物减排工作等深入推进，工业和城市污染物减排成效明显，局部地区的水体主要污染源逐渐转向畜禽养殖污染。三是各地养殖规模、品种结构及污染物的综合利用水平、环境容量等差异较大，杭嘉湖及衢州、金华等地养殖总量相对较大，特别是嘉兴地区生猪养殖密度较高。

一、畜禽养殖环境管理历程

按照《中华人民共和国畜牧法》、《浙江省水污染防治条例》、《畜禽养殖污染防治管理办法》等法律法规，禁养区、限养区和宜养区的范围要结合当地实际，科学划定。明确规定禁止在下列区域建设畜禽养殖场、养殖小区：生活饮用水水源保护区、风景名胜区、自然保护区的核心区及缓冲区；城镇居民区、文化教育科学研究区、医疗区等人口集中区域；法律、法规规定的其他禁养区域。水环境功能确定为Ⅰ、Ⅱ类水质水体的流域上游（含支流）两侧500米范围；城镇规划区内的敏感区（文化教育科学研究区、人口集中区、医疗区）上风向1千米内，城镇规划区常年主导风向的上风向500米内。法律、法规、规章规定需特殊保护的其他区域。

省农业厅专门成立了整治工作领导小组；省农业厅、省环保局等部门不断加强对整治工作的督促检查，建立“倒逼”机制和信息进度月通报制度。相继出台了《关于加强畜禽养殖业污染防治工作的通知》（浙环发[2002]105号）、《关于推进规模化畜禽养殖场污染治理行动的通知》（浙农专发[2005]49 号）、《关于进一步推进畜禽养殖场排泄物治理工作的若干意见》（浙农专发[2006]24 号）、《关于进一步加强畜禽养殖业污染防治推进生态畜牧业发展的意见》（浙环发[2008]60号）、关于进一步深化畜禽养殖污染防治加快生态畜牧业发展的若干意见（浙环发[2010]26号）、浙江生猪养殖业环境准入指导意见（浙环发[2010]30号）等规范性文件，为全面推进整治工作提供了政策保障。

从2005年开始，省委、省政府将畜禽养殖业污染治理工作纳入生态省建设和“811”环境污染整治行动，把规模化畜禽养殖场治理任务列入生态省建设年度目标责任书一类目标，实行一票否决。各地政府及各级农业、环保等部门，按照“农牧结合、综合利用”的总体思路，以禁限养区、规模化畜禽养殖场整治和生态畜牧小区建设为重点，全面推进畜禽养殖业污染整治。同年省环保局和省质监局联合发布《畜禽养殖业污染物排放标准》（DB 33/593—2005），对畜禽养殖过程中产生的各类污染物排放到自然环境的浓度和限制作了相关约束，为全省各地畜禽养殖污染物治理提供了指导。

到 2008 年，全省共有 78 个县（市、区）划定畜禽禁养区，1021 个养殖场实行搬迁，累计完成 1292 个规模化畜禽养殖场污染治理，建成生态养殖小区 451 个。到 2009 年，全省已有 88 个县（市、区）划定了禁、限养区，禁养区内关停转迁养殖户 2927 户，涉及存栏生猪 89.7 万头，奶牛 2.2 万头，家禽 612.2 万羽，基本实现了禁养要求。

到 2008 年年底，累计完成省级立项的 5141 家存栏生猪 300 头、牛 30 头以上（杭州存栏生猪 200 头、牛 20 头以上，嘉兴、湖州存栏生猪 100 头、牛 10 头以上）规模化畜禽养殖场治理。建成畜禽粪便收集处理中心 100 个，带动各地 5000 余个畜禽场自行完成治理（2005—2009 年浙江规模化畜禽养殖场治理情况详见表 5-1）。2009 年省环境保护厅和省农业厅联合下发《关于进一步深化畜禽养殖污染防治加快生态畜牧业发展的若干意见》，提出今后一个时期浙江省畜禽养殖业污染治理的总体目标是：到 2012 年，全面完成年存栏猪 100 头以上、存栏牛 10 头以上畜禽养殖场（户）排泄物治理，规模化畜禽养殖场排泄物综合利用率达到 97% 以上；大力开展规模以下养殖户和散养户的污染治理，积极引导散养户向养殖小区集中，新建或改建畜牧生态养殖小区 1200 个，新建畜禽粪便收集处理中心 100 个，基本完成存栏 3 万羽以上家禽养殖场的污染治理。

表 5-1　2005—2009 年浙江规模化畜禽养殖场治理情况

年份及范围	治理场数	猪场个数	牛场个数	粪便收集处理中心数	治理规模标准
2005 年全省	108	101	7	—	年出栏商品猪 3000 头、存栏牛 30 头以上的养殖场
2006 年全省	339	296	43	25	年存栏猪 1000 头、牛 100 头以上的养殖场

年份及范围	治理场数	猪场个数	牛场个数	粪便收集处理中心数	治理规模标准
2006年杭嘉湖	174	168	6	—	年存栏猪500头、牛500头以上的养殖场
2006年南湖区	—	—	—	25个处理中心、1个有机肥加工厂	—
2007年全省	1 339	1 303	36	25	杭嘉湖地区年存栏猪300头、牛30头以上的养殖场；其余地区年存栏猪500头以上、牛50头以上规模场
2008年全省（除杭嘉湖）	1 524	1 504	20	22	年存栏猪300头、牛30头以上的养殖场
2008年杭嘉湖	473	473	0	3	年存栏猪200头、牛20头以上的养殖场
嘉兴追加200头以上	761	761	0	—	嘉兴年存栏猪200头、牛20头以上的养殖场；湖州年存栏猪100头、牛10头以上的养殖场
湖州追加100头以上	423	423	0	—	
2005—2008年总计	5 141	5 029	112	100个处理中心，1个有机肥加工厂	—
2009年计划	2 753	2 641	112	25	年存栏猪200头、牛20头以上的养殖场

注：此表由省农业厅提供，为列入省级财政补助范围的规模化畜禽养殖场治理情况。

对于管理难度较大的畜禽散养户，采取积极引导散户进园区，进行集中管理。到2009年，累计建成各级生态畜牧小区675个，其中省级204个，入区从事畜禽养殖的经营者达5287户，并带动3.59万农户发展畜禽生态养殖。据测算，已完成治理的省级立项的规模化畜禽养殖场年处理污水1 345万吨、粪便152万吨、尿226万吨，年削减化学需氧量9.45万吨、氨氮0.75万吨，全省年存栏生猪500头以上的规模化畜禽养殖场排泄物综合利用率达85%，比全国平均水平高出30%，居全国前列。

二、畜禽养殖污染整治行动

近年来，畜禽养殖业污染问题日益突出，引起了各级党委、政府的高度重视和社会各界的广泛关注，畜禽养殖业污染整治摆上了全省农业面源污染治理的重要议事日程。2005 年，省委、省政府将规模化畜禽养殖场排泄物治理纳入生态省建设和“811”环境污染整治工作中，以规模化畜禽养殖场为重点，全面开展畜禽养殖业污染整治。

2005 年完成全省年存栏猪 3 000 头以上、存栏牛 300 头以上的养殖场 108 家；2006 年完成年存栏猪 1 000 头以上、存栏牛 100 头以上的养殖场 339 家。

2005 年 108 个规模场治理后年处理畜禽粪便 22.5 万吨，尿 31.5 万吨；年可减少 BOD_5 1.28 万吨、COD_{Cr} 1.34 万吨、NH_3-N 0.11 万吨、TP 0.08 万吨、TN 0.24 万吨，年可减少污水产生量 184.8 万吨。

2006 年 339 个规模场治理后年处理畜禽粪便 35.5 万吨，尿 47.1 万吨；年可减少 BOD_5 1.93 万吨、COD_{Cr} 2.04 万吨、NH_3-N 0.17 万吨、TP 0.12 万吨、TN 0.37 万吨，年可减少污水产生量 273 万吨。2006 年杭嘉湖第二批 174 个规模场治理后年处理畜禽粪便 5.7 万吨，尿 8.4 万吨；年可减少 BOD_5 0.34 万吨、COD_{Cr} 0.35 万吨、NH_3-N 0.03 万吨、TP 0.02 万吨、TN 0.03 万吨，年可减少污水产生量 49.6 万吨。

此外，50 个畜禽粪便收集处理中心及其配套户用沼气工程建成后，年可解决近 200 万头生猪粪便处理难题。年处理畜禽粪便 79.6 万吨，尿 131.3 万吨，BOD_5 5.20 万吨、COD_{Cr} 5.32 万吨、NH_3-N 0.41 万吨、TP 0.34 万吨、TN 0.90 万吨，年可减少污水产生量 800 万吨。

2007 年完成年存栏生猪 500 头以上、牛 50 头以上（杭嘉湖地区年存栏生猪 300 头，牛 30 头以上）的养殖场 1 339 家。2008 年将畜禽养殖场的规模化标准适时调整为年存栏生猪 300 头以上、存栏牛 30 头以上（杭州存栏生猪200头、牛20头以上，嘉兴、湖州存栏生猪100头、牛10头以上）畜禽养殖场，涉及1997家养殖场。

三、畜禽养殖污染物综合利用及畜禽清洁养殖技术

在畜禽养殖业污染治理工作中，各地各部门坚持“减量化、无害化、资源化”和“多种形式、一场一策”的指导方针，因地制宜，逐步探索出以下4种主要处理模式。

①农牧结合，生态循环型。畜禽粪便通过堆肥发酵后作为有机肥；尿液和污水经过厌氧发酵池处理后储存在贮液池，再通过管网引到农田，用于农作物浇灌。该模式在山区、丘陵等土地消纳条件较好的地区运用较多。

②“三沼”综合利用达标排放型。养殖场产生的尿液和污水经过沼气工程处理后产生沼渣、沼液，实现废弃物资源化利用。当周边无配套农田，或者配套农田不能完全消纳沼渣、沼液时，需配合厌氧、曝气、人工湿地（氧化塘、稳定塘）等处理工艺，方可达标排放。该模式在金华、绍兴、台州、温州等地运用较多。

③大型物化、生化综合处理型。养殖场产生的废水经物化、生化处理，充氧曝气、二级沉淀后，再通过氧化塘自然降解，实现达标排放。该模式比较集中在杭州萧山区及个别经济发达、用地紧张的地区。

④集中收集处理型。干粪采用专人、专车上门收集的方式，运至粪便收集处理中心集中发酵后，制成有机肥后出售或还田；尿液和污水通过分散的沼气工程进行厌氧发酵处理。该模式主要用于畜禽散养户集中的地区。

此外，近年来生物发酵床技术在浙江省发展较快。该技术由日本洛东化成株式会社研发，是一种利用生物发酵原理处理畜禽粪尿、解决畜禽养殖污染问题的一种新型养殖技术。畜禽粪尿经生物发酵床处理后得到自然分解，在2～3年后一次性出料加工成有机肥，可基本实现零排

放。浙江省从 2007 年开始从福建引进，先后在桐乡、江山及杭州、嘉兴、金华、宁波、绍兴、湖州等地进行了试点，目前全省已有 100 多家养猪场采用该技术。

四、病死畜禽的无害化处置

据调查，按照现有技术，生猪养殖的平均死亡率为 8%左右。虽然病死畜禽的处置方式有相关的国家标准和行业标准，但在具体的执行上仍然依靠养殖户的自觉自愿。一般的处理方式是埋、丢、卖三种。埋：主要埋在山地；丢：主动丢到沼气池和随意抛丢到山地、田边、水沟等；卖：卖给不法商贩私屠滥宰而流向市场，这部分生猪流向市场将存在较严重的食品安全隐患，同时随意抛丢造成了农村环境的严重污染，疾病传播，给广大农村农民带来了健康隐患。从近两年的畜禽养殖专项督查结果来看，基本每年都能在钱塘江等水域下游发现漂浮的病死畜禽。

为此，有专家建议：一要统一规划，在农村养猪集中区设立规范科学的“病死畜禽无害化处理池”，统一集中处理病死畜禽；二要出台“病死畜禽”补助措施，制定合适的补助标准，增加养猪户处理病死猪的积极性，便于“病死猪”集中处理；三要加大处罚力度，提高处罚额度。对不按规定进行无害化处理的，定点屠宰场被处以重度罚款，对养殖户虚报无害化处理数量的，将处罚款；构成犯罪的，依法追究刑事责任。

2007 年，省以及杭州市、金华市、衢州市和兰溪、建德、龙游、桐庐、金东、婺城等县（市、区）均成立由农业、环保、水利、财政、交通、公安等部门为成员的防控工作协调小组，在富春江漂浮死猪多发的 2—4 月份开展了区域性专项整治工作，对 73 个乡镇、1 350 个村、142 个打捞点进行了排查，共清理死猪 416 头，印发宣传资料 30 000 余份。并就建立健全动物防疫工作长效机制，全面实施生猪二维码标识制度，开展了跨行政区域的协调工作。

第三节 生活污水整治

农村生活污水因其分散的特殊性，无法完全参照城市生活污水集中纳管处理，因此，根据不同的经济条件、地理位置、地形特征等客观条件，因地制宜地采取有效方式处理农村生活污水。对有条件纳入城镇生活污水集中处理场的村庄，鼓励纳管集中处理；对于分散的村庄、山区村庄、海岛村庄等无法纳入城镇污水管网的村庄，推广应用厌氧处理、生态湿地、微动力及有动力好氧处理等污水处理方式。

一、农村生活污水治理发展历程

2000年以前，农村生活污水处理的主要模式为农业部门建设的生活污水净化沼气工程，工程通过将农户日常产生的生活污水、家养畜禽的粪尿等接入地埋式的沼气池，在利用沼气的同时，净化生活污水，在一定时期内产生了明显的成效。

从2003年开始，各地各部门围绕生态创建和“千村示范、万村整治”工作实际，积极推广各类适宜技术。环保部门在生态乡镇和生态村建设中严格把关，要求生态乡镇建成区生活污水处理率要在70%以上，生态村要有一定规模的生活污水处理设施。

根据2006年的农业基础设施普查，全省农村生活污水年产生量达13.77亿吨，但处理量仅1.0649亿吨。有34.52万户农户生活污水纳入已有的11座城镇生活污水处理设施进行处理，受益人口约占全省农村人口数的3.6%。有1264个村建有单独的生活污水处理设施（其中71%以上为生活污水净化沼气工程），设计处理能力15.74万吨/日，实际处理能量为10.74万吨/日，受益人口达到100.7万人，约占全省农业人口数的3.0%。

截至 2007 年，省环保局累计支持农村生活污水处理示范项目建设 144 个，畜禽养殖排泄物污染治理示范项目 68 个，累计安排资金 4 399 万元。各地在生态专项资金中逐步加大农村生活污水治理项目的倾斜力度，瑞安、长兴等地生态建设资金中农村生活污水投入已达 1 000 万～2 000 万元。绍兴、义乌都出台了关于全面开展农村生活污水整治工作的实施意见。另据省环保局组织的全省农村生活污水处理设施调查，截至 2007 年 6 月底，有 1 145 个村建有单独的生活污水处理设施，设计处理能力 15.88 万吨/日，实际处理能量为 10.86 万吨/日，受益人口达到 117.7 万人，年削减化学需氧量（COD）约 1.1 万吨。调查结果与 2006 年全省农村基础设施普查结果基本一致。

同年，由省建设厅牵头，组织了省农办，省环保局和省农业厅，联合编写了浙江农村生活污水处理适用技术与实例，通过典型示范，提供了 10 种不同的污水处理模式，供农村地区借鉴和学习。

2008 年，省环保厅向全省环保系统征集农村生活污水处理方面的政策举措、管理经验、治理技术和政治心得，编写了《浙江省农村环境保护实例汇编》，将近年来全省环保系统在农村环境保护方面的经验和成绩进行了总结，以便更好地开展下一步的工作。其中对农村生活污水的各项处理技术和实例进行了初步归纳和分类。

2009 年，省环保厅为制定农村生活污水处理技术规范，收集整理了在浙江省从事农村生活污水处理技术开发和应用的大专院校、企事业单位和相关专家的信息，征集到一批反映全省农村生活污水处理技术实际的第一手资料。对安吉、淳安、临安、富阳、新昌、宁波北仑区、余姚、慈溪、诸暨、遂昌、嘉兴南湖区、海宁等 20 多个县（市、区）进行了实地调研。

表 5-2 全省农村生活污水情况汇总

设区市	建设污水处理设施村庄数量/个	设计规模/（t/d）	实际处理能力/（t/d）	受益人口/人	COD总削减量/（t/a）	氨氮总削减量/（t/a）
杭州市	408	26 226	20 981	180 262	2 416.33	—
宁波市	22	9 113	8 338	47 316	210.91	—
温州市	212	21 145	14 447	181 922	1 929.05	385.689
湖州市	159	6 710	6 514	93 059	594.41	67.515
嘉兴市	64	20 052	13 126	161 130	1 231.82	116.671
绍兴市	53	8 434	8 372	34 238	185.85	0.000
金华市	132	12 948	11 739	168 014	782.87	138.700
衢州市	120	5 606	4 485	54 715	391.43	6.419
舟山市	14	2 880	1 889	19 389	130.87	14.580
台州市	64	40 091	14 354	196 606	2 895.15	464.976
丽水市	16	5 628	4 447	40 978	309.56	3.676
合　计	1 145	158 833	108 692	1 177 629	11 078.25	1 198.226

二、农村生活污水治理存在的问题和发展方向

浙江省农村生活污水治理工作仍处于初期发展阶段，还未形成全省统一的科学有效的技术指导和管理方法，从各地调研反馈的信息以及示范工程研究的信息来看，现阶段，全省在农村生活污水处理技术的选用、排放标准的选择、工程的建设和运行管理等方面都缺乏引导和监督。主要表现为以下问题。

①排放标准选择缺乏严肃性。没有根据地表水水域环境功能和保护目标来选择对应的标准出水指标，如排入 GB 3838 Ⅲ类水域，出水标准选择了《污水综合排放标准》（GB 8978—1996）二级标准。

②技术选择不合理。一些工程在技术选择时未充分考虑水环境功能区要求、自然条件、污水特征、外来人口数量等因素，导致出水不达标。

③土建、设备及材料质量不过关。建设未严格按照相关规范，施工质量难以保证，一些农村污水处理工程有进水无出水，管道材料和池体结构等也存在偷工减料的情况。

④重建设轻运维。当前的农村生活污水处理工程建设总体上只保证了建设资金而不保证运维资金。由于缺少运维资金、村民缺乏污水设施管理的专业知识等原因。很多污水处理设施处于零维护状态，设施停运、湿地堵塞及杂草丛生、管道破损等现象屡见不鲜。

⑤相关配套不完善。农村生活污水处理主体工程的正常运行的前提是相关的配套必须完善，污水收集管网不完善、化粪池质量不合格、雨污分流情况、因用水习惯（如使用井水）一部分生活杂用直接排放等因素是造成实际水量与设计水量出入很大，比较常见是污水收集率很低，有些工程实际水量只有设计水量的20%～50%。

三、农村生活污水治理常用技术及优缺点

根据2009年开始的农村生活污水处理技术规范工作，并结合近几年浙江环保厅的在农村生活污水治理情况调研报告，总结出浙江农村生活污水处理系统的应用现状主要有四大类型，分别是厌氧生物处理系统（包括沼气系统）、人工湿地系统、稳定塘系统、好氧生物处理系统。根据表5-3的地区不完全统计数据显示，目前，厌氧生物处理技术（包括沼气池）应用最多，占了68%，杭州市萧山区、余杭区、富阳区、临安市、建德市等较早建设的农村生活污水处理设施基本使用本处理系统；人工湿地系统排名第二，占了统计总数的31.6%，安吉县有90%以上的农村生活污水处理设施采用了人工湿地系统；而好氧生物处理系统虽然近几年应用有所增加，但由于投入高、管理难等原因应用很少；而稳定

塘系统由于受资源条件的限制，应用更少。在实际的应用中，因各类处理工艺的特点和专长不同，仅依靠单一的处理系统，往往很难将污染物处理达标，因此要根据进水水质的情况和实际条件，进行多个系统的组合处理，以确保达到排放标准。

表 5-3　2010 年浙江部分县（市、区）农村生活污水处理各类系统分布表

污水处理系统名称	所占比率/%	调研总数	安吉	淳安	临安	乐清	嘉兴南湖区	海宁	磐安	岱山	龙泉	天台
厌氧生物处理系统	14.2	3 387	—	178	157	226	2	179	102	2 480	48	15
沼气系统（必须有沼气利用）	53.8	12 824	52	9 023	10	20	—	—	5	—	3 712	2
人工湿地系统	31.6	7 537	4 812	2	25	18	2 427	—	29	18	2	204
好氧生物处理系统	0.2	44	4	21	12	5	—	—	—	—	2	—
稳定塘处理系统	—	9	1	2	—	—	—	—	—	—	—	6
多种技术组合系统	0.1	24	—	20	3	1	—	—	—	—	—	—
合计	100	23 825	4 869	9 246	207	270	52 429	179	136	2 498	3 764	227

表 5-4　浙江农村生活污水处理典型工程实例主要技术类型汇总表

单位：m^3/d

序号	主体技术归类	工程实例名称	主要工艺组成	处理规模
1	厌氧生物处理技术	杭州市龙坞镇茶场村生活污水处理工程	厌氧+吸附	50
2		海宁市丁桥镇民利村生活污水处理工程	厌氧+厌（兼）氧生物滤池（无曝气，通过跌落等充氧）	10
3		淳安县千岛湖镇富城村生活污水处理工程	厌氧+厌（兼）氧生物滤池（无曝气，通过跌落等充氧）	40
4		富阳市曙星村生活污水处理工程	厌氧+厌（兼）氧生物滤池（无曝气，通过跌落等充氧）	300
5		富阳市五爱村生活污水处理工程	厌氧+厌（兼）氧生物滤池（无曝气，通过跌落等充氧）	200
6		温州市瑶溪镇浃底村生活污水处理工程	厌氧+厌（兼）氧生物滤池（无曝气，通过跌落等充氧）	100
7		临安市太湖源镇畈龙村生活污水处理工程	厌氧+厌（兼）氧生物滤池（无曝气，通过跌落等充氧）	30
8		嘉兴市南湖区凤桥镇永红村生活污水处理工程	厌氧+厌（兼）氧生物滤池（无曝气，通过跌落等充氧）	70

序号	主体技术归类	工程实例名称	主要工艺组成	处理规模
9	人工湿地处理技术	安吉县递铺镇横山坞村1#、2#（单户）生活污水处理工程	厌氧+人工湿地	0.5
10		淳安县石林镇九龙源村生活污水处理工程	厌氧+人工湿地	1.2
11		淳安县石林镇九龙源村生活污水处理工程	厌氧+人工湿地	1.2
12		慈溪市观海卫镇杜岙村岭下自然村单户生活污水处理工程	厌氧+人工湿地	0.35
13		慈溪市观海卫镇杜岙村岭下自然村三户生活污水处理工程	厌氧+人工湿地	1.05
14		宁波市鄞州区龙观乡龙溪村生活污水处理工程	厌氧+人工湿地	180
15		宁波市鄞州区龙观乡桓村村生活污水处理工程	厌氧+人工湿地+稳定塘	125
16		宁波市鄞州区古林镇龙三村生活污水处理工程	厌氧+人工湿地	80
17		宁波市北仑区大碶牌门村生活污水处理工程	厌氧+人工湿地	100
18		乐清市岭底乡南充村生活污水处理工程	厌氧+人工湿地（虹吸充氧）	70
19		温岭市松门镇新建村生活污水处理工程	厌氧+人工湿地	150
20		安吉县溪龙乡后河村红竹园生活污水处理工程	厌氧+人工湿地	58
21		开化县华埠新区生活污水处理工程（共有4组湿地并联）	厌氧+人工湿地	500（每组湿地125）
22		遂昌县三仁乡生活污水处理工程	厌氧+人工湿地	100

序号	主体技术归类	工程实例名称	主要工艺组成	处理规模
23	好氧处理技术	杭州市丁桥皋城村生活污水处理工程	厌氧+好氧	60
24		临安市於潜镇观山村生活污水处理工程	厌氧+好氧	250
25		临安市太湖源镇临目村（横渡自然村）生活污水处理工程	厌氧+好氧+人工湿地	200
26		余姚市临山镇生活小区生活污水处理工程	厌氧+好氧	150
27		淳安县文昌镇潭头村生活污水处理工程	厌氧+好氧+人工湿地	100
28		长兴县水口乡明清街生活污水处理工程(农贸市场)	厌氧+好氧+人工湿地	60
29		嘉善县展丰村农村生活污水处理工程	厌氧+好氧+人工湿地	80
30	稳定塘处理技术	淳安县文昌镇王家源村生活污水处理工程	厌氧+稳定塘	30
31		温州市瑶溪镇南山村生活污水处理工程	厌氧+稳定塘	90
32		临安市乐平乡七坑村生活污水处理工程	厌氧+稳定塘（阿克蔓）	50
33	土壤处理技术	安吉报福镇石岭村生活污水处理工程（农家乐）	厌氧+多介质土壤过滤	50
34	一体化净化器	慈溪市长胜市村生活污水治理三期工程	三格式化粪池+人工湿地 五格式污水处理设备	单户 2户 3～5户
35		临安市太湖源镇白沙村生活污水处理工程	污水净化一体化设备（MBBR）	90
36		临安市锦南街道宏渡村生活污水处理工程	污水净化一体化设备（AMBBR）	100

1．厌氧+氧化沟技术

（1）适用条件、地区

适用性广，平原、坡地都可适用。废弃农田、鱼塘、洼地等可以利用。

（2）技术原理

厌氧+氧化沟技术即厌氧+兼氧处理装置，无需供养，自培养微生物。内设特殊填料，菌谱宽，降解有机物能力强，具有不易老化、不变形、不破裂、无噪声、臭味低，安装使用方便，无需专人管理，使用寿命长等特点，是一种高效、自动、新颖的污水处理装置。

（3）技术流程

污水经化粪池预处理后进入厌氧池，经过厌氧池消化后，流入氧化沟氧化，氧化沟出水经采样井后排放。厌氧池内的污泥可由吸粪车定期清理，化粪池要求每半年清理一次，以确保后续污水处理效果，格栅井要进行经常性清理。

工艺流程图如下：

生活污水→化粪池→格栅井→厌氧反应池→氧化沟→采样井→出水

（4）技术特点

①处理系统具有较高的可靠性，出水水质可确保达标排放。

②处理系统在运行上有较大的灵活性和调节性，具有较强的抗冲击负荷的能力，以适应水量水质变化的要求。

③污水处理采用先进的工艺，运行管理方便，减少日常维护。

④污水处理各单元构造简单，工程投资省，运行费用低。

⑤污水处理系统进行通风处理，对周围环境无不良影响。

（5）实际应用及分布情况

该技术在杭州淳安多个村庄应用。

2．厌氧+人工湿地技术

（1）适用条件、地区

兼有厌氧处理和人工湿地技术的优点，适用性广，适用于浙江省大部分农村地区。

（2）处理原理

①厌氧池

根据污水水质现状选用厌氧处理，污水中的有机物与污泥层中的厌氧微生物接触后发生水解酸化、产乙酸和产甲烷作用。厌氧池内挂高效厌氧填料，反应后的污水在这里做泥水分离，污泥沉淀，污水通过上下流动后经匀流板进入生态绿地。

它的特点为：厌氧处理技术是非常经济的技术，运行费用省；能源需求很少而且能产生一定量的能源；厌氧处理设备负荷高；产生的剩余污泥量很小并不易发生污泥膨胀；厌氧处理对营养物的需求量小；菌种可以在停止供给废水与营养的情况下，保留其生物活性与良好的沉淀性能至少一年以上；系统规模灵活，可大可小，设备简单，易于制作，无需昂贵的设备。缺点是处理出水浓度高，有臭味。

②生态绿地

生态绿地污水处理技术是利用植物的根脉和其周围土壤微生物来联合对污水进行处理的，相对于其他人工湿地技术（例如砂石过滤湿地）更加的生态化、自然化，其突出特点是克服了其他人工湿地技术的占地面积大、污染地下水、堵塞和过冬问题。

生态绿地污水处理技术是一种基于自然生态原理，以节能、污水资源化为指导思想，使污水处理达到工程化、实用化的一项新技术。它充分利用地下人工介质中栖息的植物、微生物、植物根系，以及介质所具有的物理、化学特性，将污水净化的一种天然净化与人工处理相结合的复合工艺。可成为对二级污水处理厂处理后的污水进行深度处理的新技术。

（3）技术流程

污水经管网收集直接进入格栅，除去部分杂质（主要去除其中较大杂物和轻泡物），杂质由人工定期清理，外运填埋；其余污水进入调节池，经调节池均衡水量和均化水质后，进入厌氧池，部分难分解污染物被降解，最后进入人工湿地，有机物逐步降解，最终降解为水和二氧化碳，少量氨氮被分解为单质氮，出水达标直接排放。

（4）技术特点

厌氧+人工湿地处理系统作为一种广泛的生活污水处理工艺，兼具厌氧处理和人工湿地技术的优点，是一个综合的生态系统。具有以下特点：建造费用省，运行费用低；易于维护，技术含量低（除设有回流的人工湿地系统需专人管理外，其余人工湿地均无需专人管理）；可进行有效可靠的废水处理（根据废水污染物的含量，放置去除率较强的基质，种植根系较发达的植物，可确保出水水质达到一定的指标）；可缓冲对水力和污染负荷的冲击（湿地污水进水出现短暂的超负荷，对湿地出水水质影响很小）；可产生一定的经济效益和社会效益（如水产、畜产、造纸原料、建材、绿化、野生动物栖息、娱乐和教育）。

厌氧+人工湿地存在的问题集中表现在以下几点：设计运行参数不精确，缺乏长期运行的经验数据；湿地植物易受病虫害影响，冬季效果下降；土壤表面板结和布水管道易堵塞；湿地种植植物普遍存在着衰退现象。

（5）实际应用及分布情况

该技术在宁波、湖州、金华、衢州、台州等地区村庄采用。建成实施后，无需专人管理，可稳定运行，增加了耐低温植物，冬季运行效果稳定；村民配合定期进行植物收割，收割后堆肥还田；此外结合村庄环境建设，处理系统地表进行景观建设，将污水处理系统与周围环境融为一体。

3. 厌氧+兼氧（好氧）生化处理技术

（1）适用条件、地区

该技术适用于出水要求较高、村民居住点较为集中，可用地面积较少、经济实力较强的平原或半坡农村地区。

（2）技术原理

微动力技术在无动力厌氧处理的基础上，加上缺氧和好氧交替处理，强化污水处理的脱氮除磷效果。经硝化的好氧池混合液回流至缺氧池，以进行反硝化脱氮。沉淀池污泥回流至厌氧池，以进行污泥消化处理，并同时具有除磷效果，对进出水水质水量适应性强，耐冲击性能好，对氨氮污染物有较高的去除率。运行设备采用时控器自控，可根据进水水质、水量调整自动曝气时间，平时一般不需要手动操作管理，但需落实专人进行定期查看。

（3）技术流程

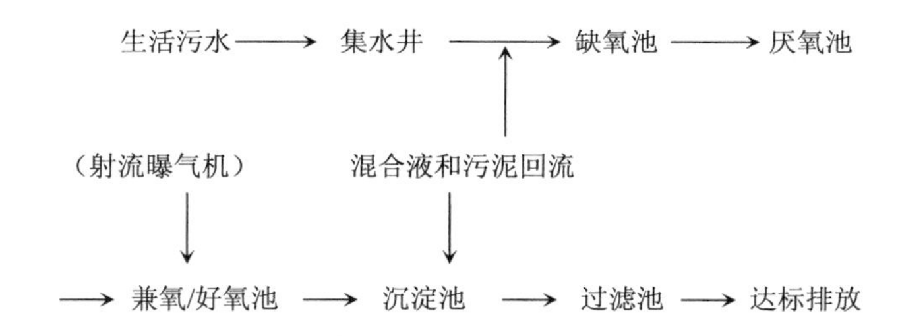

缺氧池原理：系统中反硝化菌利用污水中的有机物作碳源，将回流混合液中带入的大量 NO_3-N 和 NO_2-N 还原为 N_2 释放至空气，实现污水的脱氮。

厌氧池原理：系统中厌氧微生物对污水中的有机物进行降解，使大分子复合链的有机物转化为小分子单链的有机物，把小分子有机物转变为甲烷和二氧化碳。从二沉池回流的含磷污泥，在厌氧状态下释放出磷。部分氮元素被氨化，转化为 NH_3-N。

兼氧/好氧池原理：微生物进一步降解污水中的有机物，浓度继续下降；氨氮被硝化，使 NH_3-N 浓度显著下降，随着硝化过程 NO_3-N 的浓度增加；活性污泥中聚磷菌在好氧条件下大量吸收污水中的磷，把它转化成不溶性多聚正磷酸盐在体内贮存起来，最后通过沉淀池排放剩余污泥达到系统除磷的目的。

沉淀池原理：沉淀池对污水中的污泥进行沉淀，以降低出水的悬浮物的含量。为保证一级厌氧池的污泥浓度以及提高脱氮除磷的效果，将沉淀池的污泥和混合液回流到缺氧池中。

过滤池原理：过滤池对污水中悬浮物进行过滤处理，从而降低出水的悬浮物的含量。

（4）技术特点

优点：设施占地面积小、污染物去除全面、处理效率高、运行稳定。

缺点：如采用人工曝气，则会增加能耗，相应运行费用要多一些，并增加了设备的维护费用。

（5）实际应用及分布情况

该技术在温州、金华、台州等地有应用。

4．多介质土壤层技术（MSL）

（1）技术简介

多介质土壤层技术（MSL），即第三代农村生活污水处理技术。

（2）工艺流程

生活污水先排至一个深 2 米、长 2 米、宽 3 米的三格式厌氧池，池内安装了以竹子为材料制成的水处理生物填料，污水经过厌氧池后，再流入“多介质土壤层”滤池，当污水流过系统内专用填料时，经其中的微生物及其他辅助材料的作用，去除了水中的污染物，污水由此得到净化。

（3）工艺特点

最主要特点在于加强了污水中的有机物和氮、磷的去除功能，有效防止了水体的富营养化。同时，由于系统的运行管理费用低、占地面积小，尤其适合“农家乐”污水的处理，系统中的材料在系统拆除后还可以作为土壤改良材料和园艺用材使用，整个系统使用寿命在30年以上，运行中不需要任何的专业技术人员进行维护。

（4）适用范围

适合“农家乐”污水的处理。

（5）实际应用与分布

该技术在湖州安吉部分村庄的农家乐生活污水处理示范基地有所应用。

5. 厌氧+潜流式人工湿地+氧化塘处理技术

（1）适用条件、地区

适用性广，平原、坡地都可适用，适用于广大农村地区。

（2）技术原理

采用厌氧发酵、人工湿地和稳定塘相配套的处理方式。潜流式人工湿地为一个人工砌体防渗结构和种植在表层土壤中特定湿生植物以及下部不同粒径的砾石、粗砂、细砂组成。生活污水经管网集中进入厌氧池，通过厌氧发酵，大分子有机物得以降解，再经潜流式人工湿地，在表层植物根系以及砾石、砂石表面微生物综合作用下，有机污染物得到彻底降减和去除。然后经稳定塘（氧化塘），利用鱼、藕等水生生物的吸收与吸附，进一步去除污染物质，起到稳定水质，美化景观，增加收入的效果，各项出水指标达到国家排放标准。

（3）技术流程

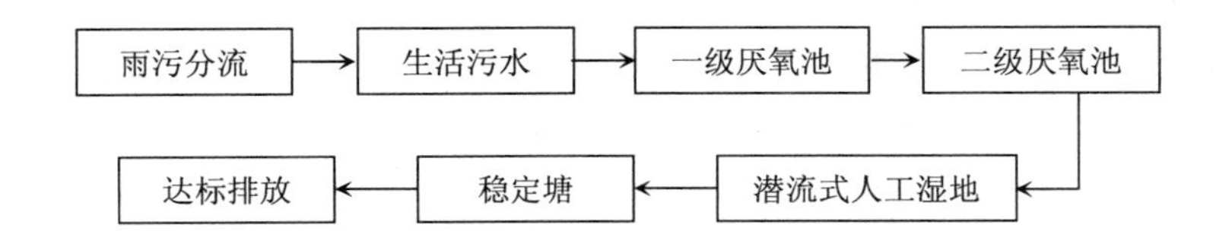

设施主要由两部分构成：沉淀池（栏污栅）+厌氧池+潜流式人工湿地连体水泥钢筋人工砌体防渗结构、稳定塘。

污水水力停留期 3～4 天。

厌氧池有效容积与污水处理量比值按 2∶1 确定。

潜流式人工湿地有效深度以 1～1.3 米为宜，面积与污水处理量比 2～3 米^2/米^3。

稳定塘水深以 30～45 厘米为宜，容积与污水处理量比 1∶1。

（4）工艺特点

优点：管理方便，维护费用低，除污效果好，稳定塘能增加经济收入，有美化效果。

缺点：冬季气温低时，植物处于休眠期，氮、磷去除效果稍差。

（5）适用范围

该项技术适用于有一定土地条件，常住人口少于 2000 人，但经济条件和管理水平不高的南方山区村庄生活污水的深度处理，尤其适用于此类村庄的分散式污水处理。

第四节　垃圾固废整治

一、农村生活垃圾处置

1. 农村生活垃圾收集处置发展历程

从 2004 年开始，浙江提出了城乡生活垃圾处理新模式：在平原、经济发达农村地区推行“户集、村收、镇（乡）运、县处理”的运行模式；在经济欠发达地区、海岛和山区，推广“统一收集、就地分拣、综合利用、无害化处理”的方式，这种模式也加快了镇乡垃圾中转设施建设。

2004 年，浙江省建设厅下发了《关于组织实施农村生活垃圾集中处理工作的指导意见》，要求省辖各地制订城乡生活垃圾处理专项规划和村镇生活垃圾收集、中转实施方案，保障专项资金落实，加快城乡生活垃圾处理设施建设。为此，省财政采取“以奖代补”的办法，建立以县（市）、镇为主，村级参与的投入机制，加快城乡生活垃圾处置设施建设。

2005 年，省建设厅和省财政厅联合出台《浙江省城市污水和城乡垃圾集中处理设施建设省级财政“以奖代补”专项资金管理办法》，通过省级财政安排的城乡生活垃圾集中处理设施建设资金达 12 779 万元。同时，拓宽建设投资渠道。积极引入社会资金建设生活垃圾处理设施。除宁波、杭州少数几家焚烧厂为国有投资外，其余焚烧厂及新昌县的堆肥厂均由民营资本采用 BOT、TOT 模式建设。

根据《浙江省城乡环境卫生专业规划编制导则（试行）》，目前该省所有设市城市和 90%以上县均已编制了城乡环境卫生专项规划。专项规划保障了资金筹集，加快了环卫基础设施的建设。据统计，浙江省城市维护建设资金中用于市容环卫的资金达 90 亿元，垃圾处理设施建设投入 30 亿元。目前，浙江全省市县生活垃圾处理设施建成 94 座，市、县生活垃圾处理率达 97%以上；垃圾资源化利用的能力达每日 1.45 万吨左右，实现了镇（乡）生活垃圾中转设施全覆盖，农村生活垃圾收集处置率近 70%。

从 2009 年开始，浙江按照“先城镇后农村，先企事业单位后居民，先部分补偿后完全补偿”的步骤，由各级政府确定简便有效的收费方式，积极建立垃圾处理收费制度，在优先保证公众利益和公共安全的同时，切实发挥好市场优化资源配置的基础作用。

2. 其他农村生活垃圾处置模式

除集中收集处置外，农村因其自身分散、偏远的特点，部分农村地区的生活垃圾无法通过收集、转运进而达到集中处置的目的，还是需要依靠分散的方式对山区、海岛等偏远地区的农村生活垃圾进行处置。根据 2009 年的调查，浙江省主要存在以下几种分散处置方式。

①垃圾分类减量化处理模式。垃圾分类减量化处理模式适用广泛，无特殊气候、地形要求，但由于涉及垃圾发酵后沼渣、沼液及沼气的利用问题，以选择种植业较发达地区为宜，设施场地附近有能利用沼气的农户或单位。其技术原理为将生活垃圾分为可降解的厨余垃圾和不可降解垃圾，可降解垃圾通过微生物厌氧发酵处理成为沼液、沼渣和沼气；不可降解的垃圾又根据不同性质分拣后或回收利用，或运至垃圾焚烧厂焚烧发电，或运至垃圾填埋场进行无害化卫生填埋，从而达到生活垃圾减量化、无害化、资源化的目的。

垃圾分类减量化处理模式优点主要为运行维护费用低，只需人工费及垃圾运费；真正做到垃圾资源化，产生的沼气供农户使用，沼液和残渣作为有机肥使用。缺点主要为冬天温度较低时发酵较慢，处理效率不能满足需求。

②农村生活垃圾分类处理模式（设备处理）。农村生活垃圾分类处理模式可广泛用于城乡小区及村庄的垃圾处理站以及菜场，工厂、学校、军营及企事业单位的食堂等大量产生厨余垃圾的场所；对气候无特殊要求，但应确保垃圾处理装置顶部能接受阳光照射，安装位置能方便进料、出料与电控操作。其处理原理是通过充分利用太阳能、生物能等生态型能源，在一个卫生封闭的空间里营造食物性垃圾高效降解的环境，应用生物降解的原理，通过生物手段将固态物转化为液态和气态，实现食物性垃圾的快速分解，缩小体积。并释放出热量，杀灭病菌，进而促进降解。同时不断吸收太阳能，更进一步加速对有机物的生物降解。

农村生活垃圾分类处理模式的优点是；从源头控制垃圾问题，全封闭无人参与运行，卫生条件好，无废弃物产生，对周围环境无影响；资源化率可达 75%以上，产生高效有机肥料及纸张、塑胶、金属、玻璃等可回收物资；处理过程不耗电，主要依靠太阳能、生物能处理垃圾；操作简单，适应性强。缺点是要在家庭内实行垃圾分类，牵涉面广，工作量大，需要每个居民规范日常行为，需做大量的群众宣传组织工作和监督工作。

二、秸秆综合利用

根据省农村能源办公室的调研，目前全省秸秆资源的使用途径一是用作肥料，主要用于秸秆直接还田等，还田方式主要为人工堆沤和腐熟还田；二是用作燃料，直接投入柴灶燃烧；三是用作造纸原料；四是用作牛、羊等家畜饲料，以家庭散养为主；其他利用占 4.02%，利用方式有猪舍清洁、保暖等。以杭州市为例，目前的秸秆综合利用率仅为 74.11%，利用率较低。在已被利用的秸秆中，有 55.44%左右的秸秆直接还田用作肥料，利用方式原始粗糙；有 12.02%左右直接用作燃料，这 67.46%的秸秆利用附加值低；而用作牛、羊等家畜饲料的占 1.11%，用作造纸原料占 1.49%，这部分利用附加值较高，但只占秸秆总量的 2.60%左右。总体而言，全省的秸秆利用的附加值偏低，且未形成规模优势。

在秸秆禁烧方面，各地各部门一直将其作为重要工作来抓，取得了较好的禁烧成果。但由于部分农民贪图方便、环保安全意识淡薄，违规焚烧事件时有发生。如在环境保护部环境监测局于 2009 年 5 月 27 日公布的《全国秸秆焚烧分布遥感监测结果》中，仅杭州市机场、国道禁烧区内就有违规秸秆焚烧点 8 处。秸秆禁烧工作依然紧迫、严峻。

在浙江人民政府办公厅发布的《关于进一步加强农村环境保护工作的意见》（浙政办发[2009]111 号）中，提出到 2012 年，全省的秸秆综合利用率要达到 90%以上。

2009 年 12 月，《浙江省农作物秸秆综合利用规划（2009—2015）》通过相关评审，加强农作物秸秆综合利用是浙江发展生态循环农业、促进农村生态文明、建设生态省的重要组成部分，是推进节能减排、发展循环经济的具体举措。当前浙江省农作物秸秆综合利用成本偏高，经济性差，《浙江省农作物秸秆综合利用规划》在摸清全省农作物秸秆资源家底的基础上，提出了肥料化、能源化、饲料化、基料化、工业原料化等综合利用利用途径，为下一步制订出台有关政策打下了良好的基础，具有现实和长远发展意义。

三、农业生产废弃物处置

20 世纪 50 年代后期，浙江开始应用塑料薄膜覆盖蔬菜栽培技术，其后发展迅速。在 1982—1987 年的 6 年中，全省农膜用量比 1980 年增加 7.2%，地膜增加近 12 倍。常用地膜为聚乙烯，农民一般使用两年左右，便让其残存在地里，造成对菜地土壤的污染。据省农业厅环境保护管理站 1989 年调查，杭州市郊菜地土壤塑膜残留量平均每公顷为 0.77 千克（残留范围为每公顷 0.31～1.41 千克）；残留塑膜对蔬菜产量有一定影响，当残留量增加到每公顷 3.33 千克时，青菜、萝卜将减产 4%～7%，而芹菜、花菜减产达 10%左右。

根据农业相关调查，1990—1998 年，全省累计农膜用量达 17.14 万吨，年均增长 8.74%。1997 年全省平均每公顷耕地农膜达 17.1 千克。据估算，全省每年残存田野、土壤、沟河的农膜至少占总用量的 10%，累计残存量在 4 万吨左右。若计入生活用塑料制品的残留量，则远远高于此数。目前大量使用的农膜均为不可降解塑料，分子量高达 2 万以上，一般在土壤中的半衰期为 100 年，自然化解则需 200 年以上。土壤中的残膜阻碍作物根系对水肥的吸收和生长发育，又大大降低土壤渗透性能，减少土壤的含水量，削弱耕地的抗旱能力，进而影响农作物的产量。

浙江省人民政府令第 278 号《浙江省农业废弃物处理与利用促进办法》已经省人民政府第 56 次常务会议审议通过，自 2010 年 11 月 1 日起施行。其中第十七条、第十八条明确规定：禁止将秸秆、食用菌菌糠和菌渣以及废农膜等农业废弃物倾倒或者弃留在水库、河道、沟渠中；农业废弃物资源化利用过程中应当保障生产安全，防止产生污染，利用农业废弃物生产的产品质量应当符合国家规定的标准，禁止将有毒、有害农业废弃物直接用作肥料。

第五节　化肥农药污染整治

浙江地处中国东南沿海，属亚热带季风气候，四季分明，光照充足，是农作物复种指数较高省份之一，肥料使用量相对较高，20 世纪曾经一度成为全国化肥农药施用泛滥的典型。2005 年启动测土配方施肥补贴项目以来，浙江省由初期的个别项目县，到 2009 年基本实现主要农业县（市、区）的全覆盖，并从阶段性项目实施为主转入日常性工作开展。

根据农业部、财政部的统一部署，在省委、省政府的高度重视下，浙江以实施测土配方施肥补贴项目为抓手，以服务农民为出发点，以提高技术覆盖率、到位率、入户率为目标，围绕建设高效生态的现代农业，全面推进测土配方施肥工作，突出“引导农民转变施肥观念，扩大配方肥生产供应，指导农民按方施肥”三大重点，提出了“六大提升行动”和促进农民增收“十项惠农举措”等决策部署，基本实现主要农业县（市、区）测土配方的“全覆盖”、家庭经营向集约化方向转变和统一经营向农户的联合与合作方向转变的“两个转变”。

一、化肥农药污染整治综述

20 世纪 70 年代，浙江省化学农药施用泛滥，例如：1980 年，全省使用化学农药 91 662 吨，为新中国成立初期 1952 年 73.75 吨的 1 242 倍，用量之大，应用之广，在全国名列前茅。田间施用的农药大部分因风吹雨淋落入土壤和水体中，造成土壤的长期污染。1983 年年初，浙江根据国务院有关决定停止生产使用有机氯农药。在停止使用这类农药后，一方面继续定点监测这类农药在环境中的残留趋势，另一方面积极安排发展取代六六六、DDT 的新品种。1985 年起，浙江先后自制、引进甲胺磷、三唑磷等农药，并在全省推广使用氧化乐果、辛硫磷、杀螟松、呋喃丹、杀虫双等 20 种新农药。其后几年，浙江加速高效低残留农约的开发，不断推出高效、经济、安全的新型农药，尤其是除草剂，如氟乐灵、乙氧氟草醚、三氟羧草醚、丁草胺等，并研制、改进施药器械，增加型号，提高性能、质量，发展低容量喷雾和适于喷布高效除草剂的器械，降低农药用量，减少污染。

1984 年，省人民政府在全省推广“无公害”蔬菜生产技术，提出“无公害”蔬菜施药的原则和规范，明确指出：选择对口农药，适期施药，按指标防治：合理交替、混用；注意安全等待期，由此制定出不同蔬菜的不同季节不同防治对策的用药规范。在全省不同菜区 21.21 万亩菜田推广应用“无公害”蔬菜病虫害防治施药规范后，在一定程度上控制了农药污染。同时，全省还积极推广病虫害的综合防治，控制农药用量，减少用药次数。如深耕细作，合理施肥，合理密植，培育抗病虫作物品系，加强田间管理，消灭病虫滋生地，使生物防治与化学防治相结合。

同年，省人民政府批准成立省农药检定管理所。该所严格执行《农药登记规定》，把农药的生产登记（包括品种登记与厂家登记）、药效试验、引进国外农药的严格把关、销售及使用各个环节加以完善，并作出强制性规定，加强了对假劣农药进入农业生态环境系统的监控。

改革开放以来，随着农村第二、三产业迅猛发展，投入积肥的劳动力大为减少，土杂肥的收集和利用逐步下降，农户种植冬绿肥和生猪生产出现徘徊局面；而化肥供应量大幅增加，许多农民图省力，过于依赖使用化肥。这一阶段，有机肥使用保持一定比例，化肥施用量可谓“突飞猛进”，全年施用量由 1979 年的 242.03 万吨上升至 1988 年的 415.52 万吨，直到 1990 年的 452.23 万吨，然后近 20 年施用量一直稳定在 430 万～470 万吨。

1990—1998 年，全省累计化肥施用量达 4 047.6 万吨，年均增长 0.64%，而同期单位化肥的生产率与 50 年代相比下降了 70%。1998 年全省化肥施用量达 435.99 万吨，平均每公顷耕地化肥施用量达 2 707 千克。全省每年因淋溶、地表径流、直接挥发等因素造成的氮素损失量达 130 万～200 万吨，相当于 24 亿元的经济损失。化肥流失造成的环境污染，主要是引起水体的富营养化，也使地下水的硝酸盐含量增加。

同期，全省累计农药施用量达 46.13 万吨，平均增长 2.35%。1997 年全省平均每公顷耕地农药用量达 40.4 千克。据测定，农药使用后附着在作物上的粉剂不超过 10%，液剂不超过 20%～30%，有 5%～30%飘浮在空气中，有 30%～40%降落在地面。进入环境中的农药，虽然大部分经过光、热及微生物的作用可被分解，但有机氯以及含有铅、汞、砷等元素的农药即使少量残留在环境中，也会导致在土壤和农产品中积累，造成污染，影响农产品的产量和质量。

1990—1998 年，浙江化肥、农药和农用薄膜施用量见表 5-5。

表 5-5 1990—1998 年浙江历年化肥、农药、农用薄膜施用量

年份	化肥合计（标量）/万 t	氮肥/万 t	磷肥/万 t	农药/万 t	农用薄膜/万 t	每公顷用量/t	
						耕地	农作物播面
1990	454.28	320.84	—	—	—	2.64	1.04
1991	465.08	324.19	80.84	5.87	1.39	2.71	1.06
1992	455.29	321.11	73.23	5.74	2.11	2.69	1.06
1993	401.63	275.28	64.69	4.81	2.17	2.42	1.02
1994	423.72	293.85	65.95	5.42	2.27	2.59	1.11
1995	465.45	323.75	69.85	5.89	2.47	2.88	1.19
1996	471.01	326.68	69.90	6.34	2.45	2.92	1.19
1997	475.14	323.60	73.24	6.52	2.75	2.95	1.20
1998	435.99	291.69	70.26	6.59	2.78	2.70	1.11

据统计，进入21世纪后，全省的化肥施用量仍然逐年提高，2001年浙江化肥用量（折纯）90.32万吨，到2005年达到最高峰为94.27万吨（折纯），但此后明显下降，2006年为93.98万吨（折纯）、2007年为92.82万吨（折纯）、2008年为92.98万吨（折纯）。在肥料使用结构上，有机肥用量与化肥的比例由1965年的85∶15，一度下降到1995年的48∶52，但从1996年开始，有机肥用量逐年上升，2007年全省应用商品有机肥29.28万吨，2008年全省应用商品有机肥39万吨的同时直接以新鲜有机肥或发酵半成品施入农田的接近1000万吨，至少减少氮肥用量（折纯）1.17万吨以上。2009年，商品有机肥用量仍呈上升趋势，全省应用商品有机肥为53.5万吨，比2008年增加37.2%。

二、化肥减量增效及农药减量控害增效工程

1. 测土配方施肥工程综述

20世纪70年代后期，浙江就开始注意施肥和土壤肥力的关系，测定土壤养分含量，估算肥料用量，其目标是“增产、节肥”，提高施肥的经济效益。

1977年开始，浙江农业大学和富阳县农科所合作，从水稻营养诊断出发，查清土壤障碍因素，掌握土壤养分的低限因子，估算本地区的作物施肥量，提出“省肥高产”的施肥技术，具体措施为“以地定产、以产定肥、以肥保粮”。1977—1980年连续推广，增产17.2%～42.0%，省肥25%～50%。

1982年省农科院和杭州市农科所提出“测报施用”技术。具体措施是“以土定产、因产定肥”与营养诊断、分期施氮三大部分。该技术在杭州、宁波、绍兴等地先后推广应用80万亩次，增产幅度0.6%～14.9%。

1980—1985年，嘉兴市农科所对该地区69块三熟制农田土壤碳、氮、磷、钾养分的平衡状况进行研究，提出在年保亩有机肥投入1.75

吨基础上，实行“控氮、稳磷、增钾”，推广秸秆还田，提高农业内部钾素再循环的利用率。1992—1997年，金华市实施联合国国际开发计划署（UNDP）对中国无偿技术援助的平衡施肥项目，建成金华市肥料分析实验室；建立了平衡施肥试验示范、推广和环境监测数据库、平衡施肥的数据模型。

20世纪80年代中期，在农业部的统一部署下，省农业厅全面总结各地已推广的合理施肥经验，于1986年正式提出《浙江省配方施肥技术试行方案》，即在以有机肥为基础条件下，于作物播种前确定氮磷钾和微肥的适宜用量及其比例，实施“以土定产、以产定氮、因缺补缺、高产栽培”，1989年进一步吸收配方施肥技术在推广中所出现的问题和取得的经验，对有关参数提出相应的“微调”措施，提高了精度，形成“水稻优化配方施肥技术”。至1993年，全省累计推广“配方施肥”7959万亩，增产稻谷141万吨，节约标氮25万吨，增加农民收入5.8亿元。

2005年以来，围绕“测土、配方、配肥、供肥、施肥指导”5个环节，以农业主导产业和优势产业为重点，以“大力推进测土配方施肥行动”为主线，以农业部测土配方施肥补贴项目县建设为龙头，以农民专业合作社为抓手，全面开展测土配方施肥，作物涉及粮油、水果、蔬菜、茶叶等。2005—2008年，全省累计推广测土配方施肥6300万亩次，建立各级示范方350万亩次，农田减少化肥投入（折纯）22.5万吨，实现节本增收37亿元。

2. 测土配方施肥工程的成效

通过测土工程，基本摸清了全省土壤养分状况。累计完成土样和植株样采集16.44万个，化验121.2万项次，完成农户调查6.7万户，完成田间试验3448个，获得了大量的科学施肥基础数据，为施肥指标体系的建立、耕地地力评价、指导农民合理施肥和配方研制提供了理论依据。

同时，2005—2008 年项目县基本完成了县级区域土壤养分图。

2005—2010 年，农业部累计安排浙江省（不含宁波市 7 个）测土配方施肥补贴项目县 65 个，涉及 10 个地市，其中 2005 年 2 个，2006 年 8 个，2007 年 10 个，2008 年 19 个，2009 年 26 个。按照《测土配方施肥技术规范》和各年度项目实施方案要求，各项目县均完成了历年下达的目标任务。截至 2010 年 6 月，全省累计为 1286.6 万户（次）农民实施了测土配方施肥服务，推广测土配方施肥 7522.71 万亩次，建立各级示范方 6524 个，示范面积 1149.7 万亩次，推广应用配方肥 108.73 万吨，配方肥应用面积达 2589.73 万亩次，减少农田化肥投入（折纯）34.42 万吨，实现节本增收 51.65 亿元。同时，测土配方施肥技术进一步深化完善，在建立完善全省水稻施肥指标体系的基础上，茶叶、柑橘、油菜等作物施肥指标体系逐步建立，中微量元素肥料在生产上得到推广应用，全省有 19 个项目县获得 35 个省、市、县级科技成果奖励，其中富阳市测土配方施肥技术推广获省科技进步二等奖、省农业丰收奖 6 个、杭州市科技进步一等奖 1 个、地市农业丰收奖 12 个。2005—2010 年，全省累计投入测土配方施肥财政补助资金合计为 12379 万元，其中中央资金 10720 万元，地方资金 1659 万元，中央资金到位率达到 100%，在历年组织的项目资金检查中没有出现严重违规使用项目资金的情况。

近年来，项目区氮肥用量明显减少、钾肥用量明显增加，平均每亩减少化肥投入（折纯）3.98 千克，不仅提高了肥料利用率，减少了养分流失，而且带动了有机肥增施，仅 2007 年全省商品有机肥应用量达 29.28 万吨，推广应用面积 186.42 万亩，肥料使用结构得到了调整优化。根据全国农业技术推广中心《肥料施用效果测算方法（试行）》，浙江省 10 个县主要水稻种植区域的测算分析结果表明，测土配方施肥氮肥利用率平均为 30.2%，磷肥利用率平均为 26.7%，钾肥利用率平均为 46.9%，较常规施肥区分别提高 8.7%、5.3%和 7.0%。2009 年全省应用商品有机肥 53.5 万吨，比 2008 年的 39 万吨增加 37%，应用面积近 390 万亩，直接以新鲜有机肥或发酵半成品施入农田的接近 1 000 万吨，用肥结构得到优化。五年来，浙江省累计减少不合理施肥量 34.42 万吨，相当于节约燃煤 51.63 万吨、减少二氧化碳排放量 108.4 万吨，实现节本增收 51.65 亿元。

通过连续多年在全省大力推行测土配方施肥和减量增效技术，减少农田化肥（氮、磷）流失，减少化肥农药对环境的污染。积极鼓励开发使用有机肥，通过发展绿肥种植、推广秸秆综合利用技术、改进畜禽粪便处理等措施，改善土壤理化性状，培肥地力。大力推广应用新机械、生物农药和高效、低毒、低残留农药，全面禁用国家和省明文规定的高毒高残留农药，实现"一减二控三保"（减少农药用量；控制有害生物危害、控制农药残留；保护人畜安全、保护农作物及其产品安全、保护生态环境安全）目标，建立起一批化肥农药减量控害增效示范区和无公害、绿色、有机农产品基地。

三、农田污染最佳管理措施示范

1997 年，为了实现省委、省政府确定的"到 2010 年浙江省在有条件的地区实现农业现代化"的战略目标，搞好现代农业示范园区建设，探索在市场经济条件下，合理配置农业资源。浙江省人民政府办公厅印发了《浙江省现代农业示范园区建设实施意见的通知》，提出按照"总体规划、分步实施、循序渐进、突出重点、因地制宜、讲求实效"的原则，"九五"期间建设省级示范园区 100 个。力争通过几年努力，把一大批农业示范园区建设成为农田园林化、布局区域化、作业机械化、农艺规范化、经营规模化、服务社会化、管理科学化、农民知识化的现代农业示范样板。

2005 年组织编制了《2006—2010 年浙江省高效生态农业示范区建设规划》，明确生态农业发展的方向和重点，继续建设平湖、安吉等 18

个在建的省级绿色生态农业示范县，推广生态农业模式。

2006 年制定下发了《浙江省“十一五”农业面源污染治理和农村清洁能源开发利用规划》，研究制定了《浙江省高效生态农业示范县实施意见》，并新增了 12 个高效生态农业示范县。

第六章　近岸海域环境保护

浙江是一个陆域小省，陆域面积仅 10.18 万平方千米，只占全国陆地面积的 1%，是全国面积最小的省份之一。但同时又是一个海洋大省，海域辽阔，全省范围内的领海和内海面积为 4.48 万平方千米（包括 2400 平方千米的潮间带滩涂），连同可以管辖的毗连区、专属经济区和大陆架，海域面积达 26 万平方千米，相当于陆域面积的 2.6 倍；海岛众多，全省海岛总数为 2878 个，约占全国的 40%，是全国海岛最多的省份，而且区域分布相对集中、所处地理环境优越，海岛生物和非生物资源比较丰富，相关的深水岸线、矿产、旅游、渔业及海底空间等资源量在全国位居前列；海岸线长，全省大陆海岸线和海岛岸线总长约 6500 千米，占全国海岸总长的 20%以上，其中可建万吨级以上泊位的深水岸线 290.4 千米，10 万吨级以上泊位的深水岸线 105.8 千米；自然资源门类多，全省沿海有 40 多处联合国、国家和省级自然保护区、风景名胜区，拥有曾经是世界四大著名渔场之一的舟山渔场，跻身全球第二大综合港、第八大集装箱港的宁波—舟山港等，“港、渔、景、油、涂、岛、能”等海洋资源得天独厚，组合优势明显，为浙江省海洋经济的发展提供了优越的区位条件、丰富的资源保障和良好的产业基础。

浙江自 20 世纪 50 年代以来就开始重视海洋环境保护。不过 20 世纪 50—60 年代，浙江的海洋环境保护管理仅限于船舶和渔业资源方面。70 年代，沿海工业和海洋运输业发展，海域污染事故日渐增多，国务院先后发布了《中华人民共和国防止沿海水域污染暂行规定》、《水产养殖繁殖保护条例》等规章制度，并根据有关规定开展了一些工作。1983 年，《中华人民共和国海洋环境保护法》公布后，尤其是 2000 年，新修订的《中华人民共和国海洋环境保护法》施行后，浙江近岸海域的环境保护工作取得了较快进展。近三十年，浙江与邻近省市和有关部门配合，先后开展了近岸海域资源综合调查、渤黄海和东南海近岸海域环境综合调查、建立浙江舟山海洋生态环境监测站并开展近岸海域生态环境质量监测及赤潮监视监测、划定近岸海域环境功能区、海洋功能区划及海洋自然保护区建设、开展浙江入海污染物排放总量控制规划研究以及编写中国浙江保护海洋环境免受陆源污染工作报告等一系列近岸海域环境保护基础研究工作，同时在舟山渔场、杭州湾、象山港、三门湾、乐清湾等海域围绕陆源污染和涉海工程污染防治、船舶污染和养殖业污染防治、海域综合环境保护等方面开展了大量的监督管理工作，并组织实施了《浙江省碧海生态建设行动计划》、《长江口及毗邻海域碧海行动计划》、《中国浙江省保护海洋环境免受陆源污染国家行动计划》等一系列专项行动计划，在一定程度上控制了污染蔓延和加速。

总体而言，浙江的海洋环境保护工作与陆域环境保护工作相似，大致经历了三个发展阶段：第一阶段为“三废”限制和治理阶段，20 世纪 50—80 年代，由于工业污染物进入海洋，造成海洋水产经济的损失，并引发像水俣病一类严重的公害事件，采取了限制排污的措施，并对某些工业进行“三废”治理以减少污染；第二阶段为综合治理阶段，20 世纪 80 年代中后期开始，为更好地利用海洋资源与保护海洋生态环境，从大环境观念出发积极推动区域性海洋计划的实施，开展了海洋环境保护基础研究，实行海洋环境影响评价制度，控制污染物排海总量；第三阶段为规划管理阶段，从 20 世纪 90 年代中开始，特别是进入 21 世纪以来，海洋环境保护工作提升到了环境规划和环境管理的新高度，通过实施海洋环境保护与经济同步发展的战略方针，制定经济增长、合理开发利用自然资源与环境保护相协调的长期政策，积极推行区域间的合作与协调工作，努力维持海洋环境质量的良好状态，促进沿海地区、海洋和岛屿的可持续发展。

经过三十多年的努力，浙江近岸海域环境保护工作成绩斐然：近岸海域环境监测和预报体系框架基本构成，并开展了大量的环境监测工作，系统地掌握了近岸海域环境质量状况和生态变化规律；开展了一系列调查研究，摸清了浙江近岸海域自然地理环境和资源要素状况，掌握了重点海域及周边地区社会经济、环境质量、污染源、环境净化能力和承载力等基本情况；制定和实施了海洋功能区划、近岸海域环境功能区划，严格执行海岸工程、海洋工程和海上倾废的审批管理制度，海洋环境保护的法律体系和行政执法体系基本建成，强化了海洋环境监督管理；组织实施了一系列专项行动计划，既控制了陆源污染对海洋的影响，又控制了重点海域的污染，港口、船舶及养殖业污染状况明显好转；建设了一批海洋自然保护区、特别保护区和生态监控区，使得典型海洋生态系统、珍稀濒危生物和渔业资源得到了有效保护；积极推动了区域与国际海洋环境保护合作与交流等。尽管浙江在海洋环境保护方面做了大量的工作，但是，随着经济的持续快速增长，江河流域及近岸海域依然面临着巨大的环境压力，大江大河的入海口和局部海湾的污染程度仍然严重（2000年以来浙江近岸海域环境质量状况详见表6-1），海洋生态破坏、突发性海洋污染事件时有发生，区域海洋环境保护联合治污机制尚未形成，浙江近岸海域环境保护工作任重道远。

表 6-1 2000 年以来浙江近岸海域环境质量状况

类别		2000 年	2001 年	2002 年	2003 年	2004 年	2005 年	2006 年	2007 年	2008 年	2009 年
近岸海域水质	Ⅰ类水质/%	0	0	0	0	0	6.7	2.6	4.5	13.5	18.0
	Ⅱ类水质/%	10.3	11.9	4.8	19.5	31.1	13.3	32.9	18.0	22.5	15.7
	Ⅲ类水质/%	15.3	7.1	9.5	9.8	6.7	17.8	10.1	15.7	20.2	13.5
	Ⅳ类水质/%	28.2	31.0	28.6	26.8	33.3	17.8	15.2	19.1	19.1	16.9
	劣Ⅳ类水质/%	46.2	50.0	57.1	43.9	28.9	44.4	39.2	42.7	24.7	35.9
	功能区达标面积占比/%	—	2.3	0.9	1.9	2.1	8.0	4.9	5.3	12.9	16.4
	富营养化程度	—	较突出	严重	略有下降	略有下降	中度	中度	中度	轻度	中度
	主要超标因子	活性磷酸盐、无机氮				无机氮、活性磷酸盐					
海洋生物环境质量	浮游生物生境	—	—	一般	一般	中等污染程度	中等污染程度	差	差	一般	一般
	底栖生物生境	—	—	差	差			差～极差	差～极差	差	一般
表层沉积物	第Ⅰ类/%	—	70.2	—	76.6	—	86.7	—	29.2	—	57.3
	第Ⅱ类/%	—	29.8	—	23.4	—	13.3	—	68.5	—	42.7
	第Ⅲ类/%	—	0	—	0	—	0	—	2.3	—	0
	总体质量	—	良	—	良	—	优良	—	优良	—	优良

第一节　近岸海域资源综合调查

一、海岸带综合调查

为查清浙江海岸带的气候、陆地水文、海洋水文、地貌、沉积、海洋化学和海洋生物等自然环境要素的基本特点和变化规律，自 20 世纪初起，浙江开始进入有组织的海岸带调查和实验研究。据文献记载，中华民国在 20—30 年代已对浙江部分海岸带进行了水文、地质、化学和生物等自然环境状况的初步调查和研究。新中国成立以后，浙江的海洋事业迅速发展，1964—1986 年对全省海岸带进行了全面调查，其中 1964—1980 年为试点期。这次调查是浙江省首次规模空前、历时最长的多学科同步、系统的调查。通过调查基本掌握了海岸带自然环境的基本特点和演变过程，自然资源的数量、质量及其分布状况，社会经济现状和特点，海岸带污染源中有害物质的分布状况及其对环境、水体、人类、生物等的危害程度。在此调查基础上编写了约 80 万字涉及 20 个专业和专题的调查报告、图集等，为开发和利用浙江省海岸带资源提供了基本的科学依据。

二、海涂资源综合调查

浙江对海涂资源的开发利用始于西汉年间，当时在海涂上发展海水煮盐业，进而发展围垦。浙东沿海自唐、宋后就有了筑塘围田的记载，历史上的钱塘江海塘、浙东海塘都是劳动人民与海争地的产物。20 世纪 50 年代中期随着技术、经济水平的提高，对面积为 20.16×10^4 公顷的海涂资源作了调查。1982—1985 年，在全省海涂资源综合调查中完成了全省 24.44×10^4 公顷海涂的土壤图和调查报告，这是开发和利用浙江海涂资源的重要科学依据。浙江对围涂的利用，无论从农业、渔业、工业等用地来说，都具有很高的经济价值。现已查明，浙江沿海现有海岸滩涂资源约2400平方千米，居全国第三，其中可供养殖的浅海400余平方千米，重点分布于杭州湾南岸、三门湾口附近、椒江口外两侧和瓯江口至琵琶门之间；海岸滩涂还是浙江重要的土地后备资源，可以作为未来工农业用地的后备资源约8×10^4公顷。

三、海岛资源综合调查

浙江的海岛开发，据考古资料记载，已有5000余年的历史，即在战国时期就开始了。为查清浙江海岛的港口、渔业、旅游、淡水、森林、土地、矿产及海洋能等资源状况，1990—1994年进行的海岛资源综合调查，是浙江自新中国成立以来进行的又一次大型多学科、多部门的综合调查，参加的科技人员达千人以上。通过调查，取得了海岛陆域及附近海域的自然地理环境和自然资源要素的基本资料，查明了资源类型、数量和发育演变规律以及乡级以上海岛的经济状况。在调查的基础上提出综合开发海岛的港口、渔业、淡水、盐业、海底油气、潮能、旅游等自然资源的利用方案和专项开发规划，对贫困岛屿通过开发试验、促其脱贫致富起到了很大的作用。2008年，又开展了全省无居民海岛甄别调查。调查结果显示，目前全省海岛总数为2878个，其中无居民海岛2639个，有居民海岛239个。海岛多分布于近岸浅海区，具有海陆之间过渡性，和大陆之间具有一定的相似性或连贯性，海岛地质构造与浙东沿海地区基本一致，海岛土壤和植被类型比较简单，动物群落结构除了一些较大岛屿外，一般较为简单，生态环境总体良好，初级生产力较高，但该环境也面临恶化趋势，而且大部分海岛淡水奇缺、旱灾频繁。

第二节　近岸海域环境质量监测

一、近岸海域环境监测能力与体系建设

1981—1983 年，浙江沿海地区开展海岸带资源综合调查，大部分沿海地区环境保护监测部门参加了其中的海域环境调查，自此逐渐形成监测能力，并开始对各自的行政管辖海域进行环境监测。

1. 浙江舟山海洋生态环境监测站建站并开展浙江暨舟山渔场近岸海域生态环境质量监测

1987 年，原国家环保局和浙江省人民政府批准在原舟山市环境监测站的基础上建立浙江舟山海洋生态环境监测站（以下简称“舟山海洋生态站”）。该站是全国环保系统目前唯一的专业海洋生态环境监测一级站，是具有技术监督管理职能的社会公益性事业单位，行政上隶属浙江环境保护局和舟山市人民政府的领导，业务上受中国环境监测总站指导。1994 年国家环保局组建近岸海域环境监测网，舟山海洋生态站任组长单位。1997 年 6 月国家环保局在该站挂牌“国家环保局近岸海域环境监测网中心站”，2002 年 6 月调整为“中国环境监测总站近岸海域环境监测中心站”，是全国近岸海域环境监测网络的技术中心、信息中心和管理中心。

舟山海洋生态站 1992 年开始正式开展浙江暨舟山渔场近岸海域生态环境监测。1996 年该站通过国家级计量认证，并于 2001 年、2006 年通过计量认证复审，2005 年通过扩项监督评审，监测工作质量管理体系完善。目前的监测项目包括水（含大气降水）和废水，环境空气和废气，土壤、底质、固体废弃物，噪声，海洋水文，海水、海洋沉积物、海洋生物，生物体残毒和赤潮生物等多种环境要素的 202 项目 287 个参数。

2007 年根据《全国近岸海域环境监测网工作安排》和浙江省环境保护局下达的“近岸海域生态环境监测”任务要求，该站负责对 60 个国控生态环境质量监测站位共 58 943 平方千米近岸海域实施了三期海域水质与海洋生物监测一期海洋表层沉积物和海洋生物残毒监测，对舟山市潮间带进行了一期生物和沉积物。同时承担了浙江大部分近岸海域环境功能区水质监测。该站依据环保部《环境监测管理办法》及《环境质量报告书编制技术规定》等基本要求，在整理汇总全省近岸海域生态环境监测数据编写《浙江省暨舟山渔场近岸海域生态环境质量年度报告书》及各期期报。该站从事海洋环境监测工作二十年来，经历了由小到大、由弱到强的发展过程，海洋生态环境监测技术手段和技术力量逐步得到加强，具备全面开展海洋生态环境调查监测、进行海洋生态环境监测研究和参与国际合作项目的条件和能力，以适应和满足海洋环境管理工作的需要。

2. 组建“全国近岸海域环境监测网”和“东海近岸海域环境监测网”

基于近岸海域的特殊性和环境监测工作的重要性，1994 年，原国家环保局组建了全国近岸海域环境监测网（以下简称“近海网”），由中国环境监测总站和沿海地区环境监测部门组成，共有 65 个成员单位，舟山海洋生态站为网络中心站（1997 年挂牌“国家环境保护局近岸海域环境监测网中心站”）。2002 年 5 月，“国家环境保护局近岸海域环境监测网中心站”被国家环保总局调整为“中国环境监测总站近岸海域环境监测中心站”，同时设立了“中国环境监测总站渤海近岸海域环境监测西站、渤海近岸海域环境监测东站、黄海近岸海域环境监测分站、东海近岸海域环境监测分站、台湾海峡近岸海域环境监测分站、南海近岸海域环境监测东站、南海近岸海域环境监测西站”七个分站，对全国的近岸海域环境监测工作实行分片管理，浙江海洋生态站为东海近岸海域环境监测分站的依托单位。

目前近海网设有领导小组和技术执行组，共有成员单位 74 个。领导小组由中国环境监测总站、中国环境监测总站近岸海域环境监测中心站（以下简称“中心站”）和沿海 11 个省（自治区、直辖市）环境监测中心（站）组成，中国环境监测总站为领导小组组长单位，中心站为副组长单位；领导小组下设办公室，作为具体办事机构，负责近海网的日常管理工作，领导小组办公室设在中心站。技术执行组由中心站和近岸海域环境监测分站组成，中心站任组长单位，受领导小组领导。东海近岸海域环境监测网为近海网分网之一，目前共有上海市环境监测中心、金山县环境监测站、浦东新区环保监测站、浙江省环境监测中心、舟山海洋生态站、杭州市环境监测中心站、宁波市环保监测中心站、温州市环境监测站、台州市环境保护监测站 9 家成员单位，舟山海洋生态站为分网组长单位。

按照近海网章程（2004 年 4 月 7 日修改通过）规定，近海网和各分网主要工作任务为：①组织开展近岸海域环境质量监测和入海污染源调查监测，全面准确地掌握近岸海域环境质量状况，客观地分析环境质量变化规律和趋势，及时编报近岸海域环境质量和入海污染源状况；②组织开展入海污染源和海岸工程项目对海洋生态环境的影响监测、海滨浴场监测、赤潮监测等专项监测，为沿海地区环境管理和经济建设提供服务；③组织开展近岸海域环境监测的质量管理和业务交流培训，开展监测技术方法的科学研究，逐步提高近岸海域环境监测水平；④组织开展近岸海域环境监测方面的国际学术交流和技术协作工作。近几年来由于环境保护工作力度加大，海洋环境监测的内容和监测范围也有所拓展，特别是直排入海污染源监督监测、入海河流污染物通量监测等已列入近海网例行工作内容。十多年来，近海网相继制订了《数据信息传输规定》、《沿海城市海水浴场水质监测方案》、《近岸海域环境质量监测实施方案》、《沿海地区直排入海污染源调查实施方案》等规定和技术文件，逐步加强了对全国近岸海域环境监测工作的管理。同时，还组织举办了“赤潮监测技术培训”、“海洋生物监测技术培训”和“实验室互校”等监测技术培训和交流活动，较好地提高了整体监测水平。

3. 编写《近岸海域环境监测技术规范》

由于近岸海域环境监测的特殊性、海洋环境监测技术的发展以及公众对环境问题关注程度的提高，现有的《海洋监测规范》和《海洋调查规范》不能完全适应环保主管部门实行入海污染物总量控制、近岸海域功能区管理、近岸海域生态环境质量例行监测和各项专题监测等对监测的要求。2003 年、2004 年，浙江先后制定下发了《浙江省近岸海域环境质量监测工作方案》、《浙江省海域环境功能区监测管理办法》，在这方面进行了一些探索。同时为统一全国环境监测系统近岸海域环境监测技术，保证近岸海域环境监测成果具有科学性、系统性、可靠性、代表性和可比性，及时、准确、可靠、全面地反映近岸海域环境质量、污染状况及其发展变化趋势，反馈入海污染治理效果等管理信息，为环保管理部门进行海洋环境管理、规划和近岸海域资源的可持续开发利用提供科学依据，舟山海洋生态站和中国环境监测总站根据原国家环保总局等相关要求，组织开展了《近岸海域环境监测技术规范》的编写，历时三年于 2006 年 1 月完成，弥补了全国近岸海域环境监测技术统一规范的空白。

该规范将适用于全国近岸海域的海洋水质监测、海洋沉积物质量监测、海洋生物监测、潮间带生态环境监测、海洋生物体污染物残留量监测等例行监测以及近岸海域环境功能区环境质量监测、海滨浴场水质监测、入海污染源环境影响监测、大型海岸工程环境影响监测和赤潮监测等专题监测，对于其他如近岸海域环境应急监测和科研监测等可参照执行。目前该规范已于 2008 年 5 月通过了环保部组织的评审，并作为行业标准 HJ 442—2008 发布（2009 年 1 月 1 日起实施），成为全国近岸海域环境监测的规范性文件。

4．海洋环境监测和预报体系建设

浙江海洋环境监测和预报体系建设起步较晚。2001 年，为满足全省海洋环境监测的需要，组织实施了《浙江省海洋环境监测和预报系统建设方案》，并于当年年底挂牌成立浙江海洋监测预报中心以及宁波市海洋环境监测站及岱山等市县级海洋与渔业环境监测站，同时逐步开展部分业务工作。在随后的几年里，全省各级海洋行政主管部门加强了海洋环境监测预报能力和队伍建设。2002 年，省海洋监测预报中心基本完成海洋环境监测能力建设；2003 年，宁波、舟山、台州和温州 4 个沿海市按照全省海洋监测预报体系建设总体框架和规划，结合本地实际，先后挂牌成立了海洋监测预报机构；2004 年，省海洋监测预报中心通过了首次国家海洋计量认证，宁波市、舟山市和温州市海洋环境监测机构通过了国家海洋计量认证中期审查，台州市海洋环境监测预报中心已基本完成海洋环境监测能力建设，全省已有 11 家县级海洋环境监测机构挂牌并逐步开展海洋环境监测工作，全省海洋环境监测技术人员全部持证上岗；2005 年，实施了省、市联动的“422”海洋环境监测计划，积极开展全省近岸海域海水、生物、沉积物、重点海域功能区、重大涉海工程监测与评价和重大海洋污染事件应急监测，重点突出对海洋功能区环境的监测，并率先在全国范围内开展了《海洋功能区环境质量评价体系建设》研究课题；2006 年，全省监测预报机构已达 20 个，其中省级 1 个、市（区域）级 5 个、县级 14 个，从事海洋环境监测预报工作的人员 240 多人，基本具备实施全省海洋环境监测和海洋灾害预警的能力；2007 年，浙江海洋环境监测网（简称“浙江省海网”）正式成立，全省共有 24 家海洋环境监测机构参加；到 2008 年底，全省已有海洋环境监测机构 25 家，省市县三级海洋环境监测预报体系框架基本构成，并逐步发挥其效能；2009 年，省、市

（区域）、县三级海洋环境监测体系共有10家监测机构承担了全省海洋环境监测任务，全省近岸海域共设立各类监测站位790个，监测项目覆盖水文、气象、化学、微生物、生物、生态和地质等七大领域共101项，累计实施了307个航（频）次的监测，获得各类监测数据共11万余个。

2008年，浙江还编制出台了《2008—2015年浙江省海洋生态环境监测与灾害预警能力建设规划》，确定了全省海洋监测预报体系建设的总体目标是：到2015年，基本建成以省级机构为龙头、市级机构为骨干、县级机构为基础的省市县三级海洋生态环境监测和灾害预警体系。全省海洋生态环境监测和灾害预警体系的装备水平、技术能力和队伍素质达到国内先进水平。

5. 组建浙江涉海环境监测观测网

2009年，浙江省人民政府办公厅印发了《关于加强涉海环境保护协同监管工作的通知》（浙政办函[2009]27号文），浙江海洋与渔业局按照文件有关精神，联合环保、水利、海事、气象等省级部门成立了“浙江省涉海环境监测观测网络协调委员会”，召开了涉海环境监测观测网络协调委员会成员会议，出台了《浙江省涉海环境监测观测网络运行管理办法》，积极推进涉海环保协同监管相关工作，构建涉海环保合作平台。

二、近岸海域环境监测开展情况

1. 海洋环境趋势性监测

浙江暨舟山渔场生态环境质量趋势性监测是浙江舟山海洋生态环境监测站的日常业务工作。该站于1991年10月经国家和省有关部门验收正式投入工作，1992年起实施浙江暨舟山渔场近岸海域生态环境监测任务，1992—1995 年，监测范围为舟山渔场近岸海域，包括长江至象山港海域；1996 年起拓展至全省近岸海域。重点开展杭州湾、象山港、三门湾、乐清湾等重要海湾的生态环境监测。通过进行海洋水质、沉积物和海洋生物三个方面的常规监测，系统地掌握其环境质量状况和生态变化规律，为海洋环境管理和沿海地区的经济发展提供了科学翔实的技术依据。

监测站位设置：在浙江近岸海域暨舟山渔场范围内共设生态环境质量监测站位 60 个。监测频率和时间：每年监测三期，海上作业时间分别为 4—5 月、7—8 月和 10—11 月。监测内容与项目：监测内容为海水水质、海洋沉积物和海洋生物，其中水质监测项目为透明度、水温、盐度、悬浮物、叶绿素 a、溶解氧、化学需氧量、生化需氧量、pH、亚硝酸盐氮、硝酸盐氮、氨氮、活性磷酸盐、硅酸盐、总氮、总磷、阴离子表面活性剂、石油类、有机碳、汞、砷、铜、镉、铅、锌、硒、镍、总铬、细菌总数、粪大肠菌群、有机磷农药（甲基对硫磷、马拉硫磷）、有机氯农药（六六六、DDT）；沉积物监测项目为粒度、石油类、汞、砷、铜、镉、铅、锌、铬、有机碳、总氮、总磷、硫化物、六六六、DDT、PAHs、PCBs；海洋生物监测项目为浮游植物（种类和生物量）、浮游动物（种类和生物量）、底栖生物（种类和生物量）、赤潮生物（种类和数量）。

2. 近岸海域环境功能区水质监测

为科学地评价近岸海域环境功能区的水质情况，2001 年开始对近岸海域环境功能区水质进行监测。基本上每个功能区均设有监测站位。据 2009 年汇总，全省近岸海域环境功能区共划定 87 个环境功能区，合计面积 44911.62 平方千米，其中实施水质监测的功能区有 61 个，涉及面积 44700.4 平方千米，占功能区总面积的 99.5%，基本覆盖了整个浙江沿海海域。水质监测项目包括 pH、盐度、化学需氧量、亚硝酸盐氮、

硝酸盐氮、氨氮、活性磷酸盐、石油类。监测频率和时间：每年进行三期，时间大致为 4—5 月、7—8 月、10—11 月，与浙江近岸海域生态环境质量监测同步进行。

3. 浙江近岸海域赤潮专题监测

浙江是一个海洋渔业大省，每年的海洋渔业捕捞产量及养殖业产量在全国都占有很大的份额，尤其是这几年迅速发展的浅海网箱养殖业是好多地方的经济支柱产业。但是由于赤潮的频发，给这些产业带来了巨大的损失和沉重的压力，给当地海洋经济的发展蒙上了一层阴影。赤潮的监测和研究，可为各级政府部门及时掌握灾情、组织防灾减灾提供技术依据，对浙江沿海居民的生命安全和沿海经济的发展都有极其重大的意义。舟山海洋生态站根据赤潮发生的实际情况，对赤潮发生海区的生态环境和赤潮生物进行跟踪监测。

监测站位布设：在浙江近岸海域生态环境质量监测站位设置的基础上，在嵊泗—朱家尖以东、渔山列岛、南麂列岛等赤潮多发区附近海域相应增设监测站位。监测区域、内容：监测区域一般为赤潮多发区、重要海产增养殖区，可能发生赤潮的重要河口、港湾。监测内容包括水文气象、水质及海洋生物。监测项目包括：①必测项目：浮游植物种类和数量、叶绿素 a、气温、水温、水色、透明度、风速、风向、盐度、溶解氧、pH、硝酸盐氮、亚硝酸盐氮、氨氮、活性磷酸盐、活性硅酸盐。②选测项目：流速、流向，铁、锰、总有机碳、浮游动物、赤潮贝毒素（麻痹性贝毒 PSP 及腹泻性贝毒 DSP）。监测方式　①应急监测：对已确认赤潮发生的区域进行跟踪监测，掌握赤潮发生的动态及变化趋势，并对赤潮带来的损失及危害进行调查评估。②巡视性监测：在赤潮多发期对赤潮多发区和重点养殖区进行定期监测。监测时间与频率：监测在每年赤潮多发期 4—9 月进行，巡视性监测原则上每半月进行一次。在赤潮发生的高危期，每 3～5 天进行一次；在养殖区域的赤潮高危期应每天进行一次监测。应急监测视具体情况而定。原则上应进行连续跟踪监测，每隔 2～4 小时采样一次，直至赤潮消亡，但不得少于两天一次。

4. “大型海岸工程对海洋生态环境影响”等专项监测

2003 年至今，舟山海洋生态站结合环境管理和地方经济建设的需要，开展了上海国际航运中心洋山深水港工程等“大型海岸工程对海洋生态环境影响监测”、椒江化工园区等“重点入海污染源对海域生态环境影响监测”、朱家尖海滨浴场监测、潮间带湿地生态环境监测、生物体内有害物质残留量监测、持久性有机污染物监测、海上污染事故监测等专项监测工作。此外，近年来海洋环境监测机构也对全省近岸海域沉积物质量、海洋贝类生物体内污染物残留状况、海洋功能区环境状况、滨海风景名胜区及旅游度假区环境状况、海洋环境保护区环境状况、海水综合利用区环境状况、海洋倾倒区环境状况、近岸海域典型海洋生态系统环境状况、陆源污染及入海排污口邻近海域环境状况、滨海垃圾分布状况等进行了监测。

第三节　近岸海域环境基础研究

一、海洋生态环境保护规划

1. 浙江近岸海域环境功能区划

近岸海域环境功能区，是指为适应近岸海域环境保护工作的需要，依据近岸海域的自然属性和社会属性以及海洋自然资源开发利用现状，结合本行政区国民经济、社会发展计划与规划，按照《近岸海域环境功能区管理办法》规定的程序，对近岸海域按照不同的使用功能和保护目标而划定的海洋区域。近岸海域环境功能区划是制定海洋环境保护法规，推进各项环境管理制度强化海洋环境保护监督管理，实行入海污染源总量控制，实施海洋环境目标管理的基础性工作，为环境管理部门作为海洋环境管理的科学依据。

根据1990年原国家环境保护局（90）环管字第044号文《关于开展全国近岸海域环境功能区划工作的通知》要求，浙江省环境保护局于1991年决定开展了近岸海域环境功能区划工作，并将《浙江省近岸海域环境功能区划实施纲要》、《浙江省近岸海域环境功能区划进度安排和技术细则》下发给各沿海市（地）。1993年，宁波、舟山、台州和温州等沿海市地给民政府分别批复《近岸海域海洋环境功能区划分方案》。1994年，由舟山海洋生态站负责综合各市地工作成果加以完善。1995年4月13日浙江省环保局主持对《浙江省近岸海域环境功能区划》进行评审及成果鉴定。本次浙江近岸海域环境功能区划分为五类44个功能区，其中一类环境功能区1个，二类环境功能区21个，三类环境功能区1个，五类环境功能区21个，并分别提出相应的水质目标。1996年8月浙江省人民政府对全省近岸海域环境功能区划方案予以确认，从而正式开始全面实施。区划方案的实施为沿海地区的环境保护工作提供了依据。

由于新的《海水水质标准》（GB 3097—1997）于1998年7月1日起开始实施，环境功能区分类方法与原区划时有较大差异，同时鉴于近十年来沿海地区社会经济的迅猛发展，原区划方案已不太适应，为此，浙江省环境保护局根据原国家环保总局环发[1998]316号文件精神，于1998年10月对原区划方案进行了技术性调整，1999年8月省环保局根据省人民政府的要求，下达了浙环自[1999]268号文《关于近岸海域环境功能区调整工作的通知》要求全省沿海各地对近岸海域环境功能区进行调整。至2000年4月嘉兴、绍兴、宁波、舟山、台州和温州等各沿海城市完成调整工作并取得当地政府的认可。至此全省45 140平方千米的近岸海域共划分为60个环境功能区，其中一类功能区6个，二类功能区17个，三类功能区6个，四类功能区31个，调整后的浙江省近岸海域环境功能区划方案由浙江发展计划委员会和浙江省环境保护局于2001年10月10日印发并实施。

其后十余年时间，由于浙江社会经济的快速发展，海岸与海域开发利用强度加大，涉及的近岸海域功能区划调整也随之增加。至2009年年底，全省共有近岸海域环境功能区87个，其中一类区6个面积35728.63平方千米、二类区16个面积5260.78平方千米、三类区19个面积1202.43平方千米、四类区46个面积2719.78平方千米，合计面积44911.62平方千米。

2．浙江海洋功能区划

海洋功能区划是中国海洋环境管理的一项基本法律制度，为保护海洋环境、维持海洋生态系统良性循环提供依据和指导。

为合理开发利用和保护海洋资源环境，充分发挥区位优势，按照国家海洋局要求，2001年浙江编制完成了《浙江省海洋功能区划》并于当年年底经浙江省政府批准实施；2005年为适应全省经济社会发展的需要，协调和规范各种涉海活动，加强对海洋资源和生态环境的保护，促进全省海洋经济持续稳定健康发展，加快浙江海洋经济强省战略的实施，在2001年编制的《浙江省海洋功能区划》基础上，依据国家有关法律、法规和近岸海域区位条件、环境与资源状况等自然属性，结合全省经济社会发展需要，按照国家对省级海洋功能区划的成果要求，浙江省修编完成了《浙江省海洋功能区划》，并于2006年10月经国务院以国函[2006]115号批复。

《浙江省海洋功能区划（修编）》按照《全国海洋功能区划》的总体要求、海洋功能区划分类体系和类型划分标准，依据全省沿岸海域自然环境特点、自然资源优势和社会经济发展实际，将全省沿岸海域划分为港口航运区、渔业资源利用和养护区、矿产资源利用区、旅游区、海水利用区、海洋能利用区、工程用海区、海洋保护区、特殊利用区和保留区等 10 个一级类，并进一步细分为 31 个二级类。根据浙江海洋功能分类体系和类型划分标准，本次修编共划出 270 个功能区（详见表 6-2）。该区划同时明确了杭州湾海域、宁波—舟山近岸海域、岱山—嵊泗海域、象山港海域、三门湾海域、台州湾海域、乐清湾海域、瓯江口及洞头列岛海域、南北麂列岛海域九个全省重点海域的主要功能，以及区划的具体实施措施，为浙江海域使用管理和海洋生态环境保护提供了依据。

新修编的《浙江省海洋功能区划》批复后，浙江省政府根据有关要求，向沿海市、县（市、区）人民政府及省政府直属单位下发了《关于认真实施浙江省海洋功能区划的通知》，要求各级政府及各级海洋行政主管部门要依据《浙江省海洋功能区划》，切实加强对海域使用的监督管理和执法检查，防止对海域、海岛和海岸的破坏利用；要不断提高海洋功能区划管理工作的能力和水平，采取严格的生态保护措施，切实加强对海洋环境保护工作。

3. 浙江海洋生态环境保护与建设规划

2001 年，为全面贯彻落实《浙江省生态环境建设规划》精神，加强海洋生态环境保护与建设工作，2001 年相继开展了《浙江省海洋生态环境保护与建设规划》的编制和《浙江省海洋生态环境保护管理办法》的起草工作。2002 年 8 月，浙江计划发展委员会和浙江海洋与渔业局联合制定印发了《浙江省海洋生态环境保护与建设规划》。

表 6-2　浙江海洋功能区划分类体系表

一级类		二级类		功能区	
代码	名称	代码	名称	个数	名　称
1	港口航运区	1.1	港口区	4	嘉兴港口区、宁波—舟山港口区、台州港口区和温州港口区
		1.2	航道区	8	嘉兴港航道区、宁波—舟山近岸海域航道区、象山港海域航道区、岱山海域航道区、嵊泗海域航道区、台州港航道区、温州港航道区、洞头列岛航道区
		1.3	锚地区	4	嘉兴港锚地区、宁波—舟山港锚地区、台州港锚地区和温州港锚地区
2	渔业资源利用和养护区	2.1	渔港和渔业设施基地建设区	22	石浦渔港区、北仑穿山渔港区、奉化桐照渔港区、舟山中心渔港区、定海西码头渔港区、沈家门渔港区、普陀台门渔港区、普陀虾峙渔港区、普陀桃花渔港区、岱山中心渔港区、大衢渔港区、嵊泗中心渔港区、嵊山渔港区、椒江中心渔港区、大陈渔港区、健跳渔港区、温岭中心渔港区、坎门中心渔港区、东山埠渔港区、舥艚渔港区、霞关渔港区、洞头中心渔港区
		2.2	养殖区	19	海盐鸽山养殖区、慈溪养殖区、象山港养殖区、大目洋养殖区、定海养殖区、普陀养殖区、岱山养殖区、嵊泗养殖区、三门湾养殖区、北洋涂养殖区、东矶列岛养殖区、大陈岛养殖区、温岭玉环东部养殖区、乐清湾养殖区、中鹿岛养殖区、温州东部沿海养殖区、北麂北龙养殖区、南麂列岛养殖区、洞头养殖区
		2.3	增殖区	9	象山港增殖区、渔山列岛增殖区、舟山海域增殖区、东矶列岛增殖区、大陈列岛增殖区、披山洋增殖区、南麂列岛增殖区、霞关湾增殖区、洞头东部海域增殖区

一级类		二级类		功能区	
代码	名称	代码	名称	个数	名　称
2	渔业资源利用和养护区	2.4	捕捞区	8	嵊山渔场捕捞区、中街山渔场捕捞区、岱衢渔场捕捞区、大目渔场捕捞区、猫头渔场捕捞区、大陈渔场捕捞区、洞头渔场捕捞区、南北麂渔场捕捞区
		2.5	重要渔业品种保护区	5	杭州湾重要渔业品种保护区、韭山列岛重要渔业品种保护区、三门湾重要渔业品种保护区、乐清湾重要渔业品种保护区和温州东部沿海重要渔业品种保护区
3	矿产资源利用区	3.1	油气区	5	春晓、平湖、断桥、残雪、天外天
		3.2	固体矿产区	6	北仑固体矿产区、定海固体矿产区、普陀固体矿产区、岱山固体矿产区、嵊泗固体矿产区和洞头固体矿产区
4	旅游区	4.1	风景旅游区	20	杭州湾风景旅游区、招宝山风景旅游区、象山港港湾风景旅游区、石浦渔港风景旅游区、普陀山风景旅游区、普陀东极岛风景旅游区、普陀南部群岛风景旅游区、岱山风景旅游区、嵊泗列岛风景旅游区、大陈岛森林公园风景旅游区、三门湾风景旅游区、桃渚风景旅游区、黄琅滨海风景旅游区、温岭东南滨海风景旅游区、大鹿岛风景旅游区、坎门渔港风景旅游区、乐清湾海洋风景旅游区、南北麂岛风景旅游区、滨海—玉苍山风景旅游区、洞头列岛风景旅游区
		4.2	度假旅游区	9	九龙山滨海度假旅游区、松兰山度假旅游区、普陀水上运动度假旅游区、岱山水上运动度假旅游区、嵊泗水上运动度假旅游区、玉环水上运动度假旅游区、瓯江度假旅游区、平阳西湾度假旅游区、苍南霞关度假旅游区
5	海水利用区	5.1	盐田区	4	象山港北部盐田区、舟山中南部岛屿盐田区、舟山中西部岛屿盐田区、台州南部盐田区
		5.2	海水综合利用区	4	舟山海水综合利用区、象山港海水综合利用区、台州海水综合利用区和温州海水综合利用区

一级类		二级类		功能区	
代码	名称	代码	名称	个数	名　称
6	海洋能利用区	6.1	潮汐能区	4	南田岛湾潮汐能区、三门湾潮汐能区、江厦潮汐能区、海山潮汐能区
		6.2	潮流能区	1	龟山水道潮流能区
		6.3	波浪能区	—	—
		6.4	温差能区	—	—
		6.5	风能区	4	宁波沿海及海岛风能区、舟山海上及海岛风能区、台州海岛风能区和温州海岛风能区
7	工程用海区	7.1	海底管线区	14	东海油气田海底管线区、宁波至嘉兴海底管线区、宁波海域海底管线区、宁波至舟山海底管道区、国际通信光缆海底管线区、上海至舟山海底管线区、定海至岱山海底管线区、岱山至嵊泗海底管线区、定海海域海底管线区、普陀海域海底管线区、岱山海域海底管线区、嵊泗海域海底管线区、台州海域海底管线区、温州海域海底管线区
		7.2	石油平台区	5	春晓油气田石油平台区、平湖油气田石油平台区、断桥油气田石油平台区、残雪油气田石油平台区和天外天油气田石油平台区
		7.3	围海造地区	13	杭州湾北岸围海造地区、慈溪—镇海围海造地区、北仑围海造地区、象山东部围海造地区、下洋涂（三山、双盘）围海造地区、定海围海造地区、普陀围海造地区、岱山围海造地区、嵊泗围海造地区、台州北围海造地区、台州南围海造地区、温州沿海围海造地区、洞头围海造地区
		7.4	海岸防护工程区	5	杭州湾北岸海岸防护工程区、舟山海岛海岸防护工程区、宁波沿海海岸防护工程区、台州沿海海岸防护工程区和温州沿海海岸防护工程区

一级类		二级类		功能区	
代码	名称	代码	名称	个数	名　称
7	工程用海区	7.5	跨海桥梁区	16	杭州湾跨海大桥跨海桥梁区、大榭岛跨海大桥跨海桥梁区、甬台温高速公路复线象山港大桥跨海桥梁区、石浦港跨海桥梁区、舟山大陆连岛工程跨海桥梁区、东海大桥跨海桥梁区、六横—梅山半岛工程跨海桥梁区、舟山新城大桥跨海桥梁区、朱家尖海峡大桥跨海桥梁区、鲁家峙大桥跨海桥梁区、三门湾跨海桥梁区、椒江跨海大桥跨海桥梁区，甬台温高速公路复线乐清湾、瓯江、飞云江、鳌江等大桥跨海桥梁区，鳌江跨海桥梁区、清江跨海桥梁区、洞头半岛工程跨海桥梁区
		7.6	其他工程用海区	5	杭州湾北岸临港产业区、北仑—镇海—慈溪东部临港产业区、舟山临港产业区、台州临港产业区、温州临港产业区
8	海洋保护区	8.1	海洋和海岸自然生态保护区	4	庵东湿地生态保护区、瓯江口汇聚流生态保护区、飞云江河口外汇聚流生态保护区和南麂列岛海域汇聚流生态保护区
		8.2	生物物种自然保护区	7	舟山群岛珍稀与濒危动植物自然保护区、五峙山鸟类栖息与繁殖生态保护区、瑞安海岛珍稀与濒危植物自然保护区、南麂列岛国家级海洋自然保护区、七星列岛海洋珍稀生物资源保护区、苍南海岛珍稀与濒危植物自然保护区、洞头海岛珍稀与濒危植物自然保护区
		8.3	自然遗迹和非生物资源保护区	16	平湖乍浦炮台海防史迹保护区、澉浦古镇海防史迹保护区、象山大螺池沙堤型海滩岩自然保护区、宁波甬江口海防史迹保护区、镇海后海塘海塘工程史迹保护区、大长涂岛小沙河海滩型海滩岩自然保护区、健跳古城海防史迹保护区、临海上盘翼龙化石产地自然保护区、临海桃渚城抗倭遗址海防史迹保护区、金清海塘工程史迹保护区、玉环小额石峰山火山通道自然保护区、龙湾炮台海防史迹保护区、永昌堡海防史迹保护区、蒲岐寨城海防史迹保护区、蒲壮所城海防史迹保护区、洞头典型海蚀地貌保护区
		8.4	海洋特别保护区	4	象山港海洋特别保护区、嵊泗马鞍列岛海洋特别保护区、普陀中街山列岛海洋特别保护区和西门岛海洋特别保护区

一级类		二级类		功能区	
代码	名称	代码	名称	个数	名　　称
9	特殊利用区	9.1	科学研究试验区	6	核电厂及火电厂附近海域科学研究试验区、长江口—杭州湾海域科学研究试验区、宁波海域科学研究试验区、舟山群岛海域科学研究试验区、浙中南海域科学研究试验区、温州海域科学研究试验区
		9.2	军事区	—	—
		9.3	排污区	8	杭州湾北岸排污区、宁波北部排污区、象山东部排污区、舟山排污区、台州北沿海排污区、台州南沿海排污区、温州沿海排污区、洞头排污区
		9.4	倾倒区	10	甬江口七里屿倾倒区、甬江口七里屿与外游山连线倾倒区、双礁与黄牛礁连线以北倾倒区、虾峙门口外临时倾倒区、洋山临时倾倒区、定海东岠岛西临时倾倒区、定海西蟹峙南临时倾倒区、沈家门水老鼠礁南临时倾倒区、椒江口倾倒区和大门岛倾倒区
10	保留区	10.1	保留区	21	石浦港深水岸线资源保留区、梅山岛深水岸线资源保留区、象山港深水岸线资源保留区、长白岛深水岸线资源保留区、蚂蚁岛深水岸线资源保留区、元山岛深水岸线资源保留区、小衢山深水岸线资源保留区、健跳深水岸线资源保留区、大陈深水岸线资源保留区、临海头门岛及东矶岛深水岸线资源保留区、洞头大门岛黄大峡深水岸资源保留区、黄姑排涝闸出海口保留区、嵊泗北部海域海底管线保留区、嵊泗海域长江古河道地下水资源保留区、定海西堠门潮流能保留区、舟山海域跨海桥梁保留区、岱山岛至周边岛屿海底管道保留区、舟山海域海洋倾倒保留区、宁波海域海洋倾倒保留区、台州海域海洋倾倒保留区、温州海域海洋倾倒保留区

该规划到 2010 年的一期目标是：海洋生态环境恶化的趋势得到有效控制，使近岸海域水质基本稳定，主要河口、海湾和近海海域水质开始好转，海洋生态环境质量有所提高，海洋生物得到有效保护，海洋生物资源逐渐恢复，使海域生态环境质量与经济发展不协调的局面得到改善。这 8 年中，浙江海洋生态环境保护要全面纳入法制化轨道；海洋自然保护区建设实行规范化管理；建立海上溢油应急反应机制；建立海洋生态环境监测网、海洋生态环境信息管理系统和预警预报系统；建立三四个生态环境良好，能适应海洋经济可持续发展的海洋综合开发管理的“蓝色工程”示范区；新建 2 个海洋自然保护区与海洋特别保护区；重要海湾污染物容量实现总量控制。

4．海洋经济发展规划

为进一步发挥资源优势，拓展发展空间，加快全面建设小康社会，2003 年浙江提出了“建设海洋经济强省”的战略目标，并开始组织编制《浙江省海洋经济强省建设规划纲要》。2005 年，浙江政府颁布并组织实施《浙江海洋经济强省建设规划纲要》，确定浙江建设海洋经济强省的发展总体目标为：海洋经济在国民经济中所占比重进一步提高，海洋经济结构和产业结构得到优化，新兴产业快速发展，优势产业竞争力显著增强。海洋生态环境质量明显改善，走出一条海洋经济与陆域经济联动发展的新路子。到 2010 年，基本达到海洋经济强省建设目标。到 2020 年，争取全面建成海洋经济强省。

该规划纲要明确了海洋产业发展重点：按照走新型工业化道路的要求，调整海洋产业结构，优化布局，扩大规模，注重效益，提高科技含量，实现持续快速发展。在陆海经济联动发展中，加快形成港口海运业、临港工业、海洋渔业、滨海旅游业、海洋新兴产业等优势产业，带动其他海洋产业的发展。规划了全省海洋经济区域布局：根据浙江省海洋资源分布和沿海区域经济特点，将全省划为宁波舟山、温台沿海和杭州湾两岸三个海洋经济区域，逐步形成以宁波和舟山为主体、温台沿海和杭州湾为两翼，以港口城市和主要大岛为依托，以“三大对接工程”为纽带，海洋资源和区域优势紧密结合，海洋产业与陆域经济相互联动的布局体系；并提出了海洋资源与生态环境保护方面的要求。

该规划实施后，浙江有关领导在浙江省第十二次党代会、浙江海洋经济工作领导小组第三次全体会议上以及在舟山考察时，多次强调“必须把发展海洋经济放在更加突出的位置，要高起点推进海洋经济新发展，把发展海洋经济作为推动产业结构优化升级的战略任务”，并出台一系列政策措施。2010年，为把浙江沿海和海岛地区建成全国海洋开发和海洋经济发展的战略高地和先行先试地区，增强浙江服务长三角、长江流域和全国发展的能力，浙江又制定了《浙江海洋经济发展带规划》，提出经过十年左右时间的努力，建成中国重要的国际枢纽港、具有较强国际竞争力的新型临港产业基地、世界级城市群新型城市化先行区、海洋综合开发体制改革试验区和海洋生态文明建设示范区，实现海洋经济强省战略目标。

二、海洋生态环保基础研究

1．舟山渔场海域环境保护及生态研究成果综述

1988年，原国家环保局、农牧渔业部和浙江省环保局发起，由筹建中的浙江舟山海洋生态环境监测站牵头组织编写《舟山渔场海域环境保护及生态研究成果综述》。该书对1986年“全国海岸带调查”、1986年“2000年中国近海环境污染预测与对策研究”、1984年“全国沿海污染源调查”、1987年“全国工业污染源调查”、1987年“东海渔业调查及区划”等研究成果进行整理，比较全面地反映了当时的舟山渔场海域生态环境质量和海洋生物资源状况，并对舟山渔场海域环境保护和海洋生态研究工作提出规划，为后来的工作打下较好的基础。

2. 世界银行资助项目“杭州湾舟山渔场海域环境研究”

杭州湾舟山渔场海域环境研究项目是世界银行帮助中国政府为协调解决杭州湾地区城市排污与舟山渔场海域环境保护矛盾，促进该地区经济与环境保护持续稳定发展而设立的赠款项目。该项目国内负责部门是原国家环境保护局，浙江环境保护局和上海市环境保护局，项目技术总牵头由中标的国际咨询集团（IJV）负责，舟山海洋生态环境监测站“浙海环监号”专业调查船执行海上调查任务，舟山海洋生态环境监测站和省环境监测中心站的专业技术人员参与调查研究工作。该项目同时也列入浙江“八五”科技攻关计划。

该项目始于 1993 年 9 月，于 1995 年年底完成。项目分三个阶段进行：第一阶段为资料收集、诊断阶段，历时约 7 个月；第二阶段为调查、分析和模拟阶段，历时约 10 个月；战略、对策和规划形成阶段，历时约 9 个月。该项目对杭州湾和舟山渔场海域环境状况进行调查和评价，对长江、钱塘江、黄浦江、甬江等对杭州湾和舟山渔场海域环境的污染负荷进行调查和预测；提出了关于省级环保机构对于杭州湾和舟山渔场海域的管理框架，此框架有利于环保局、海洋局和水利局以及其他有关部门的相互合作，还考虑了省与省之间以及区级环保部门与环保机构的联系；同时还提出了包括改变管理和制度、强化实际行动以及建立激励机制在内的行动计划。

3.“渤黄海和东南海近岸海域环境综合调查”

为加强中国近岸海域的综合管理，控制污染的发展趋势，促进渤海、黄海、东海和南海地区的经济、社会与环境的同步发展与整体效益的提高，原国家环境保护局于 1997—1998 年，组织浙江舟山海洋生态环境监测站及“近海网”成员一起开展了大规模的准同步、多要素的近岸海域环境综合调查——“渤黄海和东南海近岸海域环境综合调查，首次为全面反映我国近岸海域环境质量状况提供了翔实、科学的基础资料。“浙海环监号”专业调查船执行海上调查任务。

该次调查由全国11个沿海省市自治区的44个地市56个“近海网”成员单位共同参与，得到了交通部、农业部、中国海洋石油总公司、中国海洋石油天然气总公司、解放军环办和国家海洋局等部门的支持。调查范围东海为北起长江口北岸、南至福建东山湾，即32°00′～23°40′N，东至30米等深线以西的近岸海域；南海为东起汕头南澳岛，西至广西北仓河，即117°00′～108°30′E，南至30米等深线以北近岸海域，共设置280个测站。调查内容涉及海洋化学、海洋生物、海洋水文、海洋地质等专业，还对入海河流水质、入海污染源进行了调查监测。通过这次大规模的调查行动，不仅获得了我国近岸海域环境质量方面较为全面、浩大的数据与科学资料，为评价分析与管理近岸海域环境质量和加强海域及沿岸环境污染综合防治与管理提供了基础资料。同时也在我国沿海域地区扩大了海洋环境保护宣传的影响力，提高了公众对海洋环保的关注，加强了沿海地区环保行政主管部门对海洋环保工作的统一监督管理能力，增强了“近海网”各成员单位的整体监测能力。

4．浙江入海污染物排放总量控制规划研究

1999年，浙江组织开展了“浙江省入海污染物排放总量控制规划研究”。该课题为浙江科技兴海计划重点项目，承担单位为浙江省舟山海洋生态环境监测站。

该课题旨在通过全面掌握宁波、舟山地区的入海污染源状况，对宁波—舟山海域生态环境质量状况进行调查和评价，建立主要污染物入海量和海域水质的输入响应数值模型，并在此基础上进行该海域主要污染物总量研究，制订宁波—舟山地区入海主要污染物排放总量控制方案，为全面开展浙江省入海污染物总量控制规划和实施碧海行动提供科学依据。

该课题是一项多学科、跨地区、跨部门，涉及社会经济和自然环境，最终成果为决策服务的综合性系统工程，研究过程采用系统工程的理论与方法和决策学的原理，以基础调查、专家知识系统、管理部门决策相结合，数值模型定量化技术、数学方法与计算机技术紧密配合的技术路线。

该课题设“环境质量现状综合调查与评价”、“入海污染源调查与评价”、“流域非点源污染物（氮、磷）排放及控制研究”、“入海污染物环境容量研究”和“入海污染物排放总量控制规划研究”五个分课题。编制完成上述 5 个分报告和“象山港入海污染物排放总量控制规划研究”专题报告，在分课题的成果基础上，于 2003 年 9 月编制完成《浙江省入海污染物排放总量控制规划研究》总报告。该课题于 2003 年 10 月完成专家评审和项目验收。

5．浙江海洋污染基线调查

1999 年，浙江组织了首次海洋污染基线调查，并在全国率先完成且通过评审验收。这次调查历时 2 年多，在全省 26 万平方千米的海域内，共布下了 172 个水质测站、84 个沉淀物测站。调查结果表明：由于受陆域排海为主要污染的影响，浙江省海域海水的无机氮、磷严重超标，水质高度富营养化。本次调查成果全面、准确地获得了全省海洋环境质量状况，基本摸清了 20 世纪末浙江海洋环境污染的“底数”，同时，也为 21 世纪提供了海洋环境“零点”资料，为浙江海洋环境保护规划、管理及海洋综合开发利用提供了科学依据，对 21 世纪的海洋环保工作具有重要的指导作用。

6．乐清湾、象山港等重点港湾海洋环境容量研究

2001 年，为积极探索污染物总量控制管理制度，在浙江重点港湾象山港开展了《象山港海洋环境容量及污染物排放总量控制》研究。该研

究项目历时 3 年，通过基础调查和资料分析，了解了该海域及周边地区社会经济、环境质量、污染源、环境净化能力和承载力等基本情况，评价了海域环境现状、存在风险及发展规划和功能区划的科学性和可行性，确立了海域功能目标、环境目标和规划目标，确定了海域污染物的排放总量、总量分配方案、分担率和削减率，提出了有效的控制方案和规划方案，达到了预期目的。2006 年，又开展了浙江海洋生态环保专项资金重大项目——乐清湾海洋环境容量及污染物排放总量控制研究。该项目由浙江大学联合国家海洋局东海海洋环境监测中心等3家单位历时3 年实施完成，2009 年 4 月通过专家评审。该项目根据乐清湾强潮港湾的动力特点，在建立乐清湾潮流和水质数值模型的基础上，进行了乐清湾水体交换和纳潮量的数值分析，以及入海污染物量和海湾水体中浓度的响应规律分析，并从动态变化的角度，提出了非均匀性环境容量计算控制目标和区域分担率的容量计算方法，在海洋环境容量计算中具有创新性；所提出的污染物排放总量控制管理方案及相关对策建议可供有关主管部门在管理工作中作重要参考。

7. 中国浙江保护海洋环境免受陆源污染工作报告

1995 年在美国华盛顿形成并获得通过的《保护海洋环境免受陆基活动影响全球行动计划》(简称 GPA)，是一项由多个涉海国家和地区签署的国际协定。该协定是全球唯一明确提出处理淡水、沿海及海洋水环境相互间问题的协定，旨在应对人类陆地活动所引起的对海洋及沿海环境的健康、繁殖及生物多样性的威胁。该协定是一项全球性行动纲领，由联合国环境规划署（UNEP）负责，号召区域海和各成员国分别制定相应的行动计划（简称 RPA 和 NPA），在由国家、区域到全球各级参与的基础上共同采取行动。中国是 108 个成员国之一，编制《中国保护海洋环境免受陆源污染国家行动计划》(中国 NPA)，既是中国最基本的履约行为，也是为制定区域海和全球行动计划作出应有的贡献。

2006 年 10 月，在中国北京市举办了 GPA 第二次政府间审查会议（GPA IGR2）。会议审查了 2002—2006 年 GPA 执行进展情况，提出了 2007—2011 年的工作指南，并就如何进一步推动《全球行动计划》在国家、区域和全球各层面的实施开展了广泛交流讨论，会议最终通过了《关于进一步推动执行保护海洋环境免受陆源污染全球行动计划的北京宣言》（简称《北京宣言》）。根据该会议议程要求，将对中国各省（市、区）保护海洋环境免受陆源污染工作报告进行审议。为此，按照国家有关要求，浙江环境监测中心会同浙江舟山海洋生态环境监测站共同编写了《中国浙江省保护海洋环境免受陆源污染工作报告》，于 2006 年 7 月完成提交国家环保总局。

该报告分析了浙江近岸海域生态环境质量状况及变化趋势、存在的主要环境问题、主要陆地活动及影响程度、已实施的计划及取得的成效，提出了具体的改进途径及措施；同时结合浙江环境保护部门、海洋与渔业部门未来总体规划的指导思想和目标指标，提出了海洋污染控制、环境管理、国际合作等方面的主要应对策略、设想与建议，并明确了重点工程方案，对浙江近岸海域环境保护工作有一定的指导意义。

8. 浙江海洋环境保护专项研究

为了及时了解和掌握浙江海域存在的主要问题及引起的原因，解决目前存在的海洋生态环境恶化问题，保护和恢复浙江的海洋生态环境功能，更好地开发和利用好海洋资源，使人与海洋和谐共处，2007 年 12 月，浙江省环境保护局组织浙江省舟山海洋生态环境监测站等单位专家和技术人员，根据《全国生态“十一五”规划》、《全国环境保护“十一五”规划》、《中国保护海洋环境免受陆源污染行动计划》、《浙江省环境保护“十一五”规划》及《浙江省海洋经济发展纲要》等要求，编写完成《浙江省海洋环境保护专项研究》。该专项研究主要对浙江海域基本情况、近岸海域环境状况及发展变化、近海海域环境污染的危害、污染来源、存在问题及浙江省海洋环保工作思路进行分析讨论，并提出了加强海洋环境保护工作的对策措施与保障机制。通过该研究，有力地推动浙江省海洋环保的发展。

第四节　近岸海域环境污染防治

一、陆域污染源控制

1. 陆源污染物排放情况

调查研究表明，浙江近岸海域污染物中 85%以上来自陆源排污，这些污染物主要通过以下两种方式进入海洋：通过沿海工业企业、污水处理厂直排入海洋（主要为钱塘江、甬江、飞云江等七大水系），其中通过地表径流入海的超过 80%。根据 2009 年统计的资料，入海河流和直排口进入海洋的各类污染物入海量大约为化学需氧量 44.93 万吨、总氮 23.09 万吨、总磷 0.75 万吨、石油类 0.58 万吨。入海河流携带入海的污染物占总入海通量的绝大部分，其中化学需氧量、总氮分别为总入海通量的 65%、75%左右。总磷则为入海河流和海域污染源共同贡献，达到 90%以上；石油类 50%以上来自船舶排污。同时浙江的上游又面临着长江径流携带的大量陆源污染物输入，由于长江的污染物注入量巨大，长江流域对浙江沿海尤其是中北部海域的贡献率为 82%～90%。可见，浙江近岸海域环境压力的直接和最主要原因来自长江等、钱塘江入海径流输入的陆源污染物影响，陆源污染压力依然较重。因此，严格控制陆源污染物排放入海，已成为浙江近岸海域污染防治的重点工作之一。

2. 陆源污染控制措施

近年来浙江围绕陆源污染控制开展了大量工作如下。

（1）狠抓重点企业、重点行业、重点区域和重点流域环境污染整治

早在20世纪70—80年代，浙江就开始对重点污染企业逐个进行排污治理；90年代开始，随着全省各类经济开发区和工业小区的相继建成，集中处理污染物条件逐渐成熟，浙江加强了对污染较严重的行业和企业的整治和限期治理，并于1994—2000年相继推出“六个一工程”、“治理太湖流域”（浙江部分）、关停“十五小”、“蓝天—碧水—绿地”和“一控双达标”等重大举措，关、停、并、迁、转了一批重点污染企业，显著地减少了工业企业三废排放；21世纪以来，在全面巩固“一控双达标”取得阶段性成果的基础上，又先后启动实施了太湖流域（杭嘉湖地区）水污染防治计划、生态省建设、“811”环境污染整治行动、“811”环境保护新三年行动、资源节约与环境保护行动计划等重大举措，深入推进和引导重点行业、重点企业的产业升级和污染治理，同时以八大水系和环境保护重点监管区为重点，以控制污染物排放总量和加强治污能力建设为着力点，狠抓了重点区域、重点流域的环境污染整治，切实解决突出环境问题，改善环境质量。通过全省上下共同努力，全省“十一五”污染减排目标有望实现，2010年全省主要污染物化学需氧量和二氧化硫的排放总量将比2005年年末分别减少15.1%和15%以上。

（2）稳步推进城市污水处理厂等城乡环境基础设施建设

浙江城市污水处理设施建设开始于20世纪50年代，80年代开始建设城市污水处理厂，随着经济的高速发展、城市化进程的不断加快，城市污水处理设施建设进展迅速，至2000年年底，全省已有近60座城市污水处理设施在建或建成。进入21世纪后，尤其是2004年实施“811”环境污染整治行动以来，全省以城市污水处理厂建设为重点，统筹城乡生活垃圾、工业危险废物、医疗废物，全面推进环保基础设施建设。同时通过“城考”（城市环境综合整治工作定量考核）、“创模”（创建环境保护模范城市）等手段，加快提升城市污染防治和环境管理水平，改善城市环境面貌。至2009年年底，全省已建成污水处理设施199座（其

中县以上城市污水处理厂 93 座、镇级污水处理厂 106 座），污水管网总长 16718 千米，污水处理总能力达到 781 万米^3/日（22.22 亿吨/年）；县以上城市生活垃圾无害化处理能力达 4 万吨/日，生活垃圾无害化处理率达 95.4%；已建成较为规范的焚烧发电、脱水干化、建材利用等污泥处理处置设施 11 座，日处置能力达到 2960 吨；已建成医疗废物处置设施 11 座，年处置能力达 3.9 万吨；工业危险废物处置设施 12 座，年处理能力达 13 万吨；有 15 个城市被评为国家园林城市，5 个县城被评为国家园林县城，1 个镇被评为国家园林城镇。

（3）全面推进农村环境保护和农业面源污染治理

研究表明，浙江陆域入海污染物中，地表径流入海污染物量最多。这部分来源比较复杂，农村居民生活污染物排放、农业种植和畜禽养殖污染物排放就是其中很大的一部分。抓好全省尤其是沿海地区农业农村的面源污染整治，对近岸海域环境保护至关重要。浙江一直高度重视农村环境保护工作，特别是生态省建设和“811”环境污染整治行动实施以来，全省各地按照统筹城乡、协调发展的要求，全面推进农村环境保护和农业面源污染治理。2003 年开始，结合社会主义新农村建设，浙江部署实施了“千村示范万村整治”、“万里清水河道工程”和以畜禽养殖污染治理、生活污水处理、垃圾固废处理、化肥农药污染治理、河沟池塘污染治理和提高农村生态创建水平为主要内容的农村环境“五整治一提高”工程；2005 年，编制了《浙江省“十一五”农业面源污染治理和农村清洁能源开发利用规划》，组织召开全省农业农村面源污染防治现场会；2009 年，制定实施《关于进一步加强农村环境保护工作的意见》、《浙江省农村环境保护规划》。经过多年努力，部分地区突出的环境污染问题得到解决，农村环境保护工作取得了明显成效。至 2009 年年底，全省列入年度治理任务的 2753 家年存栏生猪 200 头、牛 20 头以上畜禽养殖场以及嘉兴市年存栏生猪 50 头以上的 1519 家规模养殖场，已全部完成基础治理设施建设；基本实现了农业县（市、区）测土配方施肥全覆盖，2009年全省推广测土配方施肥面积2850余万亩，减少不合理施肥量10万吨（折纯），农药减量控害增效工程实施面积638万亩，化学农药使用量减少20%。

此外，浙江还开展了浙江入海污染物排放总量控制规划、重点海域环境容量和海洋生态环境补偿（赔偿）机制等方面的研究，探索建立重点海域排污总量控制制度和海洋生态损害补偿制度；同时全面清理入海排污口，严格审批新建入海排污口，加强陆域污染源入海控制；加大陆源入海排污（河流入海污染物、入海排污口）的监测力度，严格执行持证排污制度，确保达标排放。

二、海洋污染综合防治

1．贯彻落实一系列法律法规，加强海洋环境执法监管

认真贯彻实施《中华人民共和国海洋环境保护法》（1983年首次公布、2000年修订）、《浙江省海洋环境保护条例》（2004年4月1日起施行）、《防治海洋工程建设项目污染损害海洋环境管理条例》（2006年11月1日起施行）、《防治船舶污染海洋环境管理条例》（2010年3月1日起施行）等一系列法律法规，举办了培训班和座谈会，广泛开展了各类宣传贯彻活动。重点做好陆源污染物控制和海岸工程建设项目的环保工作，对新建、扩建、改建的海岸工程项目、污水直接排海的工业项目和油库、港口、码头、围海造田等建设项目，严格执行环境影响评价和“三同时”制度，目前全省大中型涉海项目的两项制度执行率为100%。

从2001年开始，先后实施了代号为“碧海行动”、“蓝剑行动”、“蓝盾行动”、“2004碧海行动”、“2005碧海行动”、“2006碧海行动”、“海盾2007”、“碧海2007”、“海盾2008”、“碧海2008”、“碧海2009”的海陆空联合执法大检查以及“养殖用海”、“限制船舶污染物排放”等专项执法行动，重点监控海洋采砂、倾废、修造船、围填海和养殖用海等涉

海项目，依法严处破坏海洋资源、环境的各种违法行为。近 10 年来共查处各类违法案件近 300 起，有力遏制了破坏海洋环境和非法占用海域的行径，为海洋环境保护和海域使用管理工作起到了保驾护航的作用。

2. 开展区域海洋环境联合整治，强化部门、区域海洋环保合作

影响浙江海域环境质量的入海污染物不仅源于本省，还来自长江流域和上海市等周边省市，因此必须加强区域合作，建立切实有效地区域性共同防治污染的合作机制。2003 年 3 月，时任浙江省委书记的习近平同志在率浙江省党政代表团访问、考察上海、江苏两省市时，就提出了“联合实施长江三角洲近岸各省市积极开展污染控制与综合防治工作”、“加强固体废弃物末端处置设施建设，强化固体废弃物、污染物越界转移管理以及加强区域生态建设和环境保护合作”等具体的“长三角”近岸海洋生态环境保护的经济发展与技术合作内容。2004 年 11 月底，经上海、江苏、浙江两省一市共同商议，达成了沪苏浙推进“长三角”海洋生态环境保护与建设合作协议。协议就“开展海洋生态环境保护与建设区域合作的行动计划研究、推进赤潮等海洋灾害防治合作、加强信息共享和近岸污损应急机制及平台建设、促进陆海联动的入海污染物控制以及加快产业结构调整促进生态平衡”六个方面提出了两省一市的合作框架。在随后的几年里，浙沪苏三地围绕区域海洋环保合作开展了大量工作。2006 年，修改完善了《长三角近海海洋生态建设的行动计划》，落实“长三角”海洋环保协议内容；组织实施了宁波—舟山港口一体化海洋环保区域合作，下发了《乐清湾海洋环境保护区域合作实施方案》，积极推进区域海洋环保工作合作机制的建立；2007 年，建立了“长三角”海洋环保工作合作机制，三省市海洋行政主管部门确立了“长三角海洋生态建设联合行动计划”的联席会议制度，开展了海洋环境监测体系建设和信息互通合作，实现了监测数据共享；2008—2009 年，开展了“长三角”近海环境监测预报、赤潮应急监视监测和海洋倾废监视监督合作，

共同参与修订了国家《长江中下游流域水污染防治规划》海洋环境污染防治与生态建设规划内容和重大项目设置。在加强浙沪苏海洋环保合作的同时，强化省内部门、区域海洋环保合作。2008年建立了乐清湾区域海洋环保合作机制，实施环乐清湾海洋环境监测、评价和海洋工程建设项目环境监督和跟踪监测，通报乐清湾海洋生态环境状况；2009年浙江省人民政府办公厅印发了《关于涉海环境保护协同监管工作的通知》，省海洋、环保、水利、海事、气象5家部门联合成立了“浙江省涉海环境监测观测网络协调委员会”，共同构建涉海环保合作新平台，组织开展了乐清湾海底垃圾清理项目。

3. 加强涉海工程建设项目环境监督管理和海洋倾废管理

2000年新修订的《中华人民共和国海洋环境保护法》施行后，浙江重点抓了涉海工程建设项目环境监督管理和海洋倾废管理工作。2003年，健全完善了海洋（岸）工程环境影响评价程序，协调有关海岸工程建设项目环境评价管理部门，形成了一致的海岸工程环境影响评价形式和程序，海洋（岸）工程逐步纳入规范化、法制化轨道；2004年，制定实施了《浙江省涉海工程建设项目海洋环境影响评价管理规程》，组织编写了涉海工程建设项目海洋环境影响评价管理业务培训教材，开展了业务培训工作，建立了“浙江省海洋环境保护专家库”；2006年，制定下发了《浙江省海洋工程建设项目环境保护设施验收管理办法（试行）》，积极配合国家海洋局东海分局开展象山港5万吨级入航道临时倾废区、温州旧城改造渣土消纳临时倾废区、苍南电厂航道建设临时倾废区选划论证工作；2007年，制定下发了《海洋工程建设项目环境影响评价核准管理办法（试行）》，细化海洋工程建设项目的评价管理程序和管理内容；2008年，出台了《浙江省海洋工程建设项目环境影响报告书核准管理权限划分的通知》；2009年，大力实施围填海环境听证征询和重大工程环境跟踪监测制度，基本实现围填海环境听证征询和重大工程环境跟踪监测百分之百，同时协调开展涉海工程环评，实施过程监测监理与后评估，落实生态补偿资金，主动做好“两个服务”，组织开展全省海域海洋倾倒区布局规划和浙北舟山海域海洋倾倒区回顾性监测评价，协助启动宁波城建弃土专项倾倒区选划。据不完全统计，2002 年以来，共组织完成了 522 个省级涉海工程建设项目环境影响报告书的审核（核准），审批办理了《废弃物海洋倾倒许可证》369 份，批准倾倒疏浚物 1 379 万立方米。

4. 推进养殖海域污染综合防治

2002 年，制定并发布了《浙江省海洋与渔业水域环境污损应急工作管理办法》。2003 年，在象山港奉化网箱养殖区海域进行了“海水网箱养殖海域治理试验”工作，采取网箱迁移、鱼藻混养与底泥清淤、提倡使用软颗粒饵料等方法，减轻养殖自身污染，改善养殖环境质量；同时努力推进 HACCP 工作，强化生态养殖管理，全年举办了 5 期 HACCP 和无公害养殖培训班，组织认定了 115 个无公害养殖基地，建立了 33 个优质高效养殖示范园区，启动了 14 个生态养殖标准化示范点。2004 年，加大了水域滩涂养殖证制度实施工作的力度，编制养殖规划，确定养殖容量，核发养殖证，减少养殖生产对环境的压力，切实从源头上规范养殖行为，保障养民的合法权益；同时，强化水产养殖全过程管理，大力推行“无公害行动计划”，加强对水产养殖过程中药物、饲料等投入品和养殖尾水排放的监管，减小养殖行为对周边环境的不良影响；通过现场考察、抽样检测（水质、底质）、专家评审的程序，认定 3 800 公顷涉海养殖区（包括浅海、滩涂、围塘）为省级无公害水产品养殖产地。2005 年、2006 年先后出台了《浙江省渔业管理条例》、《关于加强海洋与渔业工作的若干意见》，提出要积极开展渔业资源增殖放流，积极发展近海生态型人工鱼礁，切实保护海洋与渔业生态环境，两年来全省各地共投入渔业资源增殖放流资金 4 500 多万元开展渔业资源增殖放流和水域生态环境修复工作。2005 年全省累计投放生态型人工鱼礁达 30 多万空方，投礁规模位居全国前列。2007—2009 年，浙江继续推进生态渔业建设，加大渔业资源增殖放流工作力度，制定《"310 海洋与渔业环境工程"行动方案》、印发了《关于大力推进我省生态渔业建设的若干工作意见》，开展了多品种大规模全方位的资源增殖活动、渔业资源增殖放流区和水产种质资源保护区建设。

5. 强化船舶污染控制

2002 年 9 月省人大发布《浙江省渔港渔业船舶管理条例》。2003 年宁波市海洋与渔业局针对帆张网渔船废旧电池入海污染海洋环境及海洋生物，损害人类健康的问题，下发了《关于实行帆张网渔船废旧电池回收处理防止污染海洋环境的通知》，并采取设点回收奖励等管理措施，在全市实行帆张网渔船废旧电池回收处理，取得良好效果；嵊泗县海洋与渔业局也针对"灯围"渔业作业大量使用干电池，废旧电池直接扔入大海造成海洋污染的问题，开展了"护海爱家"活动，在渔船集中的港口码头设置了废旧电池回收箱，全年共回收了 4000 多节废旧电池。2005 年又积极组织舟山、宁波等地的有关县（市）开展废旧电池回收示范工作，采取了一系列管理措施，极大地调动了渔民、群众、学生回收渔用废旧电池保护海洋环境的积极性，全年共计回收渔用废旧电池 6 万余节。2007—2009 年，浙江海事局开展了限制船舶污染物排放专项行动，对全省沿海港口水域内航行船舶实施船舶油污水排放口的铅封，三年来实际铅封船舶达 2853 艘次；同时，强化对铅封船舶及到港船舶污染排放接收处置情况的现场检查力度，三年来实际实施防污染现场检查 53361 次，纠正违章 8309 起，其中对 581 起违章行为进行了行政处罚，有效控制了船舶污染物的排放和船舶违法排污行为；使得船舶污染物排岸接收处理量明显上升，三年累计达到 197325 吨，有效地保护了海洋生态环境。

6. 开展乐清湾海底垃圾清理

2009年，温州市海洋与渔业局牵头组织温州市渔业环境监测站、乐清市海洋与渔业局、乐清市海洋与渔业环境监测站等单位开展了“乐清湾海底固废垃圾调查及清理”行动。此项清理行动历时一年多，共有20艘休闲渔船参与，出海2018航次，放网5 804网次，共清理垃圾43 937.5千克，有效地缓解了乐清湾日益严重的环境压力，对改善乐清湾海洋生态环境起到了积极的作用。同时，通过广告牌、警示牌、横幅、网站、媒体等多种方式对行动进行了宣传和跟踪报道，增强了群众的海洋环保意识。

三、专项行动计划

1. 浙江碧海生态建设行动计划

2004年，根据《浙江省生态省建设总体规划纲要》，完成了《浙江省碧海生态建设行动计划》(以下简称《行动计划》)的编制，明确了《行动计划》的指导思想、工作目标、建设内容、实现途径和措施。2006年，在认真组织实施《浙江省海洋生态环境保护与建设规划》的同时，对《行动计划》进行了修改完善，并于2008年由浙江发改委和浙江海洋与渔业局联合发文。

《行动计划》主要内容包括海洋环境整治与污染控制工程、海洋生态恢复与建设工程和碧海行动计划能力保障体系建设。按照《行动计划》提出的“310”海洋生态建设计划，到2010年全省将建成10个海洋保护区、10个增殖放流保护区和10个水产种质资源保护区，形成分布广泛、类型各异的海洋生态保护区体系，使海洋生态多样性得到有效保护。2008年，《浙江省碧海生态建设行动计划》正式出台后，积极推进海洋环境综合整治和生态建设工程，全年组织实施了能力建设、生态修复等 35 个项目，调研确立近 40 个项目。2009 年，又下发了《浙江省碧海生态建设行动计划 2009—2010 年工作目标和省有关部门任务分解方案》，明确了各有关部门在贯彻实施《行动计划》工作中的任务，并定期进行跟踪督促，有力推动了各项目标任务的落实。

2. “长江口及毗邻海域碧海行动计划”

长江口及毗邻海域是中国重要的生态经济水域。近几十年来，随着长江流域日益加剧的人类活动和资源开发，以及苏、浙、沪地区社会经济的迅速发展，大量污染物质经长江直接排入东海，加上海洋渔业、海洋交通运输业、海洋油气业等海洋经济活动的影响，长江口及毗邻海域的环境发生了显著的变化，不仅环境污染严重，而且生态系统退化，生物多样性降低，渔业资源衰退，传统的渔场已经很难形成渔汛。上述生态环境问题若不能得到及时有效的解决，必将严重影响长三角地区社会经济的全面、协调和持续发展。对此，国务院给予了高度重视，决定“编制长江口及毗邻海域碧海行动计划，系统地实施污染控制和生态保护措施”，这对于保护和改善该地区的生态环境状况具有重要的现实意义和深远的历史意义。

2005 年原国家环保总局组织中国环境科学研究院、华东师范大学、国家环保总局近岸海域环境监测网舟山中心站及苏、浙、沪两省一市有关技术单位开展“长江口及毗邻海域环境状况调查”工作，旨在准确、系统地掌握区域污染源和入海物质通量状况、环境质量状况，构建环境状况数据平台，明晰变化趋势，识别现存和潜在的环境问题，为“碧海行动计划”的编制提供科学依据。野外调查工作从 2005 年 3 月至 2006 年 4 月结束，室内数据分析整理和调查报告编写于 2006 年 10 月完成，总共历时 1 年 8 个月。通过本次调查研究工作取得了多项调查成果：①较为全面、细致地掌握了江苏、浙江和上海污染物排放量和两省一市污染物排放负荷量；②获取了调查区污染物的入境和入海通量，明确了长江入境污染物、江苏省、浙江省和上海市对入海污染物通量的贡献；③组织实施了入海通量与海域水文、水质、沉积物、生物的准同步调查，获取了调查区海域生态环境现状和历史演变趋势；④查明了调查区陆域土地利用/覆盖现状及其历史变化趋势；结合长江流域自然变化和社会经济发展，分析了调查区环境状况的演变趋势及其与流域社会经济发展的响应关系，为编制长江口及毗邻海域碧海行动计划奠定了基础。

2007年，在完成专项调查的基础上，《长江口及毗邻海域碧海行动计划》的编制工作顺利展开。2008年5月，由中国环科院牵头，浙江、江苏、上海参加编制的《长江口及毗邻海域碧海行动计划》送审稿完成。根据该文本，“长江口及毗邻海域碧海行动计划”将分近、中、远三期来实施，近期至“十一五”期末，中、远期行动时限分别为“十二五”和“十三五”。该文本不仅提出了行动计划的总体目标，明确了浙江、江苏、上海三地近、中、远三期的具体行动计划目标，包括污染物总量控制目标、海域水环境质量目标、环境管理目标，同时明确提出了近期的行动计划任务、拟实施项目以及中远期行动规划纲要。为配套实施《长江口及毗邻海域碧海行动计划》，浙江、江苏、上海三地还组织编制各自的《碧海行动计划》。

3.“中国浙江省保护海洋环境免受陆源污染国家行动计划”

2008年，为响应《中国保护海洋环境免受陆源污染国家行动计划》编制要求，浙江在2006年提交《中国浙江省保护海洋环境免受陆源污染工作报告》的基础上，着手编制了《中国浙江省保护海洋环境免受陆源污染国家行动计划》，提出了近、中、远期的区域行动计划目标、指标及战略行动方案。

浙江的行动计划是按中国环科院拟定的沿海省市行动计划提纲要求，由环保牵头，海洋、建设、林业、农业、渔业、旅游、国土资源、海事、交通、水利等部门共同参与，于2008年7月完成编制提交省环保厅。

该计划与《中国浙江省保护海洋环境免受陆源污染工作报告》及浙江的《碧海行动计划》相衔接，也按照近、中、远三期来实施，近期至“十一五”期末，中、远期行动时限分别为“十二五”和“十三五”。该计划分析了浙江近岸海域环境质量现状、变化趋势及主要环境问题，甄别确定了优先关注问题，提出了区域行动计划目标及指标、区域战略行动方案，明确了近期的行动计划任务、工程方案以及中远期行动规划。

4．渔民保护海洋行动

浙江渔民非常热爱海洋，多次发起保护海洋行动。1998 年，象山渔民在开渔节上就发出了“保护海洋”的强烈呼吁，率先向国家有关部门提出了延长东海休渔期的建议并被采纳。2000 年象山渔民开展了保护海洋志愿行动，8 月份发起了“蓝色保护者志愿行动”，从石浦出发后，北上大连、威海、青岛，南下汕头、厦门，一路开展“善待海洋、保护海洋、减少海洋污染”的宣传；休渔期开始后，又向全国渔民发出了“保护海洋生态环境”的倡议书。2002 年象山县渔民和志愿者自发成立了“中国渔民蓝色保护志愿者行动指导委员会”，将两年前 21 位象山船老大保护海洋的倡议进一步落实到行动上；舟山、嵊泗等地有关企业主动配合政府开展废旧电池回收与替代活动，并在渔船上试点推广，取得良好效果。2004 年 9 月，象山县渔民又举办了环太平洋海洋环保志愿者行动，并发出倡议，要求有关组织将 9 月 16 日（东海休渔结束）开渔节日确定为“世界海洋环境保护日”。

四、重点海域环境保护

1．舟山渔场海域

舟山渔场是中国最大的渔场，海水商品鱼产量约占全国的 50%，列居首位。舟山渔场海域北起南通市，南至象山港，地理坐标为北纬29°00′～32°00′，东经123°30′以西至浙江大陆海岸及上海市部分大陆海岸，并与长江、钱塘江、甬江、曹娥江等江河贯通，位居我国南北海域中枢，大陆岸线全长1500千米，岛屿岸线长约4000千米，海域两面与宁波市、杭州市、绍兴市、嘉兴市相邻。长期以来，由于渔业生产违反自然规律和经济规律，盲目增船添网，捕捞能力大大超过近海鱼类资源的再生能力，加上近海海域污染，致使近海主要经济鱼类资源遭到严重破坏，产量逐年下降。

浙江历来重视对舟山渔场海域的保护。早在20世纪80年代就围绕舟山渔场海域的生态环境保护开展了一系列研究，并于1988年组织编写了《舟山渔场海域环境保护及生态研究成果综述》，对舟山渔场海域环境保护和海洋生态研究工作提出规划；同时专门设立了浙江省舟山海洋生态监测站，1992年开始对舟山渔场近岸海域生态环境质量实施趋势性监测，1996年起拓展至全省近岸海域。1992年，为加强对舟山渔场海域环境和资源的保护，还开展了“舟山渔场近岸海域环境保护管理条例”课题研究。1993年，为协调解决杭州湾地区城市排污与舟山渔场海域环境保护矛盾，促进该地区经济与环境保护持续稳定发展，在世界银行的资助下，开展了杭州湾舟山渔场海域环境研究，对杭州湾和舟山渔场海域环境状况进行调查和评价，对长江、钱塘江、黄浦江、甬江等对杭州湾和舟山渔场海域环境的污染负荷进行调查和预测，还提出了关于省级环保机构对于杭州湾和舟山渔场海域的管理框架。2002年开始，先后在舟山岱山、舟山嵊泗、舟山普陀设立赤潮监控区，实施高密度、高频率监测。2006—2008年，组织开展了“舟山渔场近岸海域生态环境演变趋势及保护对策研究”（2009年8月通过验收），首次对舟山渔场近岸海域生态环境的进行了长期的（时间跨度超过10年）、系统的、连续的、多元素的调查与研究，系统分析了舟山渔场近岸海域的污染物入海状况、主要化学污染物时空变化特征、海洋生物群落结构、生物量变化及其环境生态效应，明确了舟山渔场近岸海域生态环境的变化趋势，掌握了现有的和潜在的主要生态环境问题，并在此基础上提出了相应的保护对策，为改善舟山渔场近岸海域生态环境状况提供了科学依据。

2. 杭州湾海域

杭州湾海域位于浙江北部沿海，外宽内窄，呈喇叭形。地理坐标在29º58′～30º52′N，121º04～121º23E，是舟山渔场的组成部分。总面积5000平方千米，岸线总长258千米。海岸类型为平直淤泥质海岸。杭州湾海域为咸淡水交汇区，营养盐类丰富，海水等深线在10～20米，海底为粉砂型底质，这些优越的水文地理条件，使杭州湾成为舟山渔场多种经济鱼类及其他各种鱼、虾、蟹类的繁殖、育肥场所和多种鱼类溯河、入海的必经区域。同时该区域是宁波市、嘉兴市等经济发达地区重要的出海通道和临港产业建设区域，有着较为丰富的滩涂湿地和生态景观资源。

20世纪80年代，杭州湾海域已明显受到污染，其环境保护工作受到关注，沪、浙两地就“黄浦江上游污水经处理后集中排向杭州湾”问题进行了多次沟通并上报至国家环保局。1989年，国家环保局决定将“舟山项目”与世界银行建议的“杭州湾环境研究项目”结合进行，省人民政府同意由地方适当资助。经过三年多的准备，1993年9月，“杭州湾环境研究项目”正式启动，并于1996年2月通过验收。2004年国家海洋局组织沿海省（自治区、直辖市）在中国近岸海域部分生态脆弱区和敏感区建立了15个生态监控区，杭州湾海域就是其中一个，2004年以来实施了海洋生态业务化监测，监测内容包括典型强潮河口湾生态系统中海洋生态环境的变化、湿地与海岸带变迁、渔业资源对海洋开发的响应和海洋生物多样性与生物量的关系四方面，通过监测掌握该区域的生态变化背景，合理调整和控制该区域的海洋开发活动，防止该区域生态环境进一步恶化，为杭州湾区域环境与经济的可持续发展提供科学依据。2009年，组织开展了杭州湾环境容量研究项目。该课题作为“中国近海海洋综合调查与评价专项（908专项）”任务单元第二子课题，旨在通过对杭州湾生态环境现状和社会经济状况调查，根据污染物降解实验模拟结果和污染物在海洋多介质的分配，确定各海域环境容量的计算模式，建立海洋环境容量与总量控制技术模式。经过一年多的研究，目前该课题已于2010年12月通过验收，实现了预期的研究目标。2010年，浙江省海洋与渔业局牵头主持开展了“杭州湾海域、海岸带生态修复示范工程”研究。该项目是国家重点海洋项目，总经费约1亿元，实施时间为2010年7月到2013年6月。该项目实施的主要内容包括杭州湾北岸排污区污染物吸收示范工程、杭州湾北岸垃圾清理示范工程、杭州湾南岸湿地生态修复和生态调控工程、杭州湾王盘山岛鱼类增殖放流和大型海藻增殖工程、杭州西坝生态修复试验基地建设等。该项目实施后，将大大提高杭州湾海洋生态环境质量，改变杭州湾生态系统不健康的状态，修复杭州湾受损生态系统的结构和功能，提升浙江海洋生态修复的基础能力，为更好地开展各类海洋生态保护和修复研究提供强有力的支持和保障。

目前杭州湾环境污染防治尚处于调查研究阶段，海上污染综合整治工作尚未全面开展。据监测，2009年，杭州湾仍未达到近岸海域环境功能区划水质要求，全部海域均为劣Ⅳ类海水，是全省重点港湾、河口海域水环境中营养盐污染程度严重的海域，整个生态系统仍处于不健康状态。

3. 海洋保护区建设

加强海洋保护区建设是保护海洋生物多样性和防止海洋生态环境全面恶化的最有效途径之一。浙江的海洋保护区建设工作在全国走在前列，早在1990年，浙江就建立了南麂列岛国家级海洋自然保护区，成为全国首批5个海洋自然保护区之一。舟山五峙山列岛作为鸟类的天堂，在1988年即被作为区级自然保护区重点开展海鸟保护，并在2001年升级为省级海洋鸟类自然保护区。而同样以鸟类保护而著称的宁波韭山列岛于2003年被批准为省级海洋生态自然保护区。从2003年开始，根据国家的工作部署，结合生态省建设和海洋环保工作的目标要求，浙江先后建立了乐清西门岛国家级海洋特别保护区、嵊泗马鞍列岛国家级海洋特别保护区、普陀中街山列岛国家级海洋特别保护区、温州瑞安铜盘岛省级海洋特别保护区、宁波象山渔山列岛国家级海洋生态特别保护区、台州椒江大陈省级海洋生态特别保护区6个海洋特别保护区。其中乐清西门岛滨海湿地特别保护区是中国第一个国家级海洋特别保护区。温州洞头列岛、玉环披山岛等地也正在积极组织申报海洋特别保护区。目前，浙江共有海洋类型保护区9个，合计总面积1 575平方千米，其中海洋自然保护区3个，分别为南麂列岛国家级海洋自然保护区、宁波韭山列岛省级海洋生态自然保护区和舟山五峙山省级鸟类自然保护区，总面积达691平方千米；海洋特别保护区6个，总面积达884平方千米。

在积极推进海洋保护区建设的同时，浙江进一步加强对海洋保护区的管理。海洋特别保护区建设伊始，浙江就广泛开展了海洋特别保护区建设的调研工作，完成了《关于海洋渔业资源特别保护区建设与发展若干意见》、《海洋特别保护区建设与管理》等调研报告，并着手“海洋特别保护区建设与管理办法”等配套制度的建设，先后出台了《浙江省海洋特别保护区规划》（2005年）、《浙江省海洋特别保护区管理暂行办法》（2006年）、《宁波市韭山列岛海洋生态自然保护区条例》（2006年）、《浙江省海洋特别保护区规范化管理考核指标（试行）》（2008年）、《浙江普陀中街山列岛海洋特别保护区管理办法》（2009年），同时积极做好部分省级海洋保护区升格国家级保护区的申报工作。

此外，为加强对近岸海域典型海洋生态系统的保护，浙江还按照国家的有关要求，设立了杭州湾（世界典型强潮河口湾生态系）和乐清湾（海湾生态系）2个生态监控区，自2004年开展生态系统专项监测。随着浙江省海洋特别保护区工作的进一步开展，有望形成一个生态类型多样、保护对象各异的分层次、分类型管理的海洋特别保护区群。

第五节　近岸海域污染事故及预防应急措施

一、赤潮减灾防灾

1. 赤潮发生的趋势及主要特征

赤潮是指海域内一些浮游生物暴发性繁殖引起水色异常的现象，是全球三大近海污染问题之一，也是浙江主要海洋灾害之一。赤潮形成原因十分复杂，海域受有机物污染，生物可利用的氮、磷、碳物质大量增加和积聚，造成水体富营养化，为赤潮生物大量繁殖提供丰富的营养盐类，是形成赤潮的基本原因。海水受污染后，铁锰等重金属和维生素 B_{12}、间二氮杂苯等有机氮化物含量增加，促使赤潮生物在短时期内大量繁殖，是赤潮发生的诱因。主要赤潮生物种类有中肋骨条藻、裸甲藻、夜光藻等。

（1）发生频率及变化趋势

浙江近岸海域是赤潮的多发区域。早在 1933 年，在浙江镇海—台州、石浦一带就发生了夜光藻（*Noctiluca scintil-lans*）赤潮，这也是中国最早有记录的赤潮。至 2009 年，共记录赤潮 300 多次。总体而言，浙江近岸局部海域富营养化加重，赤潮发生频率呈上升趋势。20 世纪 80 年代前频次极少，仅为 3 次；80 年代，赤潮在长江口—嵊泗一带时有发生，一般为每年 2～3 次（总计为 27 次）；90 年代，该海域富营养化指数逐年增加，赤潮发生频率达每年 10 次左右（总计为 59 次）。进入 21 世纪以来，浙江近岸海域赤潮发生更加频繁，基本上每年都在 20 次以上，2003 年更是高达 46 次，不过 2007 年以后又有所下降，详见表 6-3。

表 6-3　2001 年以来浙江省近岸海域赤潮发生情况

<table>
<tr><th rowspan="2">时间</th><th colspan="5">赤潮发生情况</th></tr>
<tr><th>次数/次</th><th>累计面积/km²</th><th>主要引发种类</th><th>其中超过 1 000 km² 的大面积赤潮发生次数/次</th><th>主要发生区域</th></tr>
<tr><td>2001 年</td><td>26</td><td>7 000</td><td>东海原甲藻、海洋原甲藻</td><td>3</td><td>舟山海域、象山港、三门湾</td></tr>
<tr><td>2002 年</td><td>29</td><td>5 000</td><td>东海原甲藻、亚历山大藻、夜光藻、中肋骨条藻、聚生角刺藻</td><td rowspan="6">19</td><td>舟山海域、象山港、台州近岸海域</td></tr>
<tr><td>2003 年</td><td>46</td><td>7 000</td><td>东海原甲藻、亚历山大藻、中肋骨条藻、聚生角刺藻</td><td>象山港、宁波海域、舟山海域</td></tr>
<tr><td>2004 年</td><td>38</td><td>16 000</td><td>东海原甲藻、红色赤潮藻</td><td>舟山海域、鱼山列岛附近海域、台州大陈岛附近海域、南麂列岛附近海域</td></tr>
<tr><td>2005 年</td><td>22</td><td>13 000</td><td>米氏凯伦藻、东海原甲藻、中肋骨条藻</td><td>舟山海域、南麂列岛海域、台州近岸海域</td></tr>
<tr><td>2006 年</td><td>33</td><td>9 100</td><td>米氏凯伦藻、东海原甲藻</td><td>舟山海域、渔山列岛—韭山列岛海域、温州南麂列岛海域</td></tr>
<tr><td>2007 年</td><td>40</td><td>8 500</td><td>中肋骨条藻、东海原甲藻、扁面角毛藻、米氏凯伦藻</td><td>舟山海域、渔山列岛—韭山列岛海域</td></tr>
<tr><td>2008 年</td><td>29</td><td>10 725</td><td>东海原甲藻、米氏凯伦藻、中肋骨条藻</td><td>3</td><td>舟山海域、温州海域</td></tr>
<tr><td>2009 年</td><td>24</td><td>4 330</td><td>米氏凯伦藻、中肋骨条藻、赤潮异弯藻、东海原甲藻</td><td>1</td><td>舟山海域</td></tr>
</table>

（2）发生规模及变化趋势

浙江近岸海域赤潮发生的面积从 0.5～10000 平方千米不等，将赤潮的规模按面积进行分类，≥1000 平方千米为特大型赤潮，≥500 平方千米～<1000 平方千米为大型赤潮，≥100 平方千米～<500 平方千米为中等赤潮，<100 平方千米为小型赤潮。2000 年以前特大型赤潮共有 8 次（80 年代 4 次、90 年代 4 次），2000 年以后大于 1000 平方千米的特大规模赤潮有增加的趋势，而 2000 年至 2009 年就有 26 次（详见表 6-3）。近 10 年来，大型、特大型赤潮呈明显的上升趋势，这与赤潮发生的种类改变有着明显的关系，因为 2000 年以后以小型的甲藻占优势，由于其个体较小，所耗的营养盐少，赤潮往往能大面积扩散并持续较长时间，导致单次赤潮发生的面积大大增加。

（3）发生时间及区域变化趋势

浙江近岸海域赤潮发生的主要时间为每年的 4—9 月，以 5 月频次最高，8 月以后发生概率大大降低，2、3 月份均未有赤潮发生记录。近十几年来赤潮发生的时间有逐渐提前的趋势，80 年代赤潮发生时间主要集中在 6—8 月；90 年代集中在 5—7 月，以 5 月最高；2000 年以后集中在 4—6 月，以 4—5 月最高；每一个年代基本上提前了一个月。不过近几年浙江海域赤潮首发时间越来越早，收尾时间越来越晚。2006 年 1 月及 8 月、2007 年 9—10 月、2009 年 1 月均有赤潮发生，时间跨度明显加大。以往赤潮的持续时间都不长，一般也就几天甚至几小时，但近 10 年来赤潮的持续时间越来越长。如 2006 年 5 月 15 日至 30 日发生在舟山朱家尖东部海域的东海原甲藻和米氏凯伦藻复合型赤潮，持续时间就长达半个月，赤潮发生持续时间的延长估计与发生种类的变化有关，2000 年以后长时间的赤潮一般均由东海原甲藻引起，该种个体小，赤潮发生过程中消耗的营养盐少且该种能在低营养盐的浓度下生长，使得赤潮的持续时间大大延长。

浙江近岸海域赤潮一般发生在长江口至嵊泗北部海域、中街山列岛、六横东南海域、象山港、台州列岛附近及南麂列岛附近海域。将浙江分成三个区域讨论：31°N 以北的为长江口附近海域，30°～31°N 为嵊泗列岛及中街山列岛海域，30°N 以南为浙江南部近岸海域。20 世纪 80 年代以长江口海域占较高的比例，发生比例为 40%，20 世纪 90 年代长江口海域仍保持较高比例，但浙江中部赤潮发生的比例大大提高，从 24%提高到 34%，2000—2009 年浙江中部提高到 36%，浙江南部更是高达 62%，说明赤潮发生的密集区在往下移，其中虾峙门外侧海域成为赤潮的最主要发生区。

（4）赤潮生物种类的演变趋势

已记录的浙江近岸海域赤潮生物种类有 101 种，其中硅藻为 60 种，甲藻 35 种，蓝藻 4 种，金藻 2 种。曾引发生过赤潮的种类有 30 多种，其中最主要的赤潮种为中肋骨条藻、东海原甲藻（也称具齿原甲藻）、夜光藻和米氏凯伦藻。20 世纪 80 年代记录有 13 种赤潮种，以中肋骨条藻引发的赤潮占绝对优势；90 年代有 8 种，中肋骨条藻赤潮仍占优势，但甲藻比例有所提高；2000 年以后甲藻占绝对的优势地位，尤其是以小型的东海原甲藻为主的赤潮，2005 年在全省海域曾暴发面积超过 7000 平方千米的世界上也较为罕见的赤潮。可见，浮游生物的群落结构正在发生明显的改变。近年来，具毒性的米氏凯伦藻引发的有害赤潮以及多种赤潮协同引发的复合性赤潮发生次数明显上升，对浙江沿海水产养殖业的威胁明显加重，同时对近岸海域生态环境造成巨大的破坏。

2．赤潮防灾减灾措施

1999 年，为掌握和了解全省近岸海域赤潮发生的规律和状况，预防赤潮对水产养殖业的损害，浙江舟山海洋生态环境监测站和省海洋渔业监测站在赤潮多发季节，对舟山北部和浙南海域的赤潮多发区进行了多次赤潮专题调查监测，并将调查结果以快报形式及时通报有关部门及当地政府和养殖户，取得了良好的社会效益。2000 年，为加强对赤潮的预防和治理工作，省海洋与渔业局牵头，组织国家海洋赤潮研究机构、浙江市、县海洋与水产局等有关部门，专门研究赤潮预防和治理工作。2001年，为有效预防和制止赤潮在浙江沿海海域的发生、发展和蔓延，切实做好赤潮防治工作，部署了2001年全省近岸海域的赤潮预警和减灾工作，制定了《浙江省海洋与渔业系统赤潮防灾减灾工作预案》，为来年全面展开近岸海域赤潮的监控和赤潮的防灾减灾奠定了坚实基础。在随后的几年里，全省沿海各市县均制定了《赤潮防灾减灾应急预案》。2002年以来，利用卫星遥感、航空监视、船舶监测、岸站和志愿者监视监测等手段对全省海域进行赤潮监视监测，建立了赤潮监视报告体系、赤潮灾害信息传递体系和赤潮灾害减灾防灾防范体系，向外界公布了赤潮灾害举报与监测咨询电话，提高了赤潮的发现率和时效性。并先后在舟山嵊泗、舟山岱山、舟山普陀、宁波象山港和温州洞头设立了5个赤潮监控区，实施了高密度、高频率监测。2004年以来共进行了366个航次的业务化监测，对赤潮监控区的养殖海产品进行了79个航（批）次的麻痹性贝毒（PSP）和腹泻性贝毒（DSP）检测。赤潮发生后迅速启动了《浙江省海洋与渔业系统赤潮防灾减灾应急预案》，及时开展应急跟踪监测，通报监测及预防信息，指导各地采取有效的防范措施，2004年以来共进行了488个航次的应急跟踪监测，同时对大面积赤潮海域和有毒有害赤潮发生海域进行了赤潮生物毒素监测。近几年来通过采取积极有效的防范措施，最大限度地避免了赤潮灾害，全省因赤潮造成的直接经济损失明显减少。

二、污染事故预防与应急

1. 海洋污染损害事故发生情况

浙江在20世纪80年代就有海洋污染事故记录。不过最初记录的主要是海上溢油污染事故。据统计，1981—1990年，区划海域共发生溢油事故22起，主要发生在象山港和宁波算山油码头。已发生的溢油事故大致分三种类型：拆船厂拆除的船体沉入海中或拆解过程中起燃，造成废油进入海中，此类事故占 36.4%；油轮在码头输油过程中油管破裂或卸油不当，造成原油或成品油倾入海中，此类事故占 45.5%；油轮等在海中相撞或起火或漏油或排放含油污水，造成油类进入海中，此类事故占 18.1%。溢油事故的发生，一方面造成经济损失，另一方面高强度的油类负荷致使局部海域的生态系统严重失调，使渔业资源受到危害。20 世纪 90 年代以来，随着舟山海域内一大批石油储运项目的建成投产，该海域溢油事故的发生概率进一步增大（1991—2000 年共发生溢油事故 15 起）。

进入 21 世纪后，对海洋污染损害事故的统计不仅包括溢油事故，还包括其他化学品引起的海上船舶污染事故，以及陆源排污等造成的海洋渔业污染事故。据统计，2002 年以来，浙江近岸海域共发生较大海洋污染损害事故 400 多起（其中海洋渔业污染事故超过 300 起、溢油事故超过 40 起），造成直接经济损失超过 2 亿元，详见表 6-4。

表 6-4　2002 年以来浙江近岸海域污染事故发生情况

时间	较大事故发生次数/次	造成直接经济损失/万元	备　注
2002 年	7	3 570	污染面积超过 10 km^2
2003 年	42	超过 5 300	其中海上船舶造成的重大污染事件 1 起，陆源排污造成的污染事件 41 起
2004 年	45	2 143	其中海洋溢油污损事件 5 起，陆源排污造成的污染事件 40 起
2005 年	60	1 900	—
2006 年	81	10 040	其中海洋溢油事件 12 起
2007 年	51	—	其中码头装卸作业溢舱（围油栏内溢油）等事故 11 起，海洋渔业污染事件 40 起
2008 年	79	超过 220	其中码头装卸作业溢舱（围油栏内溢油）、船舶触礁泄油等油污染事故 9 起
2009 年	37	超过 40	海洋渔业污染事件 30 起；船舶造成的海洋污染事件 7 起，其中由码头装卸作业溢舱（围油栏内溢油）引起的污染事件占 4 起
合计	402	超过 20 000	—

其中影响较大的污染事件有：①2002 年 9 月，台州市椒江下陈、椒南、三甲、盐场四镇 15000 亩滩涂和围塘养殖全部受损，青蟹、弹涂鱼、蛤蜊、白虾等养殖生物大面积死亡，直接经济损失 3466 万元。②2003 年 11 月，台州市椒江路桥两区沿海滩涂发生重大渔业污损事件，殃及的水产养殖面积约为 4.8 万亩，1400 多养殖户受灾，造成直接经济损失 4200 多万元。③2003 年 4 月 18 日，"浙岭渔油 211"与"金石 7"号船在舟山市佛渡岛附近双屿门水道发生碰撞，造成"浙岭渔油 211"号船沉没，船上装载的 500 吨 0#柴油泄漏，在双屿港海区造成大面积油污染，对佛渡岛海域网箱、滩涂养殖和围塘养殖造成巨大影响。据初步统计，受污染影响的深水网箱 19 只，普通网箱 3025 只，养殖成品鱼约 100 吨，鱼苗 50 万尾，价值约 375 万元；滩涂污染面积约 450 亩，受污染的各类贝苗价值约 60 万元；污染区内定置涨网桩头 2500 只，价值 25 万元；围塘养殖 1900 亩，已投放各类苗种 400 万元。沉船造成的油污染同时严重威胁该海域海洋生态环境及生物资源，影响群众人身财产安全。④2004 年 1—3 月，受陆源排污影响，温州永兴围垦养殖区 6000 余亩海水围塘养殖的蟹、贝、虾类水产品发生慢性死亡，损失比例达 42%，直接经济损失约 1270 万元。⑤2006 年 4 月 22 日，韩国现代独立号集装箱船（英国籍）在舟山（29°56′27″N，122°16′1″E）与船坞发生碰撞，油箱内约有近 400 吨重油泄漏，成灾面积约 300 平方千米，造成直接经济损失数千万元。

2．污染事故预防与应急能力建设

近年来，浙江海上污染损害事故频发，尤其是海洋渔业污染事故，发生次数之多居全国前几位。不过，每次事故发生后，海洋、环保、海事、港监等部门均能采取积极的紧急救助和污染防治措施，尽可能减缓事故造成的影响。同时为加强对海上污染事故的预防与应急能力建设，浙江省也开展了大量工作。早在 1992 年，浙江就开始海洋环境应急监测能力建设，舟山海洋生态站配备了540吨的专业监测船，船上配备两个专业实验室及当前较先进的导航、监测设备，具备了一定的应急监测能力。1992年以来，舟山海洋生态站承担了各年度的赤潮灾害应急监测和2002年10月韩国“条约轮”化学品泄漏事故、2003年4月温岭“浙岭渔油211号”油轮沉没事故、2006年4月马峙岛英国籍“现代独立”轮燃油（重油）外溢事故、2006年6月浙江神通海运公司“浙黄机701”轮长江口部分装载浓硫酸发生泄漏等污染事故的应急监测任务。同时舟山海洋生态站还利用自筹资金开发了一套《浙江省近岸海域环境信息管理系统》，完善全省的近岸海域环境质量监测、全省沿海地区直排入海污染源、赤潮等监测数据库，为建立全省近岸海域环境监测预警体系打下了良好的基础。2004年，出台了《浙江省海洋保护条例》，对海上污染事故应急计划制定、应急措施落实等方面提出了要求。2005年，编制并下发了《浙江省渔业船舶重特大事故应急处理预案》，对渔业船舶在浙江管辖水域因灾害性天气、海损事故等原因引发的重大事故等级以上安全突发事件的应急处置工作作了规定。2005—2006年，由浙江海洋与渔业局牵头，浙江海事局、国家海洋局第二海洋研究所、宁波海洋开发研究院和宁波海洋环境监测中心合作开展了《浙江省重大海洋污损应急体系建设研究》，在充分阐述国内外重大海洋污损事件处置和全省已有工作的基础上，根据浙江近海海洋生态环境、空间资源、社会发展状况，结合浙江近海海域所面临的污染风险和海洋经济发展需要，提出了“浙江省重大海洋污损事件应急体系建设”的总体思路，通过构建《浙江省沿海重大海洋污损事件应急预案》、《海洋污损应急能力建设》和《海洋生态环境损害评估与赔偿》这样一个完整的技术体系，将海事、海洋、环保等部门的技术、能力与管理等资源集于一体，形成统一、协调、全方位应对“重大海洋污损事件”的应急响应机制。该项目研究成果在2006年4月22日发生在舟山海域的英籍“现代独立”轮重大污染事故应急响应工作中得到了较好的应用，取得明显效果。2006年12月，浙江编制并下发了《浙江省环境污染和生态破坏突发公共事件应急预案》，对包括海洋、渔业污染和海上石油勘探开发溢油事件在内的环境污染和生态破坏突发公共事件的应急处置工作进行了规范和强化。2007—2009 年，象山县、海盐县、宁波市、鄞州区等地编制并下发了《渔业船舶海上事故应急预案》。2010 年 6 月台州海事局联合台州石油分公司在浙江海门港区成功组织了一次海上溢油应急演习，通过演练，增强了辖区船舶和油运企业从业人员的防污染意识，提高了参演单位对港区船舶溢油应急反应能力和协调配合能力。2010 年以来，浙江又开始筹建海上突发环境污染事故应急监测中心，初步定在舟山和温州建设浙北浙南两个海上突发环境污染事故应急监测中心。

虽然浙江近几年在海上污染事故预防方面做了一些工作，但目前尚不具备处置重大污染事故的能力（中国也不具备），作为海洋应急监测立体化的海洋站、浮标、船舶、飞机、卫星等多种手段构成的海洋环境立体监测业务系统尚未建立。应将海上污染事故应急处置能力建设作为近期的一项重点工作，尽快完善各级应急计划，加强应急设备配备、应急反应培训和演习，使浙江海上污染事故应急能力在近期有大的发展，上一个新台阶。